普通高等教育"十二五"规划教材

土木工程项目管理

郭 峰 等编著

北 京

冶金工业出版社

2013

内 容 提 要

本书以土木工程项目全寿命周期管理为主线，全面系统地介绍了土木工程项目管理的理论、方法和技术。全书分 8 个专题，主要内容包括土木工程项目的策划与决策、投资与融资、风险管理、管理模式、目标管理、合同管理、协调管理、后评价等。随着土木工程项目管理的大型化和国际化，许多新的管理理念和方法得以应用。本书不仅详细介绍了土木工程项目全寿命周期中各阶段的管理活动，探讨了新的理论和方法，并且介绍了新的理论和方法在我国应用的实践经验，以期为我国土木工程项目管理的改革和建设市场的发展提供参考。

本书为高等院校土木工程专业"工程项目管理"及相关课程的教学用书，还可供建筑工程项目经理、工程管理人员以及工程技术人员等学习项目管理知识，进行工程项目管理工作时阅读参考。

图书在版编目（CIP）数据

土木工程项目管理/郭峰等编著 . —北京：冶金工业出版社，2013. 8

普通高等教育"十二五"规划教材

ISBN 978-7-5024-6359-5

Ⅰ.①土… Ⅱ.①郭… Ⅲ.①土木工程—项目管理—高等学校—教材 Ⅳ.①TU71

中国版本图书馆 CIP 数据核字（2013）第 175820 号

出 版 人 谭学余
地　　址 北京北河沿大街嵩祝院北巷 39 号，邮编 100009
电　　话 （010）64027926 电子信箱 yjcbs@ cnmip. com. cn
责任编辑 杨　敏 美术编辑 吕欣童 版式设计 孙跃红
责任校对 王永欣 责任印制 李玉山
ISBN 978-7-5024-6359-5
冶金工业出版社出版发行；各地新华书店经销；北京百善印刷厂印刷
2013 年 8 月第 1 版，2013 年 8 月第 1 次印刷
787mm×1092mm　1/16；23 印张；557 千字；354 页
46. 00 元

冶金工业出版社投稿电话：（010）64027932　投稿信箱：tougao@cnmip. com. cn
冶金工业出版社发行部　电话：（010）64044283　传真：（010）64027893
冶金书店　地址：北京东四西大街 46 号（100010）　电话：（010）65289081（兼传真）
（本书如有印装质量问题，本社发行部负责退换）

前　言

现代土木工程项目越来越呈现出投资规模大、技术复杂、设计领域多、工程范围广泛的特点，由此造成土木工程项目管理的复杂性、多变性。从项目策划与决策到项目投资与融资，从项目可研立项到项目风险管理，土木工程项目管理都有了新的变化和发展。与此相应，土木工程项目管理模式在传统管理模式的基础上，派生和衍生出了一些新型的管理模式。土木工程项目传统的三大管理目标，即"质量、进度和成本"，也随着社会发展的要求，拓展至增添了"安全、环境和可持续"的六大管理目标；作为土木工程项目管理的关键和约束的合同管理也有了更新的内容；土木工程项目的大型化和国际化，使协调管理的价值和作用更加凸显；土木工程项目建成后的经济评价、社会评价和可持续性评价成为衡量该项目成功与否所要做的工作。土木工程项目管理的内容在继承与发展中越来越丰富，我们根据在土木工程项目管理领域的研究和教学成果，编写了本书，以期尽可能涵盖土木工程项目管理的知识要点。

本书将土木工程项目管理的知识理论分为8个既相互联系又相对独立的专题进行介绍，目的是让广大读者既可以系统学习，又可以择取其中需要的专题进行学习。8个专题的主要内容分别如下：

专题一：具体阐述了土木工程项目前期的策划和可行性研究以及项目决策的类型和方法。

专题二：探讨了土木工程项目投资和融资内容，并通过案例具体介绍了BT融资模式的运作过程。

专题三：详细阐述了全面风险管理过程中的各种方法和技术，并重点介绍了土木工程项目的保险和担保。

专题四：首先介绍了土木工程项目的一般组织结构和管理模式，然后对新型的项目管理模式进行探索。

专题五：详细介绍了质量、进度、成本、安全、环境和可持续发展六大土木工程项目目标的管理理念、过程和方法。

专题六：阐述了土木工程项目的合同管理，并具体介绍了施工合同的全过程管理及合同管理的绩效评价。

专题七：介绍了土木工程项目的协调管理，分析了土木工程项目的组织协调管理、利益相关方协调管理、协调管理信息系统和协调管理文化的内涵。

专题八：详细阐述了土木工程项目管理后评价的相关内容，包括后评价的概念、内容和方法。

本书每章前都附有"本章概要"，提示读者本章的知识要点；每个专题后都附有"小结"和"思考题"，其中，"小结"对本专题的重要内容进行归纳总结，"思考题"则供读者回顾思考和检验对本专题知识要点的掌握情况。

本书增加了大型化复杂型项目管理越来越重要的一个内容——协调管理，并将可持续发展目标纳入土木工程项目目标管理体系。这些内容的加入，突破了传统土木工程项目管理的知识局限，使土木工程项目管理的理论体系和实践指导更加丰富，对土木工程项目管理知识的掌握更加符合科学发展观的思想，更加适合土木工程项目建设的实践要求。

本书由中南大学郭峰主编，编写工作与其研究团队和研究生共同完成。参加编写的其他人员主要有：文耀慧（概述、专题三）、杨晨（专题一）、龚倩（专题二）、王欢（专题四、专题五）、蔡艺卿（专题六、专题八）、王洋（专题七）。

本书的编写得到了许多专家、同仁的指导和帮助，他们给予的宝贵意见和建议，大大提高了本书的质量，在此向他们表示衷心的感谢；在编写的过程中，参考了大量相关文献，在此向文献作者表示诚挚的谢意；徐浩、尚喆雄、熊霞、谢帅、杨光等参与了编写讨论，在此也要感谢他们做出的贡献。

由于作者的学识有限，书中不足之处，恳请专家、学者、同行与广大读者批评指正。

编　者

2013 年 4 月

目　　录

概　　述

专题一　土木工程项目策划与决策

专题六　土木工程项目合同管理

概　　述

　　项目管理是土木工程项目建设中的一项重要内容，是管理之本和效益之基。在市场竞争日益严峻的今天，管理创造的效益不可小觑。土木工程项目的开展是我国基础设施建设的重要方式，在项目管理的过程中既要遵守一般的项目管理规律，又要有土木工程项目独有的特征。掌握科学的土木工程项目的管理方法，实现项目管理的科学性、有效性和高效率，可以节约人力和物力资源，可以更好地营造土木工程项目建设可持续发展的环境。只有在做好项目管理的前提下，土木工程项目才能健康开展。

1　土木工程项目概述

本章概要

　　（1）项目概述，包括项目的定义、特征与分类。

　　（2）土木工程项目概述，包括土木工程项目的定义、特点与分类。

1.1　项　　目

　　在现代社会中，项目十分普遍，项目存在于社会的各个领域、各个地方，大到一个国家、一个地区，甚至一个国际集团，如联合国、世界银行，小到一个企业、一个职能部门，都不可避免地参与或接触到各类项目。

1.1.1　项目的含义

　　"项目"一词被广泛应用于社会经济和文化生活的各个方面，不同的组织对项目的定义不尽相同。

　　（1）美国项目管理协会（PMI）认为项目是为完成某一独特的产品或服务所做的一次性努力。

（2）德国工业标准（DIN）69901 认为项目是在总体上符合这些条件的唯一性任务：具有预定的目标；具有时间、财务、人力和其他限制条件；具有专门的组织。

（3）ISO10006 定义项目为：具有独特的过程，有开始和结束日期，由一系列相互协调和受控的活动组成。过程的实施是为了达到规定的目标，包括满足时间、费用和资源等约束条件。

（4）《中国项目管理知识体系纲要》（2002 版）中对项目的定义为：项目是创造独特产品、服务或其他成果的一次性工作任务。

（5）世界银行认为，所谓项目，一般是指同一性质的投资，或同一部门内一系列有关或相同的投资，或不同部门内的一系列投资。

本书将项目定义为：一个组织为实现自己既定的目标，在一定的时间、人员和资源约束条件下，所展开的一种具有一定独特性的一次性任务。我们也可以从以下三个层面来理解项目的含义：

（1）项目是一项有待完成的任务或努力，有特定的环境与要求。

（2）在一定的组织机构内，利用有限资源（人力、物力、财力等）在规定的时间内完成任务或努力。

（3）任务或努力要满足一定性能、质量、数量、技术指标等要求。

1.1.2　项目的特征与分类

1.1.2.1　项目的基本特征

项目的基本特征如下：

（1）目标性。一个项目必须有明确的目标，没有目标的项目不是项目管理的对象。项目的目标可以分为成果性目标、约束性目标和顾客满意度目标。成果性目标是项目的来源，也是项目的最终目标及项目的交付物。约束性目标是指项目合同、设计文件和相关法律法规等所要求实现的目标，一般包括时间目标、质量目标、费用目标等。成果性目标是项目的主导目标。

（2）唯一性。项目是一次性的任务，由于目标、环境、条件、组织和过程等方面的特殊性，不存在两个完全相同的项目，即项目不可能重复。这意味着项目不能按照完全成熟的方法完成，这就要求项目管理者创造性地解决项目实施中的问题。

（3）寿命周期属性。任何项目都有其明确的起点时间和终点时间，从开始到完成需要经过一系列过程，包括启动、规划、实施和结束，这一系列过程称为寿命周期。根据所包含的过程，项目的寿命周期可以分为局部寿命周期和全寿命周期。

（4）动态性。项目的动态性体现在两个方面。一方面，项目在其寿命周期内的任何阶段都会受到各种外部和内部因素的影响，从而发生一定的变化。因此，在项目进行之前应充分分析可能影响项目的各种因素，在项目实施过程中进行有效的管理和控制，并根据变化不断进行调整。另一方面，项目寿命周期各阶段的工作内容、工作要求和工作目标均不相同，因此，在不同阶段的项目组织和工作方式也不尽相同。

（5）整体性。项目是一系列活动的有机结合，从而形成一个完整的过程。在项目进展过程中，各阶段的管理应服从全过程的管理目标，局部利益应服从整体利益。项目是一个系统，由各要素组成，各要素之间既相互联系又相互制约。所以，项目的管理应具有全局意识、整体意识、系统思维。

1.1.2.2 项目的分类

以项目的最终成果或专业特征为标志进行划分，可分为不同种类的项目，如工业项目、农业项目、建设项目、科学研究项目、开发项目、咨询项目、维修项目等。

1.2 土木工程项目

土木工程项目是一项固定资产投资的经济活动，是最为常见、最为典型的项目类型。

1.2.1 土木工程项目的含义

土木工程是建造各类工程设施的科学技术的统称，它包含工程所应用材料、设备和勘测、设计、施工、保养维修等技术活动。土木工程的对象是那些要求固定的建筑物和构筑物，包括房屋、水坝、隧道、桥梁、运河、卫生系统和运输系统的各种固定部分——公路、机场、港口设施以及铁路路基。土木工程项目是指需要一定量的投资，经过策划、设计和施工等一系列活动，在一定的资源约束条件下，以形成固定资产为目标的一次性活动。

1.2.2 土木工程项目的特点

土木工程项目的特点如下：

（1）具有明确的建设目标。任何工程项目都具有明确的建设目标，包括宏观目标和微观目标。政府主管部门审核项目，主要审核项目的宏观经济效果、社会效果和环境效果；企业则多重视项目的盈利能力等微观目标。

（2）具有资金、时间、空间等的限制。工程项目目标的实现要受多方面的限制：时间约束，即工期的限制；资金限制，即在有限的人、材、物条件下完成；空间约束，即工程项目的实施是在一定的空间范围内的；质量约束，即项目应达到预期的生产能力、技术水平、工程使用效益等要求。

（3）具有一次性和不可逆性。这个特点主要表现为工程建设地点固定，项目建成后不可移动以及设计的单一性，施工的单件性。

（4）环境影响因素多，不确定因素多，投资风险大。土木工程项目在建设过程中受到社会和自然环境的众多影响。社会影响包括政府管理机构、公共事业部门、协作单位、产业政策、环保政策、法律、法规、标准、城市规划、土地利用、金融状况、社会状况和人文环境等；由于露天施工，受自然环境的影响很大，自然影响包括气候、水文、地质等。由此可见，建设过程中不确定因素较多，因此项目投资的风险很大。

（5）影响的长期性。土木工程项目一般建设周期长，投资回收期长。同时，土木工程项目的使用寿命长，工程质量好坏影响面大，作用时间长。土木工程项目的实施和运营，不仅影响人们的社会生活，而且对周围的生态环境具有一定的影响。始建于公元前 256 年的大型水利工程都江堰直到现在还在造福于人类。

（6）参与方多，管理复杂。土木工程项目参与方包括业主，勘察、设计、施工、监理部门，政府等。参与人员包括建筑师、结构工程师、水电工程师、项目管理人员和监理工程师等。参与部门及人员众多，而且不同阶段参与主体都在变化之中，项目管理的难度较大。工程项目在实施过程的不同阶段存在许多结合部，这些是工程项目管理的薄弱环节，使得参与工程项目建设的各有关单位之间的沟通、协调困难重重。

1.2.3　土木工程项目的分类

表 1-1 列出了目前我国土木工程项目的几种主要分类方法和类型。

表 1-1　土木工程项目分类方法和类型

分　类　方　法	类　　　型
按性质分类	新建项目、改建项目、扩建项目、迁建项目、重建项目
按用途分类	生产性工程项目、非生产性工程项目
按投资主体分类	政府投资项目、企业投资项目、私人投资项目、联合投资项目
按工作阶段分类	预备项目、筹建项目、实施工程项目、投产项目、收尾工程项目、停建项目
按管理主体分类	建设项目、设计项目、施工项目、监理项目
按规模分类	大型项目、中型项目、小型项目

2 土木工程项目管理概述

本章概要

（1）项目管理概述，包括项目管理的内涵、特点。

（2）项目管理知识体系概述，介绍了美国、欧洲和我国的项目管理知识体系。

（3）土木工程项目管理概述，包括土木工程项目管理的定义、类型、研究方法等。

2.1 项 目 管 理

一个土木工程项目必须经过构思、决策、设计、招标、采购、施工和运行的全过程。其中涉及的管理工作包括战略管理和项目管理，战略管理即上层系统的战略研究和计划，项目管理是将经过战略研究后确定的项目构思和计划付诸实施，用一整套项目管理方法、手段、措施，以确保在预定的投资和工期范围内实现总目标。项目管理不仅是对大型、复杂的土木工程项目进行管理的有效方法，而且已经成为政府或企业管理的一种主要形式，越来越广泛地被应用于各行各业，对社会发展起着越来越重要的作用。

2.1.1 项目管理的内涵

项目管理的思想是伴随着项目的实施产生的。现代项目管理理论认为，项目管理是通过项目经理和项目组织的努力，运用系统理论和方法对项目及资源进行计划、组织、协调和控制，旨在实现项目特定目标的管理方法体系。现代项目管理理论有以下四点内涵：

（1）项目管理是一种管理方法体系。项目管理是一种管理项目的科学方法，但并非唯一的方法，更不是一次一人的管理过程。项目管理作为一种管理方法体系，在不同国家、不同行业及其自身的不同发展阶段，无论是在内容上还是在技术手段上都有一定的区别。但其最基本的定义、概念是相对固定的，是被广泛接受和公认的。

（2）项目管理的对象和目的。项目管理的对象是项目，项目又是一系列任务组成的整体系统。项目管理的目的，就是处理好这一系列任务之间纵横交错的关系，按照业主的需求形成项目的最终产品。

（3）项目管理的职能与任务。项目管理的职能是对组织的资源进行计划、组织、协调和控制。资源是指项目所需要的，在所在组织中可以得到的人员、资金、技术和设备等。在项目管理中还有一种特殊的资源，即时间。

（4）项目管理运用系统的理论与思想。由于项目任务是分别由不同的人员执行的，所以项目管理要求把这些任务和人员集中到一起，把它们当做一个整体对待，最终实现整体目标。因此，需要以系统的理论和思想来管理项目。

2.1.2　项目管理的特点

项目管理具有以下特点：

（1）面向成果目标，注重借助外部资源，关注项目的完成。项目管理的对象是项目，一切活动的展开都围绕着项目目标的实现。项目管理就是通过对组织有限的资源进行计划、组织、协调、控制，使项目在计划的时间内完成，同时满足其在功能上的要求。

（2）管理工作的复杂性。项目一般由很多部分组成，工作跨越多个组织，需要运用技术、法律、管理等多个学科的知识来解决问题；由于项目的一次性，项目通常可以借用的经验不多，而且实施过程中会受到很多不确定因素的影响；需要将有不同背景，来自不同组织的人员有机地组合在一个临时性的组织内；在质量、成本等约束条件下实现项目的目标。

（3）需要建立专门的组织和团队。项目管理通常要跨越部门的界限，进行横向的协调。项目进行过程中出现的各种问题大多贯穿于各组织部门，这就要求各部门做出迅速而且相互关联、相互依存的反应。因此，需要建立围绕专一任务进行决策的机制和相应的不受现存组织约束的项目组织，组建一个由不同部门的专业人员组成的项目团队。

（4）开创性。由于项目具有一次性的特点，项目工作通常没有或者很少有以往的经验可以借鉴，因而，项目团队必须发挥其创造性，以解决项目进行中出现的各种问题。这也是项目管理与一般重复性管理的主要区别。

（5）项目经理（项目负责人）在项目管理中起着重要的作用。项目管理中，项目经理有权独立进行计划、资源分配、协调和控制。项目经理必须能够理解、利用和管理项目技术方面的复杂性，必须能够综合各种不同专业观点来考虑问题。但只具备技术知识和专业知识是不够的，成功的管理还取决于预测和控制人的行为的能力。因此，项目经理还必须通过人的因素来熟练地运用技术因素，以达到其项目目标。也就是说，项目经理必须使他的组织成为一支真正的队伍，一个工作配合默契、具有积极性和责任心的高效率群体。

2.1.3　项目管理知识体系

项目管理知识体系（project management body of knowledge）是描述项目管理专业知识总和的专业术语。项目管理知识体系是从事项目管理活动的基石，是为了适应项目管理职业化而发展起来的，是现代项目管理发展的一个重要特征。目前世界上很多国家都已经开发或正在开发自己的项目管理知识体系。例如，美国项目管理协会（PMI）开发的 PM-BOK Guide，国际项目管理协会（IPMA）开发的 ICB，英国项目管理协会（APM）开发的APMBOK 等。荷兰、德国、澳大利亚等也都有自己的 PMBOK，俄罗斯、日本、中国也都在开发自己的项目管理知识体系。

2.1.3.1　国外的项目管理知识体系

目前，国际上存在两大项目管理研究体系：一是美国项目管理协会（Project Management Institute，PMI），二是国际项目管理协会（International Project Management Association，IPMA）。在过去 30 多年中，项目管理两大阵营都为项目管理事业做出了卓越的贡献，但是，由于各自的研究重点和出发点不同，在许多问题上存在着明显的差异。

A 美国项目管理研究的发展概况

20世纪60年代美国国防部首创项目管理研究，当时业界主要关注的是项目管理采用的工具与方法。1969年PMI正式成立，1976年PMI提出制定项目管理标准，以两项假设为基础：一是某些特定的管理活动对于所有的项目管理是通用的；二是项目管理知识体系不仅对于实际从事项目管理的人员有益，同样也适用于教师和项目管理专业审核人员。1981年，PMI委员会立项并着手于"项目管理标准化"的研究，主要着眼于3个领域，即项目管理职业道德、项目管理知识体系和资格认证，随后这便成为PMI的评定审核基础。PMI的资格认证制度从1984年开始，PMI组织认证的项目管理专业人士称为PMP（Project Management Professional）。1986年刊登在项目管理期刊上的知识体系修订本，于1987年8月经PMI委员会审定为《项目管理知识体系》。后由PMI标准化委员会进一步修订，便产生了PMBOK Guide，于1996年出版，由PMI注册为PMBOK。PMBOK Guide近期又作了修订和更新，推出了PMBOK 2004版，但其保留了2000版的基本逻辑结构和指导思想。

PMBOK将项目管理分为九大领域，即范围管理、采购管理、风险管理、沟通管理、人力资源管理、整体管理、质量管理、成本管理和时间管理。

B 欧洲项目管理研究的发展概况

1965年IPMA正式成立，但当时没有进行统一资格认定工作。因此，欧洲一些国家或将PMBOK Guide作为本国项目管理资格鉴定的基础，或将PMI的内容全部照搬。另一方面，英国项目管理协会（The Associated for Project Management，APM）认为PMBOK Guide没有完全反映出项目管理应具备的知识，因此于20世纪90年代初开始着手于本国评审方法的研究，并制定出明显区别于PMI的知识体系。1986年英国项目管理研讨会的召开，促使APM项目专业组织（PSG）的成立并提出了APM项目管理知识体系的框架。

在英国出版了APMBOK之后，一些欧洲国家开始本国的项目管理认证研究，如荷兰的PMI、瑞士的SPM和德国的GPM都根据APMBOK建立了本国的项目管理知识体系，法国的AFITEP对APMBOK做了简化。

20世纪90年代中期，IPMA认为，应努力建成全球项目管理知识体系，以便那些尚未建立项目管理知识体系的国家参照。本国项目管理组织负责实现项目管理本地化的特定需求，而IPMA则负责协调国际间具有共性的项目管理需求问题。IPMA于1996年着手建立一系列统一定义的工作，并于1998年正式出版IPMA BOK——ICB，并译为英、法、德语发行。ICB总结了项目管理的知识和经验，包括28个核心要素和14个附加要素，如表2-1所示。

表2-1 ICB项目管理知识体系要素

28个核心要素			
项目和项目管理	项目目标和策略	资　源	项目组织
项目管理的实施	项目成功与失败的标准	项目费用与融资	团队工作
按项目进行管理	项目启动	技术状态与变化	领　导
系统方法与综合	项目收尾	项目风险	沟　通
项目背景	项目结构	效果度量	冲突与危机

续表 2-1

项目阶段与项目寿命周期	范围与内容	项目控制	采购与合同
项目开发与评估	时间进度	信息、文档与报告	项目质量
14 个附加要素			
项目信息管理	长期组织	对变更的管理	法律方面
标准与规则	业务流程	市场、生产管理	财务与会计
问题解决	人力资源开发	系统管理	
谈判与会议	组织的学习	安全、健康与环境	

2.1.3.2　国内的项目管理知识体系

A　中国项目管理知识体系

中国项目管理知识体系（C-PMBOK）是由中国项目管理研究委员会（PMRC）编写的，是为了在国内推行国际项目管理专业资质认证（IPMP）而推出的。

C-PMBOK 以项目寿命周期为主线，进行项目管理知识体系知识模块的划分与组织。C-PMBOK 大部分内容取自 PMI 的 PMBOK，还吸纳了一些 ICB 的知识要素。C-PMBOK 还将 PMBOK 的各个管理过程分置于概念、开发、实施、收尾四个阶段，将一些无法处理的过程和 PMBOK 中项目管理环境部分的内容都纳入公用知识模块。C-PMBOK 还结合了中国特色，加入了大量的与投资项目有关的内容。

C-PMBOK 的特色主要表现在以下方面：

（1）采用了"模块化的组合结构"，便于知识按需组合。模块化的组合结构是其编写的最大特色，通过 C-PMBOK 模块的组合能将相对独立的知识模块组织成为一个有机的体系，不同层次的知识模块可满足对知识不同详细程度的要求；同时，知识模块的相对独立性，使知识模块的增加、删除、更新变得容易，也便于知识的按需组合以满足各种不同的需要。模块化的组合结构是 C-PMBOK 开放性的保证。

（2）以寿命周期为主线，进行项目管理知识体系知识模块的划分与组织。C-PMBOK 按照国际上通常对项目寿命周期的划分，以概念阶段、开发阶段、实施阶段和收尾阶段这四个阶段为组织主线，结合模块化的编写思路，提出了项目管理各阶段的知识模块，便于项目管理人员根据项目的实施情况进行项目的组织与管理。

（3）体现中国项目管理的特色，扩充了项目管理知识体系的内容。C-PMBOK 在编写过程中充分体现了中国项目管理工作者对项目管理的认识，加强了对项目投资前期阶段知识内容的扩展，同时将项目后期评价的内容也列入了 C-PMBOK 中，并在项目的实施过程中强调了企业项目管理的概念。

B　中国项目管理知识体系纲要

《中国项目管理知识体系纲要》是由原国家经贸委经济干部培训中心和北京中科项目管理研究所合作，聘请国内项目管理专家组成中国项目管理知识体系委员会筹委会编写的，并在 2002 年 4 月中国（首届）项目管理国际研讨会上推出。《中国项目管理知识体系纲要》包括五个部分的内容。

第一部分：项目管理的概念、范畴和原则。内容包括：项目的基本概念和范畴以及项目管理的基本概念和原则。

第二部分：项目寿命期与阶段。内容包括：项目孵化阶段、项目启动阶段、项目规划阶段、项目实施阶段、项目收尾阶段、项目交接过渡阶段。

第三部分：项目管理的知识领域和技术方法。内容包括：范围管理，时间管理，费用管理，质量管理，人力资源管理，沟通与信息管理，采购管理，风险管理，健康、安全和环境管理，基于计算机网络的项目管理信息系统，整合管理，与项目密切相关的通用管理知识。

第四部分：组织机构与项目管理。内容包括：项目组织、项目团队、组织层次的项目管理。

第五部分：项目管理师职业素质和道德规范。

管理知识体系纲要以项目管理基本概念和相关范畴作为整个知识体系的出发点，以项目寿命周期各阶段为主线，阐述了项目管理的主要工作步骤和所应用的知识，并以项目管理的知识领域为另一主线，阐述了各知识领域的基本概念和技术方法。该纲要重视项目前期和后期的内容，强调说明了组织机构和项目管理的关系，并强调各不同应用领域的项目管理需要特殊知识作为知识体系的另一个重要方面，还着重提出了对项目管理人员职业素质和职业道德的要求。

C 建设工程项目管理规范

由原建设部主编的《建设工程项目管理规范》于2002年1月10日发布，2002年5月1日实施。该规范全面总结了15年来建筑企业借鉴国际先进管理方法，推行实行项目管理体制改革的主要经验，进一步规范全国建设工程施工项目管理的基本做法，促进建设工程施工项目管理科学化、规范化和法制化，提高建设工程施工项目管理水平，与国际惯例接轨。

该规范的内容包括：总则，术语，项目管理内容与程序，项目管理规划，项目经理责任制，项目经理部，项目进度控制，项目质量控制，项目安全控制，项目成本控制，项目现场管理，项目合同管理，项目信息管理，项目生产要素管理，项目组织协调，项目竣工验收阶段管理，项目考核评价，项目回访保修管理。

该规范规定，项目管理的内容包括：编制《项目管理规划大纲》和《项目管理实施规划》，项目进度控制，项目质量控制，项目安全控制，项目成本控制，项目人力资源管理，项目材料管理，项目机械设备管理，项目技术管理，项目资金管理，项目合同管理，项目信息管理，项目现场管理，项目组织协调，项目竣工验收，项目考核评价，项目回访保修。

项目管理的程序应依次为：编制《项目管理规划大纲》，编制投标书并进行投标，签订施工合同，选定项目经理，项目经理接受企业法定代表人的委托组建项目经理部，企业法定代表人与项目经理签订《项目管理目标责任书》，项目经理部编制《项目管理实施规划》，进行项目开工前准备，施工期间按《项目管理实施规划》进行管理，在项目竣工验收阶段进行竣工结算，清算各种债权债务，移交资料和工程，进行经济分析，做出项目管理总结报告并送企业管理层有关职能部门，企业管理层组织考核委员会对项目管理工作进行考核评价并兑现《项目管理目标责任书》中的奖惩承诺，项目经理部解体，在保修期满前企业管理层根据《工程质量保修书》的约定进行项目回访保修。

《建设工程项目管理规范》是针对特定类型项目的项目管理标准。由于服务的对象非常明确，因此该规范的内容包括管理过程和施工项目所特有的技术过程，例如，项目现场管理、项目竣工验收阶段管理、项目回访保修管理等。将管理过程和技术过程组合起来，有利有弊。其利表现在规范具有很强的可操作性，其弊表现在有些项目管理知识领域表述得不够完整。

2.2　土木工程项目管理

土木工程项目管理就是以土木工程项目为对象，用系统的理论和方法，依据建设项目规定的质量要求、预定时限、投资总额以及资源环境等条件，为实现建设项目目标所进行的有效决策、计划、组织、协调和控制的科学管理活动。

土木工程项目的管理者不但包括建设单位自身，还应包括设计单位、施工单位以及监理单位。针对土木工程专业的学生，项目管理更多的是关注施工期间的项目管理，施工项目管理的主体是施工企业及其授权的项目经理部。

2.2.1　土木工程项目管理的类型

从不同角度可将土木工程项目管理分为不同的类型。

2.2.1.1　按管理层次划分

按项目管理层次可分为宏观项目管理和微观项目管理。

宏观项目管理是指政府（中央政府和地方政府）作为主体对项目活动进行的项目管理。这种管理一般不是以某一具体的项目为对象，而是以某一类或某一地区的项目为对象；其目标是国家或地区的整体综合效益；宏观项目管理的手段是行政、法律和经济手段等，主要包括项目相关产业法规政策的规定，项目相关的财、税、金融法规政策的制定，项目资源要素市场的调控，项目程序及规范的制定与实施，项目过程的监督检查等。

微观项目管理是指项目业主或其他参与主体项目活动的管理。一般意义上的项目管理，即指微观项目管理。其手段主要是各种微观的经济法律机制和项目管理技术。项目的参与主体主要包括业主，作为项目的发起人、投资人和风险责任人；项目任务的承接主体，通过承包或其他责任形式承接项目全部或部分任务的主体；项目物资供应主体，为项目提供各种资源如资金、材料设备、劳务等的主体。

2.2.1.2　按管理范围和内涵不同划分

按工程项目管理范围和内涵不同分为广义项目管理和狭义项目管理。

广义项目管理是包括项目投资意向、项目建议书、可行性研究、建设准备、设计、施工、竣工验收、项目后评价全过程的管理。

狭义项目管理是指从项目正式立项开始，到项目可行性研究报告的批准，再到项目竣工验收、项目后评价的全过程管理。

2.2.1.3　按管理主体不同划分

土木工程项目的建设，涉及不同的管理主体，如项目业主、项目使用者、科研单位、设计单位、施工单位、生产厂商、监理单位等。从管理主体看，各实施单位在各阶段的任务、目的、内容不同，也就构成了项目管理的不同类型，概括起来大致有以下几种项目管理。

A 建设单位的项目管理

建设单位的项目管理是指由项目法人或委托人对项目建设全过程的监督与管理。按项目法人责任制的规定，新上项目的项目建议书被批准后，由投资方派代表组建项目法人筹备组负责项目法人的筹建工作，待项目可行性研究报告批准后正式成立项目法人，由项目法人对项目的策划、资金筹措、建设实施、生产经营、债务偿还、资产的增值保值实行全过程的负责，依照国家有关规定对建设项目的建设资金、建设工期、工程质量、生产安全等进行严格管理。项目法人和项目总经理对项目建设活动的组织管理构成了建设单位的项目管理，也称建设项目管理。

B 建设监理单位或咨询公司代业主进行的项目管理

较长时间以来，我国的工程建设项目组织方式一直采用工程指挥部或建设单位自营自管制。由于工程项目的一次性特征，使这种管理组织方式往往有很大的局限性：首先，在技术和管理方面缺乏配套的力量和项目管理经验，即使配套了项目管理班子，在无连续建设任务时也是不经济的。因此，工程项目建设监理制在结合我国国情并参照国外工程项目管理方式的基础上提出来了。社会监理单位是依法成立的、独立的、智力密集型经济实体，接受业主的委托，采取经济、技术、组织、合同等措施，对项目建设过程及参与各方面的行为进行监督、协调和控制，以保证项目按规定的工期、投资、质量目标顺利建成。

咨询方的项目管理是咨询方按照委托合同的要求，运用其知识和经验，保障委托方实现工程项目的预期目标。咨询方进行项目管理依靠的是咨询工程师自身所具备的知识、经验、能力和素质，是集工程、经济、管理等各学科知识和项目管理经验于一体的管理活动。咨询的本质是提供规范服务，咨询方一般不直接从事工程项目实体的建设工作，而只是提供阶段性或全过程的咨询服务。

C 承包方项目管理

承包方项目管理是指承包商为完成业主委托的设计、施工或供货任务所进行的计划、组织、协调和控制的过程。

（1）总承包方的项目管理。工程总承包方根据总承包合同的要求，对总承包项目所进行的计划、组织、协调、控制、指挥和监督的管理活动称为总承包项目管理。总承包项目管理一般涉及工程项目实施阶段全过程，即设计前准备阶段、设计阶段、施工阶段、动用前准备阶段和保修期。其性质和目的是全面履行工程总承包合同，以实现其经营方针为目标，以取得预期经营效益为动力而进行的工程项目自主管理。从交易的角度看，项目业主是买方，总承包单位是卖方，因此两者的地位和利益追求是不同的。

（2）设计方的项目管理。设计单位受业主委托承担工程项目的设计任务，以合同所界定的工作目标及其责任义务对设计项目所进行的管理称为设计项目管理。也可以说，设计方的项目管理也就是设计单位为履行工程设计和实现设计单位经营方针目标而进行的设计管理。尽管其地位、作用和利益追求与项目业主不同，但它也是土木工程设计阶段项目管理的重要方面。只有通过设计合同，依靠设计方的自主项目管理才能贯彻业主的建设意图和实施设计阶段的投资、质量和进度控制。

（3）施工方的项目管理。施工单位为履行工程合同和落实企业的生产经营方针，在项目经理负责制的条件下，依靠企业技术和管理的综合实力，对施工全过程进行计划、组织、指挥、协调、控制和监督的系统管理活动，称为施工项目管理。一个完整的工程项目的施工包括土建工程施工和建设设备工程施工安装等部分，最终形成具有独立使用功能的建筑产品。从工程项目系统分析的角度看，分项工程、分部工程也是构成工程项目的子系统，按子系统定义项目，既有其特定的约束条件和目标要求，而且也是一次性的任务。所以在工程项目按专业、按部位分解发包的情况下，承包方仍然可以按承包合同界定的局部施工任务作为项目管理的对象，这就是广义的施工企业的项目管理。项目经理的责任制目标体系包括工程施工质量、成本、工期、安全和现场标准化，这一目标体系，既和工程项目的总目标相联系，又带有很强的施工企业项目管理的自主性特征。

（4）供应方的项目管理。供应方的项目管理是指工程项目物资供应方，以供应项目为管理对象，以供应合同所界定的范围和责任为依据，以项目的整体利益和供应方自身的利益为宗旨所进行的管理活动。从建设项目管理的系统分析角度看，物资供应工作也是工程项目实施的一个子系统，它有明确的任务和目标，明确的制约条件。制造厂、供应商可以将加工生产制造和供应合同所界定的任务作为项目进行目标管理和控制，以适应建设项目总目标控制的要求。

D　政府的建设管理

政府建设主管部门不参与建设项目的生产活动，但由于建筑产品的社会性强、影响大及生产和管理的特殊性等，需要政府通过立法和监督来规范建设活动的主体行为，保证工程质量，维护社会公共利益。政府的监督职能应贯穿项目实施的各个阶段。

2.2.2　土木工程项目管理的研究方法

土木工程项目管理融合了工程技术、管理学、经济学、法学及计算机科学等学科知识，要想掌握这些理论知识，需要了解和运用系统分析法、控制论方法、信息论方法以及定性与定量相结合的方法等主要研究方法。

2.2.2.1　系统分析法

系统分析法是运用系统理论来研究工程项目管理的方法。系统理论是研究系统的模式、原则、规律及功能的科学。系统是由一些相互联系、相互作用的要素或工作单元组成的集合。系统具有目的性、开放性、相互关联性和动态性等特点，总系统的功能大于子系统功能之和。

将系统分析法引入土木工程项目管理，首先，要求我们树立整体观念，即把一个工程项目看成一个独立、完整的管理系统，它由许多子系统组成，各个子系统既相互独立又相互联系。其次，要将工程项目系统视为一个开放的系统。土木工程项目与外部环境有密切的联系，外部环境给项目提供技术、物质、劳动力和信息等资源，只有重视项目组织和社会环境之间的物质交换，才能保证土木工程项目具有活力，在资源的约束下更好地实现目标。最后，要从系统总目标出发，加强子系统、子项目之间的沟通与协调，避免矛盾，减少冲突，相互支持，共同发展，确保达成预期的工程项目总目标。

2.2.2.2　控制论方法

控制论是研究各种系统控制和协调的一般规律的科学。控制论的基本概念是信息和反馈概念。控制论的创始人维纳认为，客观世界有一种普遍联系，即信息联系。任何组织之所以能保持自身的稳定性，是由于它具有取得、使用、保持和传递信息的方法。这个信息的转换过程，又可以简化为信息、输入、存储、处理、输出、信息，在此过程中，存在着反馈信息。所谓反馈信息是指一个系统的输出信息反作用于输入信息，从而起到控制与调节的作用。这种由信息和信息反馈构成的系统自动控制规律，对土木工程项目管理的时间具有重要的实践意义。项目管理中的工期、质量、费用的控制就是具体的体现。在土木工程项目管理这三大目标的控制中，应重视信息反馈，形成管理工作的自动调节，才能保证工程项目不超支、不逾期和高质量。管理学中的事前控制、事中控制和事后控制都在工程项目实施中得到了广泛的应用。此外，土木工程项目的风险控制也是源于控制论的理论思想。

2.2.2.3　信息论方法

信息论是研究信息的本质及信息的计量、传递、交换、存储的科学。信息是一种经加工而形成的特定数据、文件、图形文件等。工程项目管理可以视为对整个工程项目的人流、物资流、资金流和信息流的管理，其中信息流是首要的。工程项目的管理者是通过项目的信息流对人流、物资流、资金流来进行管理的。信息论强调在项目管理中高度重视信息管理，要做好项目管理工作，必须善于及时、全面、准确、动态地采集项目发展过程中大量的决策信息、组织信息、进度信息、质量信息、费用信息、风险信息和合同管理信息等，并经过加工处理，将其传递到需要使用这些信息的管理层和主管层，以便他们及时决策，调整工作，促进工程项目阶段性任务的完成和总任务的完成。在管理活动中的决策失误或决策滞后绝大多数是由于缺乏可靠的信息所致。运用信息论的方法加强工程项目的信息管理，需要依靠计算机与网络技术，建立工程项目管理信息系统，也可运用相关的软件进行信息化管理，以提高项目管理的效率。

2.2.2.4　定性与定量相结合的方法

工程项目的管理既要运用定量分析进行项目决策、费用控制、工期材料控制和风险测量等，又要运用定性分析的方法对项目全过程的许多环节进行管理，如组织管理、协调管理、合同管理等。同企业管理相同，定性与定量分析是工程项目管理不可或缺的两种工具。学习本课程，必须学会灵活运用这两种工具，以提高分析和解决工程项目全过程中各种管理问题的能力。

3　土木工程项目管理的发展历史及发展趋势

本章概要

（1）国内外土木工程项目管理的发展历史。

（2）土木工程项目管理的发展趋势。出现了国际化、专业化、规范化、协作化等趋势。

3.1　土木工程项目管理的发展历史

3.1.1　国外土木工程项目管理的产生与发展

项目管理的思想源于建筑行业。20世纪初，人们开始探索管理项目的科学方法，之后，项目管理的理论研究和实践不断地丰富和发展。20世纪30年代，由Henry L. Gantt发明的横道图及里程碑系统已经成为计划和控制军事工程与土木工程项目的重要工具，然而，真正意义上的项目管理概念是美国在二战后期实施曼哈顿项目时提出来的。20世纪50~70年代，是项目管理的传播与现代化阶段，其重要特征是开发、推广与应用网络计划技术。网络计划技术的核心是关键路线法（CPM）和计划评审技术（PERT）。它的开发和应用，使美国海军部门在研究北极星号潜艇所采用的远程导弹F. B. M项目中，顺利解决了组织协调问题，节约了投资，缩短工期近25%。此后，该技术在美国三军和航空航天局范围内全面推广，并很快在全世界范围内得到重视，成为管理项目的一种先进手段。20世纪60年代，利用大型计算机进行网络计划的分析计算已经成熟，人们可以用计算机进行工期计划和控制。20世纪70年代初，计算机网络分析程序已十分成熟，人们将信息系统方法引入项目管理中，提出项目管理信息系统，这使人们对网络技术有更深的理解，扩大了项目管理研究的深度和广度，同时扩大了网络技术的作用和应用范围，在工期计划的基础上实现用计算机进行资源和成本的计划、优化和控制。20世纪80年代，项目管理研究领域得到进一步扩展，涉及合同管理、界面管理、项目风险管理、项目组织行为和沟通，随着计算机的普及，加强了决策支持系统、专家系统和互联网技术应用的研究。此时项目管理的应用还仅限于建筑、国防和航天等少数领域。进入90年代以来，项目管理方式从根本上改善了管理人员的工作效率，其应用领域扩展到电子、通讯、计算机、软件开发、制药、金融等行业乃至政府机关。项目管理人员不再被认为仅仅是项目的执行者，而要求他们能胜任更加复杂的工作，参与到需求确定、项目选择、项目计划直至收尾的全过程，在时间、成本、质量、风险、合同、采购、人力资源等各个方面对项目进行全方位的管理。

3.1.2　我国土木工程项目管理的产生与发展

我国进行工程项目管理的实践活动已有两千多年的历史。土木工程项目与人类的发展紧密相连，在古代，为适应人类生产与生活的需要，人们会建造诸如房屋与作坊、灌溉农田的水利工程、排洪工程、运河工程、神殿寺庙等土木工程。都江堰水利工程、宋朝丁渭修复皇宫的工程、北京故宫工程等名垂史册的工程项目管理实践活动反映了我国古代工程项目管理的水平和成就，但是从这些工程实践中，还不能得出一些系统的管理方法和制度结论。

我国的项目管理起源于20世纪60年代初，如老一辈科学家钱学森推广的系统工程理论和方法、华罗庚推广的"统筹法"。国防科研部门也有计划地引进了国外大型科技项目的管理理论和方法，如20世纪60~70年代相继引入网络计划技术（PERT）、规划计划预算系统（PPBS）、工作任务分解系统（WBS）等技术和全寿命周期管理概念。对项目管理系统进行研究和实践是从20世纪80年代初期开始的，总体来说经历了三个阶段。

第一阶段：鲁布革水电站的项目管理实践是工程项目管理改革的起点。鲁布革水电站引水系统工程是我国第一个利用世界银行贷款，并按照世界银行规定进行国际竞争性招标和项目管理的工程。它于1982年进行国际招标，1984年11月正式开工，1988年7月竣工，创造了著名的"鲁布革工程项目管理经验"。其要点是：将竞争机制引入到工程建设领域，实行铁面无私的工程招投标；实行全过程总承包方式和项目管理；施工现场的管理机构和作业队伍精干高效；科学组织施工，采取先进的施工技术和施工方法，讲究综合经济效益。

第二阶段："招投标制"、"建设工程监理制"、"项目业主责任制"三项制度的确立，标志着我国建设市场体系的基本形成。从1984年开始，在全国建设领域内广泛推广"鲁布革经验"，工程建设领域普遍推行招投标，并将其作为一种制度在全国执行。招投标制度的实行是发展社会主义市场经济的客观需要，促进了建设市场各个主体之间进行公平交易、平等竞争，以确保建设项目目标的实现。1988年开始推行工程监理制度。由项目法人通过招标或委托的方式选择已具有监理资质的法人对施工合同进行管理。实行建设监理制，可促进建设项目管理的社会化和专业化，及时解决合同履行过程中的矛盾和争端，促进项目管理水平的提高。1992年11月，原国家计划经济委员会正式颁发了《关于项目实行业主责任制的暂行规定》，项目业主责任制的目的是建立起高效的投资运行机制和项目管理机制，以使项目投资责任主体走上自主经营、自我决策、自担风险、追求效益的良性发展道路。

第三阶段：进入21世纪，"三项制度"在不断完善和发展，同时PM、PMC、Partnering、一体化管理等新型建设模式受到人们的重视，得到较多的研究和应用。尤其是代建制模式的提出，对完善公益性建设项目的法人责任制，提高公益性建设项目的建设水平起到了一定的效果。2004年7月，国务院在《关于投资体制改革的决定》中明确提出，对非经营性政府投资项目加快推行代建制，即通过招标等方式，选择专业化的项目管理单位负责建设实施，严格控制项目投资、质量和工期，竣工验收后移交使用单位。

3.2　土木工程项目管理的发展趋势

随着人类社会在经济、技术、社会和文化等各方面的发展，工程项目管理理论与知识体系的逐渐完善，工程项目管理出现了国际化、专业化、标准化和规范化、信息化、协作化、全寿命周期管理的发展趋势。

（1）土木工程项目管理的国际化。随着经济全球化的步步深入，土木工程项目管理也在朝着国际化的方向发展。工程项目管理的国际化要求项目按照国际惯例进行管理，依照国际通行的项目管理程序、准则、方法以及统一的文件形式进行项目管理，使来自不同地区和民族的各参与方在项目实施中建立起统一的协调基础。加入 WTO 后，我国的行业壁垒瓦解，国内市场国际化，外国工程公司利用其在资本、技术、管理、人才、服务等方面的优势，挤占我国国内市场，尤其是工程总承包市场，国内建设市场竞争日趋激烈。工程建设市场的国际化必然导致工程项目管理的国际化，这对我国工程管理的发展既是机遇又是挑战。一方面，随着我国改革开放的步伐加快，国际合作项目越来越多，这些项目要通过国际招标、国际咨询或 BOT 方式运作，这样做不仅可以从国际市场上融到资金，加快国内基础设施、能源交通重大项目的建设，而且可以从国际合作项目中学习到经济发达国家工程项目管理的先进的管理制度和方法。另一方面，根据最惠国待遇和国民待遇准则，我国的工程建设企业与他国工程建设企业拥有同样的权力承包国际工程项目，这样国内工程企业将获得更多的机会进行海外投资和经营，通过国际工程市场的竞争抢占国际市场，锻炼组织团队，培养人才。

（2）土木工程项目管理的专业化。现代土木工程项目投资规模大、技术复杂、涉及领域多、工程范围广泛的特点，带来了土木工程项目管理的复杂性、多变性，对工程项目管理提出了更高的要求。因此，职业化的项目管理者或项目管理组织应运而生。在项目管理专业人士方面，通过 IPMP 和 PMP 认证考试的专业人员就是一种形式。在我国工程项目领域的职业项目经理、项目咨询师、监理工程师、造价工程师、建造师以及在设计过程中的建筑师、结构工程师等，都是项目管理人才专业化的形式。专业化的项目管理组织是国际上工程建设界普遍采用的一种形式，是指受工程项目业主委托，对工程建设全过程或分阶段进行专业化管理和服务的工程项目管理公司。除此之外，工程咨询公司、工程监理公司、工程设计公司等也是专业化组织的体现。随着工程项目管理制度与方法的发展，工程管理的专业化水平会逐步提高。

（3）土木工程项目管理的标准化和规范化。工程项目管理是一项技术性非常强的工作，要符合社会化大生产的需要，工程项目管理必须标准化、规范化，这样项目管理工作才具有通用性，才能专业化，才能提高管理水平和经济效益。国际上先后成立的 IPMP 和 PMP 等有关项目管理的协会组织，旨在提高项目管理的科学化、规范化、专业化。我国也成立了诸如"中国优选法、统筹法与经济数学研究会项目管理学会"、"中国建筑业协会工程项目管理专业委员会"、"中国建筑学会建筑统筹管理分会"等从事项目管理研究的学术团体。其中，中国建筑业协会组织完成了建设工程项目管理规范的制定，中国优选法、统筹法与经济数学研究会发起，组织研究并形成了我国项目管理知识指南体系。从 2000 年 3 月开始，根据原建设部建筑市场监管司和标准定额司的指示，由中国建筑业协会工程项目管理专业委员会组成了《建设工程项目管理规范》编写委员会编写规范，该规范于 2002 年开始实施，是我国工程项目管理发展的一个里程碑，它把中国的工程项目管理提高到一个崭新的平台上，开启了新的发展历程。该规范已于 2006 年进行了新的修订，为我国的工程项目管理水平向更规范、更科学的道路迈进规划了新的标准。

（4）土木工程项目管理的信息化。伴随土木工程项目日益大型化、综合化与复杂化，项目管理知识密集与信息密集的特点日益凸现。信息技术手段在工程项目管理中的作用已经得到共识，采用项目管理信息系统（project management information system，PMIS）进行项目管理已经成为现代土木工程项目管理的重要特征之一。国内外对 PMIS 进行了较多的探索与实践，加之项目管理理论的不断发展，工程项目管理中信息技术的支持作用已得到很大的强化。然而在实践过程中，特别是工程建设项目在工期、成本、质量、安全、环境等方面约束的不断增加以及整体技术装备水平迅速提升的情况下，工程项目及其管理呈现了许多新的特点，并相应地对信息技术手段提出了新的要求，包括多用户并行服务、多业务流程交叉与数据一致性保持、更精确直观的进度形象测量与管理、充分支持现场检查与管理的移动信息处理、综合考虑安全与环境等新要素并更精确地满足物资运输与现场暂存等要求对传统的项目管理及其信息系统形成了新的挑战。与此同时，信息技术领域的快速发展为 PMIS 应对上述挑战提供了新的契机与手段，以地理信息技术与遥感技术为代表的地理空间信息技术，以虚拟现实、三维仿真为代表的可视化技术，以业务流程管理与网络服务技术为代表的协同计算技术以及以企业资源管理（ERP）和物流技术为代表的资源综合管理与规划技术等为应对上述挑战提供了契机与手段。工程项目的信息化已经成为提高项目管理水平的重要手段。目前，许多项目管理公司不仅开始大量使用项目管理软件进行工程项目管理，而且还从事项目管理软件的开发研究工作，工程项目管理的信息化已经成为必然趋势。

（5）土木工程项目管理的协作化。工程项目参与各方由对立关系转为协作关系，这是一个必然的趋势。由于土木工程项目本身具有复杂性、长期性和风险性等特点，又加上项目实施过程中参与方众多，而且合同签约的双方在经济利益上是对立的，所以在项目全寿命周期中不可避免地会发生一些冲突。土木工程项目管理协作化的关键在于抛弃传统的合同各方之间的对立关系，同时建立起可持续的多赢的合作关系。协作性的项目管理模式强调工程项目的协调管理，即广泛采用各种协调理论分析工具和技术实现手段，通过协调、谈判、约定、协议、沟通等协调方式，对项目各参与方及其活动进行协调，调动一些相关组织力量，使各方紧密配合，步调一致，形成最大的合力，以提高组织效率，最终实现组织的特定目标和项目、环境、社会、经济的可持续发展。

（6）土木工程项目全寿命周期管理。工程项目全寿命周期管理就是运用工程项目管理的系统方法、模型、工具等对工程项目相关资料进行系统集成，对项目寿命周期各项工作有效整合，并达成工程项目目标和实现投资效益最大化的过程。工程项目全寿命周期管理是将项目决策阶段的开发管理、实施阶段的项目管理和使用阶段的设施管理集成为一个完整的项目全寿命周期管理系统，对工程项目全过程统一管理，使其在功能上满足需求，经济上可行，达到业主和投资人的投资收益目标。工程项目全寿命周期管理既要合理确定目标、范围、规模、建筑水准等，又要使项目在既定的建设期限内，在规划的投资范围内，保质保量地完成建设任务，确保所建设的工程产品能满足投资商、项目的经营者和最终用户的要求；还要在项目运营期间，对设施物业进行维护管理、经营管理，使工程项目尽可能创造最大的经济效益。这种管理方式是工程项目更加面对市场，直接为业主和投资人服务的集中体现。

小　　结

　　我国的土木工程项目管理制度是在学习和消化国外工程项目管理的理论、方法和成功经验，总结国外工程项目管理失败教训的基础上建立起来的。本专题首先对土木工程项目及其相关概念进行了界定，并阐述了项目及土木工程项目的特点和分类。然后对项目管理及土木工程项目管理进行了说明，介绍了国内外项目管理知识体系，以及土木工程项目管理的类型及研究方法，为后面专题的研究奠定了基础。最后，介绍了土木工程项目管理的发展历史和发展趋势，我国的土木工程项目管理在未来有国际化、专业化、标准化和规范化、信息化、协作化、全寿命周期管理等发展趋势。

思　考　题

0-1　什么是项目，项目的特征是什么？

0-2　试述土木工程项目的特征。

0-3　试述项目管理的概念及特征。

0-4　简述项目管理两大知识体系。

0-5　土木工程项目管理按管理主体划分有哪些类别，它们各自的主要任务是什么？

0-6　土木工程项目管理的研究方法有哪些？

0-7　试述工程项目管理的发展趋势。

0-8　什么是土木工程项目全寿命周期管理？

专题一　土木工程项目策划与决策

土木工程项目整个寿命周期分为策划阶段、实施阶段、运营阶段三个部分。项目的策划阶段就是项目诞生的阶段，是项目从构思、定义，提出项目建议书，到可行性研究，最终决定实施的阶段，是土木工程项目成败的关键阶段之一。

4　土木工程项目前期策划

本章概要

（1）前期策划的定义、程序、任务及作用。

（2）项目构思，包括构思的产生和构思的选择。

（3）目标设计，包括情况分析、问题的定义、目标因素的提出、目标系统的建立四个步骤。

（4）项目定义的概念，项目的审查和选择以及项目建议书的提出。

4.1　前　期　策　划

土木工程项目前期策划是整个土木工程策划过程的重中之重，是一个项目的开端，决定着项目的成败。因此，必须运用科学的程序、合理的方法，才能顺利完成前期策划的任务，发挥其应有的作用。

4.1.1　前期策划的定义

土木工程项目策划是指通过调查研究和收集资料，在充分占有信息的基础上，针对项目的决策、实施和生产运营，或决策、实施和生产运营的某个问题，进行组织、管理、经济和技术等方面的科学分析和论证，为项目建设的决策、实施和生产运营服务。

由此可见，土木工程项目策划是把建设意图转变成定义明确、系统清晰、目标具体且具有策略性运作思路的高智力系统活动，包括土木工程项目系统构思策划、土木工程项目管理策划和项目建成后的运营策划，如图 4-1 所示。

土木工程项目策划具有以下几个特点：

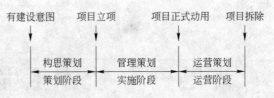

图 4-1　土木工程项目寿命周期

（1）土木工程项目策划应重视建设环境和条件的调查与分析，任何土木工程项目都处于社会经济系统中，项目的决策和实施与社会政治、经济及自然环境紧密相关，必须对建设环境和条件进行全面的、深入的调查和分析。

（2）土木工程项目策划是一个开放性的工作过程，土木工程项目策划需要整合多方面专家的知识，包括组织知识、管理知识、经济知识、技术知识、设计经验、施工经验等，从事策划的专业咨询单位往往是开放型组织，与政府部门、教学科研单位、规划单位、设计单位和施工单位等相互联系。

（3）土木工程项目策划是一个知识管理的过程，策划是专家知识的组织和集成以及信息的组织和集成的过程，其实质是知识管理的过程，即通过知识的获取，经过知识的编写、组合和整理，从而形成新的知识。

（4）土木工程项目策划是一个创新增值的过程，项目策划是根据现实情况和以往经验，对事物变化趋势做出判断，对所采取的方法、途径和程序等进行周密而系统的构思和设计，是一种超前性的高智力的活动，是创新增值的过程。

（5）土木工程项目策划是一个动态过程，一方面，随着项目的开展，项目策划的内容根据项目需要和实际可能性不断丰富和深入；另一方面，项目早期的策划工作往往是在信息不够充分和一定的经验性假设的基础上进行的，所做的分析也是粗略的估计，随着项目信息的不断增多，对原来的假设不断验证，同时环境和条件不断发生变化，所以策划结果需要不断进行论证和调整，逐步提高准确性。

土木工程项目前期策划是指在建设领域内，项目策划人员根据建设业主总的目标要求，从不同的角度出发，通过对土木工程项目进行系统分析，对建设活动的整体战略进行运筹规划，对建设活动的全过程作预先的考虑和设想，以便在建设活动的时间、空间、结构三维关系中选择最佳的结合点，重组资源和展开项目运作，为保证项目在完成之后获得满意可靠的经济效益、环境效益和社会效益而提供科学的依据。

土木工程项目前期策划产生于项目构思到项目批准立项确定项目为止的这一阶段，主要是上层管理者的工作，前期策划工作的主要任务是寻找并确定项目目标、定义项目，并将项目进行详细技术经济论证。因此，土木工程项目前期策划过程是一个"无中生有"的过程，是业主方、策划方、政府部门及外部专家思想碰撞的过程。虽然土木工程项目前期策划相对于项目执行过程中的设计粗略得多，但其策划的好坏会直接影响项目的未来实施以及项目的成败，因此必须运用科学的方法来保证策划的质量。

土木工程项目前期策划行动是一个动态创造过程，环环相扣，步步为营，是一个相互联系的体系，构成一个有机的整体，表现出严密的内在逻辑，使策划更加灵活、睿智、严密，体现出整体的理念和运筹帷幄的前瞻性，因此土木工程项目前期策划应遵循以下几项基本原则：

（1）利益最大化原则。业主投资土木工程项目，其主导因素就是追求利益最大化，实现其资源优化配置。

（2）客观性原则。前期策划要遵循客观性。只有对策划主体的现实状况进行仔细、深入的全面调查，攫取尽可能准确的系统的客观资料，把客观、真实的问题及其正确的分析作为策划的依据，才能对项目的定位、品质、功能等有准确的把握。有理、有据才能够保证整个前期策划的客观现实性，使项目的功能得到良好的运转和运营。

（3）整体规划原则。土木工程项目的前期策划必须立足于全局，着眼于未来，注重研究整体的指导方针和策略，遵循局部服从整体，整体带动局部的规律。瞻顾现状，也必须注重长远的规划，拉动项目的后期动力，顾全眼前与长远之间的内在联系，实现项目策划的整体规划框架。任何策划都是一个系统，而系统是有层次的，有母系统、子系统。不同层次对应不同的策划，下一层次的策划要与上一层次的战略思想相符，并行不悖，反映出层次之间的整体性。现代项目越来越大，影响因素具有复杂性和不定性，因此项目前期策划的整体性原则显得更为重要。

（4）时效性原则。任何策划方案都必须具有可行性和有效性。项目前期策划的可行性分析实际上贯穿于策划的全过程。要求每一项策划应充分考虑所形成的策划方案的可行性，重点分析考虑策划方案可能产生的利益、效果、危害情况的风险程度，综合考虑、全面衡量利害得失；同时，是否符合以最低的代价获取最优效果的标准，力争以最小的投入实现策划的目标。策划方案是否在科学理论指导下，切实进行调查、研究、制定，在预测的基础上严格按照策划的程序进行科学想象和创新思维而形成的，其在各个方面的联系是否和谐统一，决定着策划能否高效率实施。因此，策划有效实施的合理性决定了方案的结构和运作机制。

（5）机动性原则。策划是处于高度机动状态的活动。土木工程项目前期策划的灵活机动，体现国家的政策、方针的导向性，经济因素的多变性，社会环境的复杂性。因此，增强策划的动态意识，及时准确地掌握策划对象影响因素的变化，积极开展调查活动和预测工作，针对信息的可靠程度及因素变化的范围和幅度，调整相应的策划目标并修正策划方案，重新评价修正后的经济效果，判断效益是否增减，从而使方案的策划更加灵敏、准确、完善。

（6）出奇制胜原则。土木工程项目前期策划在把握全局的同时，要有标新立异的观点，意在达成突然性，核心在"奇"。这样，对项目的功能运用才能够达到出其不意的效果和实现潜在的经济效益。

（7）群体意识原则。充分发挥群体力量，针对目标和问题，运用集体智慧进行系统的策划工作。这样，在实践中更具有科学性、合理性、可行性和操作性，策划方案的实施效果更加突出，更加有效率。

土木工程项目前期策划工作，从大的方面来说，可以更好地满足国家建设和人民物质文化生活的需要，促进国民经济健康发展；从小的方面来说，可以使项目建设顺利进行，达到工期、质量和投资三大控制目标。具体地讲，搞好土木工程项目前期策划的意义主要有四个方面，即通过全面而深入地调查和分析项目建设的环境，可以为科学决策提供依据；明确项目定义，为项目实施，尤其是为规划设计提供了依据；通过项目前期策划，确定项目目标，明确项目管理工作，提出融资方案；搞好项目前期策划，有利于项目的经营管理和物业管理。

4.1.2　前期策划的程序和任务

土木工程项目前期策划是一个相当复杂的过程，不同项目前期策划的内容和步骤不完全一样，但一般工作程序包括项目构思、项目目标设计、项目定义和定位、项目系统构成、策划报告。

4.1.2.1　项目构思

项目构思就是提出实施项目的各种各样的设想，是对未来投资项目的目标、功能、范围以及项目设计的各主要因素和大体轮廓的设想和初步界定。项目构思的好坏，不仅直接影响着项目实施的进展，从某种意义上来说，项目构思直接决定着项目的目标能否最终圆满地实现。进行项目构思一般要考虑以下因素：

（1）项目投资的意义、方向及背景；

（2）项目功能、价值及目标；

（3）项目投资环境、市场前景及资源条件；

（4）项目运营后的经济效益以及社会、环境的整体效益；

（5）项目投资的风险及化解方法；

（6）项目资金的筹措。

4.1.2.2　项目目标设计

在项目构思的基础上，进行项目基本目标策划，对项目构成、项目过程、项目环境进行深入分析，结合项目主体自身状况，提出目标，建立目标系统。

4.1.2.3　项目定义和定位

项目定义描述了项目的性质、用途、建设范围和基本内容。项目定位描述和分析了项目的建设规模、建设水准，项目在社会经济发展中的地位、作用和影响力。

4.1.2.4　项目系统构成

通过对项目的总体功能、项目内部各单项单位工程的构成及各自的功能和相互关系、项目内部与外部的协调和配套关系、实施方案及其可能性分析，对项目在时间、空间、结构、资源等多维关系中进行统筹安排，找出项目实施的最佳结合点。

4.1.2.5　策划报告

策划报告是整个策划工作的总结和表达，要有丰富、翔实的内容，能够完全表达项目策划人的意图。

项目策划工作不是固定不变的，由于项目实际情况不同，在项目前期策划工作步骤上会有很大的不同。在项目建设过程中，随着项目工作的逐渐进行和深化，项目策划各步骤的内容也根据项目的需要和实际不断丰富和深化，并不断修正精确。

以上只是原则性的工作程序，实际运用时，各项工作需要互相考虑、互相协调。

土木工程项目前期策划的过程如图 4-2 所示。

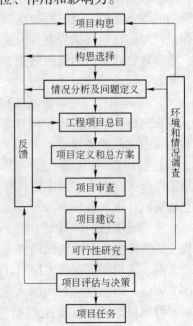

图 4-2　土木工程项目前期策划的过程

土木工程项目前期策划阶段的基本内容包括项目环境和条件的调查与分析、项目定义和项目目标论证、组织策划、管理策划、合同策划、经济策划、技术策划和项目实施的风险分析与策划。土木工程项目前期策划阶段的策划任务如表 4-1 所示。

表4-1　土木工程项目前期策划阶段的策划任务

策划任务	土木工程项目前期策划阶段
环境调查和分析	项目所处的建设环境，包括能源供给、基础设施等；项目所要求的建筑环境，其风格和主色调是否和周围环境相协调；项目当地的自然环境，包括天气状况、气候和风向等；项目的市场环境、政策环境以及宏观经济环境等
项目定义和论证	包括项目的开发或建设目的、宗旨及其指导思想；项目的规模、组成、功能和标准；项目的总投资和建设开发周期等
组织策划	包括项目的组织结构分析、决策期的组织结构、任务分工以及管理职能分工、决策期的工作流程和项目的编码体系分析等
管理策划	制订建设期管理总体方案、运行期管理总体方案以及经营期管理总体方案等
合同策划	策划决策期的合同结构、决策期的合同内容和文本、建设期的合同结构总体方案等
经济策划	开发或建设成本分析、开发或建设效益分析；制订项目的融资方案和资金需求量计划等
技术策划	包括技术方案分析和论证、关键技术分析和论证、技术标准和规范的应用和制定等
风险分析	对政治风险、政策风险、经济风险、技术风险、组织风险和管理风险等进行分析

4.1.3　前期策划的作用

土木工程项目前期策划对整个土木工程项目的成败具有重要的意义，合理的前期策划的作用主要体现在以下几个方面：

（1）构思项目系统框架。项目策划的首要任务是根据项目建设意图进行项目的定义和定位，全面构思一个拟建的项目系统。通过项目系统的功能分析，确定项目系统的组成结构，提出项目系统的构建框架，使项目的基本构思变为具有明确内容和要求的行动方案。

（2）为项目决策提供保证。一个与社会经济环境、市场和先进的技术水平相适应的建设方案的产生并不是投资者主观愿望和某些意图的简单构思就能完成的，它必须通过专家的分析、构思和具体的策划，并进行实施的可能性和可操作性分析，才能使建设方案建立在可运作的基础上，也只有在这个基础上进行项目可行性研究所提供的经济评价结论才具有可实现性，才能为项目的投资决策提供客观的、科学的保证。

（3）指导项目管理工作。项目策划不仅把握和解释项目系统总体发展的条件和规律，而且深入到项目系统构成的各个层面，针对项目各个阶段的发展变化，对项目管理的运作方案提出系统的、具有可操作性的构想，成为指导项目实施和管理的基本依据。

4.2　项目构思

每个土木工程项目的建设都有其特定的政治、经济和社会生活背景。从简单而抽象的建设意图的产生，到具体复杂的工程建成，期间的各个环节、各个过程的活动内容、方式及其要求达到的预期目标，都离不开计划的指导。而计划的前提就是行动方案的构思。

4.2.1　项目构思的产生

土木工程项目构思是一种概念性策划，它是在企业系统目标的指向下，从现实和经验中得出项目策划的前提和基础，在此基础上形成项目的大致策划轮廓，再对这些策划的轮廓进行论证和选择。项目构思要求在项目前期策划中，对整个工程项目有一个系统的认识和延展，使构思的产生蕴含着对社会需要和功能问题的雏形显现以及为实现目标而形成的轮廓设想。项目构思是整个策划系统的关键和灵魂，也是最富有创造性的一环，它关系到后来项目开发研究结果的性质、价值及成败。

土木工程项目构思的提出，一般根据国家经济、社会发展的近远期规划和项目提出者生产经营或社会物质文化生活的实际需要，以国家的法律、法规和有关政策为依据，结合实际的建设条件进行。任何土木工程项目都从构思开始，根据不同的项目和不同的项目参与者，土木工程项目构思的起因不同。通常土木工程项目构思的起因主要有以下几个方面：

（1）通过市场研究发现新的投资机会、有利的投资地点和投资领域。

（2）上层系统运行存在的问题或困难。

（3）上层战略或计划的分解，如国家、地区、城市的发展计划。

（4）项目业务，如建筑承包公司的项目。

（5）通过生产要素的合理组合，产生项目机会。

土木工程项目构思重点需要构思者的思路不拘泥于一条线索，尽最大可能地从多角度、多方向看待问题和解决问题，借鉴和调用不同领域的知识，发挥主观能动性和思维超前性，深入分析社会潜在需求和潜在问题，使项目的实施和运行达到预期的效益。土木工程项目的构思是以国家及地方法律法规和有关政策方针为依据，围绕项目的功能和用途而展开的，主要目的是使土木工程项目兼顾方方面面，并结合国际国内经济、社会发展方向和实际的建设条件进行。其主要内容如下：

（1）项目性质、用途、建设规模、建设水准的想法。

（2）项目在社会经济发展中的地位、作用和影响力的构想。

（3）项目系统的总体功能，系统内部各单项、单位工程的构想及各自作用和相互联系，内部系统与外部系统的协调、协作和配套的策划。

（4）其他与项目构思有关的思路和策划。

土木工程项目的构思是在构思目标的指导下，从项目环境信息和经验中进行概念挖掘、主题开发、时空运筹，形成项目构思的过程。土木工程项目构思过程如图4-3所示。

（1）概念挖掘是对整体项目轮廓的描述，是创意的再现，是抽象思维的创造过程，更是构思的灵魂。因此，整个构思系统都围绕概念挖掘进行展开，并层层深入，层层延展，是时间和空间

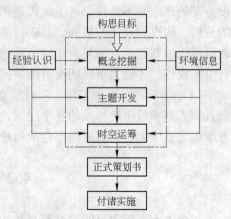

图4-3　土木工程项目构思过程图

运筹的前提，有助于项目策划的方案形成。

（2）主题开发是围绕问题充分地发挥主题的创造力，使项目的策划能接受潜在意识和外界各种信息的刺激和启发，通过科学技术手段把这种观念或思路变成创造性地解决问题的中心。

（3）时空运筹是对项目实施在空间和时间上的展开，把构思主题的中心与最重要、最有决定意义的部分任务目标在空间上保持一致。考虑项目的社会效应、市场竞争、消费习惯、目标定位等因素，选择好空间媒介，帮助项目更好地实现。

4.2.2　项目构思的选择

土木工程项目构思的过程是开放性的，其自由度是很大的。在土木工程项目的构思中，有些可能是不切实际的，有些则可能是不能实现的。因此，必须通过土木工程项目构思的选择来筛选已经形成的各种构思，一方面淘汰那些明显不现实或没有使用价值的构思，另一方面，由于资源的限制，即使是有一定可实现性和使用价值的构思，也不可能都转化成项目，必须对项目机会进行优选。土木工程项目构思选择的结果可以是某个构思，也可以是几个不同构思的组合。

构思产生于上层系统的直观了解，而且仅仅是比较朦胧的概念，所以对它也很难进行系统的定量评价和筛选，一般应从以下几个方面进行考虑：

（1）上层系统问题需求的实现性。即上层系统的问题和需要是实质性的，而不是表象性的，同时预计通过采用项目手段可以顺利地解决这些问题。

（2）考虑到环境的制约和充分利用资源，利用外部条件。

（3）充分发挥自己已有的长处，运用自己的竞争优势，在项目中达到合作各方竞争优势的最优组合。

在项目构思的选择中应充分发挥"构思-环境-能力"之间的平衡，以求达到主观和客观的最佳组合。经过认真的研究之后，觉得这个项目的建设是可行的、有利的，经过权力部门的认可，则可以将项目构思转化为目标建议，提出做进一步的研究，进行项目的定位和目标设计。

4.3　目 标 设 计

土木工程项目前期策划中需要对整个项目的目标进行定义。通过对各项情况进行调查、分析、评价，进行项目问题的定义，提出各项目标因素，并按照目标种类、性质不同进行优化。只有这样才能有效协调各方之间的矛盾与争执，构建科学合理的项目目标系统。

4.3.1　目标设计

土木工程项目目标是对实施项目预期结果的描述，要取得项目的成功，必须有明确的目标。土木工程项目目标的确定应满足如下条件：

（1）目标应是具体的，具有可评估性和可量化性，不应含混模糊。

（2）目标应与上级组织目标一致。

（3）在可能的时候，以可交付成果的形式对目标进行说明，如评估报告、设计图纸等。

（4）目标是可理解的，即必须让其他人知道正努力去达到什么。

（5）目标是现实的，即是应该去做的事情。

（6）目标应具有时间性，如果目标没有时间限制，可能永远无法达到。

（7）目标是可达到的，但需要努力和承担一定的风险。

（8）目标具有可授权性，即每个目标都可授权给具体的人来负责。

土木工程项目目标应具有多目标性、优先性和层次性。土木工程项目多目标性表现为目标分为时间目标、费用目标和质量目标等，就是要充分利用可获得的资源，在规定的时间和预算内，按照一定的质量完成土木工程项目。土木工程项目的多目标性和各目标之间的相互冲突，使土木工程项目组织在建立工程项目目标系统，协调各目标间的关系时，需要对某些目标优先考虑，即目标的优先性。最后，工程项目目标系统表现为一个递阶层次结构，是一个有层次的体系，上层目标是下层目标的目的，下层目标是实现上层目标的手段，层次越低，目标越具体，越易于操作。

目标设计阶段主要是通过对上层系统的情况和存在的问题进行进一步研究，提出项目的目标因素，进而构成项目目标系统。目标设计一般分为情况分析，问题的定义，提出目标因素，目标系统建立四个步骤。

4.3.2 情况分析

情况分析是在项目构思的基础上对环境和目标系统状况进行调查、分析、评价，是目标设计的基础和前导工作。通过对情况的分析，可以进一步研究和评价项目的构思，将原来的目标建议引导到实用的理性的目标概念上，使目标建议更符合上层系统的需求。情况分析也可以对上层系统的目标和问题进行定义，从而确定项目的目标因素。项目边界条件的确定也可以通过情况分析得出。另外，情况分析可以为目标设计、项目定义、可行性研究以及详细设计和计划提供信息。对于项目中的一些不确定因素及风险进行分析，可提出对应的防护措施。

情况分析需要做大量的环境调查，掌握大量的资料，包括以下几方面：

（1）拟建工程所提供的服务或市场现状和趋向的分析。

（2）上层系统的组织形式，企业的发展战略、状况及能力，上层系统运行存在的问题。

（3）企业所有者或业主的状况。

（4）能够为项目提供合作的各个方面，如合资者、合作者、供应商、承包商的状况，上层系统中的其他子系统及其他项目的情况。

（5）自然环境及其制约因素。

（6）社会的经济、技术、文化环境，特别是市场问题的分析。

（7）政治环境和法律环境。

情况分析一般可采用调查法、现场观察法、专家咨询法、ABC 分类法、决策表法、价值分析法、敏感性分析法、企业比较法、趋向分析法、回归分析法、产品份额分析法和对过去同类项目的分析方法等。情况分析应是系统的，调查应尽可能使用定量的，用数据说话，并着眼于历史资料和现状，对将来状况进行合理预测，对目前的情况和今后的发展趋向做出初步评价。

4.3.3　问题的定义

经过详细而缜密的情况分析，就可以进入问题定义阶段。土木工程项目问题定义是目标设计的依据，其结果是提供土木工程项目拟解决问题的原因、背景和界限。问题定义的过程同时也是问题识别和分析的过程，土木工程项目拟解决的问题可能由几个问题组成，而每个问题可能又是由几个子问题组成的。针对不同层次的问题，可以采用因果分析来发现问题的根本原因。另外，有些问题会随着时间的推移而减弱，反之，有些问题则会随着时间的变化而日趋严重，问题定义的关键就是要发现问题的本质并能准确预测出问题的动态变化趋势，从而制定有效的策略和步骤来达到解决问题的目的。

对问题的定义必须从上层系统全局的角度出发，抓住问题的核心。问题定义的基本步骤如下：

（1）对上层系统问题进行罗列、结构化，即上层系统有几个大问题，一个大问题又可能由几个小问题构成。

（2）对原因进行分析，将症状与背景、起因联系在一起，可用因果关系分析法获得。

（3）分析这些问题将来发展的可能性和对上层系统的影响。

4.3.4　目标因素的提出

问题定义完成后，在建立目标系统前还需要确定目标因素。土木工程项目目标因素应以项目定位为指导，以问题定义为基础加以确定。常见的目标因素的来源有：问题的定义，即按问题的结构，确定解决其中的各个问题的程度，即为目标因素；有些边界条件的限制也形成项目的目标因素；对于完成上层系统战略目标和计划的项目，则许多目标因素是由最高层设置的，上层战略目标和计划的分解可直接形成项目的目标因素。

土木工程项目目标因素有三类：一是反映土木工程项目解决问题程度的目标因素，如土木工程项目的建成能解决多少人的居住问题，或能解决多大的交通流量问题等；二是土木工程项目本身的目标因素，如土木工程项目的规模、投资收益和时间目标等；三是与土木工程项目相关的其他目标因素，如土木工程项目对自然和生态环境的影响等。

在土木工程项目目标因素的确定过程中，应特别注意以下几点：

（1）真实反映上层系统的问题和需要，应基于情况分析和问题的定义之上。

（2）切合实际，实事求是。

（3）目标因素指标的提出、评价和结构化并不是在项目初期就可以办到的。

（4）目标因素的指标要有一定的可变性和弹性，应考虑环境的不确定性和风险因素，有利的和不利的条件，应保持一定的变动范围。

（5）项目的目标因素必须重视时间限定，这通常需要分三个层次来考虑：

1）通常工程的设计水准是针对项目的对象的使用周期；

2）基于市场研究基础上提出的产品方案有它的寿命期；

3）项目的建设期，即项目上马到工程建设投产的时间。

（6）项目的目标是通过对问题的解决而最佳地满足上层系统各方面对项目的需要，所以许多目标是由与项目相关的各个方面提出来的。

（7）目标因素指标可以采用相似情况比较法、指标计算法、费用/效用分析法、头脑风暴法、价值工程等方法确定。

4.3.5 目标系统的建立

土木工程项目的目标可以分为不同的种类，按照目标控制内容的不同，可以分为投资目标、质量目标和进度目标；按照重要性的不同，可以分为强制性目标和期望目标；按照目标影响范围的不同，可以分为项目系统内部目标和项目系统外部目标；按照目标实现时间的不同，可以分为长期目标和短期目标；按照层次的不同，可以分为总目标、子目标和操作性目标等。

强制性目标指法律、法规和规范本身规定的土木工程项目必须满足的目标，如土木工程项目的质量目标必须符合相关质量验收标准的要求等。期望目标指尽可能满足的、有一定范围弹性的目标因素，如总投资、投资效益率等。各目标因素实现的途径不同，常常使目标之间存在一些争执。首先，强制性目标与期望目标发生争执时，必须满足强制性目标的要求。其次，强制性目标之间存在矛盾则说明构思不可行，可清除某些强制性目标，将其降为期望目标。最后，期望目标间存在争执，若存在于定量目标间可采用优化方法，若存在于定性目标间则可通过确定优先权来解决。

因此，目标因素确定以后，经过进一步的结构化，就可以形成土木工程项目目标系统。土木工程项目目标系统是由各级目标按照一定的从属关系和关联构成的目标体系。按照层次分析法的思路，构建目标系统的结构模型。首先根据工程项目的投资目的，确定总体目标，然后以项目的具体要求、环境和资源限制、合同条件等为依据，对目标系统进行分解，构建项目目标系统结构模型，如图4-4所示。位于第一层的是工程项目的总目标，又称为战略性目标，它用来阐明实施该项目的目的、意义和项目的使命；第二层是项目的子目标，又叫策略性目标，它们表明实施该项目应达到的具体结果或边界条件对目标系统的约束；将子目标再分解成项目的可执行性目标，它们指明了解决问题的具体目标和计划；可执行目标还可以分解为更细的目标因素，它们决定了项目的详细构成。

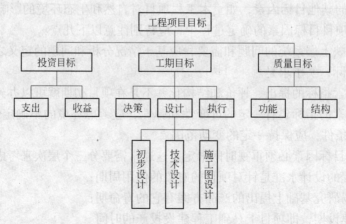

图4-4 土木工程项目目标系统结构模型

从工程项目目标系统结构模型中可以看出，土木工程项目目标系统具有如下特征：

（1）多元性。土木工程项目不论其规模大小，无论何种类型，其目标往往不是单一的，它至少是由项目的投资、工期、质量三个最主要的基本目标构成的一个目标系统。

（2）相关性。土木工程项目的各个基本目标之间并非彼此独立，而是相互联系，相互制约，既对立又统一的一个有机整体。如工程项目工期的缩短往往要以成本的提高为代价，而项目工期缩短又可以使工程项目提前投入使用，缩短项目的投资回收期，提高投资效益。

（3）均衡性。土木工程项目的目标系统应是一个稳定的、均衡的目标体系。片面地、过分地强调某一个目标，常常以牺牲或损害另一些目标为代价，会造成项目的缺陷。

（4）层次性。土木工程项目的目标系统至少需要三个以上层次进行描述，上层目标一般表现为抽象的、不可控的，而下层目标则表现为明确的、可测的、具体而可控的。

（5）优先性。在土木工程项目目标系统中，位于不同层次的目标其重要性程度必然不同，而同一层次的目标在不同的建设阶段其重要性亦有所不同。对于各个子目标的重要程度，可赋予不同的权重，确定其优先级，并依据目标的优先顺序指导和开展工作。

（6）动态性。土木工程项目的目标是一个完整的目标体系，但其并非是一成不变的，由于外部环境的不断变化或不可预见事件的发生，会导致项目目标因素的变化。故目标系统应随着工程项目的不断实施进行相应的调整、优化、完善，使其适应不断变化的外部环境，更符合客观实际，具有可行性和可操作性。

由于目标因素是与项目利益相关的各种人提出的，所以许多目标因素间的争执实质上是不同群体的利益争执，因此在目标系统设计过程中常常会遇到一些问题。目标系统设计阶段尽管没有项目管理小组和项目经理，但它却是一项复杂的项目管理工作，需要大量的信息、权利和各学科专业知识，在土木工程项目目标系统设计过程中应防止盲目性，防止思维僵化以及思维的近亲繁殖，努力协调各利益相关方之间的矛盾与争执，只有这样才能建立起科学合理的土木工程项目目标系统。

4.4 项 目 定 义

土木工程项目建设的目的是为了解决存在的问题，实现既定的目标。每个项目都只能针对性地解决某一方面的问题，因此土木工程项目应根据解决的问题来确定项目的范围。项目范围的界定包括其上限和下限的确定，其中上限为项目的最大需求范围，即包括所有目标因素的集合；下限则为项目的最低需求范围，即由目标因素构成的必须强制性解决问题的集合，上限和下限之间即为项目寻求最优范围的区域。在确定了项目最优范围的区域以后，还应确定项目系统内部各单项工程、单位工程的构成，明确各自的作用和相互联系，进行项目内部系统和外部系统的协调和配套，描述系统的总体功能。

4.4.1 项目定义的概念

土木工程项目定义是指以书面的形式描述项目目标系统，并初步提出完成方式。它是将原有直觉的项目构思和期望引导到经过分析、选择得到的、有根据的项目建议，是项目目标设计的里程碑。项目定义应足够详细，包括以下内容：

（1）提出问题，说明问题的范围和问题的定义。

（2）说明解决这些问题对上层系统的影响和意义。

（3）项目构成和定界，说明项目与上层系统其他方面的界面，确定对项目有重大影响的环境因素。

（4）系统目标和最重要的子目标，近期、中期、远期目标，对近期目标应定量说明。

（5）边界条件，如市场分析、所需资源和必要的辅助措施、风险因素。

（6）提出可能的解决方案和实施过程的总体建议，包括方针或总体策略、组织安排和实施时间总安排。

（7）经济性说明，如投资总额、财务安排、预期效益、价格水准、运营费用等。

4.4.2　项目的审查和选择

土木工程项目审查从其本质上看，是一种评估，是指按一定标准对项目的进展和表现进行比较，以发现存在的问题，从而为项目管理中的各种决策提供依据。

项目审查主要是风险评价，目标决策，目标设计价值评价以及对目标设计过程的审查。项目审查的关键是指标体系的建立，这与具体的项目类型有关。对一般的常见投资项目，审查内容可能有问题的定义、目标系统和目标因素、项目的初步评价。需要分析研究的具体内容有：项目的详细计划；项目绩效的控制程序和方法；项目进行过程中面临的风险和不确定性的判别和控制；项目小组人员的安排；项目小组内部交流和沟通界面的形成；项目进行过程中报告制度安排；客户关系；分包者和承包者的关系；与其他机构的关系；会计与核算的方式、内容和结果；项目进行过程中其他没有言明但重要的事项。

企业需要对各种项目机会做出比较与选择，将有限的资源以最低的代价投入到收益最高的项目中，确保企业的发展，这就是项目选择。正确选择项目往往比正确规划、实施项目更具有战略意义。企业在进行项目选择时的总体目标通常有以下几点：

（1）通过项目能够最有效地解决上层系统的问题，满足上层系统的需要。

（2）项目符合企业经营战略目标，以项目对战略的贡献作为选择尺度。

（3）企业的现有资源和优势能得到最充分的利用。

（4）项目本身成就的可能性最大和风险最小，选择成就期望值大的。

为了正确地选择项目，避免失误，在项目选择过程中一般应遵循三条基本原则。首先，符合发展战略。战略是通过项目来实施的，每一个项目都应和组织的发展战略有明确的联系，将所有项目和组织的战略方向联系起来是项目成功的关键，项目的选择必须围绕企业发展战略开展，每个项目都应对企业的发展战略做出贡献。其次，考虑资源约束。项目建议来源于各种需求的变化和解决现存问题的动机，项目运作应考虑对资源的需求及可用资源的改变、项目依时间的资源消耗等资源约束因素。最后，项目优化和项目组合。项目选择是对一个复杂的系统进行综合分析与判断的决策过程，其影响因素很多，在选择项目时，应综合考虑各项目的收益与风险、项目间的联系、企业的战略目标和可利用资源等多种因素。

4.4.3　项目建议书

项目建议书是企业向上级主管部门陈述兴办某个项目的内容预申请理由，要求批准立项的建议文书，是项目报请审批过程中不可缺少的文件材料。项目建议书是对项目目标系统和项目定义的说明和细化，同时作为后继的可行性研究、技术设计和计划的根据，将目标转变成具体的、实在的项目任务。因此，能不能对拟上项目的基本情况做出完整、准确的描述，所建议的项目能不能得到如期批复，可行性研究报告等后续程序能不能顺利实施，项目建议书起着至关重要的作用。

项目建议书的格式一般为标题、项目承办单位、项目负责人、编制单位及时间、正文。标题要开宗明义，涵盖单位名称、事由、文种类别。标题、项目承办单位、项目负责人、编制单位、时间等内容一般单独编排在一页内作为封面。正文是项目建议书的主体，应包括的基本内容如下：

（1）项目名称和项目主办单位即负责人。

（2）项目的内容、建设规模、申请理由、项目意义、引进技术和设备，还要说明国内外技术差距、概况以及进口的理由、对方情况介绍。

（3）产品方案和生产工艺技术。

（4）主要原料、燃料、电力、水源、交通、协作配套条件等情况。

（5）建厂条件、厂址选择。

（6）组织机构和劳动定员。

（7）投资估算和资金来源，利用外资的要说明利用外资的可能性以及偿还贷款的能力的概算。

（8）产品市场需求预测分析。

（9）安全劳动卫生与环境保护、经济效益与社会效益评价分析。

5 土木工程项目可行性研究

本章概要

（1）可行性研究的概述，包括概念、目的和作用。

（2）可行性研究的主要内容、研究步骤以及初步可行性研究。

（3）可行性研究报告的编制及实例。

5.1 可行性研究的目的和作用

土木工程项目可行性研究是土木工程项目重要的前期工作之一，是对项目前期策划的细化、具体化。可行性研究是项目确定，申请贷款，编制设计文件，申请环保执照，签订合作协议等多种工作的依据。

5.1.1 可行性研究的概念

可行性研究是指通过对拟建项目的市场需求状况、建设规模、产品方案、生产工艺、设备选型、工程方案、建设条件、投资估算、融资方案、财务和经济效益、环境和社会影响以及可能产生的风险等方面进行全面深入的调查、研究和充分的分析、比较、论证，从而提出该项目是否值得投资、建设方案是否合理的研究结论，为项目的决策提供科学、可靠的依据。

可行性研究是土木工程项目投资决策前进行技术经济论证的一门科学。可行性研究是对前期策划工作的细化，是从市场、技术、生产、法律、经济、财力等方面进行的全面策划和论证。它的任务是综合论证一项土木工程项目在市场发展的前景，技术上的先进性和可行性，财务上的实施可能性，经济上的合理性和有效性，从而为决策者提供是否选择该项目进行投资的依据。

可行性研究必须具备预见性、客观公正性、可靠性、科学性。可行性研究必须应用现代科学技术手段进行市场预测，运用科学的评价指标体系和方法来分析项目的盈利能力和偿债能力，为项目决策提供科学依据。

5.1.2 可行性研究的作用

土木工程项目可行性研究工作是土木工程项目重要的前期工作之一，通过可行性研究，使土木工程项目的投资决策工作建立在科学和可靠的基础上，从而实现建设工程项目投资决策的科学化，减少或避免投资失误，提高建设工程项目的经济效益和社会效益。可行性研究的作用主要体现在以下几个方面：

（1）确定土木工程项目的依据。政府投资或业主对于是否应该投建某项工程，或者是否采取某种新的生产工艺，主要的依据是可行性研究结论。投资者通过可行性研究，预测和判断项目在技术上是否可行，获益大小，最后做出是否投资的决策。

（2）向银行申请贷款的依据。可行性研究是向银行申请贷款的先决条件。凡建设某项目，必须向贷款银行提送项目的可行性研究报告。贷款银行对可行性研究报告进行审查，确认有足够的偿还能力，风险小，才同意贷款。

（3）编制设计文件的依据。可行性研究中的技术经济数据，都要在设计任务书中明确规定，是编制设计文件的主要依据。根据可行性研究报告，确定工艺流程、设备选型等。

（4）向环保部门申请执照的文件。环境保护是可行性研究报告的重要内容，必须经过环境部门的审核，换句话说，可行性研究报告是环境部门签发执照的依据。

（5）与有关协作单位签订合同和协议的依据。建设过程中的承发包、水电供应、设备订货等合同和协议以及投产以后的原材料供应、产品销售和运输等合同和协议，必须以可行性研究报告和设计文件为依据，与有关协作单位签订合同和协议，并由此承担经济责任。

（6）作为工程建设的基础资料。可行性研究报告中有工程地质、水文气象、勘探、地形、矿物资源、水质等所有的分析论证资料，是工程建设的重要基础资料，也是检验工程质量和整个工程寿命期内追查事故责任的依据。

（7）作为设备研制和科研资料。

（8）作为施工组织设计、生产运行设计、职工培训的依据。

5.2　可行性研究的内容和步骤

土木工程项目种类繁多，建设要求和建设条件也各不相同，因此，土木工程项目可行性研究的内容和工作流程也各有侧重。

5.2.1　可行性研究的主要内容

根据建设工程项目可行性研究的实践，工程项目可行性研究报告的内容可概括为以下几点：

（1）项目建设的必要性。首先，应结合项目功能定位，分析拟建项目对实现企业自身发展，满足社会需求，促进国家、地区经济和社会发展等方面的必要性。其次，从国民经济和社会发展角度进一步分析拟建项目是否符合合理配置和有效利用资源的要求，是否符合区域规划、行业发展规划、城市规划的要求，是否符合国家产业政策和技术政策的要求，是否符合保护环境、可持续发展的要求等，以进一步确定项目建设的必要性。

（2）市场分析。调查、分析和预测拟建项目产品和主要投入品的国际、国内市场的供需状况和销售价格；研究确定产品的目标市场；在竞争力分析的基础上，预测可能占有的市场份额；研究产品的营销策略；识别主要市场风险并分析风险程度。

（3）建设方案。主要包括产品方案与建设规模，工艺技术方案和建设标准，主要工艺设备选择，厂址选择，原材料、燃料供应及辅助生产条件，总平面布置和建筑、公用工程，环境保护、节能、节水措施等。

（4）投资估算。在确定项目建设方案工程量的基础上估算项目所需的投资，分别估算建筑工程费、设备购置费、安装工程费、工程建设其他费用、基本预备费、涨价预备费、建设期利息和流动资金。

（5）融资方案。在投资估算确定融资需要量的基础上，选择确定项目的融资主体，分析资金来源的渠道和方式，分析资金结构、融资成本、融资风险，结合融资方案的财务分析，比较、选择和确定融资方案。

（6）财务分析。按规定科目详细估算营业收入和成本费用，预测现金流量；编制现金流量表，计算相关指标；主要从项目及投资者的角度研究合理的财务方案；从分析项目全部投资盈利能力入手，逐步深入到项目资本金盈利能力分析、融资主体偿债能力分析以及财务生存能力分析，据以判断项目的财务可行性。

（7）经济分析。对于财务现金流不能全面、真实地反映其经济价值的项目，如交通运输、水利等项目，需要进行国民经济评价。

（8）资源利用效率分析。对于需要占用重要资源的项目，应从发展循环经济、建设资源集约型社会等角度，对主要占用资源的品种、数量、来源、综合利用方案的合理性等方面进行分析评价；对于高耗能、耗水、大量消耗自然资源的项目，分析能源、水资源和自然资源利用效率，提出降低资源消耗的措施。

（9）土地利用及移民搬迁安置方案分析。分析项目用地情况，提出节约用地措施；分析城市居民搬迁方案或农村移民安置方案的合理性及存在的风险，提出防止或降低风险的对策。

（10）环境影响分析。评价项目所在区域的环境现状，分析项目对区域环境的影响，如大气环境、水环境、噪声环境、土壤及农作物环境、人群健康、震动及电磁波等。

（11）社会评价。要在社会调查的基础上，分析拟建项目的社会影响范围；分析主要利益相关者的需求，对项目的支持度和接受程度；分析项目的社会风险，提出需要解决的社会问题及解决方案。

（12）风险分析与不确定性分析。对项目主要风险因素进行识别，采用专家调查法、风险因素取值评定法、概率分析等风险分析方法，分析项目的抗风险能力，评估风险的程度，研究提出防范和降低风险的对策措施。

（13）提出研究结论与建议。在以上各项分析研究之后，应作出归纳总结，说明所推荐方案的优先之处，可能存在的主要问题和可能遇到的主要风险，做出项目是否可行的明确结论，并对项目下一步工作和项目实施中需要解决的问题提出建议。

5.2.2　可行性研究的步骤

项目建议书通过主管部门批准后，项目法人即可组织进行该项目的可行性研究工作，具体工作流程如图5-1所示。

进行可行性研究的依据主要有：项目建议书及其批复文件；国家和地方的经济和社会发展规划、行业部门的发展规划；有关法律、法规和政策；有关机构发布的工程建设方面的标准、规范、定额；拟建地点的自然、经济、社会概况等基础资料；合资、合作项目各方签订的协议书或意向书；与拟建项目有关的各种市场信息资料或社会公众要求等。

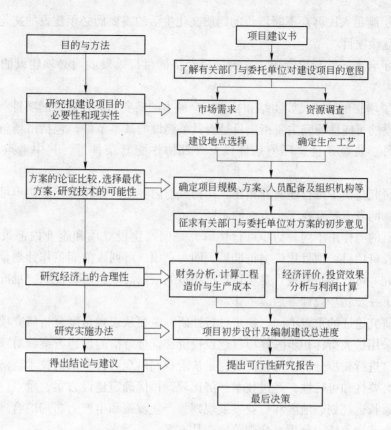

图 5-1　可行性研究的工作流程

5.2.3　初步可行性研究

初步可行性研究也称预可行性研究，是在机会研究的基础上，对项目方案进行初步的技术、财务、经济、环境和社会影响评价，对项目是否可行做出初步判断。

初步可行性研究的主要目的是判断项目是否有生命力，是否值得投入更多的人力和资金进行可行性研究，并据此做出是否进行投资的初步决定。

初步可行性研究工作的内容包括：项目建设的必要性和依据；市场分析与预测；项目方案、拟建规模和地点环境；生产技术和主要设备；主要原材料的来源和其他建设条件；项目建设与运营的实施方案；投资初步估算、资金筹措与投资使用计划初步方案；财务效益和经济效益的初步分析；环境影响和社会影响的初步评价；投资风险的初步分析。

初步可行性研究重点集中在两方面的研究，一是项目建设的必要性，一是项目建设的可能性。

项目建设的必要性研究主要分为以下几个方面：

（1）为了企业自身的可持续发展，满足市场需求，进行扩建、更新改造或者新建项目。

（2）为了促进地区经济的发展，需要进行基础设施建设，改善交通运输条件，完善综合交通运输网络和投资环境。

（3）为了满足人民群众不断增长的物质文化生活的需要而必须建设的文化、教育、卫生等社会公益性项目。

（4）为了合理开发利用资源，实现国民经济的可持续发展而必须建设的跨地区重大项目。

（5）为了增强国防、民族团结和社会安全能力的需要而必须建设的项目。

项目建设的可能性研究主要指项目是否具备建设的基本条件，包括市场条件、资源条件、技术条件、资金条件、环境条件以及外部协作配套条件等，其中重点是市场需求分析。

可行性研究与初步可行性研究相比，在构成与内容上大体相似，是初步可行性研究的延伸和深化，两者主要存在三个方面的不同。

首先，目的与作用不同。初步可行性研究是国家建设立项和企业内部策划的重要依据。如政府投资项目，项目建议书批准后，即为立项，可列入前期工作计划，组织开展项目可行性研究。可行性研究报告是项目审批决策的依据。项目可行性研究批准后，即为决策，可组织下一步初步设计等后续工作。

其次，研究论证的重点不同。初步可行性研究主要从宏观角度分析研究项目的必要性和可能性，采用扩大指标初步匡算项目建设投资和资金筹措的设想方案，对项目的经济效益和社会效益进行初步分析。可行性研究是从宏观到微观进行全面的技术经济分析，论证项目建设的必要性和可行性，经过技术经济比较，择优确定建设方案，重点论证项目建设是否符合国家长远规划、地区和行业发展规划、产业政策和生产力布局的合理性，进行全面的市场调查和竞争能力分析，合理确定产品方案。

最后，研究方法和深度要求不同。初步可行性研究主要是采用近年同行业类似项目及其生产水平的类比方法，匡算项目总投资，经济效益评价以静态为主。可行性研究报告应按照项目建设方案确定的工程量测算项目总投资，投资估算与初步设计概算比较不应大于10%，资金筹措应有具体方案，项目效益测算以动态为主等。

5.3 可行性研究报告的编制和实例

土木工程项目可行性研究工作的成果是可行性研究报告，报告应包含所需的基本资料和信息，成为各项工作的依据。因此编制可行性研究报告是一项严谨而重要的工作，本节以"某城 A 地块"房地产投资项目可行性研究报告为例，简单介绍可行性研究报告的编制。

5.3.1 可行性研究报告的编制

可行性研究报告是从事经济活动之前，双方从经济、技术、生产、供销直到社会环境、法律等各种因素进行具体调查、研究、分析，确定有利和不利的因素、项目是否可行，估计成功率大小、经济效益和社会效果程度，为决策者和主管机关审批的上报文件。

可行性研究报告的基本结构和内容如表5-1 所示。

表 5-1　可行性研究报告的基本结构和内容

序号	纲要	内容	序号	纲要	内容
1	总论	项目提出的背景与概括	13	组织机构与人力资源配置	组织机构设置及其适应性分析
		可行性研究报告编制的依据			人力资源配置
		项目建设条件			员工培训
		问题与建议	14	项目实施进度	建设工期
2	市场预测	市场现状调查			实施进度安排
		产品供需预测	15	投资估算	投资估算范围与依据
		价格预测			流动资金估算
		竞争力与营销策略			总投资额及分年投资计划
		市场风险分析	16	融资方案	融资组织形式选择
3	资源条件评价	资源可利用量			资本金筹措
		资源品质情况			债务资金筹措
		资源赋存条件			融资方案分析
		资源开发利用	17	财务评价	财务评价基础数据与参数选取
4	建设规模与产品方案	建设规模与产品方案构成			销售收入与成本费用估算
		建设规模与产品方案的比选			编制财务评价报表
		推荐的建设规模与产品方案			盈利能力分析
5	场（厂）址选择	场（厂）址现状及建设条件描述			偿债能力分析
		场（厂）址方案比选			不确定性分析
		推荐的场（厂）址方案			财务评价结论
6	技术设备工程方案	技术方案选择	18	国民经济评价	影子价格及评价参数的选取
		主要设备方案选择			效益费用范围调整
		工程方案选择			效益费用数值调整
		技术改造项目技术设备方案与改造前比较			编制国民经济评价报表
7	原材料燃料供应	主要原材料供应方案选择			计算国民经济评价指标
		燃料供应方案选择			国民经济评价指标
8	总图运输与公用辅助工程	总图布置方案	19	社会评价	项目对社会影响分析
		场（厂）内外运输方案			项目与所在地互适性分析
		公用工程与辅助工程方案			社会风险分析
9	节能措施	节能措施			社会评价结论
		能耗指标分析	20	风险分析	项目主要风险
10	节水措施	节水措施			风险程度分析
		水耗指标分析			防范与降低风险对策
11	环境影响评价	环境条件调查	21	研究结论与建议	推荐方案总体描述
		影响环境因素分析			推荐方案的优缺点描述
		环境保护措施			主要对比方案
12	劳动安全卫生与消防	危险因素和危害程度分析			结论与建议
		安全防范措施			
		消防措施			

5.3.2　可行性研究报告实例

土木工程项目因具有独特性和唯一性，因此各项目的可行性研究报告均不尽相同，本书仅以"某城 A 地块"房地产投资项目可行性研究报告为例。

"某城 A 地块"房地产投资项目可行性研究

一、项目概况

××房地产开发有限公司在某城市国土局挂牌竞得 A 宗地。该宗地共 57.8 公顷（合 867 亩），成交价格为 71.146 万元/亩，计 6.17 亿元。规划用地性质为商业、居住用地。该宗地位于某城市 20 年城市总体规划的城市中心区内，四周均为市区主干道，地理条件极具优越性。

该项目主要经济指标（略），包括总开发用地、总建筑面积、总居住户数、容积率、绿地率、自来水增容对接、电增容。

该项目主要户型分配（略），包括经济型、舒适型Ⅰ、舒适型Ⅱ、豪华型。

二、项目市场分析

（一）区域市场分析

1. 城市发展影响分析

某城市正处于大变革、大发展的高速扩容期，全市上下正围绕着建设百万人口的大城市的目标努力。市区人口将在现有基础上增加一倍，意味着对商品房住宅的需求亦要增加一倍。综观某城房地产现状，可按区域划分为五大板块。通过对板块的分析，我们就可以清楚某城房地产的基本情况以及"A 地块"住宅小区地块的市场机会与存在的风险。

m 板块：区域价值、市场规模、土地供应情况、建筑类型、销售均价、市场占有率、市政配套、主要楼盘、评点。

n 板块：（略）。

……

总结：（略）。

2. 居民住房消费分析

（1）居住现状及市场需求。根据有关单位进行的"某城商品房市场需求调查"，经过对 1000 户居民访问分析（调查对象的男女比例为 1.21：1，年龄在 25~55 周岁之间），得出如下结果（略），包括商品房市场居住基本情况、各种功能房使用面积情况、房满意度分析、住房性质分析、住房需求分析。

（2）客户群体初步分析。根据多年来某城房地产开发的成功经验，"某城 A 地块"高档住宅小区的主要销售对象初步定为这些人群：市区内的富裕居民、某城投资客商及专家学者、某城市区的工薪阶层。

（二）项目 SWOT 分析

（1）优势：项目开展规模大；周边自然环境具有优势；"某城 A 地块"将成为百万人口大城市的中心；项目所处板块将成为高档居住区；周边有学校、机关，人文氛围较佳；开发商实力雄厚，具有较高的可信度和品牌公信力。

（2）劣势：地块过于平整，对环境营造的要求提高；社区四周邻主干道，噪声、尘土对业主的生活带来一定困扰。

（3）机会：周边的道路状况较佳，交通发展前景看好；市政府的南迁、名校南移，将带来丰富的高层次客源；项目所处板块仍未完全成熟，可操作空间较大。

（4）风险：土地价格偏高，需求量比供应量大，竞争激烈；政府政策支持力度不足；项目开发周期 5~8 年，不可预测的因素增多。

三、项目投资估算与资金筹措

（一）投资估算

"某城 A 地块"项目总投资 253130 万元人民币，由土地费、前期费、建筑安装工程费、公共配套设施建设费、基础设施建设费、管理费、财务费、销售费、其他费用及不可预见费等组成。见开发建设投资估算表（略）。

（二）资金筹措

本项目是某城市的超级大盘，针对某城市房地产开发的现状，拟分六年时间开发完毕。房地产开发项目的资金筹措根据项目对资金的需求以及投资使用计划，确定该资金的来源和相应的数量。房地产开发项目的资金筹措通常有资本金、收入及借贷资金三种主要方式。见资金来源与运用表（略）。

（三）收入估算

（1）销售单价的估算。根据某城市房地产市场调查与分析以及项目的实际情况，多层住宅销售单价为 2600 元，高层住宅销售单价为 2800 元，商业用房销售单价为：一层 15000 元，二层 6000 元，三层 4000 元，四层及以上为 3000 元，办公用房销售单价为 3000 元，酒店式公寓为 3000 元。地下车库为 7.5 万元/辆。

（2）销售计划。根据某城市目前房地产市场情况及拟建项目的实际情况，住宅销售率可达 98%，开盘后首月可达 20%，以后在一年内基本售完。商业用房销售率达 96%，开盘后首月也在 20%，一年半基本售完。办公楼目前市场销售虽然不如住宅、商业用房，但它的销售量在逐年增加，可望与商业用房同步。酒店式公寓由于在某城市区属于新兴的住房类型，居民对此接受程度较低，因此该类房子的销售有较大的不确定性。

（3）营业税及附加。根据《中华人民共和国营业税暂行条例》等有关规定，营业税按销售收入的 5% 计算，城市建设维护税按营业税的 7% 计算，教育附加费按营业税的 4% 计算。

四、财务评价

房地产开发项目财务评价是在房地产市场调查与预测、投资估算、收入估算与资金筹措等基本资料和数据的基础上，通过编制基本财务报表，计算财务评价指标，对房地产开发项目的财务盈利能力、清偿能力和资金平衡情况进行分析。

（1）基本财务报表（略）。包括项目的全部投资财务现金流量表；项目的资本金财务现金流量表；项目损益表；资金来源与运用表。

（2）财务评价指标的选择及可行性分析。本项目经济评价主要依据国家原建设部颁布的《房地产开发项目经济评价方法》，选取的指标为财务内部收益率、财务净现值投资回收期及投资利润率。其中静态指标有投资利润率、资本金利润率、投资回收期等；动态指标有投资财务净现值、全部投资内部收益率、资本金财务净现值、资本金财务内部收益率等。

（3）敏感性分析。本项目的风险主要由开发成本、销售价格、销售进度、开发周期和贷款利率等方面的变化引起，其中以销售价格和进度影响最大。而这些因素又受政治、经济、社会条件的影响。另外，自有资金占总投资的比例虽然对整个项目全部资金的投资的经济效益没有影响，但是由于贷款的杠杆作用会影响自由资金的经济评价指标，因此需要开发商进行认真考虑。

由针对投资利润率和盈亏平衡点两项评价指标浮动对经济评价指标的影响分析可知，项目对销售收入变动比较敏感，收入稍微变动就会对投资利润率和盈亏平衡点产生很大的影响。开发商应密切注意销售单价及销售率的变动，以保证项目的回报率。另外，项目对成本的敏感性也较强，投资的浮动对上述两个评价指标也有一定的影响，因此，开发商在注意销售的同时，必须注意工程投资的管理和设计阶段的优化，不能轻易提高项目的投资，否则很难保证项目的盈利。

五、研究结论

（一）有利与不利因素

（1）有利因素。虽然项目的地价相对较高，但是由于该项目自身的特殊性，为项目拓展了盈利空间。本项目位于某城百万人口城市的中心区，是市政府及有关部门关心的项目之一，能得到社会各界的关注与支持。商业用房、高层住宅的预测价格仍有上升空间。

（2）不利因素。高层酒店式公寓在某城是新兴，它的销售情况有很多不确定因素，难以把握。根据目前该项目的进度以及资金的投入情况，开发商应抓紧开工前的准备工作，不然会加重资金成本。

（二）研究结论

本项目的投资财务内部收益率、财务净现值能较好满足目标投资收益率的要求。本项目也具有贷款偿还能力和资金平衡能力，抵抗市场风险的能力较强。评估结果表明，该项目可行。

（三）建议

研究是带有预测性的方案和评价。应在市场调查及可行性研究报告的基础上，制订具有操作性的项目开发经营计划、规划方案及投资估算金筹措计划，并随着项目进展不断调整、修改、补充完善。

在项目实施过程中，要加强管理，实行工程监理制。还应制订材料供应计划，落实资金供应计划，以保证项目的顺利进行。要协调好水、电、天然气、电讯、交通灯市政配套设施的联网，这也是项目开展过程中不可忽视的重要问题。

6　土木工程项目决策

本章概要

（1）项目决策的概述，包括概念、原则、决策步骤。

（2）工程项目决策的类型及方法，分为确定型决策、风险型决策、不确定型决策三种。

6.1　项目决策的概念

土木工程项目，经常需要巨额投资，一旦决策失误或所做的决策不是最优决策，就容易造成经济上的重大损失。因此必须利用科学的手段优化资金流向，在众多的投资机会中择优汰劣，做出最佳的决策。

6.1.1　项目决策的概念

土木工程项目决策是按照规定的建设程序，根据投资方向、投资布局的战略构想，充分考虑国家有关的方针政策，在广泛占有信息资料的基础上，对拟建项目进行技术经济分析和多角度的综合分析评价，决定项目是否建设，在什么地方和时间建设，选择并确定项目建设的较优方案。决策是管理项目面临的主要课题之一，从项目酝酿直至项目建成都离不开决策，策划贯彻于管理工作的各方面，是项目管理过程的核心，是执行各种管理职能，保证项目顺利运行的基础。

土木工程项目决策可分为企业投资项目决策、政府投资项目决策和金融机构贷款决策。企业投资项目决策是指企业根据总体发展战略，自身资源条件、市场竞争中的地位以及项目产品所处寿命周期中的作用，按照资源整合的需要，以获得经济、社会效益和提升持续发展能力为目标，做出是否投资土木工程项目的决定。政府投资项目决策是指政府有关投资管理部门根据经济社会发展的需要，以实现经济调节，满足国家经济安全和社会公共需求，促进经济社会可持续发展为目标，对政府投资的项目从社会公平、社会效益等方面进行分析，按照符合政府投资的范围和政府投资的目标，做出是否投资土木工程项目的决定。金融机构贷款决策是指银行等金融机构遵循"独立审贷、自主决策、自担风险"的原则，依据申请贷款的项目法人单位信用水平、经营管理能力和还贷能力以及项目盈利能力，作出是否贷款的决定。

土木工程项目投资决策的目的，是为达到预定的投资目标，经过对若干可行方案的分析、比较、判断，从中择优选择，最终做出是否投资土木工程项目的决定。因此这一阶段的主要任务有以下几项：

（1）确定投资目标。土木工程项目决策的目的就是要达到预定的投资目标，因此，确定投资目标是土木工程项目决策的前提。确定投资目标，要有正确的指导思想，投资目标首先必须服从于总体战略，能够提高企业市场竞争力并获得经济效益；同时要符合国家、地区、部门或行业的中长期规划发展目标，符合循环经济和建设节约型社会的要求，符合国家制定的产业政策和行业准入标准。要有全局观念，即把长远利益与当前利益结合起来考虑，避免短视，忽视长远；也要防止过分超前，缺乏现实的支撑。

（2）明确建设方案。按照市场需求的变化趋势、项目经济规模、外部建设条件以及国家相关技术经济政策的要求，考虑企业的目标市场定位和资源条件，确定项目的建设规模、主要建设内容、外部配套方案等。

（3）确定融资方案。出于资金实力的制约和分散投资风险的考虑，土木工程项目一般都会采取多种方式筹措建设资金。

项目决策是一个复杂而重要的管理过程，在进行项目决策时必须遵循以下几个理念：

（1）科学发展。

1）必须从提高投资效益、规避投资风险的角度出发，贯彻国家相关产业政策和发展规划，更加注重对市场的深入分析、技术方案的先进适用性评价和产业、产品结构的优化。

2）必须从以人为本的角度出发，全面关注投资建设对所涉及人群的生活、生产、教育、发展等方面所产生的影响。

3）必须从全面发展角度出发，深入分析投资建设对转变经济发展方式、提高自主创新能力和促进社会全面进步所产生的影响。

4）必须从协调发展的角度出发，综合评价投资建设对城乡、区域、人与自然和谐发展等方面的影响。

5）必须从可持续的角度出发，统筹考虑投资建设中资源、能源与综合利用以及生态环境承载力等因素，促进循环经济发展和生态文明建设。

（2）系统分析。土木工程项目决策涉及技术、经济、社会、环境等众多因素，决策目标也可能包括财务、经济、社会等诸多目标，必须系统、全面、客观地分析土木工程项目的各种有利因素、制约条件和不利影响，权衡土木工程项目的得与失，理性地做出决策。

（3）动态优化。土木工程项目决策是对建设目标、内容、方案等，从技术和经济相结合的角度进行多方案的综合分析论证过程，是从投资机会研究到初步可行性研究，再到可行性研究，项目方案逐步优化，决策分析不断深入的过程。

6.1.2　项目决策的原则

要使项目决策科学合理，必须满足三个条件：一是投资目标必须合理，不能将资金投入不可行或无明显效益的领域；二是决策结果必须满足预定投资目标的要求，使投资目标的实现有坚实的基础；三是决策过程必须符合效率和经济性的要求，既要保证快速决策，又不至于项目决策花费大量的资金。因此，在土木工程项目决策过程中，应遵循几项原则。

（1）市场和效益原则。无论是企业投资项目还是政府投资项目都必须从市场需要出发，在确定科学和安全的前提下，讲求投资效益，这是项目决策的基本原则。

（2）科学决策原则。应从以下几个方面考虑：

1）方法科学。即必须用科学的精神、科学的方法和程序，采用先进的技术手段，运用多种专业知识，通过定性分析和定量分析相结合，最终得出科学合理的结论和意见，使分析结论准确可靠。决策方法主要包括两个方面，一是依靠决策者的经验、学识和逻辑推理能力进行综合判断决策的经验判断法；一是在系统分析、线性分析、统筹方法等数学手段基础上的定量分析决策方法。

2）依据充分。决策主要依据有：全国和项目所在省市中长期经济社会发展规划、相关产业规划、基础设施发展等规划；相关产业、土地、环保、资源利用、税收、投资政策等；国家颁布的有关技术、经济、工程方面的规范、标准、定额等；国家颁布的有关项目评价的基本参数和指标。

3）数据资料可靠。必须坚持实事求是立场，一切从实际出发，尊重事实，在调查研究的基础上，注重数据分析，保证分析结论真实可靠。包括：拟建项目厂址（线位）的自然、地理、气象、水文、地址、社会、经济等基础数据资料，交通运输和环境保护资料；合资、合作项目各方签订的协议书或意向书；与拟建项目有关的各种市场信息资料或社会公众诉求等。

（3）民主决策原则。

1）独立咨询机构参与。决策者委托咨询机构对项目进行独立的调查、分析、研究和评价，提出咨询意见和建议，以帮助决策者正确决策。对于政府投资项目，按照投资土木工程项目"先评估，后决策"的制度，即政府在决策前先委托符合资质要求、入选的咨询机构对项目进行论证，为政府决策提供咨询意见和建议。

2）专家论证。为了提高决策的质量，无论是企业还是政府的投资决策，都应该聘请项目相关领域的专家进行分析论证，以优化和完善建设方案。

3）公众参与。对于政府投资项目和企业投资的重大项目，特别是关系社会公共利益的土木工程项目，政府将采取多种公众参与形式，广泛征求各个方面的意见和建议，以使决策符合社会公众的利益。

（4）风险责任原则。即按照投资体制改革的目标，"谁投资、谁决策、谁受益、谁承担风险"，强调土木工程项目决策的责任制度。对采用直接投资和资本金注入方式的政府投资项目，由政府进行投资决策。

（5）可持续发展原则。实行可持续发展战略，加快建设资源节约型、环境友好型社会，是我国经济社会发展的基本国策。

6.1.3　项目决策的步骤

土木工程项目决策的一般程序如图6-1所示。

政府投资项目因具有其特殊性，决策程序与一般企业决策的程序略有不同，如图6-2所示。

6.2　项目决策的类型及方法

土木工程项目决策因其对未来可能发生的情况预测程度不同，可以分为确定型决策、

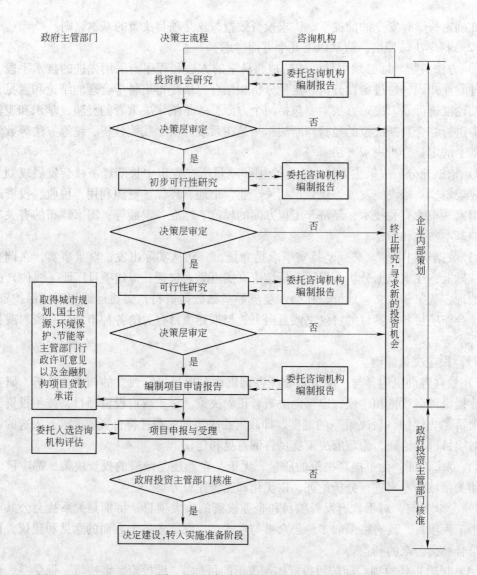

图 6-1   土木工程项目决策程序

风险型决策、不确定型决策，针对不同类型的决策，应采取不同的决策方法。

6.2.1   确定型决策及方法

确定型决策是指决策者对未来可能发生的情况有十分确定的比较，可以直接根据完全确定的情况选择最满意的行动方案。确定型决策中决策者有期望实现的明确目标，且决策面临的自然状态只有一种，并存在两个或两个以上可供选择的方案，每种方案在确定的自然状态下损益值可以计算。

确定型决策又可分为两类，即单纯选优决策法和模型选优决策法。单纯选优决策法是指根据已掌握数据不需要加工计算，根据对比就可以直接选择最优方案。模型选优决策法是指在决策对象的自然状态完全确定的条件下，建立一个经济数学模型来进行运算后，选择最优方案。

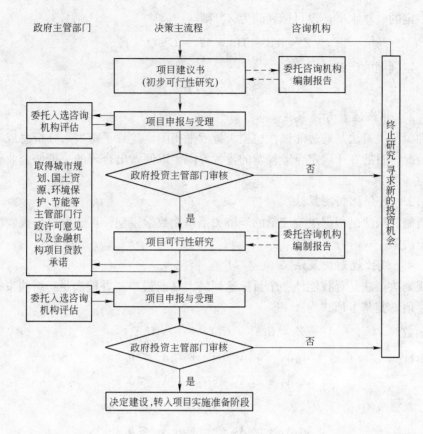

图 6-2　政府投资项目决策的程序

常见的模型选优决策法主要有线性盈亏决策法、非线性盈亏决策法、微分机制决策法、线性规划决策法。

6.2.1.1　线性盈亏决策法

线性盈亏决策法就是对企业总成本和总收益的变化进行线性分析，目的在于掌握企业经营的盈亏界限，确定企业的最优生产规模，使企业获得最大的经济效益，以便做出合理的决策。

设 TR 表示总收入，TC 表示总成本，Q 表示总产销量，P 表示产品单价，F 表示固定成本总额，C_v 表示产品单位可变成本，则 $\text{TR} = PQ$，$\text{TC} = F + C_v Q$。

$$利润 = \text{TR} - \text{TC} = PQ - F - C_v Q = (P - C_v)Q - F$$

由上式我们可知，若利润 = 0，则盈亏平衡，相应的点称为盈亏平衡点。设盈亏平衡点的产销量为 Q^*，由 $(P - C_v)Q - F = 0$，可得

$$Q^* = F/(P - C_v)$$

若 $Q > Q^*$，则盈利；若 Q 小于 Q^*，则亏本，如图 6-3 所示。

企业投资土木工程项目都是为了获益，

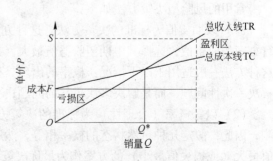

图 6-3　盈亏平衡分析

并应达到一定的收益水平。设目标利润为 Z，则

$$Z = \text{TR} - \text{TC} = (P - C_v)Q - F$$

达到一定利润的产销量：

$$Q = (F + Z)/(P - C_v)$$

6.2.1.2 非线性盈亏决策法

非线性盈亏决策法是通过非线性模型、盈亏平衡图、盈亏平衡表来分析总成本和总收益的变化情况，目的在于确定企业经营的盈亏界限，以便做出合理的决策使企业获取最大的经济效益。

6.2.1.3 微分机制决策法

微分机制决策法是根据决策变量的经济关系建立数学模型，再通过求极大、极小值的方法来作出决策。

6.2.1.4 线性规划决策法

线性规划决策法是寻找能使一个目标达到最大（或最小）并能满足一组约束条件的一组决策变量值。其基本形式为：

目标函数
$$Z = C_1 X_1 + C_2 X_2 + \cdots + C_n X_n$$

约束条件
$$a_{11} X_1 + a_{12} X_2 + \cdots + a_{1n} X_n \leqslant b_1$$
$$a_{21} X_1 + a_{22} X_2 + \cdots + a_{2n} X_n \leqslant b_2$$
$$\vdots$$
$$a_{n1} X_1 + a_{n2} X_2 + \cdots + a_{nn} X_n \leqslant b_n$$
$$X_j \geqslant 0$$

6.2.2 风险型决策及方法

风险型决策是指决策者对土木工程项目的自然状态和客观条件比较清楚，也有比较明确的决策目标，但由于未来决定因素不确定，对可能出现的结果不能做出充分肯定的情况下，根据各种可能结果的客观概率做出的决策，决策者对此要承担一定的风险。风险型决策问题具有决策和期望达到的明确标准，存在两个以上的可供选择方案和决策者无法控制的两种以上的自然状态，并且在不同自然状态下不同方案的损益值可以计算出来，对于未来发生何种自然状态，决策者虽然不能做出确定回答，但能大致估计出其发生的概率值。

常用的风险型决策方法如下：

（1）以期望值为标准的决策方法。这种方法以收益和损失矩阵为依据，分别计算各可行方案的期望值，选择其中期望收益值最大（或期望损失值最小）的方案作为最优方案。这种方法一般适用于以下情况：概率的出现具有明显的可观性质而且比较稳定；决策不是解决一次性问题，而是解决多次重复的问题；决策的结果不会对决策者带来严重的后果。

（2）以等概率（合理性）为标准的决策方法。由于各种自然状态出现的概率无法预测，因此，假定几种自然状态的概率相等，然后求出各方案的期望损益值，最后选择收益值最大（或损失值最小）的方案作为最优决策方案。这种决策方法适用于各种自然状态出现的概率无法得到的情况。

（3）以最大可能性为标准的决策方法。此方法是以一次试验中事件出现的可能性大小作为选择方案的标准，而不是考虑其经济的结果。适用于各种自然状态中其中某一状态的概率显著高于其他方案所出现的概率，而期望值又相差不大的情况。

下面介绍一些进行风险型决策的手段。

（1）决策树是决策的一种工具，是对决策局面的一种图解。它是把各种备选方案、可能出现的自然状态及各种损益值简明地绘制在一张图表上。用决策树可以使决策问题形象化。决策树的绘制主要按照三个步骤完成。首先，绘出决策点和方案枝，在方案枝上标出对应的备选方案；然后，绘出机会点和概率枝，在概率枝上标出对应的自然状态出现的概率；最后，在概率枝的末端标出对应的损益值，这样就得出一个完整的决策局面图，如图6-4所示。决策树绘好后，应从损益值开始由右向左推导，进行分析。

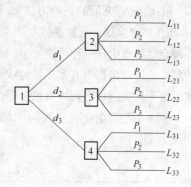

图6-4　决策树

（2）在决策过程中自然状态出现的概率值变化会对最优方案的选择存在影响。概率值变化到什么程度才引起方案的变化，这一临界点的概率成为转折概率。对决策问题做出这种分析，就叫做敏感性分析。进行敏感性分析的步骤为：首先，求出在保持最优方案稳定的前提下，自然状态出现概率所变动的容许范围；然后，衡量用以预测和估算这些自然状态概率的方法，其精度是否能保证所得概率值在此允许的误差范围内变动；最后，判断所做决策的可靠度。

（3）效用概率决策方法是以期望效用值作为决策标准的一种决策方法。效用是决策人对于期望收益和损失的独特兴趣、感受和取舍反应。效用代表着决策人对于风险的态度，也是决策人胆略的一种反映。效用可以通过计算效用值和绘制效用曲线的方法来衡量。用横坐标代表损益值，纵坐标代表效用值，把决策者对风险态度的变化关系绘成一条曲线，就称为决策人的效用曲线。效用曲线有四种类型。

1）直线型效用曲线：它表示效用值是随着货币值等量增长，肯定得的损益值等于带有风险的相等期望损益值。这种决策者循规蹈矩，完全根据期望损益大小选择行动方案。

2）保守型效用曲线：即肯定得的损益值大于带有风险的相等的期望损益值。这是一种不求大利，避免风险，谨慎小心的保守型决策者。

3）冒险型效用曲线：肯定得的损益值小于带有风险的相等的期望损益值。这是一种谋求大利，甘冒风险，泼辣胆大进攻型的决策者。

4）渴望型效用曲线：在损益值不太大时，具有一定的冒险胆略，但一旦损益值增加时就采取稳妥的策略。

（4）连续性变量的风险型决策方法是解决连续型变量，或者虽然是离散型变量，但可能出现的状态数量很大的决策问题的方法。连续变量的风险型决策方法可以应用边界分析法和标准正态概率方法等进行决策。其根本思想就是设法寻找期望值作为一个变量随备选方案依一定次序的变化而变化的规律性，只要这个期望值变量在该决策问题定义的区间内是单峰的，则峰值处对应的备选方案就是决策问题的最优方案。

（5）马尔科夫决策方法就是根据某些变量的现在状态及其变化趋向，来预测它在未来某一特定期间可能出现的状态，从而提供某种决策的依据。马尔科夫决策基本方法是用转移概率进行预测和决策。

6.2.3 不确定型决策及方法

不确定型决策是指决策者对将发生的决策结果的概率一无所知，只能凭决策者的主观倾向进行决策。不确定型决策所处的条件和状态都与风险型决策相似，不同的只是各种方案在未来将出现哪一种结果的概率不能预测，因而结果不确定。

不确定型决策的主要方法如下：

（1）冒险法，又称赫威斯决策准则，也称大中取大法，是一种乐观准则。指决策者不知道各种自然状态中任一种可能发生的概率，决策的目标是选最好的自然状态下确保获得最大可能的利润。即找出每个方案在各种状态下的最大损益值，取其中最大者所对应的方案即为合理方案。由于根据这种准则决策也可能出现最大亏损的结果，因而称之为冒险投机的准则。

例 6-1 某企业有三种新产品待选，估计销路和损益情况如表 6-1 所示。试选择最优产品方案。

表 6-1　损益表　　　　　　　　　　（万元）

状　态	甲产品	乙产品	丙产品
销路好	40	90	30
销路一般	20	40	20
销路差	−10	−50	−4

甲产品最大利润为 40 万元，乙产品最大利润为 90 万元，丙产品最大利润为 30 万元，因此 90 万元对应的乙产品为最优方案。

（2）保守法，又称瓦尔德决策准则，也称小中取大法，是一种悲观准则。指决策者不知道各种自然状态中任一种发生的概率，决策目标是避免最坏的结果，力求风险最小。即找出每个方案在各种状态下的最小损益值，再取其中最大者所对应的方案即为合理方案。

例 6-1 中，甲产品最小利润为 −10 万元，乙产品最小利润为 −50 万元，丙产品最小利润为 −4 万元，则 −4 万元对应的丙产品为最优方案。

（3）最小最大后悔值法，又称萨凡奇决策准则，也称大中取小法。指决策者不知道各种自然状态中任一种事件发生的概率，决策目标是确保避免较大的机会损失。最小最大后悔值法的运用步骤为：首先，将收益矩阵中各元素变换为每一"策略-事件"对应的机会损失值，即后悔值，其含义是当某一事件发生后，由于决策者没有选用收益最大的决策而形成的损失值；然后，找出每一方案后悔值的最大值；最后，取其中最小值所对应的方案为合理方案。

例 6-1 中后悔值计算结果见表 6-2。

表 6-2　损益表　　　　　　　　　　（万元）

销　路	甲产品	乙产品	丙产品
好	50	0	60
一般	20	0	20
差	6	46	0

甲产品最大后悔值为 50 万元，乙产品最大后悔值为 46 万元，丙产品最大后悔值为 60 万元。根据大中取小准则，46 万元对应的乙产品为最优方案。

（4）折中法，又称赫维兹准则，也称乐观系数法。指决策者确定一个乐观系数 ε，运用乐观系数计算出各方案的乐观期望值，并选择期望值最大的方案。即对每个方案的最好结果和最坏结果进行加权平均计算，再选取加权平均收益最大的方案。用于计算的权数 ε，被称为最大值系数，$0 < \varepsilon < 1$。当 ε 取值在 0.5 ~ 1 之间时，决策偏向乐观；当 ε 取值在 0 ~ 0.5 之间时，决策比较悲观；通常 ε 的取值分布在 0.5 ± 0.2 的范围内。

例 6-1 中，假设乐观系数最大值系数 $\varepsilon = 0.6$，则

甲产品：$\quad\quad\quad\quad 40 \times 0.6 + (1 - 0.6) \times (-10) = 20$

乙产品：$\quad\quad\quad\quad 90 \times 0.6 + (1 - 0.6) \times (-50) = 30$

丙产品：$\quad\quad\quad\quad 30 \times 0.6 + (1 - 0.6) \times (-4) = 2$

则 30 对应的乙产品为最优方案。

（5）等可能性法，又称拉普拉斯决策准则。采用这种方法，是假定自然状态中任何一种事件发生的可能性是相同的，通过比较每个方案的损益平均值来进行方案的选择，在利润最大化目标下选取平均利润最大的方案，在成本最小化目标下选择平均成本最小的方案。该方法的运用步骤为：首先，根据分析对象的样本数，确定每种可能结果的概率，概率相加应等于 1；然后，以概率为权数，对每一方案的各种可能的状态进行加权平均，获得方案的平均期望净现值。

例 6-1 中：

甲产品：$\quad\quad\quad\quad [40 + 20 + (-10)] \times 1/3 = 50/3$

乙产品：$\quad\quad\quad\quad [90 + 40 + (-50)] \times 1/3 = 80/3$

丙产品：$\quad\quad\quad\quad [30 + 20 + (-4)] \times 1/3 = 46/3$

则 80/3 对应的乙产品为最优方案。

综上，用不同决策准则得到的结果可能不同，处理实际问题时需看具体情况和决策者对自然状态所持的态度而定。在实际决策问题中，当决策者面临不确定型决策问题时，他首先是获取有关各事件发生的信息，使不确定型决策问题转化为风险决策。

小　结

本专题主要讲述了土木工程项目管理中前期策划的具体内容。首先，对土木工程项目前期策划进行概述，介绍了前期策划的程序与作用，项目构思的产生与选择，目标设计及目标系统的建立，项目定义及项目建议书的编制。而后，对可行性研究及可行性研究报告的编写进行了简单的介绍。最后，介绍了土木工程项目决策的概念、类型和方法。土木工程项目前期策划是整个项目的开端，直接影响土木工程项目的成败，只有进行科学的调查分析，才能做出正确的决策，并为后期土木工程项目管理铺好基石。

本专题分为三个部分，包括土木工程项目前期策划、可行性研究及决策，各部分的具

体阐述内容大致如下：

第 4 章是土木工程项目前期策划，介绍了土木工程项目前期策划的定义和作用，重点阐述了前期策划程序中项目构思、目标设计、项目定义三个阶段的任务和作用，通过前期策划提出项目建议书，为项目的批准立项提供依据。

第 5 章是土木工程项目可行性研究，讲述了土木工程项目可行性研究的目的、作用、内容及步骤，通过建筑工程可行性研究报告的实例简要介绍了可行性研究报告的编制过程。

第 6 章是土木工程项目决策，首先阐述了土木工程项目决策的概念、原则和步骤，然后介绍了项目决策的三种类型，即确定型决策、风险型决策、不确定型决策的概念及其决策方法。

+·+

思 考 题

1-1　什么是土木工程项目前期策划，应按照何种程序进行？

1-2　土木工程项目构思的主要内容有哪些，如何对其进行筛选？

1-3　土木工程项目目标因素有哪几类？简述目标系统的结构。

1-4　如何进行土木工程项目定义？

1-5　项目建议书的主要内容有哪些？

1-6　什么是可行性研究，可行性研究的主要作用有哪些？

1-7　试述可行性研究的步骤。

1-8　初步可行性研究与可行性研究的区别有哪些？

1-9　什么是项目决策，项目决策的原则有哪些？

1-10　风险型决策的手段有哪几种，用何种方法进行不确定型决策？

专题二　土木工程项目投资与融资

土木工程项目规划与管理作为一项管理方法，融合了管理学、经济学和工程基础知识，不仅包括了土木工程项目策划与决策、土木工程项目风险管理等管理学知识，还包含了土木工程项目投资与融资。

7　土木工程项目投资

本章概要

（1）土木工程项目质量投资的概述，包括投资和土木工程项目投资两个方面的内容。

（2）土木工程项目投资的构成，包括设备及工、器具购置费，建筑安装工程费，工程建设其他费，预备费和建设期利息五个部分。

（3）土木工程项目投资的估算，包括建设投资估算和建设期利息估算。

（4）土木工程项目投资的控制，包括设计阶段、招投标阶段和施工阶段的投资控制。

7.1　投资概述

土木工程项目投资属于"投资"，是实物投资的一部分，但又有别于"工程项目投资"，因此，本节重点阐述投资、土木工程项目投资以及土木工程项目投资与工程投资的区别。

7.1.1　投资

投资是经济主体为获取预期效益，投入一定量的货币资金或生产要素，将其转化为资产，形成生产能力或工程效益的经济活动。在经济学上，投资与储蓄相对应。就宏观经济学而论，由于投资的来源是储蓄（积累），一定时期的投资总额等于储蓄总额（不含外资）；从微观角度看，投资与储蓄既相互联系又相互区别。通常，人们把储蓄看成是一种无风险（不包含风险溢价）的投资，因而储蓄的风险溢价为零，其实质仅是一种消费的延期。要使现有资本获得增值，主要是通过投资才能实现，无论投资于实体资本还是虚拟资本，投资必然伴随某种风险。

投资这一经济活动，除了具有其他经济活动所共有的属性外，还具有其本身所独有的特性，大致可归纳为以下四个方面：

（1）投资效应的"供给时滞"性。投资可产生两大效应：需求效应和供给效应。需求效应是指投资活动同期相伴而生的需求活动。供给效应是指因投资而形成新增生产能力，从而引起社会总供应能力的上升。需求效应伴随于投资过程，而供给效应要待固定资产形成之后与流动资产结合方能实现，因此供给效应总是滞后于需求效应，形成所谓的"供给时滞"。

（2）投资领域的广阔、复杂性。广义的投资包括固定资产投资、流动资产投资、证券投资、风险投资、国际投资、教育投资、人力资本投资等诸多领域，各类投资都有其特有的规律性，这就构成了投资的复杂性。本专题研究的主要是土木工程项目投资。

（3）投资周期长。投资周期是指一项投资从决策、筹集、投放、使用到回收的整个阶段，大致包括三个时期：一是投资决策期，二是投资建设期，三是投资回收期。为保证投资的效益性，每位投资者都希望尽快回收投资，而保证投资短回收期的基础是科学的、正确的投资决策以及高效优质的建设。因此，合理的投资周期阶段应是较长的决策期、适中的建设期与尽量短的回收期。随着投资规模的扩大，投资的社会化程度日益提高，必然形成投资周期长的特点。

（4）投资收益的不确定性。投资收益的不确定性特点是由投资周期长决定的。投资的预测与决策是建立在已有数据的基础上，利用数学模型预测和分析未来现金流情况，这些数据本身带有一定的保守性，不可能包容未来时期的变化，因此，投资活动在一开始便蕴含了不确定性的因素。另外，经济活动的周期越长，不确定因素越多，投资者所承担的风险越大。

7.1.2 土木工程项目投资

土木工程项目投资作为工程项目投资的一部分，两者概念极易混淆。因此，有必要在此界定土木工程项目投资并分析其构成。

工程项目投资有双重含义：第一层含义是广义上的理解——工程项目投资就是指投资者在一定时间内新建、扩建、改建、迁建或恢复某个工程项目所做的一种投资活动。从这个意义上讲，工程项目投资就是固定资产建设到报废寿命周期内的投资活动。第二层含义是狭义上的理解——工程项目投资就是指工程项目建设花费的全部费用，即土木工程项目投资。本书所讲的土木工程项目投资是工程项目投资的狭义概念，即土木工程项目建设阶段花费的全部费用总和。它具有以下几个鲜明的特点：

（1）大额性。土木工程项目往往规模巨大，其投资额动辄数百万、上千万，甚至达到数百亿。投资规模巨大的设备工程关系到国家、行业或地区的重大经济利益，对宏观经济可能也会产生重大影响。

（2）单件性。对于每一项土木工程项目，用户都有特殊的功能要求。土木工程项目及其计价方式的独特性使其不能像一般工业产品那样按品种、规格、质量成批定价，而只能根据各个土木工程项目的具体情况单独确定投资。

（3）阶段性。土木工程项目周期长、规模大、投资大，因此需要按程序分成相应阶段依次完成。相应地，也要在工程项目的建设过程中多次地进行投资数额的确定，以适应建立土木工程项目各方经济关系，进行有效的投资控制的要求。

（4）投资确定的层次性。工程项目投资，包括建设投资、建设期利息和流动资金。事实上，一个项目的投资到底是多少，可以有很多不同的说法。一种是计算资本金基数的总投资，指建设投资与铺底流动资金之和，铺底流动资金为全部流动资金的30%。还有一种是所谓的"静态"投资额，指的是项目建设期间将要实际支出的总费用，不包括建设期利息和物价上涨等数额。如果包括建设期利息和物价上涨等数额，则被称为"动态"的总投资。在项目经济评价采用现金流量折现模型方法时，因为已经考虑了货币的时间价值，全部投资指的是建设投资和全部流动资金投资，不包括建设期利息。

土木工程项目投资是由建设投资和建设期利息两部分组成。具体来讲，是由设备及工、器具购置费，建筑安装工程费用，工程建设其他费用，预备费用和建设期利息五部分构成。

按目前我国的会计财务制度，工程项目投资的构成如图7-1所示。

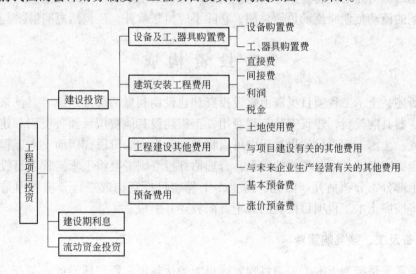

图7-1　工程项目投资构成

图7-1加总的工程项目投资是目前国内统计上的口径。

（1）建设投资。建设投资是指从土木工程项目确定建设意向开始直至建成竣工投入使用为止，在整个建设过程中所支出的总建设费用，这是保证工程建设正常进行的必要资金。建设投资按该算法分类，由工程费用（设备及工、器具购置费和建筑安装工程费用）、工程建设其他费用和预备费用三部分构成。

1）建设投资中形成固定资产的支出叫固定资产投资。固定资产是指使用期限超过一年的房屋、建筑物、机器、机械、运输工具以及与生产经营有关的设备、器具、工具等。这些资产的建造或购置过程中发生的全部费用都构成固定资产投资。

2）无形资产投资是指专利权、商标权、著作权、土地使用权、非专利技术和声誉等的投入。因而无形资产投资便是指为取得上述资产所发生的一次性投资支出。

3）递延资产是指已经支付但因其受益期超过一年而不能计入当期损益，应当由以后年度分期摊销的各项费用，包括租入固定资产改良支出及摊销期在一年以上的其他待摊费用。

（2）建设期利息。建设期利息包括向国内银行和其他非银行金融机构贷款、出口信贷、外国政府贷款、国际商业银行贷款以及在境内外发行的债券等在建设期内应偿还的贷款利息。

（3）流动资金投资。流动资金是指为维持生存所占用的全部周转资金，是流动资产与流动负债的差额。因为项目的生产经营过程是连续不断的，流动资金就需不断地投入，所以流动资金是项目生产经营活动正常进行的资金保证，是项目总投资的重要组成部分。流动资产包括各种必要的现金、存款、应收及应付款项及存货，流动负债主要是指应付账款、预收账款。值得指出的是这里所说的流动资产是指为了维持一定规模生产所需的最低周转资金和存货；流动负债只含正常生产情况下平均的应付账款、预收账款，不包括短期借款。为了表示这种区别，把资产负债表通常含义下的流动资产称为流动资产总额，它除了包含上述最低所需的流动资产外，还包括生产经营活动中新产生的盈余资金。同样，把通常含义下的流动负债叫流动负债总额，它除了应付账款外，还包括短期借款。

7.2　投资构成

如前所述，土木工程项目投资由建设投资和建设期利息两部分组成。具体来讲，是由设备及工、器具购置费，建筑安装工程费用，工程建设其他费用，预备费用和建设期利息五部分构成。土木工程项目建设过程中可以将其划分为六个阶段，因而土木工程项目投资估算是一个循序渐进、逐渐精确的过程，合理估算投资则需要将土木工程项目投资构成划分为若干个部分，分项估算。因此，对土木工程项目投资构成进行分项管理是十分必要的。下面将按照土木工程项目投资的五个方面叙述其组成。

7.2.1　设备及工、器具购置费

设备购置费是指为土木工程项目购置或自制的达到固定资产标准的设备及工、器具的费用。设备购置费的计算公式如下：

$$设备购置费 = 设备原价 + 设备运杂费$$

工、器具及生产家具购置费是指新建项目或扩建项目初步设计规定所必须购置的不够固定资产标准的设备、仪器、工卡模具、器具、生产家具和备品备件的费用，其一般计算公式为：

$$工、器具及生产家具购置费 = 设备购置费 \times 定额费率$$

7.2.1.1　国产设备原价的计算

国产设备分为标准设备和非标准设备两种类型。

国产标准设备原价一般指的是设备制造厂的交货价，即出厂价。如设备系由设备成套公司供应，则以订货合同价为设备原价。有的设备有两种出厂价，即带有备件的出厂价和不带有备件的出厂价，在计算设备原价时，一般按带有备件的出厂价计算。

非标准设备原价有多种不同的计算方法，如成本计算估价法、系列设备插入估价法、分部组合估价法、定额估价法等。但无论哪种方法都应该使非标准设备计价的准确度接近实际出厂价，并且计算方法要简便。

7.2.1.2　进口设备原价的计算

进口设备的原价，是指设备抵达买方边境港口或边境车站，且交完关税为止形成的价格，故亦称为进口设备抵岸价。

A　进口设备的交货方式

进口设备的交货方式可分为内陆交货类、目的地交货类、装运港交货类。内陆交货类，即卖方在出口国内陆的某个地点完成交货；目的地交货类，即卖方要在进口国的港口或内地交货；装运港交货类，即卖方在出口国装运港完成交货任务。

B　进口设备原价的构成

若进口设备采用离岸价格（FOB）形式，进口设备原价的构成可概括如下：

进口设备原价 = 货价 + 国外运费 + 国外运输保险费 + 银行财务费 + 进口代理手续费 +
关税 + 增值税 + 消费税 + 海关监管手续费 + 车辆购置附加费

（1）货价。这里指离岸价格（FOB）。设备货价分为原币货价和人民币货价，原币货价一律折算为美元表示，人民币货价按原币货价乘以外汇市场美元兑换人民币中间价确定。进口设备货价按有关生产厂家询价、报价、订货合同价计算。

（2）国外运费。即从装运港（站）到达我国抵达港（站）的运费。我国进口设备大部分采用海洋运输，小部分采用铁路运输，个别采用航空运输。进口设备国际运费计算公式如下：

$$国际运费(海、陆、空) = 原币货价(FOB 价) \times 运费率$$

$$国际运费(海、陆、空) = 运量 \times 单位运价$$

式中，运费率和单位运价参照有关部门或进出口公司的规定执行。

（3）国外运输保险费。对外贸易货物运输保险是由保险人（保险公司）与被保险人（出口人或进口人）订立保险契约，在被保险人交付协定的保险费后，保险人根据保险契约的规定对货物在运输过程中发生的承保责任范围内的损失给予经济上的补偿。这是一种财产保险。在进口设备时，从业主的进口成本来看，除了进口设备的货价外，还需要支付运费和保险费。因此，应以到岸价（CIF 价）作为设备的保险金额。运输保险费的计算公式如下：

$$运输保险费 = \frac{原币货价(FOB 价) + 国外运费}{1 - 保险费率} \times 保险费率$$

$$= CIF 价 \times 保险费率$$

式中，保险费率按保险公司规定的进口货物保险费率计算。有时，设备在发生灭失或损坏后，被保险人已支付的各种经营杂费和本来可以获得的预期利润，不能从保险人那里获得补偿。因此，各国保险法和国际贸易惯例，一般都规定进出口货物运输保险的保险金额可以在到岸价（CIF 价）的基础上适当加成。如果采用到岸价（CIF 价）加成投保，则有：

$$运输保险费 = CIF 价 \times (1 + 保险加成率) \times 保险费率$$

（4）银行财务费。银行财务费指业主或进口代理公司与卖方在合同内规定的开证银行手续费，可按下式简化计算：

$$银行财务费 = (FOB 价 + 货价外需用外汇支付的款项) \times 银行财务费率$$

式中，FOB 价和货价外需用外汇支付的款项应按人民币金额计算。

（5）进口代理手续费。进口代理手续费是外贸企业采取代理方式进口商品时，向国内委托进口企业（单位）所收取的一种费用，它补偿外贸企业经营进口代理业务中有关费用支出，并含有一定的利润。进口代理手续费的计算，按外贸企业对外付汇当日国家外汇管理部门公布的外汇牌价（中间价），将到岸价折合成人民币，乘以代理手续费率，即

$$进口代理手续费 = 到岸价格(外币) \times 对外付汇当日外汇牌价 \times 手续费率$$

式中，到岸价格可用离岸价格与国际运费、运输保险费之和计算。进口代理手续费率按照对外成交合同金额不同，分档计收。

（6）关税。关税是由海关对进出国境或关境的货物和物品征收的一种税，属于流转性课税。计算公式如下：

$$关税 = 关税完税价格 \times 税率$$

式中，进口设备的完税价格是指设备运抵我国口岸的正常到岸价，它包括离岸价格（FOB 价）、国际运费、运输保险费等费用。

（7）增值税。增值税是我国政府对从事进口贸易的单位和个人，在进口商品报关进口后征收的税种。我国增值税条例规定，进口应税产品均按组成计税价格和增值税税率直接计算应纳税额，不扣除任何项目的金额或已纳税额，即

$$进口产品增值税额 = 组成计税价格 \times 增值税税率$$

$$组成计税价格 = 关税完税价格 + 关税 + 消费税$$

增值税税率根据规定的税率计算。目前进口设备适用增值税税率为 17%。

（8）消费税。按照税法规定，进口轿车、摩托车等设备应征收消费税，其计算公式如下：

$$应纳消费税 = \frac{到岸价 + 关税}{1 - 消费税税率} \times 消费税税率$$

式中，消费税税率根据税法规定的税率计算。

（9）海关监管手续费。海关监管手续费指海关对进口减税、免税、保税货物实施监督、管理、提供服务的手续费。对于全额征收进口关税的货物不计本项费用，其计算公式如下：

$$海关监管手续费 = 到岸价 \times 海关监管手续费费率$$

海关监管手续费费率按国家现行标准执行。

（10）车辆购置附加费。进口车辆需缴进口车辆购置附加费，其计算公式如下：

$$进口车辆购置附加费 = (到岸价 + 关税 + 销售税 + 增值税) \times$$
$$进口车辆购置附加费率$$

7.2.1.3　设备运杂费

设备运杂费一般以设备原价（或抵岸价）乘以设备运杂费率计算，通常由下列各项组成：

（1）国产设备由设备制造厂交货地点起至工地仓库（或指定的需要安装设备的堆放地点）止所发生的运费和装卸费。

（2）在设备出厂价格中没有包含的设备包装和包装材料器具费。

（3）供销部门的手续费。

（4）建设单位（或工程承包公司）的采购与仓库保管费。

7.2.2　建筑安装工程费用

建筑安装工程费用由建筑工程费用和安装工程费用两部分组成。按照原建设部 2003 年 10 月制定的《建筑安装工程费用项目组成》（建标［2003］206 号）中规定，我国现行建筑安装工程费用由直接费、间接费、利润和税金组成，具体构成和参考计算方法见表 7-1。

表 7-1　建筑安装工程费用的构成和计算方法

费用项目			参考计算方法
直接费	直接工程费	人工费	人工费 = Σ(工日消耗量 × 日工资单价)
		材料费	材料费 = Σ(材料消耗量 × 材料基价) + 检验试验费
		施工机械使用费	施工机械使用费 = Σ(施工机械台班消耗量 × 机械台班单价)
	措施费		按规定标准计算
间接费	规费 企业管理费		1. 以直接费为计取基础： 　　间接费 = 直接费合计 × 间接费费率(%) 2. 以人工费(含措施费中的人工费)为计取基础： 　　间接费 = 人工费合计 × 间接费费率(%) 3. 以人工费和机械费合计(含措施费中的人工费和机械费)为计取基础： 　　间接费 = 人工费和机械费合计 × 间接费费率(%)
利润			1. 以直接费与间接费之和为计取基础： 　　利润 = 直接费与间接费合计 × 相应利润率(%) 2. 以人工费(含措施费中的人工费)为计取基础： 　　利润 = 人工费合计 × 相应利润率(%) 3. 以人工费和机械费合计(含措施费中的人工费和机械费)为计取基础： 　　利润 = 人工费和机械费合计 × 相应利润率(%)
税金(含营业税、城市维护建设税、教育费附加)			税金 = (直接费 + 间接费 + 利润) × 综合税率(%)

7.2.2.1　直接费

建筑安装工程直接费由直接工程费和措施费组成。

$$直接工程费 = 人工费 + 材料费 + 施工机械使用费$$

A　直接工程费

（1）人工费：

$$人工费 = \Sigma(工日消耗量 \times 日工资单价)$$

（2）材料费：

$$材料费 = \Sigma(材料消耗量 \times 材料基价) + 检验试验费$$

$$检验试验费 = \Sigma(单位材料量检验试验费 \times 材料消耗量)$$

（3）施工机械使用费：

$$施工机械使用费 = \Sigma(施工机械台班消耗量 \times 机械台班单价)$$

B　措施费

措施费是指为完成工程项目施工，发生于该工程施工前和施工过程中非工程实体项目的费用，包括以下内容：

（1）环境保护费。环境保护费是指施工现场为达到环保部门要求所需要的各项费用。

（2）文明施工费。文明施工费是指施工现场文明施工所需要的各项费用。

（3）安全施工费。安全施工费是指施工现场安全施工所需要的各项费用。

（4）临时设施费。临时设施费是指施工企业为进行建筑安装工程施工所必须搭设的生活和生产用的临时建筑物、构筑物和其他临时设施费用等。

（5）夜间施工费。夜间施工费是指因夜间施工所发生的夜班补助费、夜间施工降效、夜间施工照明设备摊销及照明用电等费用。

（6）二次搬运费。二次搬运费是指因施工场地狭小等特殊情况而发生的二次搬运费用。

（7）大型机械设备进出场及安拆费。大型机械设备进出场及安拆费是指机械整体或分体自停放场地运至施工现场或由一个施工点运至另一个施工地点，所发生的机械进出场运输及转移费用及机械在施工现场进行安装、拆卸所需的人工费、材料费、机械费、试运转费和安装所需的辅助设施的费用。

$$大型机械进出场及安拆费 = \frac{一次进出场及安拆费 \times 年平均安拆次数}{年工作台班}$$

（8）混凝土、钢筋混凝土模板及支架费。混凝土、钢筋混凝土模板及支架费是指混凝土施工过程中需要的各种钢模板、木模板、支架等的支、拆、运输费用及模板、支架的摊销（及租赁）费用。

（9）脚手架费。脚手架费是指施工所需要的各种脚手架搭、拆、运输费用及脚手架的摊销（及租赁）费用。

（10）已完工程及设备保护费。已完工程及设备保护费是指竣工验收前，对已完成工程及设备进行保护所需费用。

（11）施工排水、降水费。施工排水、降水费是指为确保工程在正常条件下施工，采取各种排水、降水措施所发生的各种费用。

7.2.2.2　间接费

A　间接费的组成

按现行规定，建筑安装工程间接费由规费和企业管理费组成。

a　规费

规费是指政府和有关权力部门规定必须缴纳的费用（简称规费），包括以下内容：

（1）工程排污费。工程排污费指施工现场按规定缴纳的工程排污费。

（2）工程定额测定费。工程定额测定费是指按规定支付工程造价（定额）管理部门的定额测定费。

（3）社会保障费，包括养老保险费、失业保险费、医疗保险费。养老保险费，是指企业按规定标准为职工缴纳的基本养老保险费；失业保险费，是指企业按照国家规定标准为职工缴纳的失业保险费；医疗保险费，是指企业按照规定标准为职工缴纳的基本医疗保险费。

（4）住房公积金。住房公积金是指企业按规定标准为职工缴纳的住房公积金。

（5）工伤保险费。工伤保险费是指按照建筑法规定，企业为从事危险作业的建筑安装施工人员支付的意外伤害保险费。

b　企业管理费

企业管理费是指建筑安装企业组织施工生产和经营管理所需费用，包括以下内容：

（1）管理人员工资。管理人员工资是指管理人员的基本工资、工资性补贴、职工福利费、劳动保护费等。

（2）办公费。办公费是指企业管理办公用的文具、纸张、账表、印刷、邮电、书报、会议、水电、烧水和集体取暖用煤等费用。

（3）差旅交通费。差旅交通费是指因公出差、调动工作的差旅费、住勤补助费，市内交通费和午餐补助费，职工探亲路费，劳动力招募费，职工离退休、退职一次性路费，工伤人员就医路费，工地转移费以及管理部门使用的交通工具的油料、燃料、养路费及牌照费。

（4）固定资产使用费。固定资产使用费是指管理和试验部门及附属生产单位使用的属于固定资产的房屋、设备仪器等的折旧、大修、维修或租赁费。

（5）工具、用具使用费。工具、用具使用费是指管理使用的不属于固定资产的生产工具、器具、家具、交通工具和检验、试验、测绘、消防用具等的购置、维修和摊销费。

（6）劳动保险费。劳动保险费是指由企业支付离退休职工的易地安家补助费、职工退休金、六个月以上的病假人员工资、职工死亡丧葬补助费、抚恤费、按规定支付给离休干部的各项经费。

（7）工会经费。工会经费是指企业按职工工资总额计提的工会经费。

（8）职工教育经费。职工教育经费是指企业为职工学习先进技术和提高文化水平，按职工工资总额计提的费用。

（9）财产保险费。财产保险费是指施工管理用财产、车辆保护费。

（10）财务费。财务费是指企业为筹集资金而发生的各种费用。

（11）税金。税金是指企业按规定缴纳的房产税、车船使用税、土地使用税、印花税等。

（12）其他。其他费用包括技术转让费、技术开发费、业务招待费、绿化费、广告费、公证费、法律顾问费、审计费、咨询费等。

B　间接费的计算方法

间接费的计算方法按取费基数的不同可分为以下三种：

（1）以直接费为计算基础：

$$间接费 = 直接费合计 \times 间接费费率(\%)$$

$$间接费费率(\%) = 规费费率(\%) + 企业管理费费率(\%)$$

（2）以人工费和机械费合计为计算基础：

$$间接费 = 人工费和机械费合计 \times 间接费费率(\%)$$

（3）以人工费为计算基础：

$$间接费 = 人工费合计 \times 间接费费率(\%)$$

7.2.2.3　利润

利润是指施工企业完成所承包工程获得的盈利。利润的计取方法也可分为以下三种：

（1）以直接费与间接费之和为计取基础：

$$利润 = 直接费与间接费合计 \times 相应利润率(\%)$$

（2）以人工费（含措施费中的人工费）为计取基础：

$$利润 = 人工费合计 \times 相应利润率(\%)$$

（3）以人工费和机械费合计（含措施费中的人工费和机械费）为计取基础：

$$利润 = 人工费和机械费合计 \times 相应利润率(\%)$$

7.2.2.4　税金

税金是指国家税法规定的应计入建筑安装工程造价内的营业税、城市维护建设税及教育费附加等。为了方便计算，一般将营业税、城市维护建设税和教育费附加合并在一起计算。计算公式为：

$$税金 = 税前造价 \times 综合税率(\%)$$

$$综合税率(\%) = \frac{1}{1 - 营业税税率 \times (1 + 城市维护建设税税率 + 教育费附加税率)} - 1$$

7.2.3　工程建设其他费用

工程建设其他费用按其内容大体可分为土地使用费用、与项目建设有关的其他费用、与未来企业生产经营有关的其他费用三类。

7.2.3.1　土地使用费用

（1）土地征用及迁移补偿费。征用土地应按照其原用途给予补偿。按照《中华人民共和国土地管理法》规定，征用耕地的补偿费用包括以下几部分：

1）征用耕地的土地补偿费。

2）征用耕地的安置补助费。

3）被征用土地上的附着物和青苗的补偿费。

4）征用城市郊区的菜地，用地单位应当按照国家有关规定缴纳新菜地开建设基金。

（2）土地使用权出让金。土地使用权出让金是指土木工程项目通过土地使用权出让方式，取得有限期的土地使用权，依照《中华人民共和国城镇国有土地使用权出让和转让暂行条例》规定支付的费用。

7.2.3.2 与项目建设有关的其他费用

（1）建设单位管理费。建设单位管理费包括以下几种费用：

1）建设单位开办费。

2）建设单位经费。

（2）勘察设计费。勘察设计费包括以下几种费用：

1）编制项目建议书、可行性研究报告及投资估算、工程咨询、评价以及为编制上述文件所进行勘察、设计、研究试验等所需费用。

2）委托勘察、设计单位进行初步设计、施工图设计及概预算编制等所需费用。

3）在规定范围内由建设单位自行完成的勘察、设计工作所需费用。

（3）研究试验费。

（4）临时设施费。

（5）工程监理费。

（6）工程保险费。

（7）引进技术和进口设备其他费。

7.2.3.3 与未来企业生产经营有关的其他费用

与未来企业生产经营有关的其他费用包括以下几种费用：

（1）联合试运转费。联合试运转费是指新建企业或新增加生产工艺过程的扩建企业在竣工验收前，按照设计规定的工程质量标准，进行整个车间的负荷联合试运转发生的费用支出大于试运转收入的亏损部分。

（2）生产准备费。生产准备费是指新建企业或新增生产能力的企业，为保证竣工交付使用进行必要的生产准备所发生的费用。

（3）办公和生活家具购置费。办公和生活家具购置费是指为保证新建、改建、扩建项目初期正常生产、使用和管理所必须购置的办公和生活家具、用具的费用。

7.2.4 预备费用

按我国现行规定，预备费用包括基本预备费和涨价预备费。

（1）基本预备费。基本预备费是指在项目实施中可能发生的难以预料的支出，需要预先预留的费用，又称不可预见费。主要指设计变更及施工过程中可能增加工程量的费用。

（2）涨价预备费。涨价预备费是指土木工程项目在建设期间内由于价格等变化引起工程造价变化的预测预留费用。费用内容包括：人工、设备、材料、施工机械的价差费，建筑安装工程费及工程建设其他费用调整，利率、汇率调整等增加的费用。

7.2.5　建设期利息

建设期利息包括向国内银行和其他非银行金融机构贷款、出口信贷、外国政府贷款、国际商业银行贷款以及在境内外发行的债券等在建设期内应偿还的贷款利息。

在考虑资金时间价值的前提下，建设期利息实行复利计息。对于贷款总额一次性贷出且利息固定的贷款，建设期贷款本息直接按复利公式计算。但当总贷款是分年均衡发放时，复利利息的计算就较为复杂。

7.3　投　资　估　算

土木工程项目投资的估算，是土木工程项目成本管理的基础，是投资项目评价内容的重要组成部分，投资估算额是否准确关系到筹资方案的设计和筹资成本的计算，它也是土木工程项目投资控制的根本目标，对投资项目的财务效益可行性有着重大影响，需要进行细致客观的研究。综上所述，本节将对土木工程项目的投资进行阐述，从而达到对土木工程项目投资估算和控制有较为全面的认识和了解。

土木工程项目投资包括建设投资和建设期利息。它们是保证投资项目建设和生产经营活动正常进行所必需的资金。

7.3.1　建设投资估算

建设投资，即为建设或购置固定资产、无形资产和递延资产所支付的那部分资金。在投资决策的前期阶段，只能对这些资金进行估算。不同的研究阶段所具备的条件和掌握的资料不同，估算方法和准确程度也不相同。通常在项目建议书阶段可采用扩大指标估算法，在项目可行性研究阶段采用概预算指标估算方法。

7.3.1.1　扩大指标估算法

扩大指标估算法是套用原有同类项目的建设投资额来进行土木工程项目建设投资额估算的一种方法。其特点是计算较简单，准确性差，并需要收集有关的基础数据和经过系统分析与整理。

　　A　单位生产能力估算法

单位生产能力估算法是指根据同类项目单位生产能力所耗费的建设投资额（如铺设每公里铁路的建设投资、形成每吨煤生产能力的煤矿建设投资、形成每千瓦发电能力的电站建设投资等）来估算拟建项目建设投资额的一种估算方法。其计算公式如下：

$$I_2 = P_2\left(\frac{I_1}{P_1}\right)\text{CF}$$

式中　I_2——拟建项目所需建设投资额；

　　　I_1——同类项目实际建设投资额；

　　　P_2——拟建项目生产规模；

　　　P_1——同类项目生产规模；

　　　CF——物价指数。

【**例7-1**】 某拟建项目年产某种产品 40 万件。调查研究表明，本地区年产该种产品 20 万件的同类项目的建设投资额为 1000 万元，假定不考虑物价因素的变动，则拟建项目的建设投资额为：

$$I_2 = 40 \times \left(\frac{1000}{20} \right) = 2000 \text{ 万元}$$

这种方法把项目的建设投资总额与其生产能力的关系视为简单的线性关系，估算结果精度较差，使用时除了要注意拟建项目的生产能力和类似项目的可比性，其他条件也应类似，否则误差会很大。由于在实际工作中不易找到与拟建项目完全类似的项目，通常将项目分解，分别套用其单位生产能力指标进行估算，然后加总求和得出拟建项目建设投资额。

B 生产规模指数估算法

生产规模指数估算法是根据已建成投产的项目或单一工程的投资资料，估算生产规模不同的同类项目或单一工程的设备投资额。具体估算公式如下：

$$I_2 = \left(\frac{P_2}{P_1} \right)^n I_1 \text{CF}$$

式中 I_2——拟建项目设备投资额；

I_1——同类项目设备投资额；

P_2——拟建项目生产规模；

P_1——同类项目生产规模；

CF——物价指数；

n——生产规模指数。

生产规模指数估算法考虑规模经济因素，将项目工程费用与生产规模视为指数关系，单位生产规模所需的工程费用随生产规模的扩大逐渐减少。因此，正常情况下，生产规模指数 n 应小于 1。n 的具体取值可以根据统计资料得到多个 I_2，I_1 和 P_1，P_2 及 CF 的数据，通过公式，求出多个 n 值，然后通过算术平均或回归分析，求出 n。在一般情况下，当拟建项目主要是靠增大设备规格扩大生产规模时，取 $n = 0.6 \sim 0.8$；当拟建项目主要是靠增加相同规格设备的数量扩大生产规模时，取 $n = 0.8 \sim 1$。

【**例7-2**】 某拟建项目生产规模为年产 B 产品 500 万吨，根据统计资料，生产规模为年产 400 万吨同类产品的企业工程费用为 3000 万元，物价上涨指数为 1.08，生产规模指数取 0.7，据此可估算拟建项目所需的工程费用为：

$$I_2 = \left(\frac{500}{400} \right)^{0.7} \times 3000 \times 1.08 = 3788 \text{ 万元}$$

由于单位生产能力投资估算方法和生产规模指数估算法建立在对两个同类项目之间关系假定的基础上，无论是线性关系，还是非线性关系，准确程度都比较差。

C 比例估算法

比例估算法是指根据已有的同类项目主要设备投资占整个项目建设投资总额的比例等统计资料，估算拟建项目建设投资额的一种估算方法。其计算公式如下：

$$I = \frac{1}{K} \sum_{i=1}^{n} Q_i P_i$$

式中 I——拟建项目所需建设投资额；

K——拟建项目主要设备占其总建设投资的比例（根据同类企业的经济数据获得），%；

n——设备种类数；

Q_i——拟建项目中第 i 种设备的数量；

P_i——拟建项目中第 i 种设备的单价（到厂价格）。

设备投资在项目建设投资中所占的比例较大，且与其他投资呈正相关关系，因此，运用该法也可得出拟建项目的建设投资额。

【例 7-3】 某项目主要设备的种类、数量、到厂价格如下：

项 目	甲设备	乙设备	丙设备	丁设备
数量/台	10	15	8	20
价格/万元	5	11	6	7

再假定同类项目主要设备占其总投资的比例为 50%，则拟建项目的建设投资总额为：

$$I = \frac{1}{50\%} \times (5 \times 10 + 11 \times 15 + 6 \times 8 + 20 \times 7) = 806 \ 万元$$

D 朗格系数法

朗格系数法是以设备费为基础，乘以适当系数来推算项目的建设费用的方法。其计算公式如下：

$$D = (1 + \Sigma K_i) \times K_c \times C$$

式中 D——总建设费用；

C——主要设备费用；

K_i——管线、仪表、建筑物等项费用的估算系数；

K_c——包括工程费、合同费、应急费等间接费在内的总估算系数。

总建设费用与主要设备费用之比为朗格系数 K_L，即

$$K_L = D/C = (1 + \Sigma K_i) \times K_c$$

【例 7-4】 表 7-2 所示为国外的流体加工系统的典型经验估算系数值。假设主要设备费用 $C = 5000$ 万元，采用朗格系数法计算总投资费用。

表 7-2 流体加工系统的典型经验估算系数

项 目	主设备交货费用 $C = 5000$ 万元 附属其他直接费用与 C 之比	项 目	主设备交货费用 $C = 5000$ 万元 附属其他直接费用与 C 之比
主设备安装人工费	0.10 ~ 0.20	构 架	0.05
保温费	0.10 ~ 0.25	防 火	0.06 ~ 0.10
管线费	0.50 ~ 1	电 气	0.07 ~ 0.15
基 础	0.03 ~ 0.13	油漆粉刷	0.06 ~ 0.10
建筑物	0.07	总计 ΣK_i	1.04 ~ 2.05

直接费用之和为 $(1 + \Sigma K_i)C$。

通过直接费表示的间接费：

日常管理、合同费和利息	0.30
工程费	0.13
不可预见费	0.13

$$\Sigma K_n = 0.56$$

$$K_c = 1 + \Sigma K_n = 1 + 0.56 = 1.56$$

项目总投资费用

$$D = (1 + \Sigma K_i)K_c C = (3.2 \sim 4.8) \times 5000 = 16000 \sim 24000 \text{ 万元}$$

此法比较简单，但没考虑设备规格和材质的差异，所以精确度不高。

7.3.1.2 详细估算法——概预算指标估算法

主要采用概预算指标估算法详细估算工程费用、工程建设其他费用和预备费用。概预算指标估算法是按土木工程项目的单项工程和单项费用，分别套用概算指标或系数来估算拟建项目的工程费用。

A 工程费用估算

工程费用估算包括四部分：建筑工程费估算、设备购置费估算、安装工程费估算、工程建设其他费用估算。

建筑工程费 = 建筑面积(或体积) × 平方米(或立方米)的造价

设备购置费分为国内设备购置费和进口设备购置费。

国内设备购置费 = 设备原价 × (1 + 运杂费率)

进口设备购置费 = CIF(到岸价) + 外贸手续费 + 银行手续费 + 关税 + 消费税 + 增值税 + 国内运杂费

安装工程费 = 设备原价 × 安装费率或设备总吨数 × 每吨设备安装费

【例7-5】 某拟建项目计划从日本引进某型号数控机床若干台，每台机床重量为82吨，FOB 为 8.6 万美元，人民币外汇价为 1 美元兑换 7.3 元人民币，数控机床运费率为103 美元/吨，运输保险费率按 2.66‰ 计算，进口关税执行最低优惠税率，优惠税率为10%，增值税率为 17%，银行财务费为 5‰，外贸手续费 1.5%，设备运杂费率 2%。请对设备进行估价（FOB 为装运港上交货价，也称离岸价）。

解：进口设备预算价格 = 货价 + 国外运费 + 运输保险费 + 银行手续费 + 外贸手续费 + 关税 + 增值税 + 国内运杂费

进口设备货价 = 离岸价 × 人民币外汇价 = 8.6 × 7.3 = 62.78 万元

国际运费 = 进口设备重量 × 相应的运费率 = 82 × 103 × 7.3 = 6.16 万元

运输保险费 = 货价 × 运输保险费率 = 62.78 × 2.66‰ = 0.17 万元

银行手续费 = 货价 × 银行财务费率 = 62.78 × 5‰ = 0.31 万元

外贸手续费 = (离岸价 + 国际运费 + 运输保险费) × 1.5%

= (62.78 + 6.16 + 0.17) × 1.5% = 1.03 万元

$$到岸价格（CIF）= 离岸价 + 国外运杂费 + 运输保险费$$

$$= 62.78 + 6.16 + 0.17 = 69.11 \text{ 万元}$$

$$进口关税 = 到岸价 \times 关税税率 = 69.11 \times 10\% = 6.911 \text{ 万元}$$

$$增值税 =（到岸价格 + 进口关税）\times 增值税税率$$

$$=（69.11 + 6.911）\times 17\% = 12.92 \text{ 万元}$$

$$进口设备原价 = 进口设备货价 + 国际运费 + 运输保险费 + 银行手续费 +$$

$$外贸手续费 + 进口关税 + 增值税$$

$$= 62.78 + 6.16 + 0.17 + 0.31 + 1.03 + 6.911 + 12.92$$

$$= 90.281 \text{ 万元}$$

$$设备运杂费 = 进口设备原价 \times 运杂费率 = 90.281 \times 2\% = 1.8 \text{ 万元}$$

$$进口设备预算价格 = 进口设备原价 + 设备运杂费 = 90.281 + 1.8 = 92.081 \text{ 万元}$$

工程建设其他费用是指在进行工程建设，包括建筑安装和设备购置等工作中，从工程筹建起到工程竣工验收、交付使用为止的整个建设期间，除建筑安装工程费用和设备及工、器具购置费以外的，为保证工程建设顺利完成和交付使用后能够正常发挥效用而发生的各项费用的总和。工程建设其他费用由土地使用费用、与项目建设有关费用（建设单位管理费、勘察设计费、研究试验费、临时设施费、工程监理费、工程保险费、供电贴费等费用）及与未来企业生产经营活动有关的费用（联合试运转费、生产准备费、办公和生活家具购置费）组成。

B 预备费用估算

预备费用是指在初步设计和设计概算中难以预料的工程费用，包括基本预备费和涨价预备费。

a 基本预备费估算

基本预备费是指在项目实施中可能发生难以预料的支出，需要事先预留的费用，又称工程建设不可预见费，主要是指设计变更及施工过程中可能增加工程量的费用。

基本预备费是以建筑工程费，设备及工、器具购置费，安装工程费及工程建设其他费用之和为计算基数，乘以基本预备费率（约8% ~ 15%），按下式计算：

$$基本预备费 =（建筑工程费 + 设备购置费 + 安装工程费 +$$

$$工程建设其他费用）\times 基本预备费率$$

b 涨价预备费估算

涨价预备费是对建设工期较长的项目，由于在建设期内可能发生材料、设备、人工等价格上涨引起投资增加，需要事先预留的费用，亦称价格变动不可预见费。

涨价预备费以建筑工程费，设备及工、器具购置费，安装工程费之和为计算基数，其计算公式为：

$$P_\mathrm{f} = \sum_{t=1}^{n} I_t \left[(1 + C)^t - 1 \right]$$

式中 P_f——项目建设期价格变动引起的投资增加额；

C——投资价格指数，即价格年上涨率；

n——项目建设期年数；

I_t——项目建设期第 t 年的建筑工程费，安装工程费和设备及工、器具购置费，即工程费用；

t——项目建设期第 t 年（$t = 1, 2, \cdots, n$）。

【例 7-6】 某工程项目的静态投资为 22310 万元，按本项目实施进度规划，项目建设期为三年，三年的投资分年使用比例为第一年 20%，第二年 55%，第三年 25%，预测建设期内年平均价格变动率为 6%。求该项目建设期的涨价预备费。

解： 第一年的年度投资使用计划额 $I_1 = 22310 \times 20\% = 4462$ 万元

第一年不考虑价格变动因素。

第二年的年度投资使用计划额 $I_2 = 22310 \times 55\% = 12270.5$ 万元

第二年的涨价预备费 $= 12270.5 \times [(1 + 0.06)^2 - 1] = 736.2$ 万元

第三年的年度投资使用计划额 $I_3 = 22310 \times 25\% = 5577.5$ 万元

第三年的涨价预备费 $= 5577.5 \times [(1 + 0.06)^3 - 1] = 689.4$ 万元

建设期的涨价预备费 $= 736.2 + 689.4 = 1425.6$ 万元

7.3.2 建设期利息估算

建设期利息是指土木工程项目固定资产投资总额中有偿使用部分在建设期内应偿还的借款利息和承诺费。按规定，国内银行贷款利息如能在建设期内按年付息偿还的，则按年单利计算。对于不能在建设期内按年支付利息的项目，则采用复利计算累计利息到投产期初，称为"资本化利息"，应计入项目总投资额内。对建设期利息进行估算时，应按借款条件不同而分别计算。在考虑资金时间价值的情况下，一般按下式计算建设期利息：

建设期每年应计利息 =（年初借款累计 + 当年借款额 × 50%）× 年利率

【例 7-7】 某新建项目，建设期为三年，在建设期第一年贷款 300 万元，第二年 600 万元，第三年 400 万元，年利率为 12%。用复利法计算建设期贷款利息。

解： 在建设期，各年利息计算如下：

第一年应计利息

$$\frac{1}{2} \times 300 \times 12\% = 18 \text{ 万元}$$

第二年应计利息

$$\left(318 + \frac{1}{2} \times 600\right) \times 12\% = 74.16 \text{ 万元}$$

第三年应计利息

$$\left(318 + 600 + 74.16 + \frac{1}{2} \times 400\right) \times 12\% = 143.06 \text{ 万元}$$

建设期贷款利息

$$18 + 74.16 + 143.06 = 235.22 \text{ 万元}$$

7.4 投 资 控 制

土木工程项目投资控制是保证土木工程项目投资管理目标实现，保证在土木工程项目建设过程中合理地使用人力、财力、物力等资源的重要管理方法。一方面，土木工程项目建设过程是一个周期长、数量大的生产消费过程，对工程项目的投资控制贯穿于土木工程项目建设的全过程，要在一个较长时期内且外界条件不断变化的情况下，将项目投资控制在一个确定的目标下是十分困难的。因此，投资控制应采取分阶段、分目标的方法，有重点地进行。另一方面，土木工程项目一般要经过投资决策阶段、设计阶段、招投标阶段和施工阶段，故而可以根据不同阶段对土木工程项目投资进行控制。因此，本节侧重于介绍分别制订各阶段的投资控制计划，抓住重点有效地实施投资控制。

7.4.1 投资控制的基本概念

土木工程项目投资控制，就是在土木工程项目投资决策阶段、设计阶段、招投标阶段和建设实施阶段，把土木工程项目投资控制在批准的投资限额以内，随时纠正发生的偏差，以保证项目管理目标的实现，取得较好的投资效益和社会效益。从某种意义上来说，投资控制得好与坏，直接关系到土木工程项目质量的高与低，直接关系到项目进度的快与慢，影响到项目的整体效益。

土木工程项目的建设过程是一个周期长、数量大的生产消费过程，建设者在一定时间内所拥有的知识经验是有限的，不但受科学条件和技术条件的限制，而且也受客观过程的发展及其表现程度的限制，因而不可能在工程项目的开始阶段就设置一个一成不变的投资控制目标，而只能设置一个大致的投资控制目标，也就是"投资估算"。随着工程建设的实践、认识、再实践、再认识，投资控制目标一步步清晰、准确，从而形成设计概预算、施工图预算、承发包合同价等。也就是说，土木工程项目投资控制目标应是随着土木工程项目建设实践的不断深入而分阶段设置的。具体地讲，投资估算应是设计方案选择和进行初步设计的土木工程项目投资控制目标；施工图预算或建设安装工程承包合同价则应是施工阶段控制建设安装工程投资的目标。有机联系的阶段目标相互制约、相互补充，前者控制后者，后者补充前者，共同组成项目投资控制的目标系统。

7.4.1.1 土木工程项目投资控制的内容

土木工程项目的实现过程具有很强的独特性：首先，它是由许多前后连续的阶段和各种各样的生产技术活动构成的；其次，其中的每项活动都受投资、工期与质量这三个基本要素的影响；第三，这一过程通常是不重复的，过程所处的环境是开放的、复杂多变的，所以这一过程具有较大的风险性和不确定性；最后，这一过程涉及多个不同的利益主体，包括项目投资商、承包商、供应商、设计与咨询中介单位等，整个过程是由他们共同合作完成的。由于土木工程项目的实现有这些特点，因此，全面投资控制也就相应包括四项内容：土木工程项目全过程投资管理、土木工程项目全要素投资管理、土木工程项目全风险投资管理和土木工程项目全团队投资管理。

A 土木工程项目全过程投资管理

土木工程项目的全过程通常可分为立项阶段、设计阶段、承发包阶段、实施阶段、竣工阶段。而每个阶段又是由一系列的具体活动构成的。从这个角度讲，土木工程项目全过程的投资是由各个不同阶段的投资构成的，而各个不同阶段的投资又是由这一阶段中的各项具体活动的投资构成的，形成这些投资的根本原因是由于开展各项具体活动所带来的资源的消耗。因此，土木工程项目全过程的投资管理必须首先从对每项具体活动的投资管理入手，通过对各项具体活动投资的科学管理，实现对土木工程项目各阶段投资的管理；然后通过对各个阶段投资管理，实现对于整个土木工程项目全过程的投资管理。包括两方面的内容：一是基于各项具体活动投资的确定；二是基于土木工程项目活动过程和全过程的投资控制。

B 土木工程项目全要素投资管理

由于土木工程项目的实现过程中每项活动都受三个基本要素（投资、工期与质量）的影响。因此，土木工程项目的投资不仅需要从全过程投资管理入手去考虑对于一个项目投资的全面管理，而且需要从如何管理好影响土木工程项目投资的全部要素入手，去考虑对于一个项目投资的全面管理。在土木工程项目全过程中，上述三个要素是可以相互影响和相互转化的。一个土木工程项目的工期和质量在一定条件下可以转化成土木工程项目的投资。项目工期的长短和质量的高低都会直接造成土木工程项目投资的变动。因此对于土木工程项目的全面投资控制而言，还必须从影响投资的全要素管理的角度去分析和找出一套从全要素管理入手的全面投资控制的具体技术方法。这就是土木工程项目的全要素投资管理。包括两方面的工作内容：分析和预测各要素的变动与发展趋势以及控制这些要素的变动以实现投资管理的目标。

C 土木工程项目全风险投资管理

土木工程项目的实现过程与一般产品的生产过程不同，一般产品的生产过程通常是在相对可控和相对确定的企业内部环境下进行的，其主要的影响因素是企业内部自身的条件，但是土木工程项目的实现过程却是在一个相对存在许多风险和不确定性因素的外部环境条件下进行的。其中影响土木工程项目投资的主要因素是外部环境条件因素，如通货膨胀、气候条件、地质情况、施工环境条件等。因为外部环境条件都存在较大的不确定性，所以都有可能给土木工程项目带来风险，从而使土木工程项目的投资发生偏离。另外，诸如第三者造成的停工风险、不可抗力事件发生的风险、投资环境恶化的风险、材料供应中断的风险等，都是土木工程项目所面临的外在风险，都会造成土木工程项目投资的不正常变动。

由于这些不确定性因素对土木工程项目投资的影响，使得土木工程项目的投资一般都会有三种不同成分。其一是确定性的投资，对这一部分投资人们知道它确定会发生，而且知道它发生额的大小。其二是风险性的投资，对此，人们只知道它可能会发生，同时知道它发生的概率以及不同概率情况下投资的分布情况，但是人们不能肯定它一定会发生。其三是完全不确定性投资，人们既不知道它是否会发生，也不知道它发生的概率分布情况。这三部分不同性质的投资合在一起，就构成了土木工程项目的总投资。不确定因素的存在随时可能造成各种各样的损失，而这些最终都会转换成土木工程项目投资的增加。因此，在土木工程项目投资管理中必须考虑风险对投资的影响，必须同时开展对确定性投资和不确定性投资的全面管理。确切地说，土木工程项目的投资管理最重要的任务就是对不确定性投资的管理，即土木工程项目全风险投资管理。

D　土木工程项目全团队投资管理

在土木工程项目实现过程中会涉及参与项目建设的多个不同的利益主体。这些利益主体包括：土木工程项目的项目法人或投资商，承担土木工程项目设计任务的设计单位或建筑师与工程师，承担土木工程项目监理工作的工程监理咨询单位或监理工程师，承担土木工程项目投资管理工作的投资工程咨询单位或造价工程师与工料测量师，承担土木工程项目施工任务的施工单位或承包商及分包商以及提供各种土木工程项目所需物料、设备的供应商等。这些不同的利益主体，一方面为实现同一土木工程项目而共同合作；另一方面依分工去完成土木工程项目的不同任务而获得各自的收益。在一个土木工程项目的实现过程中，这些利益主体都有各自的利益，而且有时这些利益主体之间的利益还会相互冲突。这样就要求在土木工程项目的投资管理中必须全面协调各个利益主体之间的利益和关系，将这些利益相互冲突的不同主体联合在一起构成一个全面合作的团队，并通过这些团队的共同努力，去实现对于土木工程项目的全面投资控制，这就是土木工程项目的全团队投资管理。

在土木工程项目全团队投资管理中，造价工程师是一个特殊的角色，他虽然受雇于投资商、承包商或建筑师，但是作为投资管理专业人员，他们在全团队投资管理中起特殊作用。在全团队投资管理中，造价工程师是投资信息的记录、收集、处理和提供者；是各种投资管理行为方案的评价者；是投资管理沟通和决策的辅助者；是合作各方的投资管理执行者。总之，造价工程师是全团队投资管理中主要的决策辅助人员和投资管理作业人员，需要他们具有很高的专业知识与技能。

7.4.1.2　土木工程项目投资控制的方法

全面投资控制，强调的是计划和控制，其实质是重视人的因素，充分调动人在过程中的积极性和创造性。推行全面投资控制，一个重要的方面是要建立起投资管理的目标和控制的步骤。

首先，建立目标投资管理体系，为全面投资控制提供管理和控制的目标。目标的确定应该有科学的依据，并随着工程建设实践的不断深入而分阶段建立。

其次，强化全过程控制，是全面投资控制的重要手段，在实际工作过程中应抓好以下几项工作：

（1）在设计阶段就进行投资控制，是全面投资控制工作的关键；

（2）积极引进市场机制和竞争机制，在承发包上实行招投标，是全面投资控制工作的重点；

（3）加强对建安工程设备、材料的价格控制，是全面投资控制的有效手段；

（4）加强对施工方案的技术经济比较，把好施工关，是全面投资控制的有效方法；

（5）加强对工程合同、变更、签证等工程档案管理，是全面投资控制的重要依据；

（6）加强预结算管理，定期进行中间核算，及时办理竣工结算，既是全面投资控制的内在要求，也是检验全面投资控制成效的重要手段。

7.4.2　设计阶段的投资控制

7.4.2.1　设计阶段投资控制的重要性

设计阶段的投资控制是土木工程项目全过程投资控制的重点。项目策划和设计阶段决定了项目寿命周期内80%的费用；初步设计阶段决定了土木工程项目80%的投资，如图7-2所示。

7.4.2.2　设计阶段投资控制的方法

设计阶段控制投资的关键在于确定合理的控制目标值、分项投资额度及控制标准，并用以指导设计。

合理地确定设计阶段控制目标的目标值以后，就采用科学方法对投资进行控制。设计阶段控制投资的方法如下：

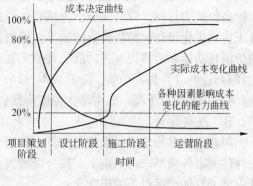

图7-2　全寿命周期各阶段对投资的影响

（1）要树立正确的设计思想，处理好技术和经济的对立统一关系问题，充分将价值工程理论运用到设计思路中去；

（2）优化设计是在经验设计法基础上发展起来的一种先进的设计方法，不仅可以提高工程设计质量，而且对提高经验效益也十分显著；

（3）积极推行限额设计，既要按照批准的可行性研究报告及投资估算控制初步设计及概算，同时各专业又要在保证工程要求的前提下，按分配的投资限额进行设计，并且严格控制初步设计和施工图的不合理变更；

（4）加强建筑选型和结构的经济分析，但更加重要的是为了使投资估算真正起到控制投资的作用，必须严格维护投资估算的严肃性，实事求是。

下面简要介绍优化设计和限额设计两种投资控制方法。

A　优 化 设 计

优化设计是指在充分满足设计限额指标的基础上，开展多方案的优化设计，通过对多种方案的经济分析进行对比，选择工程量少、投资省的方案。

土木工程项目设计阶段的优化是一个系统性工程，体现了事前控制的思想，对控制工程造价有事半功倍的效果。只有工程建设管理单位不断优化设计方案并组织专家进行充分论证，使设计方案既科学又经济，才能实现土木工程项目最佳的经济效益和社会效益。具体措施如下：

（1）主管部门应加强对优化设计工作的监控。为保证优化设计工作的进行，开始可由政府主管部门来强制执行，通过对设计成果进行全面审查后方可实施。虽然目前我国缺乏对方案的经济性及功能的合理性方面的具体审查要求，主管部门也应增加对设计成果的审查力度。此外，利用主管部门的职能，总结推广标准规范、标准设计，公布合理的技术经济指标及考核指标，为优化设计的进行提供良好服务。

（2）加快设计监理工作的推广。优化设计工作的推行，仅靠政府监控还不能满足社会发展的要求，主管部门应在搞好监督的同时，加快推行设计监理。

（3）建立必要的设计竞争机制。目前，由于设计招标体系不是很完善，评标方法也不是十分健全，缺乏公平竞争性，因此，应完善设计招投标的相关环节。首先，各地方主管部门应建立相应的规定，在招标时政府管理部门应要求业主对拟建项目有明确的功能及投资要求，有编制完整的招标文件；其次，应设立健全的评标机构，完善合理的建设评标方法，以保证设计单位公平竞争，并限制业主在项目上的随意性。

（4）积极运用价值工程原理。设计人员要用价值工程的原理来进行设计方案分析，要以提高价值为目标，以功能分析为核心，以系统观念为指针，以总体效益为出发点，从而真正达到优化设计、控制投资的效果。价值工程是对工程进行投资控制的科学方法，其中的价值是功能和为实现这一功能所耗费的比值，表达式为 $V = F/C$。提高设计产品价值的途径有五种：1）提高功能，降低成本；2）功能不变，降低成本；3）成本不变，提高功能；4）功能稍有下降，成本却大幅度降低；5）成本稍有增加，功能却大幅度提高。

B　限额设计

限额设计是指按照批准的总概算（投资规模）控制总体工程设计，各专业在保证达到设计任务书各项要求的前提下，按分配的投资额控制各自的设计，没有特殊原因不得突破其限额。具体包括以下两层含义：

（1）从经济上讲，在不降低使用效能的前提下推行限额设计，将土木工程项目投资严格控制在对土木工程项目的投资限额内。这要求设计过程中变"以量来定价"为"以价来定量"。

（2）从技术上来看，要采集、归纳工程技术资料，形成一套完整的分析系统。一方面，通过对比分析各项经济指标，合理选用材料设备、工艺技术和结构形式；另一方面，优化各项技术指标，如含钢量、混凝土等级强度等，用具体的技术经济指标来控制设计，从而控制土木工程项目投资。其中，确定合理的技术经济指标是推行限额设计和最终投资控制的关键。

采用限额设计时，要正确处理好技术与经济的对立统一关系。既要反对片面强调节约，忽视技术上的合理要求，使土木工程项目达不到功能的倾向；又要反对重技术、轻经济，设计保守、浪费的倾向。投资控制中的限额设计分为两部分，即纵向控制和横向控制。

a　限额设计的纵向控制

（1）初步设计要重视方案选择，按照审定的可行性研究阶段的投资估算进一步落实投资的可能性。初步设计应该是多方案比较选择的结果，是项目投资估算的进一步具体化。在初步设计限额设计中，各专业设计人员应强化控制工程造价意识，同时引入竞争机制，增强危机感和紧迫感。

（2）把施工图预算严格控制在批准的概算以内，将重点放在工程量控制上。控制工程量一经审定，即作为施工图设计工程量的最高限额，不得突破。

（3）加强设计变更管理。对不可避免的变更，应尽量提前。变更发生越早，损失越小，反之，损失越大。由于土木工程的不可逆性，应尽量将变更控制在设计阶段，对影响工程投资的重大设计变更，要用先算账后变更的方法解决，使工程投资得到有效控制。

（4）在限额设计中树立动态管理的观念。在限额设计中，应建立工程投资的计算机动态管理系统。根据工程进展情况，及时将已完成的工程投资额输入计算机，由计算机汇总出各分部工程、各专业乃至整个工程总投资的累计值，再与目标值对比，看是否超过总投资。若超目标值应及时反馈，以便能采取相应的措施，将投资控制在目标值以内。

b　限额设计的横向控制

（1）建立设计院内部限额设计责任制，将责任层层分解，落实到个人，明确总设计师、工程经济负责人、概预算编制人员、专业负责人和设计人员在限额设计中的岗位职责，确立技术、经济、质量互为一体的观念。

（2）实行限额设计的节奖超罚。设计单位若通过采用新工艺、新设备，或通过优化设计，节约了工程投资，则应根据节约投资额大小，对设计单位给予相应的奖励。若因设计单位设计错误、漏项或扩大规模和提高标准等导致工程静态投资超值，要扣减其设计费。

7.4.3 招投标阶段的投资控制

土木工程项目招投标阶段的投资控制是上承设计阶段下启施工阶段的投资控制，既是实现对设计阶段概预算实施控制的目的，又是对工程施工阶段实施投资控制的依据，是土木工程项目确定合理的预期价格的关键阶段，对工程的竣工决算有着直接的影响。

招投标阶段的项目投资受招标文件、计价模式和投标单位的投标方案三个因素的影响，因此，在此阶段实施投资控制的重点如下：

（1）注重招标文件中工程量清单的编制工作。工程量清单是招标文件的重要组成部分，是投标单位进行投标和进行公平竞争的基础。编制工程量清单时一般应注意几点：一是编制依据要明确；二是项目划分要细致，项目与项目之间的界限要清楚，作业内容、工程质量和标准要清楚；三是清单说明要清晰。

（2）注重标底的编制审核工作。标底编制时一般要注意几点：一是项目划分必须与招标文件一致；二是应以现行标准、定额、费率为准；三是必须因时因地制宜；四是标底的总价必须控制在概算或批准投资额以内；五是标底必须反映工期、质量、价格变化等因素。

（3）注重招标文件中合同条款的约定。招标文件中合同条款的约定应着重重视几类条款：一是合同违约条款；二是合同形式条款；三是材料议价条款；四是工程计量条款；五是工程风险条款；六是双方职责条款。

（4）重视在招投标过程中的回标分析。对于控制投资方面，回标分析的重点是在符合性检查投标文件的基础上，对商务报价进行逐项检查和分析。主要包括：对分部分项工程量报价的分析、对措施项目清单报价的分析、对其他项目清单报价的分析。

招投标是在工程量清单计价模式下进行的招投标行为，涉及计价模式、评标定标标准和招投标主体，牵涉内容广泛，而其标准和操作程序又存在诸多问题和漏洞。针对目前国内招投标存在的一些问题，土木工程项目招投标阶段投资控制可以采取如下措施：

（1）加强立法，完善法规建设。招投标活动一直是受到多种法律制约的综合性民事行为，随着市场经济的发展，新的招标形式层出不穷，进一步完善《招标投标法》并以此为蓝本制定一系列配套的政策法规势在必行。

（2）建立工程担保制度，保证投标方守信履约。投标担保一般应在发标的同时由投标人向招标人提供担保，保证投标人一旦中标，能够按招标文件的有关规定签订承包合同，工程担保具体可采用银行保函、担保公司担保书和投标保证金等形式。

（3）推行招投标阶段监理公司或造价中介机构的提前介入。在项目的招投标前期，让监理单位或造价中介机构提前介入，共同参与招标文件的编写等工作，让其在项目招投标的开始阶段就提供专业的咨询意见，更好地控制项目成本，通过不断优化招标方案，达到控制造价的目的。

（4）推行工程量清单招标。工程量清单招标基本体现了"政府宏观调控、企业自主报价、市场形成价格"，是一种真正能够适应市场竞争机制的工程造价计价方式，是在招投标阶段投资控制最为有效的措施和方法，必须大力推行。

（5）加强对招标文件的备案审查。招标文件作为整个招投标乃至工程实施全过程的纲领性文件，是整个工程项目招投标阶段造价控制的起点。招标文件应全面、准确地体现业主的意愿，并有利于工程施工的顺利进行，有利于工程质量的监督和工程造价的监控。加强对招标文件的备案审查，可以从根本上避免日后的索赔纠纷。

（6）加强对中标合同的备案管理。加强对中标合同备案管理是巩固招标结果，保证达到造价有效监控目的的重要环节。备案的中标合同具有法律效力，因此加强对中标合同的备案管理可以有效预防将来对中标价的修改，也有效地打击了"阴阳合同"、"黑白合同"等违法行为，从而保证对工程造价实施有效的监控。

土木工程项目招投标阶段投资控制对整个项目投资控制的成败起到关键性作用，只有通过优化招标方案，推行"控制量，竞争费，指导价"的工程量清单招标方式，加强招标过程中的回标分析，采用合理最低投标报价中标法，并加强对招标文件和中标合同的备案管理，才能在招投标阶段达到降低工程成本，有效控制投资的目的，从而有效合理地控制整个项目的投资。

7.4.4　施工阶段的投资控制

施工阶段是投资额度最大的一个阶段，是项目投资计划的实施阶段，土木工程项目的投资主要发生在施工阶段。施工阶段投资控制包括付款控制、工程变更控制、价格审核、施工分包中的投资控制、竣工结算和竣工决算。

7.4.4.1　付款控制

施工阶段投资控制的最重要的任务是控制付款。工程付款包括工程预付款和进度款。

工程预付款是工程项目发包和承包合同订立后由发包人根据合同的约定和有关规定，在正式开工前预先支付给承包人的款项，是施工准备和所需主要材料、结构件等流动资金的主要来源。工程预付款的支付，表明该工程已经实质性启动。不同国家、地区或部门，有关工程预付款额度的规定不同，主要是保证施工准备和所需材料和构件的正常储备。建筑工程的预付款一般不得超过当年建筑工程工作量的30%，安装工程款的预付款一般不得超过当年安装工程工作量的10%。

工程预付款数额的计算应考虑各种因素，在实际计算中，往往以年度承包工程总价中储备主要材料、结构件需要占用的资金数额为主要依据进行计算，其计算公式如下：

$$工程预付款数额 = \frac{工程总价 \times 材料比重 \times 材料储备天数}{年度施工天数}$$

$$工程预付款额度 = \frac{预付款总额}{工程造价}$$

工程进度款是指在施工过程中，按月（或形象进度、或控制界面等）完成的工程数量计量的各项费用总和。工程进度款的确定和计算主要涉及两个方面：一是工程量的核实确认；二是单价计算方法。具体支付时间、方式都应在合同中做具体规定。投资咨询机构要针对不同的对象进行不同的控制，从四个方面控制付款（针对合同、针对子项目、针对时间、针对基建财务科目），进行计划投资和实际投资的比较，每月按核定工程量及土木工程项目投资划拨工程款。

7.4.4.2　工程变更控制

工程变更控制主要是由工程的设计变更而发生，但进度计划变更、施工条件变更等也会引起工程的变更。工程变更的内容一般包括了以下几个方面：

（1）建筑物功能为满足使用上的要求引起的工程变更；

（2）设计规范修改引起的工程变更；

（3）采用复用图或标准图引起的工程变更；

（4）技术交底会上的工程变更；

（5）施工中遇到需要处理的问题引起的工程变更；

（6）发包人提出的工程变更；

（7）承包人提出的工程变更。

工程变更会增加或减少工程量，引起工程价格的变化，影响工期和质量，造成不必要的损失，因而要进行多方面的严格控制，控制时可遵循以下原则：

（1）不提高建设标准；

（2）不影响建设工期；

（3）不扩大范围；

（4）建立工程变更的相关制度；

（5）要有严格的程序；

（6）明确合同责任。

变更价款的确定如下：

（1）变更价款的确认程序。承包人在工程设计变更确认后14天内提出变更工程价款的报告，未提出的，视为该项设计变更不涉及合同价款的变更。工程师收到变更报告7天内，予以确认，无正当理由不确认的，自送达之日起14天后自行生效。

（2）变更价款的确认方法。合同中已有适用于变更工程的价格，按合同已有价格计算，变更合同条款；合同中只有类似于变更工程的价格，可以参照此价格确定变更价格，变更合同条款；合同中没有适用于变更工程的价格，由承包人提出适当的变更价格，经工程师确认后执行。

7.4.4.3　价格审核

在工程实施过程中仅仅靠控制工程款的支付是不够的，还要不断地对各个单位工程和各个工种所完成的实物工程量、实际完成的工程预算值和实际投资支出进行审定、汇总，从组织、经济、技术、合同等多方面采取措施，从而依次来对项目的投资进行分析、预测与控制。还可根据已完成土木工程项目的实际支出及对土木工程项目的未来投资支出趋势预测，找出二者差异，提出改进或预防措施，将投资控制在预算的范围内。

7.4.4.4　施工分包中的投资控制

施工分包工作的规划和组织在设计阶段和设备、材料采购期间，现场开工之前进行。承包人分包工程时需遵循以下原则：

（1）对分包人进行预选。根据分包人过去的业绩等情况，对分包人进行初步筛选。

（2）制定询价文件。选定对象后发给他们询价书，对分包人应承担的工作范围、职责以及合同方式等的规定和要求，应在询价文件中明确，发出询价书的时间应在询价文件完善以后，而不是过早地发出。

（3）检查询价文件。检查询价文件的重点是分包工作范围的主要内容，如是否要求分包人自行去调查施工现场的一切情况，施工工人由谁来招募和调配，施工材料是否要由分包人筹备，施工现场中分包人的地位和管理职责等是否已经交代清楚。

（4）发出中标通知书之前进行商谈。收到分包人报出的投标 15 天后，经过审查、评标，把那些有可能中标的分包人（一般为前三名）请来商谈，共同审查分包的全部工作内容和范围，保证在合同签订前，分包人能明确接受所规定的全部分包工作。

（5）明确工程变更的合理范围。分包人实施分包工程施工过程中，可能因某种原因而引起变更，此时应明确限制变更的合理范围，并在这项变更开始执行之前，由分包人提出变更工作的固定报价，批准后执行。

（6）要求分包人提供工程进度计划。若分包工程采用偿付合同方式，此时应要求分包人提交供监控用的分包工程进度计划及其测定工程进度和执行效果的各种报表式样。分包人计算费用的方法、各种货单、发票等都要提供，以作审计之用。

（7）分包合同的履行。第一，工程分包不能解除承包人的任何责任和义务。第二，承包人应在分包场地派驻相应监督管理人员，保证合同的履行。第三，分包单位的任何违约行为、安全事故或疏忽导致工程损害或发包人造成其他损失，承包人承担连带责任，分包价款由承包人与分包单位结算。第四，分包工程款由承包人与分包单位结算。发包人未经承包人同意不得以任何名义向分包单位支付各种工程款项。

7.4.4.5 竣工结算

竣工结算是指一个土木工程项目施工已完成并经发包人及有关部门验收点交后，按照合同的约定，在原合同价格的基础上编制调整价格，由承包人提出，并经发包人审核签认的，以表达该工程造价为主要内容，并作为结算工程价款的经济文件的行为。工程竣工结算应按照法律法规有关规定，以合同为基础，坚持实事求是的原则进行。

竣工结算主要从以下几个方面着手：

（1）注重检查原施工图纸预算、报价单和合同价；

（2）熟悉竣工图纸，了解施工现场；

（3）计算和复核工程量；

（4）竣工工程量汇总；

（5）套用原单价或确定新单价；

（6）正确计算有关费用；

（7）做竣工结算工料分析；

（8）编写竣工结算说明；

（9）制作竣工结算说明书。

工程竣工验收报告经发包人认可后 28 天内，承包人向发包人递交竣工决算报告及完整的结算资料。承包人自收到报告后 28 天内进行核实，确认后支付价款，承包人自收到价款后 14 天内将竣工工程交付给发包人。

在多个大型土木工程项目的投资控制中，对于工程竣工结算审核通常采用图 7-3 所示的流程。

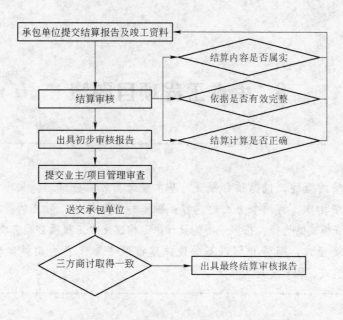

图 7-3   工程竣工结算审核流程图

7.4.4.6   竣工决算

竣工验收是土木工程项目建设全过程的最后一个程序。在竣工验收之前要编制好竣工决算。竣工决算是建设单位向上级主管部门报告建设成果和财务状况的总结性文件，是竣工验收文件的重要组成部分。及时、正确编报竣工决算，对于总结分析建设过程的经验教训，提高土木工程项目投资管理水平以及积累技术经济资料等，都具有重要意义。在编制工程竣工决算时，要在收集、整理、分析原始资料的基础上，对照、核实工程变动情况，重新核实各单位工程、单项工程的投资，使竣工决算能够真正反映出土木工程项目本身实际的价格。

竣工财务决算说明书主要包括以下内容：

（1）工程项目概况；

（2）会计财务的处理、财务物资情况及债务的清偿情况；

（3）资金结余及结余资金的分配处理情况；

（4）主要技术经济指标的分析、计算情况；

（5）工程项目管理及决算中存在的问题、建议；

（6）需要说明的其他事项。

8 土木工程项目融资

本章概要

（1）项目融资的概述，包括项目融资的基本概念、风险分析。

（2）项目融资运作，有两个方面的内容：融资的框架结构、融资的阶段与步骤。

（3）项目融资模式的选择，按照一定的设计原则构建土木工程项目融资模式的基本框架。

（4）主要融资模式，简要介绍以基础设施建设融资为代表的几类典型融资模式，如 BOT 模式、PPP 模式、PFI 模式。

8.1 融资的基本概念及风险

确认和识别土木工程项目风险是构建融资结构和选择融资模式的重要基础，因此对土木工程项目进行风险分析是十分必要的。

8.1.1 基本概念

土木工程项目一般具有资金需求量大、建设周期长、涉及面广的特性。其所需的建设资金往往需要围绕项目对资金的需求开展相应的融资活动，需要良好的组织和系统的融资方案。在项目决策阶段，确定融资方案，是进行项目评估和决策的前提和必要条件；在项目实施阶段，要安排和落实安全可靠的资金来源，采取切实可行的措施，努力降低资金筹措成本，积极防范筹资风险。实践表明，合理可行的融资方案，恰当有效地运用现代融资技术、技巧，对土木工程项目的实施起到决定性的作用。

项目的融资方案是对围绕于拟建项目的融资活动进行的系统规划和部署，是在投资规划（项目实施组织和建设进度计划、投资估算和资金使用计划）的基础上，根据项目建设的资金需求、项目投资人和国内外投融资市场的实际情况以及当地的投融资环境，确立和制定融资活动的目标和战略、融资活动的组织和行动计划，对资金来源渠道、投融资模式、融资方式等进行选择，对融资结构、融资成本、融资风险等进行分析与评价，并以此研究确定项目资金筹措计划和进行财务评价。

投资人或项目发起人围绕一个投资项目开展的融资活动，其目的往往并非只是解决或满足投资计划对资金的使用需求。往往会在满足项目对资金需求的基础上，同时实现其他的投资关联目标。比如，借助项目实现地区性的招商引资目标，这是很多地方政府主导的项目会有的一种目的，通过项目吸引外来投资。还可能通过项目的融资活动来获取某些市场渠道或市场空间。比如，借助项目获取国外公司的投资合作，以此打开国际市场；或者国外公司为进入中国市场，而在中国国内开厂设点，选择国内的战略伙伴，借助合作伙伴可能已经存在的市场渠道实现市场进入。这时的融资要借助融资活动来实现战略安排，是对投资战略的实现和展开。因此，融资方案的制订，是牵连项目投资活动诸多方面和领域的一项系统工程。一项融资活动，需要围绕投资目标，按照投资战略，依据投资规划来研究和制定融资方案。

8.1.2　风险分析

土木工程项目融资跨度长、涉及面广，其潜在的风险可能巨大。因此，分析土木工程项目融资过程中存在的风险是十分重要的。

土木工程项目融资风险大体上可分为两类，即系统风险和非系统风险。通常，人们把那些与宏观市场环境有关的、超出自己控制范围的风险称为系统风险，而将那些投资者可以自行控制和管理的风险称为非系统风险。系统性风险不能通过增加或调整不同类型的投资数目而消除，因为造成这种风险的要素将会影响到所有的投资活动。非系统性风险则与之相反，被认为是可以通过多样化、分散化投资来加以避免或降低的风险。当然，这两种风险的划分并不是绝对的，有时候系统性风险也可以通过一定的手段予以减少，而有时候非系统性风险却无法避免。

8.1.2.1　系统风险

在土木工程项目融资实务中，系统性风险主要包括国家风险、金融风险和不可抗力风险等。

A　国家风险

国家风险是指在国际经济活动中发生的至少在一定程度上是由国家政府控制而非私人企业或个人控制下的事件所造成的损失。国家风险的表现形式如下：

（1）主权风险。政变、政权更迭、领导人变动等政治体制变动给项目造成的损失和影响。

（2）没收或国有化风险。项目资产包括项目公司的股份被没收或国有化，使投资者无法取得预期的投资收益，如民间资本采用 BOT 等融资模式进入基础设施建设领域就存在此类风险。

（3）获准风险。开发建设一个项目必须得到东道国政府的授权或许可，如由于种种原因未能及时取得政府的批准而造成项目误工产生的损失和影响。尤其在 BOT 项目融资结构中，特许经营权是这种项目融资的基础，因而对这种风险尤为敏感。

（4）税收风险。东道国政府可能对项目公司生产的产品征收较高的税款，或者取消项目公司应有的减免税待遇，而实行有选择性的税收政策，如所得税、印花税、契约税的调整等，这将会对项目公司的经济强度产生重大影响。

（5）利润不能汇出国外风险。项目经营所得的利润不能从东道国汇出，从而使外国投资者无法及时取得利润。

（6）法律变更风险。东道国政府变更与项目有关的法律法规及条例等影响项目的开发与经营的风险。

B　金融风险

项目的金融风险主要是指由于一些项目发起人不能控制的金融市场的可能变化而对项目产生的负面影响。这些因素包括：汇率变动、利率波动、国际市场商品价格上涨（特别是能源和原材料价格上涨）、项目产品的价格在国际市场上下跌、通货膨胀、国际贸易中贸易保护主义和关税的趋势。可以得知，金融风险的内容非常丰富，但是，在国际项目融资中最敏感的金融风险是与货币有关的风险，包括以下几种风险：

（1）外汇不可获得风险。外汇不可获得风险是指由于东道国外汇短缺可能导致项目公司不能将当地货币转换成需要的外国货币，以偿还对外债务和用于其他的对外支付，从而使项目无法正常进行的风险。

（2）外汇不可转移风险。外汇不可转移风险是指由于外汇管制的存在，项目公司的所得不能转换成所需要的外汇汇出国外。所以，即使项目公司产生了足够的现金流量，如不允许兑换成外汇汇出国外，外国投资者将无法及时取得利润，这对投资者来说就是一种风险。

（3）货币贬值风险。货币贬值风险是指由于外汇汇率波动使当地货币贬值而给项目公司带来的可能损失。

（4）利率风险。利率风险是指在项目的经营过程中，由于利率变动直接或间接地造成项目价值降低或收益受到损失的风险。利率风险的管理主要是运用衍生金融工具来转移或降低风险。

C 不可抗力风险

不可抗力风险是指超过投资者控制范围内的事件发生所导致的风险，从这个意义上来说，不可抗力风险被划为系统性风险。

引起不可抗力风险的事件包括两类：一类是一些可保险的意外事件，如火灾、洪水和地震等；另一类是一些非意外事件，如战争、内乱、罢工、核辐射、没收和政治干预等，这些事件有时可由私人保险公司或政府保险公司承担。

8.1.2.2 非系统风险

土木工程项目非系统性风险主要包括信用风险、完工风险、经营风险、市场风险和环保风险等。

A 信用风险

所谓信用风险，是指项目参与各方因故无法履行或拒绝履行合同所规定的责任和义务的可能性。尤其在一些法制不够健全的发展中国家，信用风险发生的概率更大。

信用风险的表现形式如下：

（1）土木工程项目发起人即业主是否在项目中起重要作用，或是否提供了股权资本或其他形式的支持；

（2）项目承包商是否提供了一定的保函来保证赔偿因其未能履约而造成的损失；

（3）项目运营方是否有先进的管理技术和方法。

B 完工风险

完工风险是项目融资的主要核心风险之一，是指项目无法完工、延期完工或者完工后无法达到商业完工标准的风险。完工风险对项目公司而言意味着利息支出的增加、贷款偿还期的延长和市场机会的错过。完工风险主要取决于四个因素，即项目设计技术要素、承建商的建设开发能力和资金运筹能力、承建商所做承诺的法律效力及其履行承诺的能力、政府节外生枝的干预。例如，在一个高速公路的项目中，由于项目公司在规划阶段没有能够顺利地购买一块关键土地的使用权，从而本应在夏季、秋季进行的混凝土工程不得不往后推迟。由于后面紧跟而至的冬季、春季无法进行室外混凝土工程，混凝土工程不得不推迟到下年的夏季至秋季，从而工程推迟了 2 个月，导致公路开通推迟了 9 个月，工程成本增加了 50%，在很大程度上影响了该公路项目的可行性。

鉴于此，贷款银行一般不把项目的建设结束作为项目完工的标志，而是引入了"商业完工"的概念，即在融资文件中具体规定项目产品的产量、质量，原材料、能源消耗定额及其他一些技术经济指标和项目达到这些指标的时间下限等，只有项目在规定的时间范围内满足这些指标时，才被贷款银行认为正式完工。一些典型的商业完工标准如下：

（1）完工和运行标准。要求项目在规定的时间内达到规定的完工标准，并且在一定时期内（通常是 3 个月至半年）保持在这个水平上运行。

（2）技术完工标准。要求项目在规定的时间内达到商业完工标准所规定的各种技术指标，其约束性比完工和运行标准差一些。采用这些标准，贷款银行实际上承担了一部分项目生产的技术风险。

（3）现金流量完工标准。在此标准下，贷款银行不考虑项目的技术完工和实际运行情况，只要求项目在一定时期内（通常为 3 个月至半年）达到预期的最低现金流量水平，即认为项目通过了完工检验。

（4）财务完工标准。即要求项目达到某些规定的财务指标就被认为通过了完工检验。比如，项目在一定时期内在低于某一成本的前提下达到规定的生产水平，达到规定的流动比率要求，在一定时期内达到规定的最低债务承受比率或债务股本比率要求。

C　经营风险

经营风险是指在项目生产经营过程中，由于经营者的疏忽，发生重大经营问题，如原材料供应断档，设备安装、使用不合理，产品质量低劣及管理混乱等，项目不能按计划运营，最终影响项目的获利能力的风险。其主要表现形式如下：

（1）技术风险。技术风险是指存在于项目生产技术及生产过程中的风险。如技术工艺是否在项目建设期结束后依然能够保持先进、会不会被新技术所替代，厂址选择和配套是否合适，原料是否有保证，工程造价是否合理，技术人员的专业水平与职业道德能否达到要求等。

（2）经营管理风险。项目的经营管理风险是指项目投资者是否有能力经营管理好所开发的项目。这也是贷款银行提供项目融资时所关注的风险因素之一。一般地，影响项目经营管理风险的因素有三个方面：一是项目经理在同一领域的工作经验和资信状况如何；二是项目经理是否为项目投资者之一，如果是投资者，则要看其在项目中占有多大比例，如果既是项目经理，同时又是项目的较大投资者之一（占 40% 以上），则项目管理风险较小；三是除项目经理的直接投资外，项目经理是否具有利润分成或成本控制奖励机制。这些措施使用恰当可以有效地降低项目的经营管理风险。

D　环保风险

项目的环境风险是指项目投资者可能因为严格的环境保护法而迫使项目降低生产效率，增加生产成本，或者增加新的资本投入来改善项目的生产环境，更为严重的是，甚至迫使项目无法继续生产下去的风险。如香港在 1997 年的两个 BOT 项目中，第三条海底隧道（西区海底隧道）以及连接香港与广东省的南北高速公路的建设就遇到了麻烦，因为在挖掘第三条海底隧道的建设工地时发现了受污染的泥土，从事该项目的公司及承建商因而付出了额外的开支，因为他们必须将受污染的泥土转运到指定的地点以免周围的海洋生态环境受到污染。

通过对土木工程项目融资中风险的分类分析，目的是便于按照不同的风险性质对其加以控制和管理。一般地，对于非系统风险，总是被尽可能地以各种合同契约的形式转让给投资者或者其他参与者；对于系统风险，贷款银行在一定程度上也是可以接受的，并愿意与投资者一起管理和控制这类风险。

8.2 融资运作

不同土木工程项目的融资活动千差万别，找不到两个完全相同的融资过程。但是，土木工程项目融资的运作程序大致是一样的。从土木工程项目的投资决策开始，到选择采用何种融资方式为项目筹集资金，直到最后完成该土木工程项目融资，大致上可以按照四个框架结构分五个阶段与步骤。

8.2.1 融资的框架结构

土木工程项目融资一般由以下四个基本模块组成：

（1）项目的投资结构。项目的投资结构，即项目的资产所有权结构，是指项目的投资者对项目资产权益的法律拥有形式和项目投资者之间的法律合伙关系。一般是通过投资决策分析来确定项目的投资结构。确定项目的投资结构需要考虑的因素包括项目的产权责任、产品分配形式、决策程序、债务责任、现金流量、税务结构和会计处理等内容。目前，国际上通行的投资结构有单一项目子公司、非限制性子公司、代理公司、公司型投资结构、合伙制或有限合伙制结构、非公司型投资结构等。

（2）项目的融资结构。项目的融资结构是项目融资的核心，在项目融资中要尽量设计和选择合适的融资结构以实现投资者在融资方面的目标和要求。一般地，根据项目债务责任的分担要求、贷款资金数量上的要求、时间上的要求、融资费用等来决定是否采取项目融资方式。如果决定采用项目融资方式之后，便要任命项目融资顾问，明确融资的任务和具体目标要求。在评价项目的风险因素的基础上，设计项目的融资结构、资金结构和担保结构。通常采用的项目融资模式有产品支付融资、设施使用协议融资、杠杆租赁融资、BOT 融资、资产支持证券融资等多种项目融资模式。

（3）项目的资金结构。项目的资金结构主要是决定在项目中股本资金、准股本资金和债务资金的形式、相互之间的比例关系以及相应的来源等。项目融资的资金来源有股本和准股本、商业银行贷款和国际银行贷款、国际债券、租赁融资等。

（4）项目的信用担保结构。就银行和其他债权人而言，项目融资的安全性来自两个方面：一方面来自于项目本身的经济强度，另一方面来自于项目之外的各种直接或间接担保。这些担保可以是由项目的投资者提供的，也可以是由与项目有直接或间接利益关系的其他当事人提供的。项目融资中的主要担保形式有项目完工担保、资金缺额担保、以照付不议协议和提货与付款协议为基础的项目担保等。

8.2.2 融资的阶段与步骤

项目融资一般要经过五个阶段和步骤，即投资决策分析、融资决策分析、融资结构分析、融资谈判和项目融资的执行等阶段。

（1）投资决策分析阶段。严格意义上讲，这一阶段应包含在土木工程项目策划和决策阶段，但为了本部分的完整性，在这里将其纳入土木工程项目融资过程。投资者在做出决策之前，需要通过相当周密的投资决策分析，了解宏观经济形势的判断、工业部门的发展态势以及该项目在工业部门中的竞争性分析、项目的可行性研究等基本资料。然而，一旦做出投资决策，就需要初步决定项目的投资结构。投资者在决定项目投资结构时需要考虑的因素很多，其中主要包括土木工程项目的产权形式、决策程序、债务责任、税务结构和会计处理等方面的内容。投资结构的选择将影响项目融资的结构和资金来源的选择，反过来，项目融资结构的设计在多数情况下也将会对投资结构的安排做出调整。

（2）融资决策分析阶段。在此阶段，项目投资者将决定采用何种融资方式为项目筹集资金。主要通过成本与效益分析、费用与效果分析，对各种可能的融资方案进行取舍。如果投资者自己无法明确判断采取何种融资方式，可以聘请融资顾问对项目的融资能力以及可能的融资方案做出分析和比较，在获取充足的信息反馈后再做出项目的融资方案决策。

（3）融资结构分析阶段。这一阶段的主要任务是完成对项目风险的分析和评估，设计出项目的融资结构，并对项目的投资结构进行修正和完善。能否采用以及如何设计项目融资结构的关键之一就是要求项目融资顾问和项目投资者一起对于项目有关的风险因素进行全面的分析和判断，确定项目的债务承受能力和风险，设计出切实可行的融资方案。项目融资结构以及相应的资金结构的设计和选择必须全面反映出投资者的融资战略要求。

（4）融资谈判阶段。通过对融资方案的反复设计、分析、比较和谈判，最后选定一个既能在最大限度上保护项目投资者的利益，又能为贷款银行所接受的融资方案。其中包括选择银行、发出项目融资建议书、组织贷款银团、起草融资法律文件、融资谈判等。这一阶段会经过多次的反复，在与银行的谈判中，不仅会对有关的法律文件做出修改，在很多情况下也会涉及融资结构的调整问题，有时甚至会对项目的投资结构及相应的法律文件做出修改，以满足贷款银团的要求。此时，融资顾问、法律顾问的作用非常重要，融资顾问和法律顾问可以帮助加强项目发起人的谈判地位，保护投资者的利益，并在谈判陷入僵局时及时、灵活地找出适当的变通办法，绕过难点解决问题。

（5）项目融资的执行阶段。在正式签署项目融资的法律文件之后，融资的组织安排工作就结束了，项目融资就进入了执行阶段。在公司融资方式中，一旦进入贷款的执行阶段，借贷双方的关系就变得相对简单明了。借款人只要求按照贷款协议的规定提款和偿还贷款的利息和本金。然而，在项目融资中，贷款银团通过其经理人（一般由项目融资顾问担任）将会经常性地监督项目的进展，根据融资文件的规定，部分参与项目的决策和管理。在土木工程项目的建设过程中，贷款银团经理人将经常性地监督项目的建设进展，根据资金预算和建设日程表，安排贷款的提取。

8.3　融资模式

工程项目融资的模式是工程项目融资整体结构组成中的核心部分，是在考虑工程项目和工程项目具体需要的基础上对项目融资各要素的具体组合与构造。

8.3.1　融资模式的设计原则

设计土木工程项目的融资模式，需要与土木工程项目投资结构的设计同步考虑，并在工程项目的投资结构确定下来之后，进一步细化完成融资模式的设计工作。

（1）争取适当条件下的有限追索。实现融资对项目投资者的有限追索是设计项目融资模式的一个最基本的原则。追索的形式和追索的程度取决于贷款银行对一个项目的风险评价及项目融资结构的设计。为了限制融资对项目投资者的追索责任，需要考虑三方面的问题：项目的经济强度在正常情况下是否足以支持融资的债务偿还，项目融资是否能够找到强有力的来自投资者以外的支持，对于融资结构的设计能否做出适当的技术性处理。

（2）实现项目风险的合理分担。保证投资者不承担项目的全部风险责任是项目融资模式设计的第二条基本原则，其问题的关键是如何在投资者、贷款银行及其他与项目利益有关的第三方之间有效地划分项目风险。

（3）最大限度地降低融资成本。由于世界上多数国家的税法都对企业税务亏损的结转问题有所规定（即税务亏损可以结转到以后若干年使用以冲抵公司的所得税），同时，许多国家政府为了发展经济制定了一系列的投资鼓励政策，这些政策中很多也是以税务结构为基础的（如加速折旧），因此，如何利用这些规定和政策，降低项目的投资成本和融资成本，成为设计项目融资模式要考虑的一个主要原则。

（4）完全融资。完全融资即如何实现投资者对项目百分之百的融资要求。任何项目的投资，都需要项目投资者注入一定的股本资金作为对项目开发的支持，然而，项目融资过程中，股本资金的注入方式比传统融资灵活得多。投资者股本资金的注入完全可以考虑以担保存款、信用证担保等非传统形式来完成，这可看成是对传统资金注入方式的一种替代，投资者据此来实现项目百分之百融资的目标要求。

（5）近远期融资相结合。在设计项目融资结构时，投资者需要明确选择项目融资方式的目的以及对重新融资问题的考虑，尽可能把近期融资与远期融资结合起来，放松银行对投资者的种种限制，降低融资成本。

（6）争取实现资产负债表外融资。项目融资过程中的表外融资就是非公司负债型融资。实现公司资产负债表外融资是一些投资者运用项目融资方式的主要原因之一。通过设计项目的投资结构，在一定程度上可以做到不将投资项目的资产负债与投资者本身公司的资产负债表合并，实现有限追索，有效隔离项目风险。

（7）融资结构最优化。所谓融资结构是指融通资金的组成要素，如资金来源、融资方式、融资期限、利率等的组合和构成。要使融资结构最优化，筹资人应避免依赖于一种融资方式、一个资金来源、一种货币资金、一种利率和一种期限的资金，而应根据具体情况，从实际需要出发注意内部筹资与外部筹资、长期筹资与短期筹资、直接筹资与间接筹资相结合，提高筹资的效率与效益，降低筹资成本，减少筹资风险。

8.3.2　融资模式的基本框架

8.3.2.1　投资者直接安排融资

投资者直接安排融资是由投资者直接安排项目的融资，并直接承担起融资安排中相应的责任和义务的一种方式，是最简单的一种项目融资模式。

直接融资方式在结构安排上主要有两种思路：一种是由投资者面对同一贷款银行和市场直接安排融资；另一种是由投资者各自独立地安排融资和承担市场销售责任。

8.3.2.2　通过项目公司安排融资

项目公司融资模式是指投资者通过建立一个单一目的的项目公司来安排融资的一种模式，具体有单一项目子公司和合资项目公司两种形式。

A　单一项目子公司融资

单一项目子公司融资形式，是项目投资者通过建立一个单一目的的项目子公司的形式作为投资载体，以该项目子公司的名义与其他投资者组成合资结构安排融资。

单一项目子公司融资的特点为：项目子公司将代表投资者承担项目中全部的或主要的经济责任，但是由于该公司是投资者为一个具体项目专门组建的，缺乏必要的信用和经营历史（有时也缺乏资金），所以可能需要投资者提供一定的信用支持和保证。这种信用支持一般至少包括完工担保和保证项目子公司具备较好经营管理的意向性担保。

单一项目子公司融资对投资者的影响如下：

（1）该融资模式容易划清项目的债务责任，贷款银行的追索权只能够涉及项目子公司的资产和现金流量，母公司除提供必要的担保外，不承担任何直接责任；

（2）该融资模式有条件被安排成为非公司负债型的融资；

（3）该融资模式在税务结构安排上灵活性可能会差一些（取决于各国税法对公司之间税务合并的规定）。

B　合资项目公司融资

合资项目公司是由投资者共同投资组建一个项目公司，再以该公司的名义拥有、经营项目和安排融资。这种模式在公司型合资结构中常用。采用这种模式，项目融资由项目公司直接安排，主要的信用保证来自项目公司的现金流量、项目资产以及项目投资者所提供的与融资有关的担保和商业协议。对于具有较好经济强度的项目，这种融资模式可以安排成为对投资者无追索的形式。

通过项目公司安排融资结构的特点如下：

（1）在融资结构上较易为贷款银行接受，法律结构相对简单；

（2）项目投资者不直接安排融资，较易实现有限追索和非公司负债型融资的目标要求；

（3）通过项目公司安排共同融资既避免了投资者之间在融资上的相互竞争，又可充分利用大股东在管理、技术、市场等方面的优势获得优惠的贷款条件；

（4）在税务结构安排和债务形式选择上缺乏灵活性。

8.4　主要融资模式

近年来国家加大基础设施融资领域的改革，开始引入新的融资机制，借鉴国外的一些融资经验和模式，在基础设施建设的融资领域发生了巨大变化，出现了很多新型融资模式。如以特殊经营的方式引入非国有的其他投资人投资，由此形成了典型的基础设施特殊经营方式，如 BOT、PPP、PFI 方式等。

8.4.1　BOT 项目融资模式

BOT（Build Operate Transfer）方式是 20 世纪 80 年代初期发展起来的一种主要用于公共基础设施项目建设的融资方式。BOT 项目融资模式的基本思路是：由项目所在国政府或所属机构对项目的建设和经营提供一种特许权协议作为项目融资的基础，由本国公司或外国公司作为项目的投资者和经营者安排融资，承担风险，开发土木工程项目，并在有限的时间内经营项目，获取商业利润，最后，根据协议将该项目转让给相应的政府或机构。

8.4.1.1　BOT 的几类变形

BOT 有以下几类变形：

（1）BOO，即建设—拥有—经营。承包商根据政府赋予的特许权，建设并经营某项产业项目，但是并不将此项基础产业项目移交给公共部门。

（2）BOOT，即建设—拥有—经营—移交。私人合伙或某国际财团融资建设基础产业项目，项目建成后，在规定的期限内拥有所有权并进行经营，期满后将项目移交给政府。

（3）BT，即建设—移交。其关系主要体现在政府公共项目上，即在建设期，由项目投资方进行投资建设，竣工后由项目发起方进行购买并实现所有权转移。

（4）BTO，即建设—移交—经营。对于关系到国家安全的产业，为了保证国家信息的安全性，项目建成后，并不交由外国投资者经营，而是将所有权移交给东道国政府，由东道国经营通讯的垄断公司经营，或由项目开发商共同经营项目。

（5）DBFO，即设计—建设—融资—经营。这种模式是从项目设计开始就特许给某一私人部门进行，直到项目经营期收回投资，取得投资收益。但项目公司只有经营权，没有所有权。

（6）BLF，即建设—租赁—移交。具体是指政府出让项目建设权，在项目运营期内，政府成为项目的出租人，私营部门成为项目的承租人，租赁期满后，所有资产再移交给政府公共部门的一种融资方式。

（7）TOT，即转让—经营—移交。政府部门或国有企业将建设好的项目的一定期限的产权和经营权，有偿转让给投资者，由其进行运营管理；投资者在一个约定的时间内通过经营收回全部投资和得到合理回报，并在合约期满之后，再交回政府部门或原单位的一种融资模式。

（8）FBOOT，即融资—建设—拥有—经营—移交。类似于 BOOT，只是多了一个融资环节，也就是说只有先融到资金，政府才予以考虑是否授予特许经营权。

（9）DBOM，即设计—建设—经营—维护。强调项目公司对项目进行规定的维护。

（10）DBOT，即设计—建设—经营—移交。特许期终了时，项目要完好地移交给政府。

以上只是 BOT 操作的不同方式，但其基本特点是一致的，即项目公司必须得到有关部门授予的特许经营权。

8.4.1.2 BOT 项目融资模式的运作程序

按照惯例，BOT 项目的运作阶段主要包括：确定项目方案阶段、项目立项阶段、招投标阶段、资格预审阶段、准备投标文件阶段、评标阶段、谈判阶段、融资和审批阶段、实施阶段（包括设计、建设、运营和移交）。

对于发起 BOT 项目的国内政府及其代理机构而言，从确定方案阶段开始到实施阶段之间的各阶段，是 BOT 项目的前期工作，需要落实各种建设条件，选定投资者，落实项目资金来源，基本确定建设方案。这一过程可以采用协商方式，也可以采用招标方式。大型的或复杂的 BOT 项目往往采用招标方式来选择投资者。具体的运作程序如表 8-1 所示。

表 8-1　BOT 项目运作程序简表

运作程序	招标人的主要工作	投标人的主要工作
确定方案	提出项目建设的必要性，确定项目需要达到的目标	
立　项	向计划管理部门上报项目建议书或预可行性研究报告，取得批复文件或同意进行项目融资的招标文件	

运作程序	招标人的主要工作	投标人的主要工作
招标准备	1. 成立招标委员会和招标办公室； 2. 聘请中介机构； 3. 研究项目技术问题，明确技术要求； 4. 准备资格预审文件； 5. 设计项目结构，落实项目条件； 6. 编写招标文件，制定评标标准	
资格预审	1. 发布招标公告； 2. 发售资格预审文件； 3. 组织资格预审； 4. 通知资格预审结果，发出投标邀请书	1. 获取项目招标信息； 2. 购取资格预审文件； 3. 编写并递交资格预审文件
准备投标书	1. 编写并发售招标文件； 2. 标前答疑，组织现场考察	1. 购取招标文件； 2. 研究招标文件，向招标人提问； 3. 参考现场考察； 4. 编写并按时递交投标书
评标与决标	1. 对有效标书进行评审； 2. 选出中标候选人	回答、澄清评标委员会的提问
合同谈判	1. 按照排序与中标候选人就全部合同和协议的条款与条件进行谈判，直至双方完全达成一致； 2. 草签特许权协议及其他合同和协议	1. 按照排序与中标候选人就全部合同和协议的条款与条件进行谈判，直至双方完全达成一致； 2. 草签特许权协议及其他合同和协议
融资与审批	1. 协助中标人报批项目和成立项目公司； 2. 在项目公司成立后与其正式签订特许权协议及其他合同和协议	1. 报批项目可行性研究报告，成立项目公司； 2. 项目公司正式与贷款人、建筑承包商、运营维护商和保险公司等签订相关合同； 3. 项目公司与招标人正式签订特许权协议及其他合同和协议
实施项目	1. 协助项目公司实施项目； 2. 对项目的设计、建设、运营和维护进行检查和监督； 3. 特许期届满时接受（或其指定机构接受）应该移交的设施	1. 正式开始设计和建设； 2. 项目竣工后开始商业运营； 3. 特许期届满时移交应该移交的设施

8.4.1.3 BT 项目融资模式

BT 模式作为 BOT 模式的一种变形，近几年来广泛被政府应用于利用非政府资金进行基础非经营性设施建设的项目，BT 模式活跃于各类项目融资中，形成了"北京模式"、"厦门模式"、"重庆模式"等。BT 项目融资模式即"建设—移交"，其关系主要体现在政府公共项目上，在建设期，由项目投资方进行投资建设，竣工后由项目发起方进行购买并实现所有权转移。其特点如下：

（1）主体的特殊性。BT 的主体一方为东道国政府或代表政府的政府机构，另一方为私人投资者或企业，包括外资。其中政府或政府的代表机构既是一个与私人投资者或企业地位平等的伙伴，又是一个具体实施的监督者，具有双重身份。

（2）客体的特殊性。BT 的客体即基础设施项目，如桥梁、公路等，属于社会公益项目，东道主国享有绝对的建设权和代管权。由于项目的公益性，政府必须权衡国家与投资者利益两个方面，对其行使价格决定权及相应的管理监督权。

（3）所有权与监督权的特殊性。投资商在建设期拥有全部所有权，因建成后要移交政府，投资商拥有的仅有债权。所以为了保证公益利益，政府在建设时期虽无所有权但有监督权和否定权。

（4）融资项目设计、建设效率较一般融资方式高。BT融资项目的投资商为了尽快地收回资金，一般都会在政府的指导下尽快完成项目的前期工作以及设计、施工、项目的试运行等过程，以压缩建设工期，达到尽早回笼资金的目的，因此BT融资项目的建设效率比传统的融资方式要高。

（5）避免外汇流出风险。BOT融资项目的投资方如果融入的是外国资本，则项目建成移交运营后，将会有大量的外汇流出，以补偿投资者应得的成本和必要的利润，而BT融资方式由于没有了运营，避免了运营期外汇的流出。

（6）风险的特殊性。在项目的前期，BT的投资公司主要是建设期承担了全部的风险，在建成后经营风险转移给政府，仅承担资金到期风险（不考虑利率风险）。而项目的主体——政府或者政府的代理机构，在项目的建设期基本不承担风险（除监督责任风险外），但是在项目建成开始经营后，就要承担因经营而带来的诸多风险（包括偿还投资公司的资金风险等）。

BT融资模式在我国处于探索阶段，在该项目实践中主要提出下列3个方面的问题：

（1）亟待完善BT融资预防风险机制。任何一种融资模式都会存在风险，BT融资的主要风险有市场风险、设计变更风险、工程技术风险、政府信用风险等。因此，对于市场风险，政府在合作过程中，对于投资者，造成可能存在的不确定因素，比如原材料涨价、人工涨价等，这些都可能引起投资总额的增加，导致项目亏损，政府与投资商可以签订预算增加的补偿保证合同来回避此风险。对于设计变更风险和工程技术风险，主要通过投资者对方案不断进行优化，采取节约资源、节约成本的方案；而政府应该鼓励，特别是技术创新或采用新技术，在合同中明确其奖励条款，但对于不利的设计变更，政府应该进行监督指导。对于政府信用建设，政府的承诺在出具的书面担保方式、信用条款、信用实现、信用保证等必须做到规范，符合法律法规，特别是政府行政部门的程序应当透明、公正和效率。

（2）亟待建设BT融资运行法律机制。完善BT运行机制，必须寻求法律支持。在BT项目的谈判中、签订中、履行中以及转让中寻求法律的支持是客观的需要，这对无论是BT融资项目，还是其他形式的融资模式的健康有序运行都是十分必要。应该说，没有法律的支持，任何一种融资式是不完整的。而法律制度建立，必须充分发挥政府的推动力作用：完善BT模式要求政府规范、完善政府投资体制；建立健全全社会投资体制；加强政府对城市基础设施投资的管理和服务。

（3）亟待明确BT融资运行中的政府监管机制。BT融资项目的前期建设有重要的监督作用，特别是外商投资项目。我国目前对外商投资基础设施有限制性规定，因此，政府可在符合产业政策的前提下，根据不同的BT项目，强化政府对BT项目的监督。政府可通过以下途径监督：

1）明确方向。提供技术资料，培训管理人员，有效地发挥财力资金的杠杆效应，确保BT项目工程质量。

2）确定指标。设立相应的资产、质量状况指标。如施工队伍与承包人没有直接的隶属关系，且独立管理或承担某一部分施工的，应视为分包。

3）限定数量。明确规定每一指标的上、下限。政府要确定BT项目的建设规模、建设内容、建设标准、投资额、工程时间节点及完工日期，并确认投资方投资额，特别要注意工期与质量的相互关系。

4）监督范围。负责 BT 项目建设的全过程监督。政府对 BT 项目的设计、招标、建设、移交，有权通过协商向投资方提出管理上、组织上、技术上的改进和保证措施。

总之，在城市公共基础设施建设中，运用 BT 项目融资模式具备良好的运行机制，同时要求政府突破观念障碍，完善政策机制，培育市场体系，建立可靠的风险降低措施和争端解决措施和程序，加强培养 BT 项目所需的人才，鼓励、扶持形成 BT 项目所需的中介机构等。作为政府公共建设项目，必须创新和实践不同的、适合项目的融资模式，只有这样，才能实现我国城市基础设施的建设和城市经济的发展。

8.4.2 PPP 项目融资模式

PPP（Public Private Partnership），即公私合伙制，是公共部门通过与私人部门建立伙伴关系提供公共产品或服务的一种方式。PPP 的内涵可界定为：公共部门通过与私人部门签订特许权协议，由私人部门负责筹资、建设与经营，与公共部门共同提供公共产品或服务的一种融资模式。PPP 起源于 1992 年英国首创的"鼓励私人投资行动"概念，后来 PPP 在其他国家也逐渐受到重视并广泛应用。由于各国不同的经济、文化背景，PPP 模式的具体应用方式各有不同，仍处于不断发展的过程中，因此国际上对 PPP 的概念界定也不尽相同，但都强调公共部门与私人部门之间的合作关系，这是 PPP 模式区别于传统融资模式的关键所在。在该模式下，鼓励私人企业与政府以特许权协议为基础，进行合作，参与公共基础设施的建设。

PPP 模式的目标有两种，一是低层次目标，指特定项目的短期目标；二是高层次目标，指引入私人部门参与基础设施建设的综合长期合作的目标。目标机构目标层次如表 8-2 所示。

表 8-2 目标机构目标层次表

目标层次	机 构 之 间		机 构 内 部
	公共部门	私人部门	
低层次目标	增加或提高基础设施服务水平	获取项目的有效回报	分配责任和利益
高层次目标	资金的有效利用	增加市场份额或占有率	有效服务设施的供给

PPP 模式的组织形式非常复杂，既可能包括私人营利性企业、私人非营利性组织，同时还可能包括公共非营利性组织（如政府）。合作各方之间不可避免地会产生不同层次、类型的利益和责任的分歧。只有政府与私人企业形成相互合作的机制，才能使得合作各方的分歧模糊化，在求同存异的前提下完成项目的目标。PPP 模式的机构层次就像金字塔一样，金字塔顶部是项目所在国的政府，是引入私人部门参与基础设施土木工程项目的有关政策的制定者。

项目所在国政府对基础设施土木工程项目有一个完整的政策框架、目标和实施策略，对项目的建设和运营过程的参与各方进行指导和约束。金字塔中部是项目所在国政府有关机构，负责对政府政策指导方针进行解释和运用，形成具体的项目目标。金字塔的底部是项目私人参与者，通过与项目所在国政府的有关部门签署一个长期的协议或合同，协调本机构的目标、项目所在国政府的政策目标和项目所在国政府有关机构的具体目标之间的关系，尽可能使参与各方在项目进行中达到预定的目标。这种模式的一个最显著的特点就是项目所在国政府或者所属机构与项目的投资者和经营者之间的相互协调及其在项目建设中发挥的作用。PPP 模式是一个完整的项目融资概念，但并不是对项目融资的彻底更改，而是对项目寿命周期中的组织机构设置提出了一个新的模型。它是政府、营利性企业和非营利性企业基于某个项目而形成以"双赢"或"多赢"为理念的相互合作形式，参与各方可以达到与预期单独行动相比更为有利的结果，其运作思路如图 8-1 所示。在图 8-1 中，参与各方虽然没有达到自身理想的最大利益，但总收益却是最大的，实现了"帕雷托"效应，即社会效益最大化，这显然更符合公共基础设施建设的宗旨。

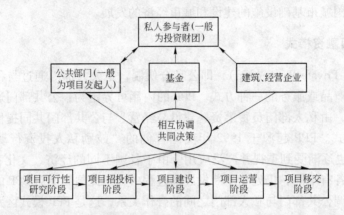

图 8-1　PPP 模式结构图

从国外近年来的经验看，以下几个因素是成功运作 PPP 模式的必要条件：

（1）政府部门的有力支持。在 PPP 模式中，公共民营合作双方的角色和责任会随项目的不同而有所差异，但政府的总体角色和责任，即为大众提供最优质的公共设施和服务却是始终不变的。PPP 模式是提供公共设施或服务的一种比较有效的方式，但并不是对政府有效治理和决策的替代。在任何情况下，政府均应从保护和促进公共利益的立场出发，负责项目的总体策划，组织招标，理顺各参与机构之间的权限和关系，降低项目总体风险等。

（2）健全的法律法规制度。PPP 项目的运作需要在法律层面上，对政府部门与企业部门在项目中需要承担的责任、义务和风险进行明确界定，保护双方利益。在 PPP 模式下，项目设计、融资、运营、管理和维护等各个阶段都可以采用公共民营合作，通过完善的法律法规对参与双方进行有效的约束，这是最大限度发挥优势和弥补不足的有力保证。

（3）专业化机构和人才的支持。PPP 模式的运作广泛采用项目特许经营权的方式，进行结构融资，这需要比较复杂的法律、金融和财务等方面的知识。一方面要求政策制定参与方制定规范化、标准化的 PPP 交易流程，对项目的运作提供技术指导和相关政策支持；另一方面需要专业化的中介机构提供具体专业化的服务。

8.4.3　PFI 项目融资模式

PFI（Private Finance Initiative），即"私人主动融资"，是指由私营企业进行项目的建设与运营，从政府方或接受服务方收取费用以回收成本。在这种方式下，政府以不同于传统的由政府负责提供公共项目产出的方式，而采取促进私人企业有机会参与基础设施和公共物品的生产和提供公共服务的一种全新的公共项目产出方式。在 PFI 方式下，政府部门发起项目，由私人企业负责进行项目的建设和运营，并按事先的规定提供所需的服务；政府部门以购买私营企业提供的产品或服务，或给予私营企业以收费特许权，或政府与私营企业以合伙方式共同营运等方式，实现政府公共物品产出中的资源配置最优化、效率和产出最大化。

PFI 模式是传递某种公共项目的服务，而不是提供某个具体项目的构筑物。政府采用 PFI 的目的在于获取有效的服务而并非旨在最终的建筑所有权。典型的 PFI 项目，实质上是一种政府或公众对公共物品生产者（PFI 项目中，一般是私人部门或许多私人部门组成的特殊项目公司）提供的公共服务的购买。虽然许多 PFI 项目都伴随着土地的开发利用和建筑物具体形态的形成，但这不是 PFI 项目的主要目的，它只是为传递服务功能所必需的物质依托。正如政府运用财政开支生产公共物品并占有具体的建筑物或某些具体的资产一样，政府需要的是公共物品能够提供的具体社会服务功能。在 PFI 模式下，公共部门在合同期限内因使用私人企业提供的设施或服务而向其付款；在合同结束时，有关资产的所有权或者留给私人企业，或者交还政府公共部门，取决于原始合同条款的规定。私人企业负责完成项目的设计、建设、融资和运营的目的，在于通过提供服务来获得政府或公众的付费，实现收入和完成利润目标。

PFI 模式最早出现在英国，通常有以下三种典型类型：

（1）向公共部门提供服务型。即私营部门结成企业联合体进行项目的设计、建设、资金筹措和运营，而政府部门则在私营部门对基础设施的运营期间，根据基础设施的使用情况或影子价格向私营部门支付费用。

（2）收取费用的自立型。即私营企业进行设施的设计、建设、资金筹措和运营，向设施使用者收取费用，以回收成本，在合同期满后，将设施完好地、无债务地转交给公共部门。这种方式与 BOT 的运作模式基本相同。

（3）合营企业型。即对于特殊项目的开发，由政府进行部分投资，而项目的建设仍由私营部门进行，资金回收方式以及其他有关事项由双方在合同中规定，这类项目在日本也被称为"官民协同项目"。

PFI 模式和 PPP 模式强调的都是政府与私人部门的合作，但两者之间存在显著差别。PPP 模式侧重于在基础设施项目的建设过程当中体现政府与私人部门的合作，重心还是在土木工程项目上。PFI 模式则关注的是公共物品和服务的提供，侧重于在提供方式上的合作或革新，对于生产或产出公共物品和服务的设施、场所等有形资产形态以及它们的权益归属不感兴趣。因此，一个是在项目建设上的合作，一个是在项目产出上的合作。一般来说，PFI 模式的合作基础在于对公共物品和服务的采购协议，PPP 模式的合作基础在于提供或产出公共物品或服务的特许经营权协议。

案例　重庆菜园坝长江大桥 BT 模式

一、项目简介

重庆菜园坝长江大桥地处重庆市区腹地，北接渝中区菜园坝和中山三路，南接南岸区南坪地区，是重庆主城区向外辐射的南北主干道，北岸可连接渝合高速公路、渝涪高速公路、成渝高速公路，南岸可连接渝黔高速公路。在重庆主城区内的路网中，是连接渝中区、江北区、南岸区，沟通长江南北两岸的重要通道。

大桥选用中承式无推力钢管混凝土系杆拱桥,工程全长 4.009km,其中主线桥全长 1923.1m,主桥 620m,主桥为六车道,车道宽 3.75m,设计车速 60km/h。评估后项目总投资为 14.95 亿元,其中:工程费用 9.57 亿元,设备及工、器具购置费 3788 万元,工程建设其他费用 2.94 亿元,预备费用 1.16 亿元,建设期贷款利息 9067 万元。

项目业主为重庆市城市建设投资公司,该公司是 1994 年 4 月经重庆市人民政府批准成立的国有独资公司,公司注册资金 3.29 亿元人民币。公司成立以来,先后融资 70 亿元建设重庆长江李家沱大桥、鹅公岩大桥、朝天门广场、上清寺立交、长滨路、和尚山水厂、南山植物园等 50 余个重庆市政公用设施项目,现有资产 105 亿元。

二、项目 BT 模式运用过程

2002 年 7 月,重庆市主城区车辆实行了统一年票收费及外地车辆次票收费政策,其他的融资方式如 BOT 模式则不再适用,这也为应用 BT 模式奠定了客观的基础。根据《重庆菜园坝长江大桥可行性研究报告》,本项目系重庆市重大基础设施项目,政府决定采用 BT 模式来完成大桥的建设。按照这种模式,政府在大桥建成之前不投入建设资金,工程建成后,再由重庆市政府连本带息以双方同意的分期付款形式回购大桥的使用权和所有权。政府在建设过程中既是一个与私人投资者或企业地位平等的伙伴,又是一个具体实施的监督者。重庆城投公司完全按照市场化要求运作项目。

工程总投资 14.95 亿元,采用 BT 模式投资建设,项目业主为重庆城市建设投资公司,其中主桥、北引桥及菜园坝立交由中铁大桥局集团有限公司投资建设,并签订《正桥及菜园坝立交工程 BT 建设合同》及《主桥工程施工合同》。BT 合同中提出由 BT 投资建设方"在建设期间履行建设单位职责",即所谓"代业主"职责。中铁大桥局集团下属三个子公司承担工程施工总承包任务。中国船级社实业公司承担主桥、北引桥施工监理以及轻轨三号线—菜园坝长江大桥同步建设工程项目和缆索吊机等系统的设计与施工监理任务。重庆菜园坝长江大桥 BT 模式结构图如图 8-2 所示。

中铁大桥局集团作为控股方专门投资成立了"中铁大桥局集团重庆菜园坝长江大桥有限公司"。该公司作为 BT 项目管理公司,代表中铁大桥局集团履行其融资、项目组织实施

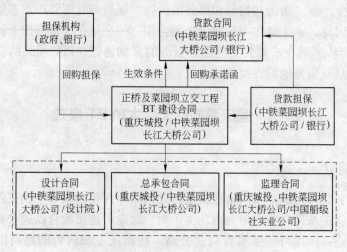

图 8-2　重庆菜园坝长江大桥 BT 模式结构图

与管理的职责，扮演着介于"总承包单位"与"工程项目管理企业"之间的一种特定角色。该公司与下属三家施工单位同属中铁大桥局集团，双方没有签订任何形式的分包合同或分包协议，而且它们之间存在着直接的利益关系。BT 项目公司代表总承包单位负责项目的组织实施和管理，对本工程的质量、安全、进度、造价等负责；施工单位作为分包商，应按照分包合同的约定对 BT 项目公司负责。项目公司与监理单位之间是一种各司其职的平行关系，从不同角度共同对项目业主负责。

由于很多项目投资方认为单纯的 BT 项目投资利润较低，要求直接或指定其下属单位承担施工任务以获取施工利润，因而此种 BT 模式应用较广泛。由于该模式的 BT 投标综合考虑建安和投融资两部分费用一次性报价，减少了中间环节，且多数采用固定总价合同，所以能够在节约成本的同时，最大限度转移风险。但是，在该模式的实际运作中，因部分投资方成员承担项目施工工作而兼具投资方和施工承包商的双重身份，其特殊的身份对工程质量控制造成了一定困难。为防止投资方通过控制项目公司进而控制监理单位的方式在项目施工中获取不正当利益，此模式中的监理单位一般都由项目公司和主办方共同委托和管理。

三、案例启示

在该项目中，项目业主并未聘请一家独立的"第三方"对项目实施监管，而是由自身力量组建了"重庆市城市建设投资公司菜园坝长江大桥项目经理部"负责对本项目的组织实施进行管理，因而各类资源配置存在很大的局限性。而该项目中由于投资方和施工方存在着特殊的利益关系，可能导致工程施工质量及造价控制等方面的风险，所以必须引入工程咨询公司作为"第三方"进行全过程的监管。

BT 项目公司作为代表中铁大桥局集团的工程总承包单位，应尽快与 3 家分包企业补签分包合同，理顺关系，明确相关的职责权限。同时充实 BT 项目公司的人员力量，全面负责项目的组织实施。

由于在 BT 模式中，监理费用一般含在工程报价中，由项目业主支付，但资金由 BT 投资建设总承包单位负责筹资，所以一旦发生矛盾，BT 投资方认为监理应服从其领导和管理。其实不然，监理工作应依据国家有关的法律法规、工程建设强制性标准、工程建设文件、有关合同文件等独立和公正地进行，服从建设主管部门管理，对项目业主负责，同时对建设工程的安全质量等承担监理责任。

监理单位与 BT 项目公司、施工单位之间的关系，是纯粹的监理与被监理关系。当然，其内容、方法和侧重点是有所区别的：监理单位对"BT 项目公司"各项工作的监理，侧重于总体计划、节点计划、施工组织管理、安全保障体系、质量管理体系、支持保障系统等方面的内容；对于"施工单位"的各项工作，监理则更加注重对现场工作的控制，并采用报验、巡检、旁站、抽检、平行检测等多种方法，以确保工程的安全质量。

总体而言，项目业主应强力协调，通过签订的有关合同、协议等文件，明确参建各方的工作职责，理顺参建各方的工作关系，完善参建各方的工作接口，使之在各自的范围内履行各自的职责，使整个 BT 项目的建设管理运作规范，确保该工程项目各项目标如期实现，从而发挥 BT 模式的最大效能。

小　结

从做出正确的投资决策，合理估算土木工程项目投资，制订和实施土木工程项目融资计划，再到进行有效的开发建设管理和投资控制过程，是一系列漫长而复杂的过程。这是一个系统工程，关系到是否能高效合理地利用资金、筹集足够资本以及实现资本增值。土木工程项目投融资是土木工程项目规划与管理过程中的一个重要环节，因此，本专题从土木工程项目投融资入手，学习和了解在土木工程项目规划与管理过程中可能会遇到的投融资方面的问题。第7章站在投资的角度，将投资置于管理过程中，那么就存在管理对象的界定问题，即投资、土木工程项目投资含义是什么？明确两者含义后，再将其分解，以便合理估算土木工程项目投资，到此，投资的决策、估算工作已完成。而接下来的投资控制工作是按照目标及估算严格实施的过程，因此，投资控制在投资管理中处于十分重要的地位。照此思路，该章分为四节：土木工程项目投资概述、土木工程项目投资构成、土木工程项目投资估算、土木工程项目投资控制。而第8章则按照融资的操作过程，分析融资运作和构建融资模式，并介绍土木工程项目尤其是基础设施项目的主要融资模式，包括BOT、PPP、PFI 项目融资模式。

思　考　题

2-1　土木工程项目投资和融资的基本含义是什么？

2-2　土木工程项目投资的主要构成是什么？

2-3　建设期贷款利息的计算方法有哪些？

2-4　建设投资的估算方法有哪几种？

2-5　什么是限额设计，什么是优化设计，土木工程项目施工阶段的投资控制应注意哪些方面？

2-6　项目融资过程中存在的主要风险有哪些？

2-7　简述项目融资的框架结构。

2-8　简述项目融资的阶段和步骤。

2-9　比较 PPP 融资模式和 PFI 融资模式。

2-10　如何理解土木工程项目投资控制，其包含的基本内容有哪些？

2-11　某厂准备生产一种新的电子仪器。可采用晶体管分立元件电路，也可采用集成电路。采用分立元件电路有经验，肯定成功，可获利 25 万元。采用集成电路没有经验，试制成功的概率为 0.4。若试制成功可获利 250 万元，若失败，则亏损 100 万元。

（1）以期望损益值为标准进行决策。

（2）对先验概率进行敏感性分析。

（3）规定最大收益时效用为 1，亏损最大时效用为 0，决策者认为稳得 25 万元与第二方案期望值100 万元相当。要求用效用概率决策法进行决策，并与（1）的决策结果进行比较。

专题三 土木工程项目风险管理

风险管理技术是现代土木工程项目管理中不可或缺的工具，现代项目管理与传统项目管理的不同之处就是引入了风险管理技术。由于土木工程项目的复杂性、动态性，加上工程信息的不完备性和滞后性，土木工程项目面临的风险比较大，因而对土木工程项目进行风险管理是很有必要的。风险管理强调对项目目标的主动控制，对工程实现过程中遭遇的风险或干扰因素可以做到防患于未然，以避免和减少损失。

9 土木工程项目风险管理概述

本章概要

（1）风险的概述，包括风险的概念、特征和成本。

（2）土木工程项目风险的概述，包括土木工程项目风险的含义、特征和分类。

（3）土木工程项目风险管理的概述，包括土木工程项目风险管理的含义、目标、原则和全面风险管理的内涵。

9.1 风 险

项目在实施过程中，会遇到各种不确定性事件，天灾或者人祸，这些事件发生的概率及其影响程度是无法事先预知的，这些事件将对项目的实施产生影响，从而影响项目目标的实现。这种在一定环境下和一定限期内客观存在的、影响项目目标实现的各种不确定性事件就是风险。

9.1.1 风险的概念

风险（risk）在土木工程项目管理中是一个重要概念，但目前还没有得到完全统一的定义。比较具有代表性的定义如下：

（1）美国风险管理专家 C. A. William 将风险定义为给定情况下的可能结果的差异性。

（2）国内的一些风险管理专家认为，风险是指损失发生的不确定性，是人们因对未来行为的决策及客观条件的不确定性而可能引起的后果与预定目标发生多种负偏离的综合。

（3）一般保险理论将风险定义为，风险是对被保险人的权益产生不利影响的意外事故发生的可能性。

上述几种风险的定义可以概括为下列两个方面：

（1）不确定性。风险是由于不确定的存在，使得在给定的情况下和特定的时间内可能发生的结果之间的差异，差异越大风险越大，这是广义的风险。

（2）可能发生的危险。风险是人们从事各种活动可能会蒙受的损失或损害，这是狭义的风险。

这两个方面是构成风险的基本要素，两者缺一不可。通常人们用概率来描述风险的不确定性，总的来说不确定性和后果严重性越大，风险越大。其数学公式如下：

$$R = f(P, C)$$

式中　R——风险；

P——不利事件发生的概率；

C——该事件发生的后果。

9.1.2　风险的特征

风险一般具备如下特征：

（1）客观性。风险的客观性是指风险的存在是不以人的意志为转移的，不管风险主体是否能意识到风险的存在，风险在一定情况下都会发生。

（2）不确定性。风险具有不确定性，它的发生不是必然的。风险何时、何地发生以及风险对项目的影响程度都是不确定的。

（3）随机性。风险事件的发生及其后果都具有偶然性，人们通过长期的观察发现，风险事件的发生具有随机性。

（4）相对性。风险是相对于不同的风险管理主体而言的，风险管理主体承受风险的能力、期望收益以及投入资源的大小等因素都会对项目风险的大小和后果产生影响。人们对于风险事故都有一定的承受能力，但这种能力因活动、人和时间而异。对于项目风险，人们的承受能力受到项目的收益、投入以及活动主体的地位和资源等因素的影响。收益越大，人们愿意承受的风险就越大；投入越多，人们愿意承受的风险就越小；个人或组织拥有的资源越多，其风险承受能力也越大。

（5）可变性。在不同的情况下，项目的风险是可以变化的。风险的可变性体现在风险的性质、后果（后果发生的频率、收益或损失大小）等都是随着时间及具体环境的变化而变化的。

（6）阶段性。风险是分阶段发展的，而且各个阶段都有明确的界限。项目风险的阶段性主要包括以下三个阶段：

1）风险潜在阶段。在这一阶段中的潜在风险是没有危害的，但是它会逐步发展成为现实的风险。

2）风险发生阶段。此时，风险已经发生，但尚未产生后果，如果不及时采取措施加以处理，风险就会给项目带来危害。

3）造成后果阶段。在这一阶段，风险造成的后果已经无法挽回，只能尽量采取措施减少它对项目造成的危害。

9.1.3 风险的成本

风险事故造成的损失或减少的收益以及为防止发生风险事故采取预防措施而支付的费用，都构成了风险成本。风险成本包括有形成本、无形成本以及预防与控制风险的费用。

9.1.3.1 风险损失的有形成本

风险损失的有形成本包括风险事故造成的直接损失和间接损失。直接损失是指财产损毁和人员伤亡的价值。间接损失是指直接损失以外的他物损失、责任损失以及由此而造成的收益的减少。例如，某工程施工过程中发生高空坠落事故，受伤人员的医疗费、休养费、工资等均属于直接损失；因人员抢救、停工、延误工期等发生的费用属于间接损失。

9.1.3.2 风险损失的无形成本

风险损失的无形成本是指由于风险所具有的不确定性而使项目或其他经济活动主体在风险事件发生之前或之后付出的代价，主要表现在如下几个方面：

（1）风险损失减少了机会。由于对风险事件没有把握，不能确知风险事件的后果，项目或其他经济活动主体不得不为可能的损失事先做出准备。这种准备往往占用大量资金，这些资金不能投入再生产，不能增值，减少了机会。风险事件的发生，有时会对项目主体的声誉产生不利的影响，从而会对项目主体以后的运营项目产生更多的成本。

（2）风险阻碍了生产率的提高。人们不愿意把资金投向风险很大的高新技术领域，因而阻碍了高新技术的应用和推广，进而阻碍了社会生产率的提高。

（3）风险造成资源分配不当。由于担心在风险大的行业或部门蒙受损失，因此人们都愿意把资源投入到风险较小的行业或部门中。结果是，应该得到发展的行业或部门缺乏应有的资源，而已经发展过度的行业或部门占用过多的资源，造成了浪费。

9.1.3.3 风险预防与控制的费用

为了预防和控制风险损失，必然采取各种措施。如向保险公司投保、向有关方面咨询、配备必要的人员、购置用于预防和减损的设备、对有关人员进行必要的教育或训练、人员和设备的维持和维护等。这些措施产生的费用的支出既有直接的又有间接的。

项目风险管理是要付出代价的，一般来讲，只有当风险事件的不利后果超过为项目风险管理而付出的代价时，才有必要进行风险管理。

许多情况下，风险成本不但要由项目或其他经济活动主体来负担，客观上与这些活动有关的其他方面也要负担一部分风险成本。项目或其他经济活动的主体负担的那部分风险成本叫做个体负担成本，其有关方面负担的那部分风险成本叫做社会负担成本。

9.2 土木工程项目风险

由于土木工程项目具有复杂性、动态性等特点，再加上人们认识能力的局限性以及工程信息的不完备和滞后性，土木工程项目具有很大的风险。工人罢工、材料价格涨跌、施工现场安全事故的发生、不可抗力等都是土木工程项目面临的典型风险。

9.2.1 土木工程项目风险的含义与特征

土木工程项目风险是指土木工程项目在设计、营建及移交运行各个环节可能发生事故或危险从而造成人员伤亡、财产损失的可能性或概率。

土木工程项目风险具备了一般风险的基本特点，值得一提的是，由于大型土木工程项目周期长、规模大、涉及范围广、风险因素数量多且种类繁杂，所以其在全寿命内面临的风险多种多样，而且大量风险因素之间的内在关系错综复杂、各风险因素之间与外界交叉影响，使得风险显现出多层次特点。

9.2.2 土木工程项目风险的分类

项目风险可以从不同的角度、根据不同的标准进行分类，以下分别按照风险的后果、风险的来源、风险承受角度等进行划分。

9.2.2.1 按风险的后果划分

按风险造成的不同后果可将风险分为纯风险和投机风险。纯风险是只会造成损失而不会带来收益的风险。自然、政治、社会方面的风险一般都表现为纯风险。投机风险是指既可造成损失也可能创造额外收益的风险。投机风险具有极大的诱惑力，人们常注意其有利可图的一面，而忽视其带来厄运的可能。

纯风险和投机风险往往同时存在，例如房产所有人同时面临着财产损坏等纯风险和由于经济形势变化所引起的房价的升降等投机风险。在相同条件下，纯风险重复出现的概率较大，表现出某种规律性，因而人们可以较成功地预测其发生的概率进而采取相应的防范措施；而投资风险重复出现的概率较小，正所谓"机不可失，失不再来"描述的就是投机风险，因而投机风险预测的准确性相对较差，较难防范。

9.2.2.2 按风险的来源划分

根据工程项目风险产生的因素，风险一般可分为人为风险、自然风险、市场风险、经济风险、设计风险、施工风险、组织风险、技术风险、财务风险、合同风险、环境风险、政治风险等。

人为风险是由人的行为引起的风险，包括决策风险、组织风险、行为风险。行为风险是指由于个人或组织的过失、疏忽、侥幸、恶意等不当行为造成财产损毁、人员伤亡的风险。

自然风险是指由于气候、水文、地质变异等不可抗力引起的较大程度灾难和损失，包括自然力风险和气候风险。自然力风险包括地震、泥石流、滑坡、洪水。气候风险包括严寒、台风、龙卷风、高温、雨季等。

市场风险是指来自市场方面的可能导致遭受损失的不确定事件，包括物价上涨、人工费、管理费和市场需求变化风险。

经济风险是指由于国家投资环境发生变化而可能给资本持有者带来的损失，包括外汇汇率风险、贷款利率风险、宏观经济政策风险、行业投资政策风险。

设计风险是指在设计过程中可能出现的因素导致造成一定损失的风险，包括设计技术风险、设计质量风险、设计基础资料风险。

施工风险是指在施工过程中出现的因素导致造成一定损失的风险，包括施工技术风险、施工现场条件风险、设备风险、材料风险、人员风险。

组织风险是指由于项目有关各方关系不协调以及其他不确定性而引起的风险，由于项目有关各方参与项目的动机和目标不一致，在项目进行过程中常常出现一些不愉快的事情，影响合作者之间的关系、项目进展和项目目标的实现。组织风险还包括组织内部的不同部门由于对组织目标的理解，态度和行动不一致而产生的风险。

技术风险是指伴随科学技术的发展而来的风险。比如说，新材料、新工艺的使用产生的风险。

财务风险包括资金筹措风险、经营收入减少风险、合作伙伴退出后资金缺口风险，流动资金周转困难风险等。

合同风险包括合同条款含糊风险、合同漏项风险、清单错误风险、违约风险等。

环境风险包括生态环境破坏、施工中发现文物古迹风险、公众质询风险、民族纠纷风险等。

政治风险从宏观上看是指由于政局变化、政权更迭、罢工、战争等引起社会动荡而造成财产损失和人员伤亡的风险；从微观上看，是指法律法规、政府建设管理变化风险。

当然风险还可以按照其他方式分类，例如按照风险的影响范围大小可将风险分为基本风险和特殊风险；按照风险分析依据可把风险分为客观风险和主管风险；按风险分布情况可将风险分为国别风险、行业风险；按风险潜在损失形态可将风险划分为财产风险、人身风险和责任风险。

9.2.2.3 从风险承受者角度划分

工程项目风险涉及业主、承包商、设计单位、咨询机构、材料供应商等多个行为主体，有些风险对于他们来说是共有的，有的风险则不然。对于一些行为主体而言是风险，对另一些则不是风险，还有一些风险产生于其中的一部分行为主体，一部分行为主体的行为有时候会构成对另一部分主体的风险，按风险承受者角度分类有利于明确风险管理的任务。

A 业主的风险

业主通常遇到的风险主要可归为三种类型，即人为风险、经济风险和自然风险，其具体风险起因如表9-1所示。

表9-1 业主风险来源表

风险类型	风险来源
人为风险	行政风险；政治风险；行为风险；组织风险；承包商缺乏合作诚意；承包商履约不利或不履约；工期延误；供应商履约不利或者违约；分包商履约不利；监理失职或设计错误等
经济风险	客观形势不利；投资环境恶劣；市场物价不正常上涨；投资回收期长；基础设施落后；资金筹措困难
自然风险	恶劣的自然条件；恶劣的气候与环境；地理环境不利；特殊风险

B 承包商的风险

承包商通常遇到的风险可以归为三类：决策风险，缔约、履约风险及责任风险。缔约和履约是承包工程的关键环节，许多承包商因对缔约和履约过程的风险认识不足，致使本不该亏损的项目严重亏损，甚至破产倒闭。工程承包是基于合同当事人的责任、权利和义务的法律行为，承包商对其承揽的工程设计和施工负有不可推诿的责任，而承担工程承包合同的责任是有一定的风险的。具体内容如表9-2所示。

表9-2　承包商风险来源表

风　险　类　型		风　险　来　源
决策风险		进入市场的决策风险；信息失真风险；中介风险；代理风险；业主买标风险；联合保标风险；报价失误风险
缔约、履约风险	合同管理	平等条款；合同中定义不准确；条款遗漏
	财务管理	筹资；收款与支付；成本控制；保函
	工程管理	
	物资管理	
责任风险	职业责任	
	法律责任	合同（合同诉讼）；行为或疏忽（侵权和伤害私人利益）；欺骗和错误；其他诉讼和赔偿（破产倒闭、财产扣押、工程被接管和被取消承包商资格）
	替代责任	起因于代理人；起因于承包商的雇员；起因于分包商
	人事责任	

财务管理中的成本失控可能的原因有：报价过低或费用估算错误；难以预见的通货膨胀；项目规模过大，内容过于复杂；技术困难超出预见；工程进度过慢或环节安排过紧；合同管理不善；劳务费用过高；地方政府法规制约过多；当地基础设施落后；贷款利率过高；材料短缺或供货延误；劳务人员素质太差；汇率损失；项目经理不胜任；施工计划与现实差距太大。上述因素有些超出承包商自身承受能力，另一些则是由承包商自己的错误所致，不管是由于何种原因，结果都会造成承包商的损失。如果承包商在项目实施前或投标报价时没有考虑这些因素，必然会遭受成本失控的风险。

承包商的职业责任主要体现于工程的技术水平和组织管理能力。任何工程都有严格的质量要求，不具备相应专业的技术和管理能力是无法承揽工程的。技术的高低、管理水平的好坏对工程具有相当重要的影响。

所谓替代责任，是由于承包商之间相互合作，不孤立，然而合作者或者实施者是以承包商的名义活动或为其利益服务，因此，承包商还必须对以其名义活动或为其服务的人的行为承担责任。

C　咨询单位的风险

咨询单位的风险主要来自业主、承包商和职业责任三方面，具体情况如表9-3所示。

表9-3　咨询单位风险来源表

风　险　类　型	风　险　来　源
来自业主	业主希望少花钱多办事；可行性研究缺乏严肃性；宏观管理不力，投资先天不足；盲目干预
来自承包商	承包商投标不诚实；承包商缺乏商业道德；承包商素质低
职业责任风险	对设计掌握不充分不完善；对施工监理不够认真；投资、进度、质量、安全等控制不到位；人员素质低，协调控制能力差

工程咨询与业主的关系是契约关系，确切地说是一种雇佣关系。业主聘用工程师作为技术咨询人，咨询监理对其项目进行咨询、设计和监理。许多情况下，咨询监理的任务贯穿于项目可行性研究直至工程正式验收的全过程。咨询监理的责任自始至终都很大，所承担的风险也大。

由于监理工程师作为业主委聘的工程经济技术负责人，所以在合同实施期间代表业主的利益，在承包商的交往中难免会出现分歧和争端。如果承包商能守合同重信誉，通情达理，那么分歧和争端不难解决。但客观实践中，承包商往往过分维护自身利益，这样势必给工程师的工作带来许多困难，甚至导致工程师蒙受重大风险。监理工程师的职业要求其承担职业责任风险。

9.3　土木工程项目风险管理

有效地对土木工程项目实施过程中的各类风险进行管理，有利于项目管理者做出正确的决策，有利于保护项目资产的安全和完整，有利于顺利完成项目的预期目标，有利于其他项目管理职能的实现，是土木工程项目管理的重要组成部分。

9.3.1　土木工程项目风险管理的含义

风险管理属于一种高层次的综合性管理工作，它是分析和处理不确定性产生的各种问题的一整套方法，包括风险规划、风险辨识、风险评价、风险应对、风险监控等。土木工程项目风险管理是指建设项目的当事人对可能遇到的风险进行辨识、评价、控制，以求减少风险的负面影响，以最低的成本获得最大的安全保障的决策及行动过程。

9.3.2　土木工程项目风险管理的目标与原则

9.3.2.1　土木工程项目风险管理的目标

土木工程项目风险管理的目标应与风险管理主体总体目标一致，其具体目标与风险事件的发生相关联。风险事件发生前，风险管理的首要目标是使潜在损失最小，这一目标可以通过最佳的风险对策组合来实现。其次是减少忧虑及相应的忧虑价值，忧虑价值比较难以定量化，但对风险的忧虑确实分散和耗费了土木工程项目决策者的时间和精力。再次是满足外部的附加义务，例如政府明令禁止的某些行为、法律规定的强制性保险等。风险事件发生后，风险管理的首要目标是使实际损失减少到最低程度，这一目标的实现不仅取决于风险对策的最佳组合还取决于风险应对计划和措施及其执行。最终的目标是保证土木工程项目的正常实施并按原计划完工，同时承担必要的社会责任。

9.3.2.2　土木工程项目风险管理的原则

土木工程项目风险管理的原则如下：

（1）社会性原则。风险管理应在合理可行的前提下，将项目中可能存在的各类风险降到可以接受的水平，最大程度地保证安全，保障建设工期，保护环境，控制投资，提高效益。

（2）动态与沟通原则。风险管理是动态的过程，应根据人、事、时、地、物的变化及时进行修正、登记及检测检查，定期反馈，随时与相关单位进行沟通。

（3）计划原则。风险管理应进行风险计划，确定风险目标、原则和策略，提出阶段性工作目标、范围、方法和评估标准，明确工程参与各方的职责，组织开展各方自身与相互之间的风险管理及监控，规定相关报告的内容及格式。

（4）监控原则。风险管理应制定风险监控计划和标准，跟踪风险管理计划的实施，采用有效的风险监控和风险应对的方法及工具，报告风险状态，发出风险预警信号，提出风险处理建议。

（5）经济性原则。风险管理应该讲究成本和效益，以最经济、合理、有效的方式进行风险识别、分析、评价、处理和监控，通过尽可能低的成本，实现项目风险管理的目的。

9.3.3　土木工程项目全面风险管理

如果把项目目标看做是由一系列项目变量构造的函数，那么这些变量包括投入资源的成本和数量以及外部环境因素等。因为项目的变量是动态的，它们随着时间的变化而变化，因此项目的结果也呈现出不确定性。项目的风险就是目标函数值偏离预计值的可能性。

如果项目的变量可以预先很好地识别和描述，并且在项目过程中基本保持不变，那就可以估计项目结果函数的风险和变量。然而，并非所有的项目变量都是可识别的，并且在项目寿命周期中会出现新的变量或它们出现的概率会随时间而改变，变量对项目的影响也会随着它们之间内部关系的变化而变化。这种错综复杂的局面就使得项目风险管理变得更加困难。

如果项目在一个稳定的环境中运作，项目概念阶段的不确定性常常较高，并会由于项目启动前的计划和决策过程而降低。然而，如果是一个处在不断变化的环境中的复杂项目，其风险就并不一定会随着时间而减少。因此，就需要不断检测项目变量，重新评价目标函数，采取行动并适时调整项目战略。

想要尽早识别项目变量常常是不可行的，因为作为决策依据的信息不可得或者是模糊的，随着时间而变化，并且众多变量的综合效果非常复杂，使得许多问题在项目寿命周期的较早阶段不可能被预见。在这种复杂和不确定的背景之下，就需要不断地搜集、整理信息，识别项目变量。

基于上述原因，项目风险的识别、分析、评价、应对和监控五个阶段应是一个复杂的、动态的过程，应在一系列战略目标下进行管理。这些战略目标也会因环境的变化而改变。在这样一种流动的、弹性的环境下，需要一种整体的、基于战略目标的风险管理思想，即风险管理应被看做是和其他项目管理活动融为一体的，它应渗透于项目的整个寿命周期，渗透于项目的每一项活动之中，它有助于实现项目的战略目标。这就提出了全面风险管理的思想。

土木工程项目风险管理贯穿于项目管理的各个阶段和各个层次，而且具有极其重要的作用。土木工程项目管理中提出的全面风险管理就是使用系统的、动态的方法进行风险控制，以减少工程项目中的不确定性。传统观点认为风险管理是一个直线的过程，全面风险管理理论则强调风险管理的连续性、实时性。风险的识别、分析、评价、应对及监控应发生于项目的全过程，整个风险管理过程是一个闭路系统。随着风险应对计划的实施，风险会出现许多变化，这些变化的信息应及时反馈，风险管理者建立风险意识，重视风险问题，及时地对新情况进行风险估计和评价，从而调整风险应对计划并实施新的风险应对计划，在各阶段、各方面实施有效的风险控制，这样循环往复，保持风险管理过程的动态性才能达到风险管理的预期目的，如图 9-1 所示。

图 9-1　全面风险管理过程

全面风险管理的特点，主要表现在以下几个方面：

（1）项目全过程的风险管理。这是全面性在时间跨度上的体现。

　　1）在项目目标设计阶段，就应对影响项目目标的重大风险进行预测，风险管理强调事前的识别、评价和预防措施。

　　2）在可行性研究中，对风险的分析必须细化，进一步预测风险发生的可能性和规律性，同时必须研究各风险状况对项目目标的影响程度，也即为项目的敏感性分析。

　　3）随着技术设计的深入，实施方案也逐步细化，项目的结构分析也逐渐清晰。这时风险分析不仅要针对风险的种类，而且必须细化到各项目结构单元直到最低层次工作包上。

　　4）在项目实施中加强风险的控制，这里包括建立风险监控系统，及时发现风险，做出反应。在风险状态下，采取有效措施保证项目正常实施，保证施工秩序，及时修改方案、调整计划，以恢复正常的施工状态，减少损失。在阶段性计划调整过程中，需加强对近期风险的预测，并纳入近期计划中，同时要考虑到计划的调整和修改会带来新的问题和风险。

　　5）项目结束时应对整个项目的风险、风险管理进行评价，给以后同类项目的风险管理提供经验和教训。

　　（2）项目全部活动的风险管理。风险管理应渗透于项目的所有决策和活动之中，这是全面性在空间上的体现。

　　（3）基于战略目标的风险管理。项目风险评价不应是单个风险变量评价的简单累加，更应关注实现项目战略目标的可能性以及项目的最终结果。对风险要分析它对各方面的影响，例如对项目的工期、成本、施工过程、技术、合同、计划的影响。采用的对策措施也必须考虑综合手段，从合同、经济、组织、技术、管理等各个方面确定解决方法。

　　（4）全面的组织措施。在组织上全面落实风险控制责任，建立风险控制体系，将风险管理作为项目各层次管理者的任务之一，共同参与风险的监控。

10　土木工程项目风险管理过程

本章概要

（1）土木工程项目风险管理规划，阐述了风险管理规划的依据、途径和内容。

（2）土木工程项目风险识别，包括风险识别的步骤、方法和结果。

（3）土木工程项目风险分析和评价，全面介绍了风险分析和评价的各种方法技术。

（4）土木工程项目风险应对计划和风险应对策略，一般的风险应对策略有风险回避、缓解、转移、分散、自留、利用等。

（5）土木工程项目风险监控，包括风险监控的依据、工具与方法以及时机。

10.1　风险管理规划

风险管理规划是指决定如何进行项目风险管理活动的过程，在项目规划过程的早期完成，认真、明确的规划可以提高其他 5 个风险管理过程成功的概率。风险管理过程的规划对保证风险管理与项目风险程度和项目对组织的重要性相适应起着重要的作用，它可保证为风险管理活动提供充足的资源和时间。图 10-1 所示为土木工程项目风险管理规划的框架。

图 10-1　风险管理规划框架

10.1.1　风险管理规划的依据

风险管理规划的依据如下：

（1）组织环境因素。项目组织及其参与人员对风险的敏感程度和承受能力将影响项目管理计划。对风险的态度和承受度可通过政策说明书或行动反映出来。

（2）组织过程资产和历史经验。组织可能设有既定的风险管理方法，如风险分类、概念和术语的通用定义、标准模板、角色和职责、决策授权水平。组织成员的经历和积累的风险管理经验也是风险管理规划的依据之一。

（3）项目的基本情况。项目管理规划涉及项目目标、项目规模、项目利益相关者情况、项目复杂程度、所需资源、项目时间段、约束条件和前提假设等内容。

（4）信息管理系统情况。工程信息数据的获得、处理、储存、传递情况将影响风险的识别、估计、评价及对策的制定。

（5）项目范围说明书。

（6）项目管理计划。

10.1.2　风险管理规划的途径

项目团队通过举行风险规划会议制订风险管理计划。参会者包括项目经理、项目组织团队、项目利益相关方、负责风险管理规划和实施的组织成员等。

会议期间，将界定风险管理活动的基本计划，确定风险管理费用和进度标准，并分别将其纳入项目预算和进度计划中。同时对风险职责进行分配，并根据项目的具体情况对通用的组织风险类别和名词定义等模块文件进行调整。还要确立合适的风险管理方法及风险评价依据。这些活动的成果将在风险管理计划中进行汇总。

10.1.3　风险管理规划的内容和成果

风险管理规划的内容和成果如下：

（1）管理方法。确定实施土木工程项目风险管理可以使用的方法、工具及数据来源。

（2）组织构成。确定风险管理计划中每项活动的领导、支援与风险管理团队的成员组成，并明确其职责。

（3）预算。分配资源，并估算风险管理所需的费用，将其纳入项目费用基准。

（4）时间计划。界定项目执行各个运行阶段风险管理的实施、变更和评价周期或频率。

（5）风险类别。风险类别有利于系统持续、详细和一致地进行风险识别，为保证风险识别的效力和质量的风险管理工作提供了一个框架。组织可使用土木工程项目的典型风险分类，在风险识别过程之前，先应该在风险管理规划过程中对风险类别进行审查，再针对项目的具体情况对风险类别进行调整或扩展。

（6）汇报形式。规定风险管理过程项目团队内外沟通的时间、内容、范围、渠道和方式。

（7）跟踪。规定风险管理过程中文档资料，它可用于当前的风险管理、项目的检查、经验总结等。

10.2　风　险　识　别

土木工程项目风险识别（Risk Identification）是土木工程项目风险管理的基础和重要组成部分。风险识别就是确定何种风险事件可能影响项目，并将这些风险的特性整理成文档。土木工程项目风险识别是指项目风险管理者对项目实施过程中存在的风险加以认识和辨别，并对其进行系统的归类分析，以揭示风险本质的过程。风险识别包括确定风险的来源、产生条件。这个过程不是一次就可以完成的事，应在项目的全寿命周期中定期进行。

参加风险识别的人员通常可包括项目经理、项目团队人员、风险管理团队、项目团队之外的相关领域专家、顾客、最终用户、其他项目经理、利害关系者、风险管理专家。虽然上述人员是项目风险识别过程的关键参与者，但应鼓励所有项目人员参与风险的识别。风险识别主要解决存在什么风险、风险性质、风险类别、发生风险的原因以及风险事件的后果等问题。要正确地识别土木工程项目实施中的风险，当事人必须对项目的内外环境进行全面的了解，详细掌握项目实施中可能存在的各种风险因素。

10.2.1　风险识别的步骤

风险识别的步骤如下：

（1）收集资料。为了识别项目的所有风险，首先要有目的收集有关项目本身及其环境的资料和数据。资料和数据能否到手，收集之后是否完整都会影响到项目蒙受风险损失的大小。这些资料应该包含有关工程项目本身、项目环境以及两者之间关系的内容，具体来说包括：项目建议书、可行性研究报告等项目前期相关资料，工程设计施工图、合同书等工程基本文件和可类比的已完工项目的历史资料。

（2）风险形势估计。风险形势估计是要明确土木工程项目的目标及其实现目标的手段和资源，这样有助于确定项目及其环境的变数。项目的目标如果含糊不清，则无法测定项目目标是否达到，所以应该量化工程项目的目标（工期、质量、成本），以便于及时测量项目的进展情况，及时发现问题。风险形势估计还要明确项目的前提和假设，有些前提和假设在制订风险管理规划时常常被忽略，明确了项目的前提和假设可以减少许多不必要的风险分析工作。

（3）在前两步的基础上将土木工程项目的风险识别出来。

10.2.2　风险识别的方法

10.2.2.1　文件资料审核

从项目整体和详细的范围两个层次，对项目计划、项目假设条件和约束因素、以往项目的文件资料审核识别风险因素。

10.2.2.2　信息收集整理

A　头脑风暴法

头脑风暴（brain storming，BS）法，是美国的奥斯本于1939年首创的，是最常用的风险识别方法。其实质就是一种特殊形式的小组会。它规定了一定的特殊规则和方法技巧，从而形成了一种有益于激励创造力的环境气氛，使与会者能自由畅想，无拘无束地提出自己的各种构想、新主意，并因相互启发、联想而引起创新设想的连锁反应，通过会议方式去分析和识别项目风险。其基本要求如下：

（1）参加者6~12人，最好有不同的背景，可从不同的角度分析观察问题，但最好是同一层次的人；

（2）鼓励参加者提出疯狂的（野性化的）、别出心裁的和极端的想法，甚至是想入非非的主张；

（3）鼓励修改、补充并结合他人的想法提出新建议；

（4）严禁对他人的想法提出批评；

（5）数量也是一个追求的目标，提议多多益善。

B　德尔菲法

德尔菲法（Delphi 法）是邀请专家匿名参加项目风险分析识别的一种方法。概括地说，Delphi 法是采用函询调查，对与所分析和识别的项目风险问题有关的专家分别提出问题，而后将他们回答的意见综合、整理、归纳，匿名反馈给各个专家，再征求意见，然后再加以综合、反馈。如此反复循环，直至得到一个比较一致且可靠性较大的意见。Delphi 法的特点如下：

（1）匿名性，可以消除面对面带来的诸如权威人士或领导的影响。

（2）信息反馈、沟通比较好，预测的结果具有统计特性。

应用德尔菲法时应注意以下几方面问题：

（1）专家人数不宜太少，一般 10～50 人为宜。

（2）对风险的分析往往受组织者、参加者的主观因素影响，因此有可能发生偏差。

（3）预测分析的时间不宜过长，时间越长准确性越差。

C　访谈法

访谈法是通过对资深项目经理或相关领域的专家进行访谈来识别风险。负责访谈的人员首先要选择合适的访谈对象；其次，应向访谈对象提供项目内外部环境、假设条件和约束条件的信息。访谈对象依据自己的丰富经验和掌握的项目信息，对项目风险进行识别。

D　SWOT 技术

SWOT 技术是综合运用项目的优势与劣势、机会与威胁各方面，从多视角对项目风险进行识别，也就是企业内外情况对照分析法。它是将外部环境中的有利条件（机会 opportunities）和不利条件（威胁 threats）以及企业内部条件中的优势（strengths）和劣势（weaknesses）分别记入"田"字形的表格，然后对照利弊优劣，进行经营决策。

E　检查表（核对表）法

检查表是有关人员利用他们所掌握的丰富知识设计而成的。如果把人们经历过的风险事件及其来源罗列出来，写成一张检查表，那么，项目管理人员看了就容易开阔思路，容易想到本项目会有哪些潜在的风险。检查表可以包括多种内容，这些内容能够提醒人们还有哪些风险尚未考虑到。使用检查表的优点是：它使人们能按照系统化、规范化的要求去识别风险，且简单易行。其不足之处是：专业人员不可能编制一个包罗万象的检查表，因而使检查表具有一定的局限性。

F　流程图法

流程图法是将施工项目的全过程按其内在的逻辑关系制成流程，针对流程中的关键环节和薄弱环节进行调查和分析，找出风险存在的原因，发现潜在的风险威胁，分析风险发生后可能造成的损失和对施工项目全过程造成的影响有多大等。运用流程图分析，项目人员可以明确地发现项目所面临的风险，但流程图分析仅着重于流程本身，而无法显示发生问题时间阶段的损失值或损失发生的概率。

G　因果分析图

因果分析图又称鱼刺图，它通过带箭头的线将风险问题与风险因素之间的关系表示出来。因果分析技术是以风险问题作为特性，以原因作为因素，逐步深入研究和讨论项目目前可能面临的风险因素。它是一种集思广益的好方法，充分调动了项目团队成员动脑筋、查原因的积极性，如图 10-2 所示。

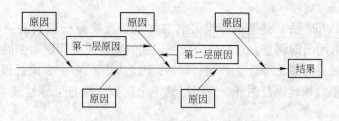

图 10-2　因果分析图

H　项目工作分解结构

风险识别要减少项目的结构不确定性，就要弄清项目的组成、各个组成部分的性质、它们之间的关系、项目同环境之间的关系等。项目工作分解结构是完成这项任务的有力工具。项目管理的其他方面，例如范围、进度和成本管理，也要使用项目工作分解结构。因此，在风险识别中利用这个已有的现成工具并不会给项目班子增加额外的工作量。

10.2.3　风险识别的结果

风险识别过程的成果一般载入风险登记册中，这是项目管理计划中风险登记册的最初记录，可供其他项目管理过程和项目风险管理过程使用，风险管理过程的其他成果也将计入其中。风险识别的成果包含以下内容：

（1）项目风险表。项目风险表又称为项目风险清单，可将已识别出的项目风险列入表内，其内容应该包括：根本原因、不确定的项目假设、潜在应对措施等。在风险识别过程中可以识别出风险的潜在应对措施，它可作为风险应对过程的依据。

（2）风险的分类或分组。找出风险因素后，为了方便对风险进行分析，找出根源所在，并且在采取控制措施时能分清轻重缓急，需要对风险进行分类或分组。基于风险识别过程的成果，可对风险管理规划过程中形成的风险分类进行修改或完善。在风险识别过程中，可能识别出新的风险类别，进而将新的风险类别纳入风险类别清单中。对于常见的建设项目，除了按照风险性质进行分类外，还可将其按项目建议书、融资、设计、设备订货、施工及运营阶段分组，也可以按事故发生后果的严重程度划分风险等级。

（3）风险征兆。风险征兆又称风险预警信号、风险触发器，它表示风险即将发生。例如，高层建筑中的电梯不能按期到货，就可能出现工期拖延，所以它是项目工期风险的征兆；由于通货膨胀发生，可能会使项目所需资源的价格上涨，从而出现突破项目预算的费用风险，价格上涨就是费用风险的征兆。

10.3　风险分析和评价

在风险分析和评价这一阶段，首先要对已经识别的单个风险进行定性和定量分析，得到该风险的发生概率和损失水平。然后，根据发生概率和损失水平评价项目风险量的大小，即项目风险的相对重要性。最后，综合分析风险之间的相互影响、相互作用及其对项目的总体影响，进而得到项目的总体风险水平。风险分析与评价的过程如图 10-3 所示。

10.3.1　风险分析

　　风险分析是在前期预测和识别的基础上，建立问题的系统模型，对风险因素的影响进行定量分析，并估算出各风险发生的概率及其可能导致的损失大小，从而找到该项目的关键风险，为重点处置这些风险提供科学依据，以保障项目的顺利进行。风险分析是一种方法，使用的大量技术都混合了定性和定量两种技术。但由于历史资料的不完整、项目的复杂性、环境的多变性以及人们认识的局限性都会使人们在评估和分析项目风险时出现一些偏差，如何利用多种方法综合判断以便缩小这一偏差，是值得进一步研究的问题。

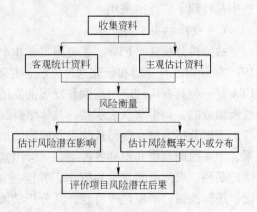

图 10-3　风险分析与评价的过程

　　定性分析就是要确认风险的来源、确认风险的性质、估计风险的影响程度，为项目风险的定量分析提供条件。定性分析可以从宏观上对项目是否可行有一个初步的概况与了解，可以解决一些定量分析方法所不能处理的问题，可以保证项目目标的实现。定性分析具有方便、简捷、节省费用等优点。

　　风险量化是指在风险识别的基础上，把损失频率、损失程度以及其他因素综合起来考虑，分析风险可能对项目造成的影响，寻求风险对策。风险量化的内容是风险存在和发生的时间分析，风险的影响和损失分析，风险发生的可能性分析，风险的级别，风险的起因和可控性分析。

10.3.1.1　风险定性分析技术和方法

　　A　主观评分法

　　主观评分法是一种最常用的风险估计方法，可以利用头脑风暴、德尔菲法等形式对风险因素进行主观评分。首先通过风险辨识将工程项目的所有风险因素列出，设计风险调查表，利用专家经验对各风险因素的重要性进行估计，并用权重表示，然后将风险程度分为几个等级，由专家对各风险因素的程度确定等级，风险因素的权重和等级相乘并加总，即可得出项目的风险度。

　　B　外推法

　　外推法是进行项目风险分析一种十分有效的方法，它可分为前推、后推和旁推三种类型。前推就是根据历史的经验和数据推断出未来事件发生的概率及其后果。如果历史数据具有明显的周期性，就可据此直接对风险做出周期性的评估和分析，如果从历史记录中看不出明显的周期性，就可用曲线或分布函数来拟合这些数据再进行外推，同时应该注意到历史数据的不完整性和主观性。后推是在手头没有历史数据可供使用时所采用的一种方法，由于工程项目的一次性和不可重复性，所以在项目风险评估和分析时常用后推法。后推是把未知的想象的事件及后果与一已知事件与后果联系起来，把未来风险事件归结到有数据可查的造成这一风险事件的初始事件上，从而对风险做出评估和分析。旁推法就是利用类似项目的数据进行外推，用某一项目的历史记录对新的类似项目可能遇到的风险进行评估和分析，当然这还得充分考虑新环境的各种变化。这三种外推法在项目风险评估和分析中都得到了广泛的采用。

C 故障树分析法

故障树分析法（FTA）是美国贝尔电话实验室的维森于 1962 年首先提出的，我国于 1976 年开始进行介绍和研究这种方法，并随之将其应用于许多项目中，取得了不少成果。FTA 是一种具有广阔应用范围和发展前途的分析方法。故障树是由一些节点及它们间的连线所组成的，每个节点表示某一具体事件，而连线则表示事件之间的关系。FTA 是一种演绎的逻辑分析方法，遵循从结果找原因的原则，分析项目风险及其产生原因之间的因果关系，即在前期预测和识别各种潜在风险因素的基础上，运用逻辑推理的方法，沿着风险产生的路径，求出风险发生的概率，并能提供各种控制风险因素的方案。FTA 具有应用广泛、逻辑性强、形象化等特点，其分析结果具有系统性、准确性和预测性。

10.3.1.2 风险定量分析技术和方法

风险量化是通过数学模型，量化风险事件发生的概率大小以及风险事件对项目的影响程度，并求出项目目标在总体风险事件作用下的概率分布。风险事件对项目的影响一般用损失金额或拖延工期来衡量，但最终都体现在投资的增加上，即用货币衡量风险的损失值，这样各个风险事件的严重程度才能互相比较。损失值定义为项目风险导致的各种损失发生后为恢复项目正常进行所需的最大费用支出。

A 敏感性分析

广义上讲，对于函数 $y = f(x_1, x_2, K)$，任一自变量的变化都会使因变量 y 发生变化，但各自变量变动一定的幅度，引起 y 变动的程度不同。对各自变量变动引起因变量变动及其变动程度的分析即敏感性分析。

项目风险评估中的敏感分析是通过分析预测有关投资规模、建设工期、经营期、产销期、产销量、市场价格和成本水平等主要因素的变动对评价指标的影响及影响程度。一般是考察分析上述因素单独变动对项目评价的主要指标净现值 NPV（Net Present Value）和内部收益率 IRR（Internal Rate of Return）的影响。有关内容可见其他相关文献。

通过敏感性分析，项目班子还可以知道是否需要用其他方法做进一步的风险分析。如果敏感性分析表明项目变数、前提或假设即使发生很大的变动，项目的性能也不会出现太大的变化，那么就没有必要进行费时、费力、代价高昂的概率分析。

B 决策树分析

决策树法是因解决问题的工具是"树"而得名，其分析程序一般如下：

（1）绘制决策树图。决策树结构如图 10-4 所示。从图中可以看出，决策树的要素有决策节点、方案枝、自然状态节点、概率枝和损益值五点。从决策节点引出的都是方案枝；从自然状态节点引出的都是状态枝（或称概率枝）。画决策树图时，实际上是拟定各种决策方案的过程，也是对未来可能发生的各种自然状况进行周密思考和预测的过程。

（2）预计未来各种情况可能发生的概率。概率数值可以根据经验数据来估计或依靠过去的历史资料来推算，还可以采用先进预测方法和手段进行。

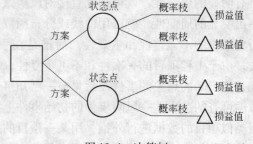

图 10-4 决策树

（3）计算每个状态节点的综合损益值。综合损益值也叫综合期望值（MV），它是用来比较各种抉择方案结果的一个准则。损益值只是对今后情况的估计，并不代表一定要出现的数值。根据决策问题的要求，可采用最小损失值，如成本最小、费用最低等，也可采用最大收益值，如利润最大、节约额最大等。

$$\Sigma MV(i) = \Sigma(损益值 \times 概率值) \times 经营年限 - 投资额$$

（4）择优决策。比较不同方案的综合损益期望值，进行择优，确定决策方案。将决策树形图上舍弃的方案枝画上删除号，剪掉。

C　盈亏平衡分析法

盈亏平衡分析法是在一定的市场、生产能力及经营管理条件下，研究项目成本与收益的平衡关系的方法。盈亏平衡分析又称平衡点临界点、保本点、两平点、转折点分析，广泛应用于预测成本、收入、利润，编制利润计划，估计售价、销量、成本水平变动对利润的影响，为各种决策提供必要的信息，并可用于项目的安全性分析。盈亏平衡分析方法是将成本划分为固定成本和变动成本。根据收益、成本之间的关系，进行预测分析的技术方法。平衡点极限点是对某一因素来说的，当其值等于某数值时，恰使方案决策的结果达到临界标准，则称此数值为该因素的盈亏平衡点。这时所说的某一因素就是影响项目风险的确定性因素。将盈亏平衡分析法应用于项目风险量化，是根据盈亏平衡分析的基本原理和基本方法，假定与项目相关的各种风险因素不发生变化，在此基础上，进行平衡点分析。一般适用于项目的费用分析或收益分析。

D　概率分析法

事先客观地或主观地给出各种因素发生某种变动的可能性大小，并以概率为中介进行不确定性分析，即概率分析。具体而言，是指通过分析各种不确定因素在一定范围内随机变动的概率分布及其对项目的影响，从而对风险情况做出比较准确的判断，为项目管理者提供更准确的依据。

敏感性分析是考虑各种风险性因素发生某种程度的变化时，会带来多大的风险，而没有考虑这种变化造成风险的可能性有多大，有可能通过敏感性分析找出的某一特别敏感因素未来发生不利变化的概率却很小，因此，实际所带来的风险并不大，以致可以忽略不计。而另一个不太敏感的因素未来发生不利变动的概率却很大，实际上所带来的风险比那个最敏感的因素更大。对于这种情况，必须借助于概率分析。

概率分析的步骤如下：

（1）任选一个不确定性因素为随机变量，将这个不确定性因素的各种可能结果一一列出，并分别计算各种可能结果的效益；

（2）分别计算各种可能结果出现的概率，概率的计算一般要在过去的统计资料上进行，也可根据项目管理人员的经验得到主观概率；

（3）根据以上资料，计算在不确定性因素下的效益期望值；

（4）计算方差和标准差；

（5）综合期望值、方差和标准差，确定项目在一定时间内或在一定经费范围内或其他情况完工的可能性。

E　贝叶斯概率法

项目风险估计建立在各种风险事件发生的可能性的基础上，这种可能性直接受到项目环境各种因素变化的影响，存在着较大的风险。同时，项目风险事件的概率估计往往是在历史数据资料缺乏或不足的情况下做出的，这种概率称为先验概率。先验概率具有较强的不确定性，需要通过各种途径和手段如试验、调查、统计分析等来获得更为准确、有效的补充信息，以修正和完善先验概率。这种通过对项目进行更多、更广泛的调查研究或统计分析后，再对项目风险进行估计的方法，称为贝叶斯概率法。贝叶斯概率法是利用概率论中的贝叶斯公式来改善对风险后果出现概率的估计，这种改善后的概率称为后验概率。按照贝叶斯公式，风险后果 B_i 出现的后验概率为：

$$P\{B_i/A\} = \frac{P\{A/B_i\}P\{B_i\}}{\Sigma P\{A/B_i\}P\{B_i\}}$$

F　计划评审技术（PERT）、图视评审技术（GERT）以及风险评审技术（VERT）

计划评审技术是相对于关键路线法而言的，即为了解决项目的工期问题。实际上，对项目管理而言，计划评审技术可以应用到费用管理、采购管理等方面。它和关键路线法的本质区别是关键路线法是假设项目完成的时间是确定的，不存在其他可能，它侧重于活动。计划评审技术是可以估计整个项目在某个时间内完成的可能性，它侧重于事件。

关键路线法适用于有经验的工程项目，其作业时间是肯定的单一时间。而计划评审法适用于从未经历过的科研、新产品开发等工程项目，作业时间是不肯定的，故又称为"非肯定型网络计划法"。计划评审法与关键路线法在网络的编制和时间参数的计算方法上基本相似，由于每一工序作业时间是估计的 3 个不同时间值，需要利用统计规律求出一个平均值，使一个非肯定型网络转化为一个肯定型网络。

图视评审技术是在计划评审技术的基础上，增加决策节点，不仅将活动的各参数如时间和费用设为随机性分布，而且其各个活动及相互之间的影响关系也具有随机性，即活动按一定概率可能发生或不发生，相应地反映在活动开始或结束的节点或枝线也可能发生或不发生。在网络的表现形式上，增加了决策节点，并且节点之间具有回路和自环存在。该方法通过解析方法及蒙特卡罗模拟方法，最终求出项目成本和工期的概率分布曲线。风险评审技术是一种以管理系统为对象，以随机网络仿真为手段的风险定量分析技术。

G　蒙特卡罗模拟方法

该方法通过随机变量的统计实验进行随机模拟而求得项目目标在风险事件影响下的近似概率分布。

蒙特卡罗法，又称统计试验法或随机模拟法。该法是一种通过对随机变量的统计试验、随机模拟求解数学、物理、工程技术问题近似解的数学方法，其特点是用数学方法在计算机上模拟实际概率过程，然后加以统计处理。此法最初是用来模拟核反应堆中子的行为活动而首创的。

通常做分析时，人们最关心的问题是系统的动态性。但目前各种定量计算所运用的数学模型很少能反映随时间变化的复杂过程，尤其当变量本身牵涉不确定性的问题时，使所考虑的问题更复杂，构造数学模型也更加困难。蒙特卡罗法可以随机模拟各种变量间的动态关系，解决某些具有不确定性的复杂问题，被公认为是一种经济而有效的方法。

蒙特卡罗法的基本原理是：假定函数 $y = f(x_1, x_2, \cdots, x_n)$，其中变量 x_1，x_2，$\cdots$，x_n 的

概率分布已知。但在实际问题中，$f(x_1, x_2, \cdots, x_n)$ 往往是未知的，或者是一非常复杂的函数关系式，一般难以用解析法求解有关 y 的概率分布及其数字特征。蒙特卡罗法利用一个随机数发生器通过直接或间接抽样取出每一组随机变量的值（x_{1i}, x_{2i}, $\cdots$, x_{ni}），然后按 y 对于 x_1, x_2, $\cdots$, x_n 的关系式确定函数 y 的值 y_i：

$$y_i = (x_{1i}, x_{2i}, \cdots, x_{ni})$$

反复独立抽样模拟多次（$i = 1$, 2, $\cdots$）便可得到函数 y 的一批抽样数据 y_1, y_2, $\cdots$, y_n，当模拟次数足够多时，便可给出与实际情况相近的函数 y 的概率分布及其数字特征。

蒙特卡罗法的模拟步骤如下：

（1）确定输入变量及其概率分布（对于未来事件，通常用主观概率估计）。

（2）通过模拟试验，独立地随机抽取各输入变量的值，并使所抽取的随机数值符合既定的概率分布。

（3）建立数学模型，按照研究目的编制程序计算各输出变量。

（4）确定试验模拟次数以满足预定的精度要求，以逐渐积累的较大样本来模拟输出函数的概率分布。

通过上述计算过程，虽然产生的是数值样本，却可以与其他的统计样本一样，进行统计处理。一般情况下，y 的分布形式受最初控制作用的基本变量的概率分布形式控制。

蒙特卡罗法借助人对未来事件的主观概率估计及计算机随机模拟，解决难以用数学分析方法求解的动态系统复杂问题，具有极大的优越性，已成为当今风险分析的主要工具之一。

H　层次分析法（AHP）

层次分析法是一种有效地处理不易定量化变量下的多准则决策手段，它通过将复杂的问题分解成递阶层次结构，然后在比原问题简单得多的层次上逐步分析，可以将人们主观判断用数量形式表达和处理，可以同时处理可定量和不易定量因素，对多因素、多准则、多方案的综合评价即趋势预测相当有效。面对由"方案层—因素层—目标层"构成的递阶层次结构决策分析问题，给出了一整套处理方法与过程。

AHP 的基本步骤如下：

（1）建立所研究问题的递阶层次结构。递阶层次结构的最高层一般是决策目标——决策层，往下一层就是准则层。递阶层次结构的最低层通常是备选方案，这些备选方案通过子准则、准则与决策目标建立联系。

（2）构建两两比较判断矩阵。建立递阶层次结构以后，上下层之间元素的隶属关系就已经确定，如果上层元素 C_1 对下层元素 A_1, A_2, $\cdots$, A_n 有支配关系，就可以建立以 C_k 为判断准则的元素 A_1, A_2, $\cdots$, A_n 间两两比较判断矩阵，该矩阵为一个互反矩阵。

（3）计算权向量并做一致性检验。上述构建的两两比较矩阵构成了决策分析的基础，但要解决一系列的处理问题，特别是"一致性"问题，即在这些两两比较矩阵中间最好都是一致阵。AHP 方法在处理这个问题时是考虑对不一致程度的"容忍"。这样对于每一个两两比较矩阵都要计算其最大特征根及对应特征向量，利用一致性指标、随机一致性指标和一致性比率做一致性检验。若检验通过，特征向量（归一化后）即为权向量；若通不过，需要重新构建对比矩阵。

计算综合权向量。根据准则层之间的权向量和准则层对方案层的权向量，可以计算出所研究问题的综合权向量。

在工程项目风险分析中，AHP 提供了一种灵活的、易于理解的工程风险分析方法。一般是在工程项目投标阶段运用本方法来评价工程风险，判断工程风险程度，以决定是否投标，做出正确的决策。

I 矩阵分析法

量化风险矩阵即概率（P）-影响（I）风险排序矩阵，它综合风险概率和风险影响这两个尺度，构建一个矩阵，定量地对风险进行排序。排序结果可以划分为较低、低、中等、高和非常高几种状态。发生概率高、后果影响严重的风险往往要求进一步的分析和积极的风险管理。每个具体风险的风险评分是采用一个风险矩阵和风险衡量尺度（或标度）完成的。

风险的概率由专家参照有关方面的历史数据来确定，概率值介于 0（不发生）~1（肯定发生）之间。然而在实际问题中，往往难以得到相应的历史数据，这给风险概率的确定造成一定的困难。这需要采用序数尺度来确定从几乎不可能（值为 0）到完全确定（值为 1）的相对概率值，也可采用普通尺度来指定特定的概率（如 0.1、0.3、0.5、0.7、0.9）。

风险的影响尺度反映了风险结果对项目目标影响的严重程度。影响的确定可采用基数尺度，也可采用序数尺度，具体采用哪种方式可以视组织风险管理的文化习惯而定。基数尺度即经简单排序的值，如较低、低、中等、高和非常高；序数尺度值是赋给风险的影响，这些值通常成线性（如 0.1、0.3、0.5、0.7、0.9），但也可以是非线性的（如 0.05、0.1、0.2、0.4、0.8）。它反映了项目组织规避高影响风险的愿望。两种方式的目的都是在风险确实存在时，用一个相对值表达风险对项目目标的影响程度。不论基数或序数尺度，任何一个好的影响尺度都需要根据组织一致认可的界定来构造，这种界定可提高数据质量，并使评分过程的可重复性更有效。

表 10-1 是一个概率-影响矩阵（P-I 矩阵），给出了概率和影响估计值之间的乘积。这是综合这两项因素比较常用的一种方法，它用来定量确定风险类别（低、中等或高）。表中用非线性尺度表示对高影响风险的厌恶，但在实际分析中，也经常采用线性尺度。从另一方面来讲，P-I 矩阵也可以用基数尺度构成。另外，项目组织必须明确，在概率-影响矩阵中，对于具体的一种尺度，什么样的概率和影响的组合应具体归为高风险（深灰）、中等风险（浅灰）或低风险（白色）。简言之，概率-影响矩阵的风险评分可以把风险进行归类，这有助于制定风险应对方案。

表 10-1 P-I 矩阵

概 率	风险评分 = PI				
	对费用、时间、范围等目标的影响（比率尺度）				
	0.05	0.1	0.2	0.4	0.8
0.9	0.05	0.09	0.18	0.36	0.72
0.7	0.04	0.07	0.14	0.28	0.56
0.5	0.03	0.05	0.10	0.20	0.40

概　　率	风险评分 = PI				
	对费用、时间、范围等目标的影响（比率尺度）				
	0.05	0.1	0.2	0.4	0.8
0.3	0.02	0.03	0.06	0.12	0.24
0.1	0.01	0.01	0.02	0.04	0.08

注：如果风险确实存在，每一个风险都要通过它的发生概率和影响进行排序，在该风险矩阵中显示的组织对高风险（深灰）、中等风险（浅灰）、低风险（白色）的界限决定了具体风险的评分。

J　其他技术

其他技术包括 CIM 模型、风险报酬法、风险当量法、影响图法、模糊分析法等。

CIM 模型（controlled interval and memory models，控制区间和记忆模型）用直方图表示变量的概率分布，用和代替概率函数的积分，并按照串联或并联响应模型进行概率叠加。该方法可以解决风险事件独立和相关两种情况下对项目目标的影响程度。

风险报酬法除考虑资金的时间价值外，还考虑资金的风险价值。在经济评价时，除采用标准的贴现率外，另外加上一个风险贴现率。然后通过求解净现值、内部收益率、投资回收期、投资利润率等指标进行风险分析。

风险当量法将风险报酬法中对贴现率的调整转化为对净现金流量的调整，即将含有风险的净现金流化为等价的无风险净现金流量，然后计算净现值或内部收益率等指标。

影响图是概率估计和决策分析的图形表现。该数学模型方法是由决策分析专家在构造含有多个随机变量复杂模型时，将贝叶斯条件概率定理应用于图形而开创并发展起来的决策分析模型。该方法能够解决各风险事件相互关联下对项目成本和项目工期的影响程度。高斯影响图是影响图的一种特殊形式，能够解决风险因素呈多元正态分布时对项目总成本的影响程度。

用模糊分析法对项目风险进行评估和分析，主要是采用模糊子集及模糊数的有关理论对如何确定关键风险因素和关键风险进行探讨，并系统地讨论风险因素影响风险的各种形式。

10.3.2　风险评价

10.3.2.1　风险评价的目的

风险评价的目的如下：

（1）对项目的各个风险进行比较和评价，确定它们的先后顺序。

（2）表面上看起来不相干的多个风险事件常常是由一个共同的风险来源所造成。例如，若遇上未曾预料到的技术难题，则项目会造成费用超支、进度拖延、产品质量不合格等多种后果。风险评价就是要从项目整体出发，弄清各风险事件之间确切的因果关系，制订出系统的风险管理计划。

（3）考虑各种不同风险之间相互转化的条件，研究如何才能化威胁为机会。还要注意，原以为的机会在什么条件下会转化为威胁。

（4）进一步量化已识别风险的发生概率和后果，减少风险发生概率和后果估计中的不确定性。必要时，根据项目形势的变化重新分析风险发生的概率和可能的后果。

10.3.2.2 风险评价的步骤

风险评价的步骤如下：

（1）确定风险评价基准。风险评价基准就是项目主体针对每一种风险后果确定的可接受水平。单个风险和整体风险都要确定评价基准，可分别称为单个评价基准和整体评价基准。风险的可接受水平可以是绝对的，也可以是相对的。

（2）确定项目整体风险水平。项目整体风险水平是综合了所有的个别风险之后确定的。

（3）将单个风险与单个评价基准、项目整体风险水平与整体评价基准进行对比，确认项目风险是否在可接受的范围之内，进而确定该项目是停止还是继续进行。

10.3.2.3 评价基准

A 确定评价基准

一般情况下，项目达到了事先设定的目标就认为项目成功。项目的目标多种多样：工期最短、利润最大、成本最低、销售量大、周期波动小、良好的声誉、生命财产损失最低、员工最大满意度等。这些目标多数是可以量化的，可用来当做评价基准。例如"工期最短"可以设定一个工期时间作为评价基准。

B 整体风险水平

确定了风险评价基准后，下一步是确定风险水平，为此，首先要弄清单个风险之间的关系、相互作用以及转化因素对这些相互作用的影响。

风险的可预见性、发生概率和后果大小三个方面可以多方式组合，使项目的整体风险评价变得十分复杂。帕累托二八原理表明，20%的风险构成了对项目严重威胁的80%。一般情况下，项目面临的各种风险的严重性和发生频率都呈现这种分布规律，即后果严重的风险出现的机会少，可预见性低；出现机会多的风险，后果不严重，可预见性也相当高。项目的所有风险中有一小部分对项目威胁最大，可能造成项目的停工。但是，如果一种风险可预见性很高同时损失和后果又相当严重，我们就要考虑这中间是否有风险的耦合作用。当两个或更多的风险以某种方式联系在一起的时候就会发生耦合作用。

C 风险水平与评价基准比较

风险评价的最后一步是将项目整体风险水平同整体评价基准、各单个风险水平同单个评价基准进行比较。

比较之后有三种可能：风险可以接受、风险不可接受、项目不可行。当工程项目的整体风险小于或等于整体评价基准时，风险是可以接受的，项目可以按照计划继续进行。当项目整体风险比整体评价基准大时，风险不能接受，这就要考虑是否放弃这个项目，或考虑其他方案。

10.3.2.4 风险评价方法

风险评价方法有主观评分法、决策树法、层次分析法、模糊综合评价法等，在前文中已做介绍，此处不再赘述。

10.4 风 险 应 对

通过对工程项目风险的识别、分析、评价，风险管理者应该对土木工程项目中存在的各种风险和潜在的损失等方面有一定的把握。在此基础上，项目风险管理者所面临的问题是：首先，要合理编制一个可行的风险应对计划；其次，在规避、转移、控制、接受和利用等众多应对策略中，选择行之有效的策略，并寻求既符合实际又会有明显效果的应对风险的具体措施，使得风险转化为机会或使风险所造成的负面效应降到最低。

10.4.1   风险应对计划

土木工程项目风险应对计划是指为土木工程项目目标增加实现机会，减少失败威胁而制订方案，决定应该采取的对策的过程。土木工程项目风险应对计划必须充分考虑风险的严重性、应对风险费用的有效性、采取措施的适时性以及和工程项目环境的适应性等。在编制项目风险应对计划时，经常需要考虑多个应对方案，并从中选择一个优化的方案。

土木工程项目风险应对计划是项目风险管理的目标、任务、程序、责任和措施等内容的全面规划，其具体内容如下：

（1）工程项目风险已识别风险的描述，包括项目分解、风险成因和对项目目标的影响。

（2）工程项目风险承担人、分担的风险及其对应的实施行动计划。

（3）风险分析及其信息处理的过程安排。

（4）针对每项，所用应对措施的选择和实施行动计划。

（5）确定采取措施后的期望残留风险水平。

（6）风险应对的费用预算和时间计划。

（7）处置风险的应急计划和退却计划。

10.4.2   风险应对策略

工程项目常用的风险应对策略有：风险回避、风险转移、风险缓解、风险自留、风险分散、风险利用以及这些策略的组合。对某一工程项目风险，可能有多种应对策略；同一种类的风险问题，对于不同的工程项目主体采用的风险应对策略可能是不一样的。因此，需要根据工程项目风险的具体情况和风险管理者的心理承受能力以及抗风险的能力去确定工程项目风险应对策略。

10.4.2.1   风险回避

风险回避是指项目组织在决策中回避高风险的领域、项目和方案，进行低风险选择。通过风险回避，可以在风险事件发生之前完全彻底地消除某一特定风险可能造成的某种损失，而不仅仅是减少损失的影响程度。风险回避是对所有可能发生的风险尽可能地规避，这样可以直接消除风险损失。风险回避具有简单、易行、全面、彻底的优点，能将风险的概率保持为零，从而保证项目的安全运行。

风险回避的具体方法有：放弃或终止某项活动；改变某项活动的性质。如放弃某项不成熟工艺，初冬时期为避免混凝土受冻，不用矿渣水泥而改用硅酸盐水泥。一般来说，风险回避有方向回避、项目回避和方案回避三个层次。在回避风险时，应注意以下几点：

（1）当风险可能导致损失频率和损失幅度极高，且对此风险有足够的认识时，这种策略才有意义。

（2）当采用其他风险策略的成本和效益的预期值不理想时，可采用回避风险的策略。

（3）不是所有的风险都可以采取回避策略的，如地震、洪灾、台风等。

（4）由于回避风险只是在特定范围内及特定的角度上才有效，因此，避免了某种风险，又可能产生另一种新的风险。

风险回避应遵循以下原则：回避不必要承担的风险；回避那些远远超过企业承受能力，可能对企业造成致命打击的风险；回避那些不可控性、不可转移性、不可分散性较强的风险；在主观风险和客观风险并存的情况下，以回避客观风险为主；在存在技术风险、生产风险和市场风险时，一般以回避市场风险为主。

10.4.2.2 风险转移

风险转移是指组织或个人项目的部分风险或全部转移风险到其他组织或个人。风险转移一般分为两种形式：（1）项目风险的财务转移，即项目组织将项目风险损失转移给其他企业或组织；（2）项目客体转移，即项目组织将项目的一部分或全部转移给其他企业或组织。

从另外一个角度看，转移风险有控制型非保险转移、财务型非保险转移和保险三种形式。

A 控制型非保险转移

控制型非保险转移，转移的是损失的法律责任，它通过合同或协议，消除或减少转让人对受让人的损失责任和对第三者的损失责任，有以下三种形式：

（1）出售。通过买卖合同将风险转移给其他单位或个人。这种方式的特点是：在出售项目所有权的同时也就把与之有关的风险转移给了受让人。

（2）分包。转让人通过分包合同，将他认为项目风险较大的部分转移给非保险业的其他人。如一个大跨度网架结构项目，对总包单位来讲，他们认为高空作业多，吊装复杂，风险较大。因此，可以将网架的拼装和吊装任务分包给有专用设备和经验丰富的专业施工单位来承担。

（3）开脱责任合同。通过开脱责任合同，风险承受者免除转移者对承受者承受损失的责任。

B 财务型非保险转移

财务型非保险转移是转让人通过合同或协议寻求外来资金补偿其损失，有以下两种形式：

（1）免责约定。免责约定是合同不履行或不完全履行时，如果不是由于当事人一方的过错引起，而是由于不可抗力的原因造成的，违约者可以向对方请求部分或全部免除违约责任。

（2）保证合同。保证合同是由保证人提供保证，使债权人获得保障。通常，保证人以被保证人的财产抵押来补偿可能遭受到的损失。

C 保险

保险是通过专门的机构，根据有关法律，运用大数法则，签订保险合同，当风险事故发生时，就可以获得保险公司的补偿，从而将风险转移给保险公司。如建筑工程一切险、安装工程一切险和建筑安装工程第三者责任险等。

技术创新风险的转移一般伴随着收益的转移，因而，是否转移风险以及采用何种方式转移风险，需要进行仔细权衡和决策。在一般情况下，当技术风险、市场风险不大而财务风险较大时，可采用财务转移的风险转移方式；当技术风险或生产风险较大时，可以采用客体转移的风险转移方式。

10.4.2.3　风险缓解

风险回避、风险转移是工程项目风险管理中经常采用的风险应对措施，但在某些条件下，采用减轻风险的措施可能会得到更好的技术经济效果，这就是风险缓解的作用。

风险缓解又称减轻风险，是指工程项目风险发生前消除风险可能发生的根源，并减少风险事件的频率，在风险事件发生后减少损失的程度。风险缓解的基本点在于消除风险因素和减少风险损失。按照风险发生的时间点划分，风险缓解的途径有两种，即风险预防和损失抑制。

A　风险预防

风险预防是指损失发生前为了消除或减少可能引起损失的各种因素而采取的各种具体措施，也就是设法消除或减少各种风险因素，以降低损失发生的频率。

（1）工程法。以工程技术为手段，通过对物质因素的处理来达到控制损失的目的。具体的措施包括：预防风险因素的产生，减少已存在的风险因素，改变风险因素的基本性质，改善风险因素的空间分布，加强风险单位的防护能力等。

（2）教育法。通过安全教育培训，消除人为的风险因素，防止不安全行为的出现，从而达到控制损失的目的。如进行安全法制教育、安全技能教育和风险知识教育等。

（3）程序法。以制度化的程序作业方式进行损失控制，其实质是通过加强管理，从根本上对风险因素进行处理。如制定安全管理制度和设备定期维修制度，定期进行安全检查等。

B　损失抑制

损失抑制是指损失发生时或损失发生后，为了缩小损失幅度所采取的各项措施。

（1）分割。将某一风险单位分割成许多独立的、较小的单位，以达到减小损失幅度的目的。例如，同一公司的高级领导成员不同时乘坐同一交通工具，这是一种化整为零的措施。

（2）储备。例如，储存某项备用财产或人员以及复制另一套资料或拟定另一套备用计划等，当原有财产、人员、资料及计划失效时，这些备用的人、财、物、资料可立即使用。

（3）拟定减小损失幅度的规章制度。例如，在施工现场建立巡逻制度。

10.4.2.4　风险自留

风险自留又称风险承担，它是一种由项目组织自己承担风险事故所致损失的措施。

A　自留风险的类型

（1）主动自留风险与被动自留风险。主动自留风险又称计划性承担，是指经合理判断、慎重研究后，将风险承担下来。被动自留风险是指由于疏忽未探究风险的存在而承担下来。

（2）全部自留风险和部分自留风险。全部自留风险是对那些损失频率高，损失幅度小，且当最大损失额发生时项目组织有足够的财力来承担而采取的方法。部分自留风险是依靠自己的财力处理一定数量的风险。

B　自留风险的资金筹措

（1）建立内部意外损失基金。建立意外损失专项基金，当损失发生时，由该基金补偿。

（2）从外部取得应急贷款或特别贷款。应急贷款是在损失发生之前，通过谈判达成应急贷款协议，一旦损失发生，项目组织就可立即获得必要的资金，并按已商定的条件偿还贷款。特别贷款是在事故发生后，以高利率或其他苛刻条件接受贷款，以弥补损失。

10.4.2.5　风险分散

项目风险的分散是指项目组织通过选择合适的项目组合，进行组合开发创新，使整体风险得到降低。在项目组合中，不同的项目之间的相互独立性越强或具有负相关性时，将有利于技术组合整体风险的降低。但在项目组合的实际操作过程中，选择独立不相关项目并不十分妥当，因为项目的生产设备、技术优势领域、市场占有状况等使得项目组织在项目选择时难以做到这种独立无关性；而且，当项目之间过于独立时，由于不能做到技术资源、人力资源、生产资源的共享而加大项目的成本和难度。

在项目风险的分散中，还应当注意两点：一是高风险项目和低风险项目适当搭配，以便在高风险项目失败时，通过低风险项目来弥补部分损失；二是项目组合的数量要适当。项目数量太少时，风险分散作用不明显，而项目数量过多时，会加大项目组织的难度以及导致资源分散，影响技术项目组合的整体效果。

10.4.2.6　风险利用

由风险的定义可知，风险是一种潜在的可能性，这种可能性有可能是消极的也有可能是积极的，当风险得到正确的处置时是可以利用的，这就是风险利用。在工程项目管理中，具有投机性质的风险常常是可以利用的，然而并不是对任何人、任何场合和任何环境都适用，所以要充分分析所处环境，把握时机，讲究策略和缜密考虑应对措施。一般利用风险的步骤和要点如下：

（1）分析利用某风险的可能性和利用价值。在识别风险的基础上，风险管理者就应对各类风险的可利用性和利用价值进行分析，利用可能性不大和利用价值不高的风险均不作为利用的对象。该分析的内容包括：存在的风险因素及其可能的变化、风险事件最后可能导致的结果、探求改变或利用这些因素的可行办法、风险利用的可能结果等。

（2）分析风险利用的代价，评估承载风险的能力。冒险要付出代价，分析风险利用的代价，为决策提供支持。分析计算利用风险的代价需要考虑直接费用和间接费用，还要考虑风险可能带来的隐性损失。承受风险是为了获得更大的利润，若一时承受不了风险的压力，就会被风险所压垮，更谈不上主动去驾驭风险了，所以利用风险首先要具有承担风险的能力。

（3）制定相应的风险利用策略和行动步骤。当决定利用某一风险后，紧接着是如何去利用。风险利用过程中，一般要注意把握好下列几点：

1）风险利用的决策要当机立断。风险利用的机会不是随时都有，常常是一闪即逝的，这就要求风险管理者对此类风险有深刻的认识，当机立断作出决策。

2）要量力而行，实现风险利用的目的。承担风险要有实力，然而利用风险对能力有更高的要求。除此之外还要有驾驭风险，将风险转化为机会，利用风险创造机会的能力，这是由风险利用的目的所决定的。

3）要制定多种应对方案。在做好充分准备的基础之上，应该设计多种应对方案，既要研究充分利用、扩大战果的策略，又要考虑到退却的部署，不打无准备之战。

4）严格风险监控。可利用的风险具有两面性，机会还是风险是不确定的，是在不断地发展变化之中的，这就要求风险管理人员加强监控，因势利导。若发现问题，要及时采取转移或缓解风险等措施；若出现机遇，要把握时机，扩大战果。同时风险监控不能停留在表面，要分析影响因素的发展和变化，由此分析风险事件可能出现的结果。

10.5　风险监控

工程项目风险监控则包括风险的监测与控制。风险监测就是对风险进行跟踪，监视已识别的风险和残余风险，识别项目进程中新的风险，并在实施风险应对计划后评估风险应对措施对减轻风险的效果。风险控制则是在风险监视的基础上，实施风险管理规划和风险应对计划，并在项目情况发生变化的情况下，重新修正风险管理规划或风险应对措施。工程项目风险监控在风险管理中是不可缺少的环节。在工程项目的实施过程中，风险会不断发生变化，可能会有新的风险出现，也可能预期的风险会消失。

工程项目风险监控的主要任务是：随着工程项目的进展，密切跟踪已识别的风险，监视残余风险和识别新的风险，并定期进行重新评估；分析工程项目目标的实现程度以及风险因素的变化和风险应对措施产生的效果；进一步寻找机会，细化风险应对措施，实现消除或减轻风险的目标；获取反馈信息，以便将来的决策更符合实际；对那些新出现的以及预先制定的策略或措施不见效或性质随着时间的推延而发生变化的风险进行控制。

10.5.1　风险监控的依据

风险监控的主要依据如下：

（1）风险管理规划。它规定了风险监控的方法和技术、指标、时间和工作安排，是风险监控的指导性计划。

（2）风险应对计划。它提供了关键风险、风险应对措施等风险监控的具体内容和对象。

（3）工程项目的变更。它包括工程项目外部环境的变化和项目本身的变更。项目出现大的变更要求进行新的风险分析和风险应对。

（4）在工程项目中新识别的风险。包括原先风险不大的风险成为关键风险以及原先不存在或没有识别出来的风险因素或风险事件。

（5）发生了的风险事件和已实施的风险应对计划。风险事件发生要求实施风险控制，已实施的风险应对计划也要求进行风险监视。

（6）项目评审。风险评审者监测和记录风险应对计划的有效性，风险主体的有效性，以防止、转移和缓和风险的发生。

工程项目风险应对与监控就是一个计划—决策—监控不断交替进行、循环反复的过程，通过实施风险反应与监控将项目目标风险控制到一定程度，确保项目的正常实施和顺利建成。

10.5.2　风险监控的工具与方法

风险监测目前还没有形成独立、公认的方法与技术，一般还是以项目管理中的控制方法和技术为主，或者借鉴前面介绍的风险识别技术来进行风险的监测和控制。具体可以分为以下几类：

（1）项目进度风险监控技术。包括因果分析图、关键线路法、横道图法、前锋线法、PERT、GERT 以及挣值分析方法等。

（2）项目成本风险监控技术。包括费用偏差分析、横道图法等。

（3）项目质量风险控制技术。包括因果图法、直方图法、控制图法、帕累托图法等。

（4）项目全过程风险控制技术。包括审核检查法、风险里程碑图、风险图表表示法、风险预警系统等。下面介绍几种全过程风险控制技术。

10.5.2.1　审核检查法

监视风险首先应该选用该方法，该法可用于项目的全过程，从项目建议书开始，直至项目结束。

项目建议书、项目产品或服务的技术规格要求、项目的招标文件、设计文件、实施计划、必要的实验等都需要审核。审核时要查出错误、疏漏、不准确、前后矛盾、不一致之处。审核还会发现以前或他人未注意或未想到的地方和问题。审核会议要有明确的目标，提的问题要具体，要请多方面的人员参加。参加者不要审核自己负责的那部分工作。审核结束后，要把发现的问题及时交代给原来负责的人员，让他们马上采取行动，予以解决，问题解决后要签字验收。

检查在项目实施过程中进行，而不是在项目告一段落时进行。检查是为了把各方面来的反馈意见立即通知有关人员，一般以已完成的工作成果为对象，包括项目设计文件、实施计划、实验计划、实验结果、施工中的工程、运到现场的材料设备等。检查不像审核那样正规，一般在项目的设计和实施阶段进行。参加检查的人专业技术水平最好高低差不多，这样便于平等地讨论问题。检查之前最好准备一张表，把要问的问题记在上面。在发现问题方面，检查的效果非常好。检查结束后，要把发现的问题及时地向负责该工作的人员指出，让他们马上采取行动，予以解决。问题解决后要签字验收。

10.5.2.2　风险里程碑图

风险里程碑图，也称风险跟踪图，是由 Dorofee 教授于 1996 年提出来的一种风险监视技术，刚开始主要运用于软件开发项目的风险管理，在工程项目中也开始逐渐采用。图 10-5 所示就是一个软件开发项目的质量风险跟踪图，从中可以知道该方法的一般原理。

风险里程碑图以时间为横坐标，风险暴露值作为纵坐标。风险暴露值可以是每个风险的发生概率和影响后果的乘积，也可以用一个风险指标来表示，例如图 10-5 中用每千行程序中的"bug"数作为风险暴露值指标。阴影的高度表示风险暴露值的预测值，每一个竖线表示风险监控的里程碑，即随着项目的进展，项目所能接受的风险水平的改变，或者指由于原先数据不准确、发生重大变更或进入一个新阶段而对风险进行重新计划和控制。短粗的黑竖线代表风险的实测值。由于实测值一般都是通过抽样分析出来的在一定置信度下的置信区间，用风险暴露值的最大值、最小值和期望值三个数值来表示，图 10-5 中短黑竖线的顶部表示最大值，底部表示最小值，中间的水平短线即为期望值。两条破折曲线将图形分为三部分。最下面的一部分是观察区域，表示风险的影响非常小，不值得花费成本去处理。最上面一部分是问题区域，如果风险实测值进入该领域，则表示风险水平是不能接受的，需要马上采取纠正措施。两条分隔线的中间便是控制区域。如果实测值在控制区域内，说明风险水平在预期之内，不需要马上采取纠正措施，但还要加强风险管理，保证实测值不能进入问题区域。

该方法的关键是选择每个风险合适的风险暴露值指标。如果风险的影响后果是一个数值标度，例如，以成本损失值或者拖延时间来标度，则可以用风险发生概率和损失值的乘积作为风险暴露值。但如果风险的影响后果是一个顺序标度，那么风险发生概率和顺序标度的乘积作为风险暴露值容易出现偏差，有可能把影响后果非常严重的风险由于发生概率小而降低了该风险的风险程度。风险暴露值指标最好能够全面反映风险的信息，例如，洪水风险用水位高低来测量，不需要将洪水水位分为几个级别来跟踪，这样会人为地失去一些信息，改用实际值进行跟踪就比较好。

确定风险暴露值指标之后，进一步需确定该指标可接受的水平和期望水平，虽然在风险评价阶段已可以得到某些指标的数据，但是本阶段还需要项目的主要管理人员和重要的项目干系人参与确定风险指标的可接受水平和期望水平。风险可接受水平不是一成不变的。项目实施过程中，项目发生重大变化时就需要重新确定风险指标的可接受水平和期望水平，每一次变动都是一个风险里程碑。

图 10-5 中，要监控的是软件质量风险，以每千行程序中的"bug"数量作为风险暴露值。首先要得到一般软件开发项目中该监控值的概率分布，该概率可以从历史数据中得到，也可以由专家给出，从概率分布中可以得到该变量的期望值和均方差，然后考虑风险的可接受水

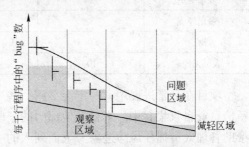

图 10-5　某软件开发项目的质量风险跟踪图（风险里程碑图）

平。例如，将期望值再加上二倍或三倍的均方差作为可接受水平。根据学习曲线的理论，随着工作时间的增加，工作熟练程度逐步提高，项目能够接受的风险水平也在下降，这从图 10-5 中风险里程碑的变化可以看出来。

工程项目风险水平的变化也充分说明风险全程管理的必要性，风险跟踪图理论上也可以在工程项目质量和进度风险中采用，可以将工程中的质量事故和成本超支的风险暴露作为纵坐标，以工程项目全寿命期的各阶段时间跨度作为横坐标，从类似工程项目监控值的概率分布中提取可以接受的风险水平值，作为控制标准，可以实现工程项目质量和成本风险的全程跟踪。

风险里程碑图方法的特点如下：

（1）可以对项目每一个关键风险进行全程跟踪，并在图形上反映出变化情况；

（2）可以反映风险标准的阶段性变化，表现为风险标准在里程碑前后的变化；

（3）通过将实际风险水平和期望水平及可接受标准进行对比，可以确定风险事件是否需要采取风险控制措施或者加强项目管理或者不需要采取任何措施。

10.5.2.3　风险图表表示法

风险图表表示法就是根据风险评价的结果，从项目的所有风险中挑选出前几个，例如

前 10 个最严重的，列入监测范围。然后每月都对这 10 个进行检查，同时写出风险回避计划，说明用于风险回避的策略是否取得了成功。与此同时，画一张图表，列出当月前 10 个优先考虑的风险。其中每一个都写上当月优先顺序号、上个月的优先顺序号以及它在这张表上已出现了几个星期。如果发现表上出现了以前从未出现过的新风险，或者有的风险情况变化很小，那么就要考虑是否需要重新进行风险分析。要注意尽早发现问题，不要让其由小变大，进而失去控制。同样重要的是，要及时注意和发现在回避风险方面取得的进展，因此，也要把已成功控制住的风险记在图表中。

另外，还要跟踪列入图表中前 10 个风险的类别变化。如果新列入图表的风险以前被划入未知或不可预见的类别，就预示着项目有很大的可能要出现麻烦。这种情况还表明原来做的风险分析不准确，项目实际面临的风险要比当初考虑的大。表 10-2 说明了风险图表使用的方法。

表 10-2　风险图表

风险策略	本月优先序号	上月优先序号	风险类别	回避
进度拖延	1	2	可预见	减轻
要求变更	2	4	可预见	减轻
费用超支	3	1	已知	后备措施
⋮			⋮	⋮
人员无经验	10	10	已知	转移

项目在日常进展中，一定会显露一些迹象，管理人员应当积极地捕捉，把有关风险的新信息资料收集起来。来自其他部门的一些资料，包括合同、人事、财务、营销等，都会帮助管理人员抓住风险迹象。下面列入的一些信息来源，对风险管理人员很有用。这些信息来源有：临时请来的专家的小组讨论会、会议报告、同项目的有关文献、项目的财务报告、人事报告、项目阶段性审核、以往项目的经验总结、项目变更记录、保险报告、营销报告、咨询报告。

10.5.2.4　工程项目风险监控的预警系统

传统的项目风险管理是一种"回溯性"管理，属于亡羊补牢，对于复杂的项目往往得不到好的效果，因此，有必要建立风险预警系统，实施重大项目的风险监控。

风险预警管理是对于项目管理过程中的风险采取超前或预先防范的管理方式，一旦在监控中发现有发生风险的征兆，及时采取校正行动并发出预警信号，以最大限度地控制不利后果的发生。风险预警系统的建立则能够更有效地识别风险征兆，察觉计划的偏离，并发出预警信号和提出纠正措施，实施高效的风险管理过程。

以进度计划的风险预警系统为例，假设项目正面临不可控制的风险，这种偏差可能是积极的，也可能是消极的，这样系统就会对这种计划与实际的差别进行自动识别，如果是负偏差系统就会发出预警信号，提醒决策者注意采取相应的行动。另外一种计划的预警系统是浮动或静止不动，浮动是影响关键路径的前一项活动在计划表中可以延误的时期，项目中浮动越少，风险影响的可能性越大，浮动越低，该项活动就越重要，通过对浮动的控制就可以实现对进度风险的预警。

下面给出工程项目风险预警系统的一个简要框架（见图 10-6）来表示工程项目风险

预警系统各部分的功能和相互作用。

系统中核心的部分是从设定控制参数开始一直到输出控制方案与参数结束，系统设计体现了预测、纠偏、反馈相结合的事前控制风险的思想，能够满足风险预警的要求。

10.5.3　风险监控的时机

到底需要付出多大努力来监控风险，还要看经过识别和评价的风险是否对项目造成了不能接受的威胁。如果是，那么是否有可行的办法回避之。解决这两个问题有两种办法。第一种，把接受风险之后得到的直接收益同可能蒙受的直接损失进行比较，若收益大于损失，项目继续进行；否则，没有必要把项目继续进行下去。第二种办法需要比较间接收益和间接损失。比较时，应该把那些不能量化的方面也考虑在内，比如说环境影响。在权衡风险后果时，必须考虑纯粹经济以外的因素，包括为了取得一定的收益而实施回避风险策略时可能遇到的困难和费用。图 10-7 所示的是回避风险策略的效果与为此要付出的相应费用的关系。

图 10-7 中曲线最左边表示根本未采取任何风险回避策略，即没有投入任何资金，项目成功还是失败，完全顺乎自然。沿着横

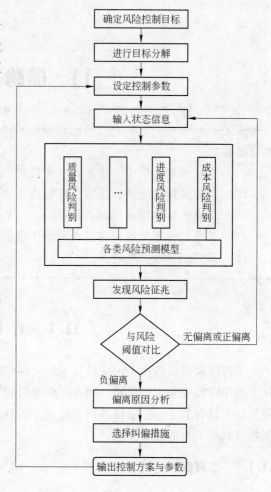

图 10-6　工程项目风险预警系统结构框图

坐标向右，随着资金投入的增加，风险回避策略的效果增强。在最右边，风险被削弱到最低限度。但是这个最低限度不是 0 风险，而是一种人们不认为其为风险的水平。这个最低限度是根据主观判断确定的，是项目各相关方一致认为的不是风险的水平。

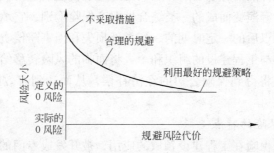

图 10-7　回避风险策略的效果与为此要付出的相应费用的关系图

11　保险与担保

本章概要

（1）工程保险的概念、特点、功能机制、作用、种类、责任范围。

（2）工程保险的选择、保险公司的选择。

（3）工程担保的功能机制、作用。

（4）工程担保制度的实施模式和运作机制，工程保证担保、反担保及其他担保模式。

（5）工程担保模式的选择。

11.1　工　程　保　险

工程保险是以各种工程项目为主要承保对象的一种财产保险。传统的工程保险是指建筑工程保险和安装工程保险，随着工程项目的发展，产生了越来越多类型的工程保险。工程保险不仅有利于保护项目各利益相关方的利益，而且也是完善工程承包责任制并有效协调各方利益关系的必要手段。

11.1.1　工程保险的概念与特点

11.1.1.1　工程保险的概念

保险是对特定危险的后果提供经济保障的一种危险财务转移机制。保险按保险标的广义地分为财产保险和人身保险，工程保险属于财产保险的范畴。工程保险是财产保险的一部分，但它与普通财产保险又有许多不同的地方。工程保险（construction insurance）是指以各种工程项目为承保标的的综合财产保险，是适应现代建筑业的发展，由火灾保险、意外伤害保险及责任保险等演变而成的一类综合性财产保险险别，它承保着一切工程项目在工程期间乃至工程结束以后的一定时期的一切意外损失和损害赔偿责任。工程保险就是通过购买相应的保险，参与工程建设的组织和个人将面临的风险转移给保险公司，意外事故一旦发生，遭受的损失将得到保险公司的经济补偿，从而达到有效降低风险程度的根本目的。

11.1.1.2　工程保险的特点

实际上工程保险是保险在工程建设领域的应用，被开发成专门的险种。由于建筑产品的特殊性，工程种类、施工方法、地理位置、风险种类、风险程度、投资规模、管理结构、使用材料和设备等条件不同，很难用一个保险条款和保险费率来承保不同的工程。因此，工程保险采取以建筑工程保险条款或安装工程保险条款为主条款，通过各种附加保条款或批单等形式对承保条件进行补充或完善，以便制定出与被保险人风险管理需要和保险公司管理能力相适应的承保条件，使被保险人能支付合理保险费，使保险公司能承担合理风险。所以，工程保险单被称为量身制衣保险单。工程保险具有以下特点：

（1）承保风险的复杂性。一项土木工程，从投标、签订合同、施工到竣工，所面临的风险是多方面的，不仅工程本身可能受到损失，而且与工程相关的标的也可能遭受损失。与此同时，由于建设工程项目的技术含量较高，特别是重大市政工程、电力水利工程等专业性极强，可能会涉及多种专业学科或尖端科学技术，这样就使得土木工程项目的承保风险更具复杂性。

（2）被保险人具有广泛性。普通财产保险的被保险人的情况较为单一，但是，由于工程建设过程中的复杂性，可能涉及的当事人和关系方较多，包括业主、主承包商、分包商、设备供应商、设计商、技术顾问、工程监理等。工程发生风险事故后，工程所有人和承包商、分包商以及有关各方（设备供应商、设计商、工程监理、投资银行等），都有可能蒙受经济利益上的损失，这些对工程拥有利益的各方都可以成为被保险人。因此，工程保险中的建筑安装工程保险可以同时拥有多个被保险人。

（3）承保期限的不确定性。普通财产保险的保险期限是相对固定的，通常是一年。而工程保险的保险期限一般是根据工期确定的，往往是几年，甚至十几年。与普通财产保险不同的是工程保险期限的起止点也不是确定的具体日期，而是根据保险单的规定和工程的具体情况确定的。为此，工程保险采用的是工期费率，而不是年度费率。

（4）附加条款的多样性。工程保险在主险种的基础上，可以附加各种附加条款或批单来承保与工程有关的各种财产、各种风险或费用损失，也可以将一些财产、风险或费用损失列为除外。这些附加条款或批单是工程保险的重要组件，保险公司和被保险人可根据需要，灵活使用这些组件。在这方面，德国慕尼黑再保险公司工程保险单堪称范本，它拥有众多的附加条款或批单。

（5）承保项目和风险的综合性。建设工程项目担保和保险除了承保各种财产直接损失外，还承保第三者责任风险，即对该工程项目在承保期内因工程实施所发生意外事故，造成工地上及附近地区第三者的人身伤亡和财产损失由担保人和保险人负责赔偿责任。

（6）承保金额的巨大性。建设工程项目往往投资巨大，而先进工艺的采用、精密的设计更会增加建设工程的投入，因此，建设工程项目担保和保险一般金额巨大，往往是上亿元、几十亿元甚至上百亿元。

（7）保险金额的渐增性。工程保险金额的渐增性表现在：工程投资是从零开始逐渐增加的；工程保险期限中，不同的时点具有不同的保险金额；工程越临近完工，保险公司所承担的风险金额越大。所以，工程保险在承保时，工程概算或工程合同价作为保险金额投保，在建设过程中发生保险事故，保险公司按实际损失赔偿，待工程竣工验收后，按实际造价结算保险金额，并同时调整保险费。

（8）保险费率的个别性。工程保险没有固定或统一的保险费率。在承保时，保险公司对承保工程的风险进行评估，根据承保工程的风险条件，制定保险费率。可以说，每一个工程都有着不同的保险费率水平。在有些政府对保险监管较严的国家，一般由国家保险监管部门或保险行业协会规定一个可供参照选择的保险费率幅度，由保险公司在此幅度内根据承保工程风险程度进行确定。这些都是因工程风险差异性所决定的。

11.1.2　工程保险的种类

11.1.2.1　建筑工程一切险（contractor's all risks insurance）

建筑工程一切险，简称建工险，是集财产损失险与责任险为一体的综合性的财产保险。建筑工程一切险承保在整个施工期间因自然灾害和意外事故造成的物质损失以及被保险人依法应承担的第三者人身伤亡或财产损失的民事损害赔偿责任。因此建筑工程一切险承保的责任范围包括施工期间工程本身、施工机械、建筑设备所遭受的损失以及因施工而造成的第三者人身财产伤害，第三者责任险成为建筑工程一切险的附加险种。

建筑工程一切险一张保险单下可以有多个被保险人，包括业主、承包商、分包商、工程师以及贷款银行等有关各方。若被保险人不止一方，则各方接受损失赔偿的权利将以不超过其对保险标的可保利益为限。

建筑工程一切险是以各类民用、工业用和公共事业用的建筑工程项目为承保对象的工程保险，适用于房屋建筑，道路、水坝、桥梁、港埠以及各种市政工程项目的建筑。其承保范围包括各种自然灾害和意外事故，但因被保险人违章建造或故意破坏造成的损失、因设计错误造成的损失、因战争原因造成的损失以及在保险单中规定应由被保险人自行承担的免赔额等均属于除外责任。建筑工程一切险的保险期限，自投保工程开工或首批投保项目卸至工程现场之日起开始生效，到工程竣工验收合格后终止，最晚不应超过保险单开列的终止日期。

建筑工程一切险没有固定的费率，其保险费率依风险程度具体确定，一般为合同总价的 $0.2\% \sim 0.45\%$。确定保险费率时，需要考虑的风险因素包括承保责任的范围大小、工程本身的危险程度、承包商的资信水平、同类工程以往的损失记录、免赔额的高低以及特种危险的赔偿限额等。

11.1.2.2　安装工程一切险（erection all risks insurance）

安装工程一切险，简称安工险，是建筑工程一切险的姊妹险种，适用于以安装工程为主体的工程建设项目，亦附加第三者责任险。安装工程一切险的保险期限，自投保工程动工或首批投保项目卸至工程现场之日起开始生效，到安装完毕验收通过或保险单开列的终止日期终止。

在工程建设中，根据安装工程项目所占比重的大小，不足整个工程项目保额20%的，按建筑工程一切险进行投保并计收保费；介于 $20\% \sim 50\%$ 之间的，按建筑工程险进行投保，并按安装工程险的费率计收保费；超过50%的，则应单独投保安装工程一切险。

与建筑工程一切险相同，安装工程一切险的保险费率也要根据工程性质、承保范围、风险程度等因素而相应变化。一般地，安装工程一切险的保险费率为合同总价的 $0.3\% \sim 0.5\%$，考虑到安装工程一切险的自身特点及特殊风险，其费率一般高于建筑工程一切险。

不论建筑工程一切险，还是安装工程一切险，一般都由承包商负责投保。若承包商因故未能办理或拒绝办理投保，则业主应代为投保，保险费要从支付给承包商的工程款中予以扣除。这两个一切险，实质上都是对业主的财产进行保险，业主是最终受益者，因而保险费将计入工程成本，最终由业主来承担。

11.1.2.3　雇主责任险（employer's liability insurance）

雇主责任险是雇主为其雇员办理的保险，若雇员在受雇期间因工作原因遭受意外，导致伤残、死亡或患有与工作有关的职业病，将获得医疗费用、伤亡赔偿、工伤休假期间工资、康复费用以及必要的诉讼费用。

在雇主责任险中，雇主是投保人，雇员是被保险人。雇主责任险的保险期限通常为一年，其最高赔偿限额是以雇员若干个月的工资收入作为计算依据，并视伤害程度而具体确定。雇主责任险的保险费率按不同行业工种、不同工作性质分别订立。

多数国家实行的雇主责任险的特点为：一是雇主必须投保，不因雇主破产或停止受到影响；二是雇员伤害赔付不以雇主有无过失作为必要前提；三是伤害赔付并不基于实际损失，而是基于实际需要；四是采用定期支付形式取代一次性抚恤金赔付形式；五是雇主可将赔付费用作为一种生产成本加以处理。

11.1.2.4　人身意外伤害险（personal accident insurance）

人身意外伤害险的保险标的也是被保险人的身体或劳动能力。它是以被保险人因遭受意外伤害而造成伤残、死亡、支出医疗费用、暂时丧失劳动能力作为赔付条件的人身保险业务。

11.1.2.5　十年责任险和两年责任险（liability for ten/two years insurance）

工程完工后，依然存在着潜在的风险，工程质量责任保险正是基于建筑物使用周期长、承包商流动性大的特点而专门设立的。该保险的标的是合理使用年限内建筑物本身及其他有关的人身财产。

十年责任险和两年责任险属于特殊产品的责任保险，强制实行这两种保险的国家，如法国，要求承包商必须对于工程本身和建筑设备，分别在十年和两年之内承担相应的质量缺陷责任。基于这种情况，承包商必须向受理十年责任险和两年责任险的保险公司进行投保。在这两种保险业务中，承包商是投保人，业主是被保险人。

11.1.2.6　职业责任险（professional liability insurance）

职业责任保险是承保各种专业技术人员因工作疏忽或过失造成第三者损害的赔偿责任保险。根据责任范围不同，职业责任保险通常分为两大类：一类适用于被保险人的工作直接涉及人体，保险对象是因被保险人的"工作失职"（malpractice）所造成的损害，投保这类保险的专业人员包括医生、护士以及美容师等；另一类适用于被保险人的工作与人体没有直接关系，保险对象是因被保险人的"错误和疏忽"（errors and omission）所造成的损害，投保这类保险的专业人员包括律师、会计师以及建筑师等。

在国际上，建筑师、各种专业工程师、咨询工程师等专业人士均要购买职业责任险，由于设计错误、工作疏忽、监督失误等原因给业主或承包商造成的损失，保险公司将负责进行赔偿。责任保险只承担相应的经济赔偿责任，至于由此产生的其他法律责任，责任保险则不予承保。

根据投保人不同，职业责任险可分为法人职业责任保险和自然人职业责任保险两大类。前者的投保人是具有法人资格的单位组织，以在投保单位工作的个人作为保险对象；后者的投保人是作为个体的自然人，其保险对象是个人的职业责任风险。关于职业责任保险费率的签订，应着重考虑的因素包括职业种类、工作场所、单位性质、业务数量、技术水平、职业素质、历史记录、赔偿限额以及免赔额等。

11.1.2.7　机动车辆险（motor car liability insurance）

机动车辆险也属于集财产损失险与责任险为一体的综合性的财产保险，其保险责任包括自然灾害或意外事故而造成的投保车辆的损害。除此之外，机动车辆险的标的还包括第三者责任。机动车分为私用汽车和商用汽车。对承包商而言，必须对意外事故高发生率的运输车辆进行保险。

11.1.2.8　信用保险与保证保险

信用保险（credit insurance）是权利人投保义务人信用的保险。权利人既是投保人，也是被保险人。保险标的是权利人对方的信用风险。信用保险只涉及投保人和保险人两方当事人。例如，由于担心业主不能如期支付工程款，承包商可向保险公司投保，保障业主的支付信用。一旦业主逾期不支付工程款，承包商可从保险公司那里获得相应的经济赔偿。

保证保险（surety insurance）是义务人应权利人的要求，通过保险人担保自身信用的保险。义务人是投保人，权利人是被保险人。保险标的是义务人自身的信用风险。保证保险涉及作为当事人的投保人和保险人以及作为关系人的被保险人。例如，承包商应业主的要求，通过向保险公司投保，保证自己将正常履行合同义务。若承包商中途毁约，保险公司将向业主赔偿相应的损失。

关于信用保险和保证保险的性质，存在两种不同的观点。一种观点认为，信用保险是一种纯粹的保险业务，而保证保险是带有担保性质的保险业务；另一种观点则认为，无论信用保险，还是保证保险，均属于带有担保性质的保险业务。

11.1.3　工程保险的责任范围

工程保险的责任范围由两部分组成，第一部分主要是针对工程项目的物质损失部分，包括工程标的有形财产的损失和相关费用的损失；第二部分主要是针对被保险人在施工过程中因可能产生的第三者责任而承担经济赔偿责任导致的损失。根据工程项目保险的特殊性，其保险范围需要注意以下三点：

（1）风险事故的定义。明确风险事故的定义对分析工程保险的责任范围是非常必要的。一般而言，风险事故是指造成生命和财产损失的偶发事件，它是造成损失的直接原因或外在原因，是损失的媒介物，即风险只有通过风险事故的发生，才能导致损失。工程保险中的风险事故主要是指自然灾害或意外事故。

1）自然灾害。自然灾害指地震、海啸、雷电、飓风、台风、龙卷风、风暴、暴雨、洪水、水灾、冻灾、冰雹、地崩、山崩、雪崩、火山爆发、地面下陷下沉及其他人力不可抗拒的破坏力强大的自然现象。为了明确起见，一份工程保险的保单会罗列常见的自然灾害现象。但由于这些自然灾害现象在程度上可能存在巨大的不同，可能造成损失的情况也有很大的差异，所以，在保险实践中往往需要对这些现象做进一步的规定和明确，以免发生争议。这一般是通过国家的保险监管机关如中国保险监督管理委员会或以前的中国人民银行颁发的、具有法律效力的《条款解释》来实现。

2）意外事故。意外事故指不可预料的以及被保险人无法控制并造成物质损失或人身伤亡的突发性事件，包括火灾和爆炸。工程保险将火灾和爆炸归入"意外事故"，为明确概念，在工程保险中对火灾和爆炸也会做详细的阐述，在此同样不展开论述。

（2）物质损失部分。

1）工程保险的物质损失部分属于财产保险的一种，它主要是针对被保险财产的直接物质损坏或灭失。通常对因此产生的各种费用和其他损失不承担赔偿责任。

2）造成损失的原因是除外责任以外的任何自然灾害和意外事故，正因为是"除外责任以外的任何自然灾害和意外事故"，使得物质损失部分的保险成为一切险，而一般情况下保险合同中对"自然灾害和意外事故"的定义会做出明确的限定。

（3）第三者责任部分。

11.1.4　工程保险的选择

对于建筑工程项目风险，仅当其属于可保风险时，才能采用保险来应对。但虽属可保风险，建筑工程项目主体也不一定非采用保险方式应对，还可采用其他方式，如规避、缓解、自留或非保险等策略。即使采用保险应对风险，还有保险类型的选择问题。人们在建筑工程项目风险的管理中，应对风险是否采用保险以及保险中又是采用哪一种类的保险均进行了不断地探索，并形成了一些为建筑工程项目管理界和保险业所认可的通常做法。对此，国际咨询工程师联合会（FIDIC）土木工程合同条件中列出了风险及保险应用情况，见表 11-1。

表 11-1　FIDIC 土木工程合同条件所列风险及保险应用情况表

风 险 类 型	投 保 主 体		
	业　主	工程师	承包商
1. 工程的重要损失			
（1）战争；暴乱、骚乱或混乱	不保险	不保险	不保险
（2）核装置和压力波、危险爆炸	不保险	不保险	不保险
（3）不可预见的自然力	建筑工程一切险		
（4）运输中的损失和破坏			运输保险
（5）不合格的工艺和材料			建筑工程一切险
（6）工程师的粗心设计		职业责任保险	
（7）工程师的非疏忽缺陷设计	按业主正常保险计划		
（8）已被业主使用或占用	不保险		
（9）其他原因			建筑工程一切险
2. 对工程设备的损失			
（1）战争；暴乱、骚乱或混乱	不保险	不保险	不保险
（2）核装置和压力波、危险爆炸	不保险	不保险	不保险
（3）运输中的损失			运输保险
（4）其他原因			建筑工程一切险
3. 第三方的损失			
（1）执行合同中无法避免的结果	业主的第三者责任		
（2）业主的疏忽	业主的第三者责任		
（3）承包商的疏忽			承包商的第三者责任
（4）工程师的疏忽		职业责任保险	

风 险 类 型	投 保 主 体		
	业　主	工程师	承包商
（5）工程师的其他疏忽		工程师的第三者责任	
4. 承包商、分包商方的人身伤害			
（1）承包商的疏忽			承包商的除外责任
（2）业主的疏忽	业主的第三者责任		
（3）工程师的职业疏忽		职业责任	
（4）工程师的其他疏忽		工程师的第三者责任	

11.1.5　保险公司的选择

对较大的土木工程项目，许多保险公司会主动上门服务，在选择时应考虑以下一些问题：

（1）审查保险公司的注册资本及赔偿风险的资金能力。为保障被保险人的利益，国家对保险公司的承包范围和能力是有规定的，应当根据工程的规模选择与其承保能力相适应的保险公司。特别是大型项目，一旦发生事故损失，索赔金额往往是很大的。如果保险公司的注册资本和付讫资本很小，可能无力支付索赔，有的甚至宣布破产以逃避自己的责任。因此，应当审查保险公司的资金支付能力。

（2）调查保险公司的信誉。有的保险公司可能提供一份营业执照，但其执照是按年发给，甚至有按季度发给的。如果这家保险公司在一年或一季度承保的金额过大，或者发生过一两次严重的赔偿违约事件，则有可能终止其保险业务。

（3）优先考虑将国外的工程和国内的外资贷款工程向我国的保险公司投保。有些工程，业主所在国家没有限制规定的，应争取在国内投保；对方限制十分严格的，可争取该国保险公司与我国保险公司联合承保或由我国保险公司进行分保；还有一种是以所在国和一家保险公司名义承保，而实际全部由我国保险公司承保，当地保险公司充当我国保险公司的前方代理，仅收取一定的佣金。由我国保险公司承保，不仅可以使外汇保险金不至于外流，而且便于处理事故赔偿等问题，保险金费率也有一定优惠。特别是由我国保险公司和当地保险公司联合承保时，我国保险公司更可以承担赔偿责任，避免国外保险公司推卸责任。

11.2　工　程　担　保

工程担保是控制工程建设履约风险的一种国际惯例，通过推行工程保证担保促使建设各方主体树立诚信守约意识，加强诚信履约的自觉性；通过预控、程控、终控多种手段并用，形成一种保护守约行为、惩戒违约行为的环境；通过建立和实施索赔机制，规范合同当事人的履约行为最终实现合同目标。这样，优质诚信的企业可及时获得担保保证；拖欠、不守信企业会被淘汰。

11.2.1 工程担保制度的实施模式和运作机制

在工程担保制度具体实施过程中，必须具备良好的运行机制和实施模式，这是工程担保制度的基本内涵。

11.2.1.1 工程保证担保

在建设工程合同担保中，国际上一般采用工程保证担保的形式。工程保证担保涉及三方契约关系。承担保证的一方为保证人，或称担保人，主要包括从事担保业务的银行、担保公司、保险公司、金融机构、商业团体等；接受保证的一方为权利人，或称受益人、债权人；对于权利人具有某种义务的一方为被保证人，或称义务人、债务人。

建设工程合同中，当事人的一方为了避免因对方原因而造成损失，往往要求具有合格资信的第三方为对方提供保证，即通过保证人向权利人提供担保，倘若被保证人不能履行其对权利人的承诺和义务，以致权利人遭受损失，则由保证人代为履约或负责赔偿。

A 要求承包商提供的工程保证担保

a 投标保证担保（bid surety bond）

投标保证是保证人保障投标人正当从事投标活动所做出的一种承诺，其有效期通常比投标书的有效期长 28 天。投标保证金额应为标价总额的 1% ~ 2%，对于小额合同可按 3% 计算，在报价最低的投标人很有可能撤回投标的情况下，投标保证金额可以高达 5%。投标人应在规定的时间内，将投标书连同投标保证一并送交业主。开标之后，业主应将未中标的投标人的投标保证迅速予以退还。工程签约后，也应退还中标人的投标保证。

投标保证的意义在于：拟承包商要想参与投标，事先必须取得投标保证。一方面，由于撤回投标必须承担损失，因此通过投标保证，可以促使投标人认真对待投标报价，这样就有效防止了投标人轻率地进行投标；另一方面，保证人在为投标人提供保证之前，必然严格审查其资信状况，否则将不会为其提供保证，这样就限制排除了不合格的拟承包商参加投标活动。

b 履约保证担保（performance surety bond）

履约保证是保证人保障承包商履行承包合同所做出的一种承诺，其有效期通常应截止到承包商完成了工程施工和缺陷修复之日。收到中标通知书和合同协议书之后，中标人应在规定的时间内签署合同协议书，连同履约保证一并送交业主，然后与业主正式签订承包合同。当承包商正常完成合同后，业主应将履约保证退还给承包商。履约保证包括以下两种做法：

一种做法是由银行提供履约保函，一旦承包商不能履行合同义务，银行要按照合同规定的履约保证金额对业主进行赔偿。

另一种做法是由担保公司提供担保保证书，担保承包商将正常履行合同义务。如果承包商中途毁约，担保公司将对业主因此蒙受的一切损失进行补偿。担保公司可以向该承包商提供资金及技术援助以使其继续完成合同；担保公司也可以接受该工程，并经业主同意后寻找其他的承包商来完成工程建设；担保公司还可以与业主协商重新招标，由新的承包商负责完成合同的剩余部分。业主只按原合同支付工程款，担保公司将承担实际工程造价与原始合同价格之间的差额部分。如果上述解决方案业主均不满意，担保公司可按合同规定的履约保证金额对业主进行赔偿。

　　此外还有一种做法，在接到中标通知书后，中标人可以按照招标文件的规定直接向业主交纳履约保证金。在承包商不能正常履行合同义务的情况下，业主将没收履约保证金。这种做法并不属于履约保证担保的范畴。

　　银行履约保函一般担保合同价的 10% ~ 25%；采用 ICE 和 FIDIC 的合同条件，履约保证金一般为合同价的 10%；世界银行贷款项目对于履约保证金通常定为合同价的 25% ~ 35%；美国联邦政府工程则规定履约保证必须担保合同价的全部金额。

　　履约保证是工程保证担保中最重要的形式，也是工程保证金额最大的一项担保，其他的保证形式在某种程度上相当于是对履约保证的补充担保。通过履约保证，充分保障了业主依照合同完成工程建设的合法权益，同时迫使承包商必须采取严肃认真的态度对待合同的签约和执行。

　　c　付款保证担保（payment surety bond）

　　有的业主会要求承包商提供付款保证。付款保证是保证承包商依照工程进度按时支付工人工资、分包商及材料设备供应商费用的担保形式。一般情况下付款保证附于履约保证之内，也可通过专门文件进行规定。如果缺少付款保证，一旦承包商没有正常付款，债权人有权起诉，致使业主的工程及其财产受到法院的扣押。通过付款保证，业主避免了不必要的法律纠纷和管理负担。

　　d　维修保证担保（maintenance surety bond）

　　维修保证也称质量保证，是保证人为承包商提供的，保证工程保修期内出现质量缺陷时，承包商应当负责维修的担保形式。维修保证可以包含在履约保证之内，这时履约保证有效期要相应地延长到承包商完成了所有的缺陷修复；维修保证也可以单独列出规定，并在工程完成后以此来替换履约保证，这时维修保证有效期与工程保修期相等。维修保证的保证金额，一般为合同价的 1% ~ 5%。实行维修保证，对于维护业主的合法权益，具有积极意义；对于促进承包商加强企业内部的全面质量管理，尽量避免质量缺陷的出现，同样具有激励作用和约束作用。有些工程则采取暂扣合同价款的 5% 作为维修保证金。

　　e　预付款保证担保（advanced payment surety bond）

　　业主往往预先支付一定数额的工程款以供承包商周转使用。为了保证承包商将这些款项用于工程建设，防止承包商挪作他用、携款潜逃或宣布破产，需要保证人为承包商提供同等数额的预付款保证，或者提交预付款银行保函。随着业主按照工程进度支付工程款并逐步扣回预付款，预付款保证责任随之逐渐降低，直至最终消失。预付款保证金额一般为工程合同价的 10% ~ 30%。

　　f　分包保证担保（subcontractor surety bond）

　　当存在总包分包关系时，总承包商要为各分包商的工作承担完全责任。总承包商为了保护自身的权益不受损害，往往要求分包商通过保证人为其提供保证担保，保障分包商将充分履行自己的义务。

　　g　差额保证担保（price difference surety bond）

　　如果某项工程招标设有标底，通常在中标价格低于标底超出 10% 的情况下，为了保证按此中标价格不至于造成工程质量的降低，业主往往要求承包商通过保证人对于标底与中标价格之间的差额部分提供担保。当采取合理最低价评标原则时，更能发挥差额保证的重要作用。

h 完工保证担保（completion surety bond）

为了避免因承包商延期完工后将工程项目占用而遭受损失，业主还可要求承包商通过保证人提供完工保证，以此保证承包商必须按计划完工，并对该工程不具有留置权。如果由于承包商的原因，出现工期延误或工程占用，则保证人应承担相应的损失赔偿。

i 要求承包商提供的其他工程保证形式

要求承包商提供的工程保证担保还包括保留金保证、免税进口材料设备保证、机具使用保证、税务保证等形式。

B 要求业主提供的工程保证担保

要求业主提供的工程保证担保主要是业主支付保证担保(employer payment surety bond）。

业主支付担保是指业主通过保证人为其提供担保，保证业主将按照合同规定的支付条件，如期将工程款支付给承包商。如果业主不按合同规定支付工程款，就将由保证人代向承包商履行支付责任。如能在工程建设中实行业主支付保证担保，则能够从根本上解决业主拖欠承包商工程款这一长期存在的问题。

11.2.1.2 反担保（counter surety bond）

由于担保金额很多，而收取的保证费较少（不足2%），因此保证人承担的风险是相当大的。被保证人对保证人为其向权利人支付的任何赔偿，均承担对于保证人的返还义务。保证人为了防止向权利人赔付后，又不能从被保证人那里获得补偿，可以要求被保证人提交反担保，作为保证人出具保证的前提条件。一旦出现代为赔付的情况，保证人可以通过反担保追偿因提供保证而导致的经济损失。反担保可以采用保证、抵押、质押、留置、定金中的任何一种形式。不论是要求承包商通过保证人提供的工程保证，还是要求业主通过保证人提供的工程保证，都存在承包商或业主进一步向保证人提交反担保的问题。

11.2.1.3 工程担保制度的其他模式

除了工程保证担保之外，国际上还存在着其他一些类型的工程担保模式。

（1）保证金（deposit/warrant money）。保证金是承包商以现金形式直接向业主提供信用保障，并未涉及第三方保证人出具信用担保。编者认为，这两种做法既不能等同于保证担保，也不应视为抵押担保或定金担保，而应归于押金性质的担保，是我国《担保法》规定之外的一种担保形式。承包商正常履约后，业主应如期退还这笔资金；若承包商中途毁约，业主将没收这笔资金。保证金可以是一笔抵押现金，也可以是一张保兑支票。上述做法的优点在于操作手续简便，缺点在于承包商的一笔现金被冻结，不利于资金周转，对于大型工程更是如此。以1亿元的工程为例，履约保证金按10%计算，若直接交纳履约保证金，承包商将有1000万元的流动资金出现呆滞，负担是相当沉重的。

（2）保留金（retention money）。每月验工计价给承包商发放工程款时，业主一般都要扣留一定比例作为保留金，以便工程不符合质量要求时用于返工。国际上，工程合同中通常规定了预扣保留金的比例及保留金的限额，保留金通常是从每月验工计价中扣留10%，以合同价的5%作为累计上限。在签发工程验收证书时，工程师将向承包商放还一半的保留金，当工程保修期满后，再全部放还保留金余额。FIDIC合同条件对于保留金的使用做出了明确规定。保留金作为履约保证的一种补充，可视为一种质量责任留置担保。承包商可以通过保证人提供保证，换回在押的全部保留金，即保留金保证。

（3）工程抵押（mortgage on the works）。抵押属于约定担保。工程抵押担保是保证业主遵照合同正常支付工程款的一种手段，是指业主和承包商在签订合同时约定，业主在不转移对工程占有的前提下，将部分或全部工程作为一项财产向承包商提供债权担保。若业主逾期不支付工程款，承包商有权将该工程折价、拍卖或者变卖，并从获得的价款中优先受偿。

（4）工程留置（lien on the works）。留置属于法定担保。工程留置是解决业主拖欠款问题最为直接有效的担保形式。当业主拒付或拖欠工程款时，承包商可针对已完成的建设工程或业主的机械设备保持留置权，直至业主付清应当支付的所有款项。否则承包商有权将属于业主的工程或机械设备折价、拍卖或变卖，并从中优先受偿。在英美法系国家中，留置权可以成立于不动产。因业主违约，承包商拥有相应工程的留置权是法律所允许的。而我国《担保法》规定，留置只能成立于债务人的动产，工程留置必须寻求法律的支持。

（5）信托基金（trust fund）。"信托基金"是指业主和受托人签订信托合同，业主将一笔信托基金交给受托人保存，如果业主因故不能支付工程款，作为受益人的承包商可从受托人那里得到相应的损失赔偿。

11.2.2　工程担保制度担保模式的选择

在推行工程担保制度过程中，针对不同的实施内容可选择不同的担保模式。担保模式选择是实施工程担保制度的重要内容之一。

11.2.2.1　银行保函模式

鉴于我国目前工程担保公司刚刚起步、实力不足的现实状况，工程担保制度在开始阶段可以主要考虑采用银行保函的担保形式。这种担保方式可以说是目前最能够被建筑业各建设单位、施工企业所接受的形式。受计划经济体制的影响，我国国有银行一直是指令式地与各类经济实体尤其是国有企业密切配合。在建筑业中，建设银行与建筑业从业企业有着良好的合作与信用基础。因此，在推行工程担保制的初期，这种形式比较简便易行。采用银行担保时，被保证人必须在该银行中开户存款，被保证人不能正常履约时，银行比较容易赔付并追偿损失，不会陷入相互扯皮的经济纠纷之中。银行也是最具实力的金融机构，代为偿债的能力最为可靠。因此在我国现阶段，银行保函担保形式为最佳。

当前，结合我国建筑市场的现实情况，在推行银行保函担保时还需注意以下两点：

（1）充分考虑到我国建筑施工企业的财务实力，合理确定存款比例，比例过高将超过企业承受能力，反而不利于企业发展。可以一次缴齐，也可以分阶段缴存，要根据实际情况由双方充分协商确定。

（2）抓紧成立规范运作的理赔代理机构，当前要充分考虑我国建设行政主管部门下属的建筑业企业协会、工程质量监督机构、安全生产监督机构、工程检测机构、仲裁机构等部门的作用，结合机构改革，在现有基础上快速培育我国建筑市场担保理赔中介组织。

11.2.2.2　担保公司担保模式

项目投资人选择工程担保制度回避工程风险的主要目的是不仅要减少经济损失，更重要的是能保证工程项目的实现。当出现因担保理赔而造成工程项目停建时，投资人更希望担保人能保证工程项目建设顺利实现。这要求担保人不但有金融实力而且具备保证工程项目建设的业务咨询能力。因此，必须大力培育专业的担保公司。

当前，我国建设行政主管部门应当积极实施工程保证担保，使之尽快成为我国工程担保制度的主流担保模式。建设工程保证担保的推行，应与建筑业管理体制改革，与整顿和规范建筑市场秩序，与推进政府职能转变等相结合，从实体动作和制度建设两个层面入手，通过试点，逐步推开，从而形成一项强制性的信用制度。

11.2.2.3 保证金模式

我国的建筑企业经济负担很重，企业的包袱只能卸载不能再加载，因此，直接交纳保证金的做法仅适用于工程建设项目投标担保。

11.2.2.4 同业担保模式

由于我国建筑业企业的信用体系刚刚开始建立，承包商的资信水平参差不齐，企业的管理水平普遍较低，所以，暂不宜普遍推广同业担保和母公司担保。可在局部地区（如在经济比较发达的东部地区）试行建筑企业之间的"同业担保"。这种"同业担保"基于建筑企业之间，彼此知根知底，对工程建设风险容易掌握；另外，一旦形成这种担保，在处理有关理赔事宜的同时能够最大限度地保证工程项目的顺利建设；而且，这笔可观的担保费用在建筑企业间流动，既降低了企业管理成本又促进建筑业企业的发展，可谓是一举两得。

但这种"同业担保"要求企业间具有很高的资信，推行务必谨慎。编者认为，为促进作为国民经济支柱产业的建筑业的长期稳定发展，应当高瞻远瞩，积极推行同业担保模式。当前，可考虑先在经济发达地区试行，及时总结经验教训，不断推进。

11.2.2.5 保留金模式

我国《建筑法》第六十二条明确规定，建筑工程实行质量保修制度。保修的期限应当按照保证建筑物合理寿命年限内正常使用，维护使用者合法权益的原则确定。《建筑工程质量管理条例》对工程合理使用年限的规定长达 50 年，如果采取保留金和维修保证的模式对工程维修提供担保，承包商的责任重大，且经过一段时间的使用，工程的质量问题难以准确划分责任，完全由承包商承担质量责任也不尽合理。但是保留金在工程实施过程中确实发挥着重要的作用，废除此种模式也无必要。因此建议，保留金（以及维修保证担保）模式的采用应限于缺陷责任期之内，国际惯例为 1～2 年，用于对该阶段工程维修的担保。之后，由工程质量维修保险将其取而代之。

小　结

本专题首先介绍了土木工程项目风险管理的概念及其在土木工程项目管理中的重要性，然后重点阐述了土木工程项目全面风险管理的五大过程，即风险规划、风险识别、风险分析和评价、风险应对、风险监控等，并介绍了风险管理过程中应用的各种风险管理技术，最后详细分析了作为工程领域中最有效的风险应对措施之一的保险与担保制度。风险管理过程是一个动态过程，每一个阶段都不是孤立的，相互之间有很强的关联性，并且是一个循环的过程。考虑到土木工程项目情况的复杂性，具体应用时根据具体情况，选择本考题介绍的一种或多种方法。

思 考 题

3-1　试述风险的概念及特点。

3-2 土木工程项目风险的类别有哪些?

3-3 土木工程项目风险管理的原则是什么?

3-4 试述土木工程项目全面风险管理的概念及特点。

3-5 风险识别的主要方法有哪些?

3-6 风险评价的主要方法有哪些?

3-7 试述风险应对策略。

3-8 试述风险监控的方法。

3-9 简述我国的保险种类。

3-10 简述我国担保制度的实施模式。

3-11 如何进行担保模式的选择?

专题四　土木工程项目管理模式

土木工程项目管理是一个复杂的社会系统工程，有其内在的客观规律。管理模式对工程项目的成败至关重要，因此必须采用与之相适应的组织结构、管理模式。同时，面对国际上常用的管理模式以及新型管理模式，需要充分考虑项目的特征、规模、范围、现场环境、业主能力以及项目所在国的政治经济体制等因素，选择合适的项目管理模式。

12　土木工程项目的组织结构

本章概要

（1）项目常见的各种组织形式，包括直线式、职能式、直线-职能式、事业部式、分权式和矩阵式等。

（2）项目组织形式的选择，即组织形式选择的依据和工程寿命期内组织形式的演变。

12.1　常见的组织形式

为了实现土木工程项目目标，使人们在项目中高效率地工作，必须设计项目中的结构，并对项目组织的运作进行有效的管理。通常可以用组织图表示参加单位之间的关系。

12.1.1　直线式

直线式又称军队式，是一种只有直线领导，没有职能分工的组织结构形式，如图 12-1 所示。

直线式项目组织结构形式的优点是：组织结构形式简单，命令统一，决策迅速，组织中不存在直线与参谋之间的矛盾。但这种组织结构形式也有缺点：由于没有职能部门直线人员工作，所以组织的直线管理人员要花大量的时间和精力从事各项职能管理工作，这样不利于提高组织的管理效率，不利于组织的高层管理者集中精力对组织的重大问题作决

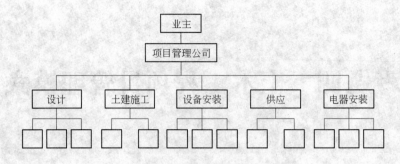

图 12-1　直线式项目组织结构形式

策；当组织成长后，高度集权的结构导致管理者的信息超载，决策制定缓慢而低效；组织的风险高，整个组织依赖于最高层领导，领导的个人突发事件会引起组织的"震荡"。

直线式项目组织结构形式适用于规模比较小，生产工艺比较简单，外部环境比较稳定的项目组织。

12.1.2　职能式

职能式是一种只有职能分工，没有直线领导的组织结构形式。在这种组织中，建立各种职能机构，它们分别掌握各自职能范围内的指挥权，各个职能部门有权向下级单位和员工发布命令和指示，如图 12-2 所示。

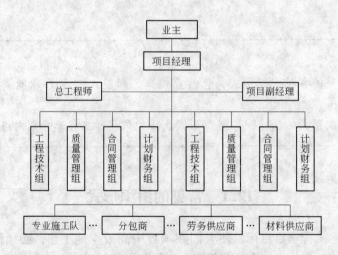

图 12-2　职能式项目组织结构形式

职能式项目组织结构形式的优点是：由于按管理的职能进行了专业的分工，可从专业化中获得优势；将同类专家划分在同一个部门可以产生规模经济，减少人员和设备的重复配置，大大地提高组织的管理效率；适应现代化大生产条件下组织规模日益扩大、联系复杂紧密的要求。

有时候，职能式项目组织结构也被称作为职能部门化组织结构，因为其组织结构设计的基本依据就是组织内部业务活动的相似性。当项目组织的外部环境相对稳定，组织内部不需要进行太多的跨越职能部门的协调时，这种结构模式对项目组织而言是最为有效的。

12.1.3　直线-职能式

直线-职能式项目组织结构形式，是以直线制为基础，在各级行政领导下，设置相应的职能部门，即在直线制组织统一指挥的原则下，增加了参谋机构。目前，直线-职能制仍被我国绝大多数项目采用。

直线-职能式项目组织结构形式适合于复杂但相对来说比较稳定的项目组织，尤其是规模较大的项目组织。复杂性要求项目的管理者有能力识别关键变量、评价它们对经营业绩的影响，并且充分考虑到它们之间的相互关系；如果这些因素是相对稳定的，而且对经营的影响也是可以预知的，直线-职能式项目组织结构形式则是相对有效的。直线-职能式项目组织结构形式与直线式项目组织结构形式相比，其最大的区别在于更为注重参谋人员在企业管理中的作用。直线-职能式项目组织结构形式既保留了直线式项目组织结构形式的集权特征，同时又吸收了职能式项目组织结构形式的职能部门化的优点。

12.1.4　事业部式

事业部式是欧美、日本大型项目所采用的典型的组织形式，它是一种分权制的组织形式。在项目组织的具体运作中，事业部式又可以根据项目组织在构造事业部时所依据基础的不同区分为地区事业部式、产品事业部式等类型。通过这种组织结构可以针对某个单一产品、服务、产品组合、主要工程或项目、地理分布、商务或利润中心来组织事业部。地区事业部以项目组织的市场区域为基础，构建项目组织内部相对具有较大自主权的事业部门；而产品事业部则依据项目组织所经营的产品的相似性对产品进行分类管理，并以产品大类为基础构建项目组织的事业部门。

12.1.5　分权式

有些特大型的项目分权组织包括联邦分权化组织与模拟分权化组织两种类似的项目组织结构形式。联邦分权化组织是有一群独立的经营单位，每一单位都自行负责本身的绩效、成果以及对项目的贡献；每一单位具有自身的管理层；联邦分权化组织的业务虽然是独立的，但项目的行政管理却是集权化的。模拟分权化组织是指组织结构中的组成单位并不是真正的事业部门，而组织在管理上却将其视为一个独立的事业部，这些"事业部"具有较大的自主权，相互之间有供销关系等联系。

分权式项目组织的优点在于可以降低集权化程度，弱化直线式项目组织结构形式的不利影响；增强下属部门管理者的责任心，促进权责的结合，提高组织的绩效；减少高层管理者的管理决策工作，提高高层管理者的管理效率。联邦分权化组织要求有一个强有力的"核心管理层"，该核心管理层将只负责对重大事务的决策。联邦分权化形式如果运用得当，可以减轻高层管理层的决策负担，使得高层管理者能够集中精力于方向、筹划与目标。模拟分权化组织虽然具有一定的优点，但并不满足所有的组织设计规范。

12.1.6　矩阵式

矩阵式项目组织结构形式是在直线-职能式垂直形态组织系统的基础上，再增加一种横向的领导系统，如图12-3所示。矩阵式项目组织也可以称为非长期固定性组织。矩阵

式项目组织结构形式的独特之处在于事业部
式与职能式组织结构特征的同时实现，矩阵
式项目组织的高级形态是全球性矩阵式项目
组织结构。

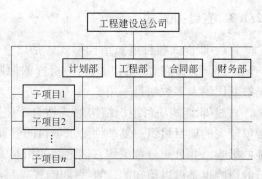

矩阵式项目组织结构形式可以使项目因
效率提高而降低成本，同时，也因创新与顾
客回应，而使其经营具有差异化特征。这种
组织结构形式除了具有高度的弹性外，同时
在各地区的全球主管可以接触到有关各地的
大量资讯。它为全球主管提供了许多面对面

图 12-3 矩阵式项目组织结构形式

沟通的机会，有助于项目的规范与价值转移，因而可以促进全球项目文化的建设。

12.2 组织形式的选择

项目组织形式有着各自的适用范围、适用条件和特点，如何选择组织形式，须综合考
虑各种情况，具体问题具体分析。

12.2.1 组织形式的选择依据

一个项目的组织形式可以选择，如独立式组织、矩阵式组织。建筑企业和项目的不同
关系和项目不同的责任制形式也决定了项目内不同的项目运作方式。

在各种项目组织形式中，不存在唯一的适用于所有情况的最好的项目组织形式，即不
能说哪一种项目组织形式先进或落后，好或不好，必须具体情况具体分析。

（1）项目自身的情况，如规模、难度、复杂情况、项目结构状况、子项目数量和
特征。

（2）企业组织状况，同时进行的项目数量及其在项目中承担的任务范围。

（3）应采用高效率、低成本的项目组织形式，使参与各方有效地沟通，责权利关系明
确，能进行有效的项目控制。

（4）应使决策简便、快速。

（5）从项目控制的角度，许多的项目组织更为灵活，对同时承接的各个项目，其矩阵
式组织的强弱程度是不一样的，对相对重要的项目，将权力偏向于项目经理，即采用强矩
阵式组织；反之，则是弱矩阵式组织。

具体来讲，在进行项目组织形式选择时，需要考虑如表 12-1 所示的指标。

表 12-1 项目组织形式选择的指标

项目领导	直线-职能式组织			矩阵式组织			…
对项目相关的指令权清楚	差	中	好	差	中	好	
项目目标的独立性							
独立的监督							

项目领导	直线-职能式组织		矩阵式组织		…
项目管理人员的费用					
信息流畅性					
项目任务的可变性					
合作者最佳投入的可能性					
任务分配和责任的透明度					
人力负荷峰值调整的可能					
参与者之间的合作					
专业部门之间的协调费用					

12.2.2 工程寿命期中的组织形式的演变

项目组织结构在工程寿命期内不断改变，即在不同阶段可以采用不同的组织形式。例如，某大型土木工程项目在其寿命期中组织结构形式经历如下变化：

（1）在项目构思形成后，上层组织成立一个临时性的项目小组做项目的目标研究工作。它仅为一个小型的研究型组织，挂靠在市政府的一个职能部门内，为寄生式的组织形式。

（2）在提出项目建议书后，进入可行性研究阶段，就成立一个规模不大的项目领导班子，项目的参与单位很少，主要为咨询公司和技术服务单位，为直线式组织形式。

（3）在设计阶段，正式成立业主的组织，由于设计管理工作复杂，项目组织下设几个职能部门，项目参与单位也逐渐增加，采用职能式项目组织结构。

（4）在施工阶段，有 40 多个子项目同时施工，有许多承包商、供应商、咨询和技术服务单位共同参与，则为一个多项目的组织，采用矩阵式组织结构。

13　土木工程项目的一般管理模式

本章概要

　　本章主要介绍 DBB 模式、CM 模式、DB 模式、EPC 模式、合伙模式、PC 模式和 PM 模式的特点、优缺点、适用情况等内容。

13.1　设计—招标—建造（DBB）模式

　　设计—招标—建造（design—bid—build，DBB）模式，是业主将设计和施工阶段分包，即业主在其咨询工程师的协助下，与设计单位签订设计合同委托其完成设计任务，然后通过招标选择施工承包商并签订施工合同委托其完成施工任务，施工单位可再与供应商和分包商签约。

13.1.1　DBB 模式的特点

　　DBB 传统模式是在项目前期，业主委托建筑师或咨询工程师进行前期策划和可行性研究等各项有关工作，待项目评估立项后，由设计单位按照业主指示，绘制项目设计图，随后通过招标选择承包商并与其订立工程施工合同。业主和承包商订立工程施工合同，有关工程部位的分包和设备、材料的采购一般都由承包商与分包商和供应商单独订立合同并组织实施。业主单位一般指派业主代表与咨询方和承包商联系，负责有关的项目管理工作。但在国外，大部分项目实施阶段有关管理工作均授权建筑师或咨询工程师进行。建筑师或咨询工程师和承包商没有合同关系，但承担业主委托的管理和协调工作。

　　DBB 传统模式在国际上比较通用，世界银行、亚洲开发银行贷款项目和采用国际咨询工程师联合会（FIDIC）的合同条件的项目均采用这种模式。在选择这种模式时，业主与设计单位签订专业服务合同，委托其进行前期各项相关工作，如进行可行性研究，研究城市规划要求，确定建筑基本性质等，待工程项目得到主管部门的认可后深化设计；在设计阶段，设计人员除了完成设计工作外，还要配合业主进行资料审查、施工招标文件的准备，在设计工作全部完成之后，要协助业主通过竞争性招标将工程施工的任务交给最有资质的投标人（施工承包商）来完成。招投标工作结束后，业主和施工总承包签订工程施工合同，而相应工程部位的分包和设备、材料的采购视业主本身要求，分别签订相应合同，其形式包括三方合同、独立分包合同、指定分包合同等，以满足工程建造及安装要求。在施工阶段，设计人员通常担任重要的监督和解释角色，并且是业主与承包商沟通的桥梁。DBB 模式中合同各方的协调关系如图 13-1 所示。

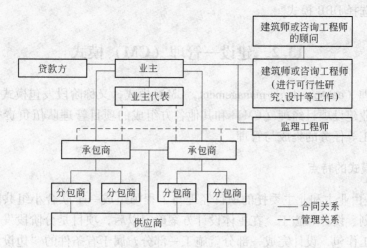

图 13-1　DBB 模式中合同各方的协调关系

13.1.2　DBB 模式的利弊

DBB 模式是专业化分工的产物，这种模式最大的特点就是严格按照工程项目实施顺序来进行各项工作，前一个阶段的工作完成后才进行下一个阶段的工作。这种模式在采用上具有一定的优点和缺点。

13.1.2.1　DBB 模式的优点

参与项目的三方即业主、设计机构、承包商在各自合同的约定下，各自行使自己的权利和义务，因此这种模式可以使三方的权、责、利分配明确，避免行政部门的干扰。鉴于利益的驱使以及市场经济的竞争，业主更乐意寻找信得过、技术过硬、设施齐全的咨询设计机构，这样，具备一定条件的设计咨询公司应运而生。同时，由于这种模式长期地、广泛地在世界各地采用，因而各方对管理方法和有关的程序比较熟悉；业主可以自由选择咨询设计人员，对设计的要求便于控制，自由选择监理人员对项目进行监理；可采用各方均熟悉的标准合同文本，有利于合同管理和风险管理。业主通常只需要签订一份施工总承包合同，其他诸如施工分包合同、材料采购合同等都交由施工总承包单位负责，因此招标和合同管理的工作量大大减少。

13.1.2.2　DBB 模式的缺点

因为该模式严格采用设计—招标—施工的程序，总是直线进行，而不是各程序之间进行适当的交叉，因此工程建设周期长，设计与施工脱节，两方之间缺乏有效沟通，导致在施工过程中出现问题时，得不到及时有效的解决；出现质量事故，设计方和施工方容易互相推诿责任，协调困难，容易引起纠纷和争议。此外，在设计阶段，很多设计专业人员为了追求设计效果而忽略了对工程成本的控制，施工阶段的设计变更容易引起高额的工程索赔等；特别是在传统的总价合同中，分包商是与总承包商签订合同，因此业主对分包商的控制能力弱。另外在施工过程中，投资成本容易失控，业主单位的管理成本相对较高，前期投入高，再加上项目周期长，变更时索赔的概率很大。

由此可见，DBB 模式适用于简单项目，另外，如果一个项目资金有可靠来源，并更看重质量，则应选择 DBB 模式。

13.2　建设—管理（CM）模式

建设—管理（construction—management，CM）模式，又称阶段发包模式或快速轨道模式，是指由专业建设项目经理（CM）和其他各方组成的项目管理队伍负责完成项目的规划、设计和施工等任务的集成与管理。

13.2.1　CM 模式的特点

CM 模式是由业主和业主委托的项目经理与工程师组成一个联合小组共同负责组织和管理工程的规划、设计和施工。在主体设计方案确定以后，项目是分阶段发包的，即项目被分解为若干工作包，设计完成一部分就施工一部分，属于有条件的"边设计，边施工"。完成一部分工程设计后，即对该部分进行招标，发包给承包商，由业主直接按每个单项工程与承包商分别签订承包合同。

CM 模式属于管理型承包，CM 承包商一般由大型施工承包商来承担，主要从事建设管理，其工作重点主要是协调设计和施工并对分包商和施工现场进行管理。

13.2.2　CM 模式的类型

CM 模式有许多形式，常用的有代理型建设管理（"agency" CM）模式和非代理型建设管理（"at risk" CM）模式。

13.2.2.1　代理型建设管理（"agency" CM）模式

这种模式中，CM 经理是业主的咨询和代理，他们之间的服务合同是以固定酬金加管理费进行的，在进度计划和变更方面更具有灵活性。如图 13-2 所示，采用这种模式时，CM 经理可以只提供项目某一阶段的服务，也可以提供全过程的服务。无论是施工前还是施工后，CM 经理与业主都是信用委托关系，业主与 CM 经理之间的服务合同是以固定费和比例费的方式计费。施工任务仍然大都通过竞标来实现，由业主与承包商签订工程施工合同。CM 经理具有完善的管理与技术，为业主管理项目，与专业承包商之间没有任何合同关系；但是 CM 经理并不能保证进度和成本。因此，对于代理型 CM 经理来说，经济风险最小，但是声誉损失的风险很高。

13.2.2.2　非代理型建设管理（"at risk" CM）模式

这种模式也称风险型建设管理模式。此模式下，CM 经理同时也担任施工承包商的角色，业主要求 CM 经理提出保证最高成本限额（guaranteed maximum price，GMP），以保证业主的投资控制。在最后的结算时，若工程费用超过 GMP，则由 CM 公司赔偿；如低于 GMP，则节约的投资归业主所有，但 CM 公司由于额外承担了保证施工成本风险，

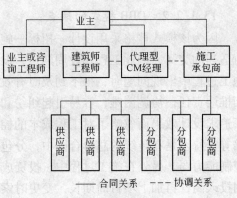

图 13-2　代理型 CM 模式

因而能够得到额外的收入。对于业主来说，GMP 的出现可以减少风险，但是 CM 经理的风险则会增大。如图 13-3 所示，在风险型 CM 模式中，CM 经理实际上相当于一个总承包商，他与各专业承包商之间有着直接的合同关系，并控制 GMP 不超过工程的竣工成本，他所关心的问题与代理型 CM 经理存在很大的不同，尤其是随着工程成本越接近 GMP 上限，其承担的风险越大。

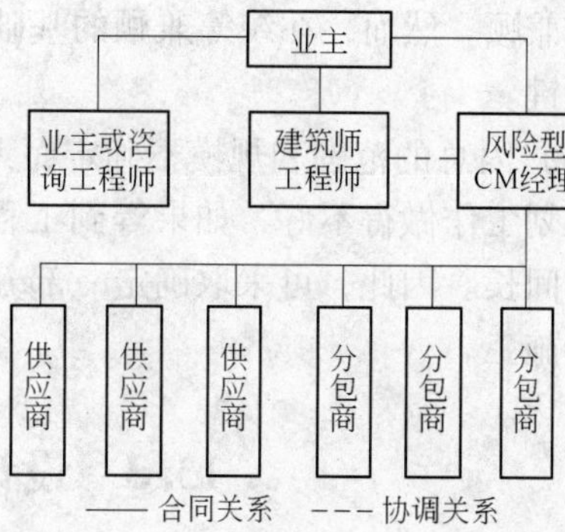

图 13-3　非代理型 CM 模式

13.2.3　CM 模式的利弊

CM 管理模式一般适用于设计变更可能性比较大的、时间要素最为重要的土木工程，同时对于那些因总的范围和规模不确定而无法准确定价的土木工程项目，也可以采用 CM 模式。但在具体的应用过程中，存在一定的优缺点。

13.2.3.1　CM 管理模式的优点

由于 CM 单位的参与，工程项目不需要在全部设计工作完成后再进行招标、施工，设计一部分，招标一部分，施工一部分，实行阶段性的发包，这种设计与施工在时间上的搭接，提高了工程设计与施工的进度，很大程度上缩短了建设周期，这是 CM 模式最大的优点。同时，CM 经理的早期介入，改变了传统管理模式中的项目涉及各方关系、依靠合同调解的做法，取而代之的是依赖建筑师或工程师、CM 经理和承包商在项目实施中的合作，也就是所谓的项目组法，即业主在项目的初期选定建筑师或工程师、CM 经理和承包商，由他们组成具有合作精神的项目组，完成项目的投资控制、进度计划和质量计划以及设计工作。CM 经理还可以在此阶段充分地发挥自己的施工经验和管理技能，协同设计单位的其他专业人员一起做好设计工作，提高设计质量。

13.2.3.2　CM 管理模式的缺点

这种模式下，项目管理工作很大程度上依赖于 CM 单位，所以对 CM 经理的要求较高，其所在单位的资质和信誉都应该比较高，而且需要具备高素质的从业人员。同时，分项招标可能导致承包费用增加，因此要在分项之前做好分析比较，研究项目分项的多少。此外，设计单位要承受来自业主、承包人甚至分包人的压力，如果协调不好，设计质量可能会受到影响，业主的投资会遭受严重损失。

13.2.4　CM 模式的适用条件

CM 模式在以下条件中尤其能体现出它的优点：

（1）设计变更可能性较大的工程项目。某些工程项目，即使使用传统的管理模式，也就是要等全部设计图纸完成后再进行施工招标，在施工过程中仍然会有较多的设计变更。在这种情况下，传统模式有利于投资控制的优点就体现不出来了，但是 CM 模式则会充分发挥其建设周期的优点。

（2）时间因素最为重要的工程项目。工程项目的投资、进度、质量三大目标是一个相互关联的整体，它们之间存在着对立统一的关系，因而在确定项目的整体目标时，需要注意统筹兼顾。然而，在统筹兼顾的基础上，还应针对具体的工程项目权衡哪个或哪些目标最为关键。

（3）因总的范围和规模不确定而无法确定价格的工程项目。这种情况表明业主的前期项目策划工作做得不好，如果等到工程项目总的范围和规模完全界定清楚后再组织实施，持续时间长。因此，可采取确定一部分工程内容即进行相应的施工招标，从而选定施工单位开始施工。

13.3 设计—建造（DB）模式

DB 模式，即"设计—施工"工程总承包，它是指承包商负责工程项目的设计、施工安装全过程的总承包，是一种现代项目管理模式。

13.3.1 DB 模式的特点

DB 模式的基本出发点是促进设计与施工的早期结合，便于充分发挥设计和施工双方的优势。其运作方式（如图 13-4 所示）是：业主根据项目的要求和原则，选定设计—建造承包商（DB 承包人），DB 承包人可以自行完成全部的设计和施工任务，也可以通过竞争性的招标方式选择分包商，完成设计和部分施工任务。

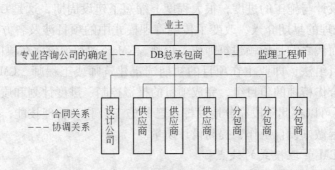

图 13-4　DB 模式的组织形式

DB 模式是一种项目组合方式，这种模式中业主和工程总承包商密切合作，完成项目的规划、设计、成本控制、进度安排等工作，甚至负责土地购买和项目融资。

13.3.2 DB 模式的利弊

DB 模式是一种相对简练的土木工程管理模式，业主只需明确自身对于项目的要求及原则，便可选择适当的设计—建造承包人负责项目的设计与施工。在这种模式下，项目管理实施效率高。在合同签订之后，承包商就可以进行施工图的设计，若在承包商本身拥有设计能力的情况下，还可以提高设计质量，通过承包商合理和精心的设计创造更多的经济效益。

由于设计与施工均由承包人统筹安排，业主即能从包干报价费用和时间方面节约经费，同时业主方的管理成本由此降低；承包商统筹安排设计及施工，可从源头上控制成本；由一个承包商对整个项目负责，有利于在项目设计阶段预先考虑施工安排和材料组织等施工因素，一定程度上避免了设计和施工的矛盾，减少了由于设计错误和疏忽而引发的工程变更；承包商协调项目开展各个环节，有利于整体资源的协调和利用。此外，在项目的初期就选定承包商项目组成员，施工管理的连续性好，项目责任单一。

DB 模式存在的最大问题是业主一般不能直接参与设计分包和施工分包商的选择，无法对工程的全过程进行控制，不能参与项目本身的管理。在这种情况下，如果承包商未能正确理解业主方的意图，将会导致项目无法顺利开展。该模式应用的成功与否取决于承包商的协调管理能力和信誉诚信度，承包商掌控设计和施工两个阶段，从追求利润的角度而言，出现追求更大利润而降低设计要求的情况不可避免。这种模式属于造价包干，可能会影响设计与施工的质量，施工单位有时会以自身熟悉的方式对项目进行管理，不利于项目技术的发展。

13.4　设计—采购—施工（EPC）模式

EPC 模式，即设计—采购—施工总承包，又称交钥匙模式。它是指工程总承包商企业按照合同的约定，承担工程的设计、采购、施工和试运行服务等工作，并对承包工程的质量、安全、工期和造价的全过程、全方位的负责。

13.4.1　EPC 模式的特点

如图 13-5 所示，在 EPC 模式中，engineering 不仅包括具体的设计工作，还可能包括整个土木工程项目的总体策划以及整个土木工程项目实施组织管理的策划与具体工作；procurement 不是一般意义上的建筑设备材料采购，而更多的是指专业设备、材料的采购；construction 一般包括施工、安装、试车和技术培训等。

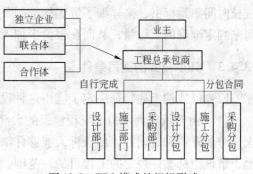

图 13-5　EPC 模式的组织形式

这种模式是广泛应用于土木工程项目上的一种新型项目管理模式，一般应用于设计、施工、采购、试运行交叉进行，协调关系密切，采购工作量大，周期长的项目。若业主缺乏项目管理经验，承包商拥有专利、专有技术或丰富经验，也可采用这种模式。

EPC 模式在土木工程项目管理应用中具有如下特点：

（1）承包商承担大部分风险。在传统模式的条件下，业主与承包商的风险一般是对等分担的，但是在 EPC 管理模式下，由于承包商的承包范围包括设计，自然就要承担设计风险。此外，在其他模式中均由业主承担的"一个有经验的承包商不可预见且无法合理防范的自然力的作用"的风险，在 EPC 模式中同样由承包商承担，但是其他模式中承包商对此所享有的索赔权在 EPC 模式中不复存在。业主把管理风险转移给总承包商，因此，承包商在施工过程中要承担更多的责任和风险。

（2）业主或业主代表管理工程实施。在 EPC 模式中，业主取代"工程师"的角色，通过自己或委派业主代表来管理工程的实施过程。但是由于承包商承担了项目建设的大部分风险，所以此模式条件下，业主或业主代表对工程管理介入的深度不太深和不够具体。总体来讲，业主介入具体组织实施的程度较低，总承包商更能发挥主观能动性，运用其管理经验，为业主和承包商自身创造更多的效益。

（3）总价合同。在 EPC 模式中，业主只与总承包商签订总承包合同，这种合同与其他模式条件下的总价合同相比，更接近于固定总价合同。通常，在国际工程承包中，固定总价合同一般适用于规模小、工期短的工程。而 EPC 模式所适用的一般是规模比较大、工期长且具有一定技术复杂性的工程项目。因此，在这类工程上采用接近固定的总价合同。在 EPC 模式条件下，业主允许承包商因费用变化而调价的情况是不多见的。

13.4.2　EPC 模式的利弊

尽管 EPC 模式给承包商提供了相当大的弹性空间，但同时也给承包商带来了一定程度上的风险。从流程上讲，EPC 模式将设计、采购、施工三者结合，使整个项目在统一的框架下展开运行，有效地解决了设计与施工的衔接问题，减少了采购与施工之间的中间环节，同时也使施工中方案的实用性、技术性、安全性三者之间的矛盾得到有效且直接的解决。

EPC 的弊端在于其对于总承包单位能力的要求高，而实际上，能够承担 EPC 大型项目的承包商数量一般比较少。同时，承包商承担的风险较大，因此工程项目的效益、质量完全取决于 EPC 项目承包商的经验及水平。在 EPC 模式中的投标阶段，一般要给承包商较长时间熟悉标书，来详细了解工程范围及各项技术要求，否则承包商由于没有充足的时间来判定准确的工程量，从而在报价中加入较高的风险费，导致总价较高。

13.4.3　EPC 模式的适用条件

EPC 模式的上述特征决定了应用这种模式所需具备的条件如下：

（1）由于承包商承担了工程建设的大部分风险，因此，在招标阶段，业主应给予投标人充分的资料和时间，以使投标人能够仔细审核招标文件中的"业主的要求"，从而详细地了解该招标文件规定的工程目的、范围、设计标准和其他技术要求，在此基础上承包商进行工程前期的规划设计、风险分析和评价以及估算工作，向业主提供一份技术先进可靠、价格和工期合理的投标书。

（2）虽然业主和业主代表有权监督承包商的工作，但不要过分地干预承包商的工作，也不要审核大多数的施工图纸。既然合同规定由承包商负责全部设计，并承担全部责任，只要其设计和所完成的工程符合"合同中预期的工程目的"，就应认为承包商履行了合同中的义务。

（3）由于采用总价合同，因而工程的中期支付款应由业主直接按照合同规定支付，而不是像其他模式那样先由工程师审查工程量和承包商的结算报告，再决定和签发支付证书。在 EPC 模式中，期中支付可以按月度支付，也可以按进度支付；在合同中可以规定每次支付的具体数额，也可以规定每次支付占合同价的百分比。

如果业主在招标时不满足上述条件或不愿接受其中某一条件，则该工程项目不能采用 EPC 模式和 EPC 标准合同文件。

13.5 合伙（partnering）模式

合伙（partnering）模式又称为合作管理模式，于20世纪80年代中期首先出现在美国，至90年代中期，在英国、澳大利亚、新加坡、香港等国家和地区的建筑工程界受到重视。

13.5.1 Partnering模式的特点

Partnering模式是一种新的土木工程项目管理模式，是指两个或两个以上的组织为了获得特定的商业利益，充分利用各自资源而做出的一种相互承诺。这种模式是在充分考虑建设各方利益的基础上确定土木工程项目共同目标的一种管理模式。它一般要求业主与土木工程参与各方在相互信任、资源共享的基础上达成一种短期或长期的协议；在充分考虑参与各方利益的基础上，确定土木工程项目共同的目标；建立工作小组，及时沟通以避免争议和诉讼的产生，相互合作，共同解决土木工程实施过程中出现的问题，一起分担工程风险和有关费用，以保证参与各方目标和利益的实现。

13.5.1.1 Partnering模式的基本要素

不同于其他项目管理模式，在Partnering模式中，参与方之间并没有竞争的敌对关系，彼此是建立在理解、信任与合作的基础上，拥有共同的指导思想，追求各方的共同目标。综上所述，可以总结出Partnering模式的五大基本要素：信任、理解、承诺、沟通、共享。各要素的功能分别如下：

（1）信任——信任是建立伙伴关系的基础，Partnering模式最重要的成功因素是彼此之间的信任。信任是确定过程参与方共同目标和建立良好合作关系的前提。

（2）合作——合作是对参与方成员的全面认识，将其应用于群体运作机制，从而引导一个群体实现团队目标。合作是合理有效地调配资源，实现项目利益最大化的必要条件。

（3）承诺——业主与参与方之间达成承诺，可以更进一步地了解业主需求，充分发挥其积极性和创造性，这在一定程度上可避免重新选择参与方的风险，降低投资，减少传统合同中的矛盾冲突，取得更好的投资效益。

（4）沟通——沟通是项目实施过程中必不可少的要素，有效的沟通可以反映并且相互了解参与方之间履行责任和义务的期望，保证工程的投资、进度、质量等信息能被参与方及时、方便地获取，并合理有效地解决项目过程中出现的冲突和矛盾，达到双赢的目标。

（5）共享——共享指的是各方朝着共同目标的方向努力，实现资源的最优化利用，最大限度实现彼此共同的利益。

13.5.1.2 Partnering模式的特点

Partnering模式的特点如下：

（1）出于自愿。在Partnering模式中，参与各方是出于双方的自愿而达成的。参与各方也充分认识到，这种模式的出发点是实现土木工程的共同目标，以使参与各方均能获益。只有在认识上统一，才能在行动上保持合作和信任的态度，采取沟通和共享的行为，才能愿意共同分担风险和有关费用，共同解决问题和争端。

（2）高层管理的参与。Partnering模式的实施需要突破传统观念和传统组织的界限，因而土木工程项目参与各方高层管理者的参与以及在高层管理者之间达成的共识，对这种模式的顺利实施是非常重要的。这种模式要求参与各方共同组成工作小组，分担风险、共享资源，甚至是公司的重要信息资源。

（3）信息的开放性。在 Partnering 模式中，资源共享是一个重要的因素。信息作为一种重要的资源对于参与各方必须公开。参与各方要保持及时、经常和开诚布公的沟通与协调，在相互信任的基础上，保证工程的设计资料、投资、进度、质量等信息能被参与各方及时、便利地获取。

（4）Partnering 协议不是法律意义上的合同。Partnering 协议与工程合同是两个完全不同的文件。在工程合同签订后，土木工程项目参与各方经过讨论协商后才会签署 Partnering 协议。该协议并不改变参与各方在有关合同规定范围内的义务关系，参与各方对有关合同规定的内容仍然要切实履行。Partnering 协议主要确定了参与各方在土木工程项目上的共同目标、任务分工和行为规范，是工作小组的纲领性文件。

（5）资源与效益共享、风险分担。工程建设参与各方共享有形资源，共享工程实施所产生的有形效益和无形效益，同时，参与各方共同分担工程的风险和采用 Partnering 模式所产生的相应费用。

（6）相互信任。相互信任是确定工程建设参与各方共同目标和建立良好合作关系的前提，是成功实施 Partnering 模式的基础和关键。只有对参与各方的目标和风险进行分析和沟通，并建立良好关系，彼此间才能更好地理解。只有相互理解，才能产生信任。具备了信任，才能将工程项目组织模式中常见的参与各方相互对立的关系转化为合作的关系，才有可能实现参与各方的资源和效益共享。

（7）共同目标。在一个确定的土木工程项目中，参与各方都有各自不同的目标和利益，在某些方面甚至还有矛盾和冲突。尽管如此，工程建设参与各方之间还是有许多共同利益的。因此，采用 Partnering 模式必须使参与各方认识到，只有工程项目实施结果本身是成功的，才能实现他们各自的目标和利益，从而取得双赢和多赢的结果。

13.5.2　Partnering 模式的利弊

Partnering 协议一般是由多方共同签署的文件，并不仅仅是业主与施工单位双方之间的协议，而是包括业主、总承包商、主要的分包商、设计单位、咨询单位、主要的材料设备供应单位等项目参与各方共同签署的。

Partnering 协议一般围绕土木工程项目的进度、质量、成本三大目标以及工程变更管理、争议和索赔管理、安全管理、信息沟通和管理、公共关系等问题进行协商并做出相应的规定。因此 Partnering 协议适用于建设过程各参与方，例如设计单位、施工单位、材料设备供应商等。

合作模式与其他项目管理模式的不同之处在于，这种模式将参与方联合为一个整体，强调参与各方的相互理解、合作和沟通，而非仅仅从利益的角度去确定与对方的关系。相对于传统的管理模式，合伙模式对于业主在投资、进度、质量控制方面有非常显著的优越性。此外，这种模式有利于整合参与方的资源，通过合伙协议约定项目的内容，提高参与方的积极性。由于合伙各方均基于相互信任，具有共同的利益目标，因此更能发挥各自资源优势，有效推动项目的发展。

13.5.3　Partnering 模式的适用条件

从 Partnering 模式的实践情况来看，Partnering 模式并不存在什么适用范围的限制，但是，Partnering 模式的特点决定了它特别适用于以下几种类型的土木工程项目：

（1）业主长期有投资活动的工程项目。由于长期有连续的工程项目作为保证，业主与施工单位等工程参与各方的长期合作就有了基础，有利于增加业主与工程项目参与各方之间的了解和信任，从而可以签订长期的 Partnering 协议，取得比在单个工程项目上运用 Partnering 模式更好的效果。

（2）不宜采用公开招标或邀请招标的工程项目。例如，军事工程、工期特别紧迫的工程等，在这些工程项目上，相对而言，投资一般不是主要目标，业主与施工单位较易形成共同的目标和良好的合作关系。而且，虽然没有连续性的工程项目，但良好的合作关系可以持续下去，在今后新的工程项目上仍然可以再度合作。

（3）复杂和不确定因素较多的工程项目。在这类不确定因素较多的项目上，采用 Partnering 模式可以充分发挥其优点，能协调参与各方之间的关系，有效避免和减少合同争议，避免仲裁和诉讼，较好地解决索赔问题，从而更好地实现工程项目参与各方共同的目标。

13.6　项目总控（PC）模式

项目总控（project controlling，PC）模式是在项目管理的基础上，结合企业控制论发展起来的一种运用现代信息技术为大型土木工程项目业主的最高决策者提供战略性、宏观性和总体性咨询服务的新型组织模式。这种模式是以独立和公正的方式，对项目实施活动进行综合协调，围绕项目的投资、进度和质量目标进行综合系统规划，以使项目的实施形成一种可靠安全的目标控制机制。

13.6.1　PC 模式的特点

PC 模式的特点如下：

（1）为业主提供决策支持。PC 单位的日常工作主要是及时、准确地收集土木工程项目实施过程中产生的各种信息，并科学地对其进行分析和处理，最后将处理结果反馈给业主管理人员。在此过程中，不对外发任何指令，对设计、监理、施工和供货单位的指令仍是由业主下达。通过定量分析的方法为业主提供多种有价值的报告，这对业主的决策层是非常有利的。

（2）总体性管理与控制。项目总控注重项目的战略性、总体性和宏观性。所谓战略性，是指对项目长远目标和项目系统之外的环境因素进行策划与控制。长远目标就是指从项目的全寿命周期集成化管理出发，充分考虑项目运营期间的要求和可能存在的问题，为业主在项目实施期的各项重大问题提供全面的决策信息和依据，并充分考虑环境给项目带来的各种风险，进行风险管理。所谓总体性是注重项目的总体目标、全寿命周期、项目组成总体性和项目建设参与单位的总体性。所谓宏观性是指不局限于某个枝节问题，而是高瞻远瞩，预测项目未来将要面临的困难，及早提出应对方案，为业主最高管理者提供决策依据和信息。

（3）关键点及界面控制。项目总控的过程控制方法体现抓重点，项目总控的界面控制方法体现重综合、重整体。过程控制和界面控制既抓住了过程中的关键问题，也掌握了各个过程之间的相互影响和关系，这两方面的有机结合促进了各个过程进度、投资和质量的重要因素策划与控制的加强，同时也对管理工作的前后一致和各方面因素的综合控制起到一定的改善作用。

13.6.2 PC 模式的适用条件

在采用 PC 模式时，需要在认识和理论上注意以下方面的条件：

（1）PC 模式一般适用于大型和特大型土木工程。在大型和特大型土木工程中，委托多个项目管理咨询单位分别进行全过程、全方位的项目管理，但是业主仍然有内容复杂且繁琐的多项管理工作，这期间往往涉及重大问题的决策，业主自己没有把握做出正确决策，并且一般的项目管理咨询单位也不能提供这方面的服务，鉴于这种情况，业主迫切需要高水平的 PC 咨询单位为其提供决策支持服务。

（2）PC 模式不能作为一种独立存在的模式。由于 PC 模式一般适用于大型和特大型土木工程，而在这些土木工程中往往同时采用多种不同的组织管理模式。这表明，PC 模式不能作为一种独立的模式取代常规的项目管理，往往需要与其他组织管理模式并存。另外，在采用 PC 模式时，仅在业主与 PC 咨询单位之间签订有关协议，该协议不涉及土木工程的其他参与方。

（3）PC 模式不能取代土木工程项目管理。PC 与土木工程项目管理所提供的服务都是业主在项目管理上所需要的，在同一土木工程项目上，两者是同时并存的，不存在相互替代、孰优孰劣的问题，也不存在领导与被领导的关系。在实际的应用中，PC 模式能否取得预期的效果，在很大程度上取决于业主是否得到高水平的土木工程项目管理服务。不难理解，在特定的土木工程上，土木工程项目管理咨询单位的水平越高，业主项目管理的工作就越少，面对的决策压力就越小，从而使 PC 咨询单位的工作较为简单，效果就较好。

（4）PC 咨询单位需要土木工程参与各方的配合。PC 咨询单位的工作与土木工程参与各方有非常密切的联系。信息是 PC 咨询单位的工作对象和基础，而土木工程的各种有关信息都来源于参与各方；另一方面，为了能向业主决策层提供有效的、高水平的决策支持，必须保证信息的及时性、准确性和全面性。由此可见，如果没有土木工程参与各方的积极配合，PC 模式就难以取得预期的效果。

13.7 项目管理（PM）模式

项目管理（project management，PM）模式是指项目业主聘请一家公司（称项目管理承包商，即 PMC），按照合同约定，在工程项目决策阶段，为业主编制可行性研究报告，进行可行性分析和项目策划；在工程项目实施阶段，为业主提供招标代理、设计管理、采购管理、施工管理和试运行等服务，代表业主对工程项目进行质量、安全、进度、费用、合同、信息等管理和控制，具体组织形式如图 13-6 所示。选用这种模式管理项目时，业主方面仅需保留很小部分的管理力量对一些关键问题进行决策，而绝大部分的项目管理工作由项目管理承包商来承担。

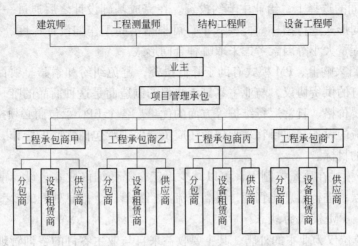

图 13-6　PM 模式的组织形式

　　PM 模式的主要任务是自始至终对一个项目负责，这可能包括项目任务书的编制、预算控制、法律与行政障碍的排除、土地资金的筹集等，同时使设计者、工料测量师和承包商的工作正确地分阶段进行，在适当的时候引入指定分包商的合同和任何专业建造商的单独合同，以使业主委托的活动顺利进行。

13.7.1　PM 模式的特点

　　PM 模式具有以下特点：

　　（1）业主自身缺乏项目管理人才、项目管理体系、项目管理经验，需要委托专业化的项目管理公司提供咨询服务或代表业主对项目进行管理和控制。

　　（2）项目管理服务属于咨询服务，不属于承包，不参与设计、施工等；与业主签订的合约，通常是服务协议书，不是承包合同。

　　（3）项目管理服务除了咨询服务型和代理服务型以外，根据业主的需要还可以有其他一些派生的形式，如可行性研究咨询服务、招标投标代理、工程监理等。

　　（4）提供项目管理服务的组织，可以是合格的项目管理公司、工程公司、工程咨询公司、设计院、工程监理公司等。

　　（5）项目管理服务可以避免非专业机构管理项目造成的弊端和经济损失。

13.7.2　PM 模式的利弊

　　PM 模式是 20 世纪 50 年代末期、60 年代初期逐步在美国、德国、法国经济发达国家广泛应用的一种项目管理模式。

13.7.2.1　PM 模式的优点

　　PM 模式的优点如下：

　　（1）在项目优化工程上，实现项目周期成本最低。运用自身的技术优势，对整个项目进行全方位的技术经济分析和比较，本着功能完善、技术先进、经济合理的原则对整个设计进行优化。识别不必要的开支，使每一项开支均取得最大的效益；识别能降低成本及提高效率的设计变更等。

（2）在合同的选择上，给业主节约投资。在完成基础设计之后通过一定的合同策略，选用合适的合同形式进行招标。此模式下，可根据不同工作如设计深度、技术复杂程度、工期长短、工程量大小等因素考虑采取哪种合同形式。

（3）在项目采购上，PM 模式有助于降低投资，避免纠纷和索赔。项目采购协议是业主与制造商签订的供货协议，与业主签订该协议的制造商是这种商品的唯一供应商，业主通过此协议获得价格、日常运行维护等方面的优惠。各个 EPC 承包商必须按照业主提供的协议去采购相应的设备。项目管理承包商还应负责促进承包商之间的合作，以符合业主降低项目总投资的目标。

此外，PM 模式在质量控制上，可以减少返工，降低维修成本；设计审查时，避免返工和进度的延误；进行信息化管理，提高交流、档案管理、信息处理的效率等。

13.7.2.2　PM 模式的缺点

由于 PM 单位仅为业主的外聘，其主要收益来自与业主签订的咨询管理费用，并未与项目承建单位产生直接合同关系，因此在参与项目建设过程中，管理难度较大；同时 PM 管理人员也无法完全替代业主代表在现场的作用等。这些事项是在 PM 模式实施中需要注意的问题。

14 土木工程项目的新型管理模式

本章概要

（1）供应链管理模式的特点，运作分析以及优势。

（2）动态联盟模式的特点，与传统管理模式的比较及优势。

（3）全面协调管理的全面性，全寿命周期协调管理模式的运作分析和优势。

14.1 供应链管理模式

供应链管理是一种集成的管理思想和方法，它是基于"竞争-合作-协调"机制的、以分布企业集成和分布作业协调为保证的集成化、系统化管理模式。它要求将供应链上所有节点企业看作一个整体，形成集成化的供应链管理体系，以计算机技术和信息技术为支撑，以全球制造资源为可选对象，综合各种先进的制造技术和管理技术，将企业内部供应链以及企业之间的供应链有机地集成起来进行管理，进而达到供应链全局最优的目标，快速、高效地提供市场所需的产品或服务。

14.1.1 供应链管理模式的基本思想

供应链管理模式在具体实施应用中，遵循以下的基本思想：

（1）"横向一体化"的管理思想，强调企业的核心竞争力。

（2）大量采用外包方式，将非核心业务分给业务伙伴，与业务伙伴结成战略联盟关系。

（3）供应链企业间形成的是一种合作性竞争。合作性竞争可以从两个层面理解：一是与过去的竞争对手相互结盟，共同开发新技术，成果共享；二是将过去由本企业负责的非核心业务外包给供应商，双方合作共同参与竞争，体现核心竞争力的互补效应。

（4）以顾客满意度为目标的服务化管理。对下游企业来说，供应链上游企业的功能不是简单的提供物料，而是要用最低的成本提供最好的服务。

（5）供应链追求物流、信息流、资金流、工作流和组织流的集成。

（6）借助信息技术实现目标管理。信息共享是实现集成化供应链管理的基础。供应链的协调运行建立在各个节点企业高质量的信息传递与共享基础上，因此有效的供应链管理离不开信息技术的可靠支持。

14.1.2 供应链管理模式的运作分析

供应链管理模式的运作流程可以分解为以下五个阶段。

14.1.2.1　前期立项阶段

前期立项阶段发生在建设单位与咨询代理机构以及政府之间，它包括以下几个过程：

（1）提出投资意向。

（2）进行初步可行性研究。

（3）进行决策。

（4）获取土地。

14.1.2.2　规划设计阶段

这一阶段发生在建设单位与规划设计部门之间，咨询代理机构也会参与进来，包括以下几个过程：

（1）进行规划设计招标。

（2）进行规划设计投标。

（3）选择合意的设计方案。

14.1.2.3　施工阶段

这个阶段主要发生在建设单位、造价咨询机构、材料供应商、建筑设备供应商、建筑施工单位、监理单位之间，是所有供应链环节中持续时间最长、资金投入最多、突发情况最易发生的环节，所以这一环节的正常运行是整个供应链正常运行的关键，它主要包括以下几个过程：

（1）进行建筑施工单位招投标。

（2）进行监理单位招投标。

（3）材料采购、设备租赁购买。

（4）施工、监理。

14.1.2.4　销售阶段

这一阶段主要发生在建设单位、咨询代理机构、金融机构与购房者之间，是整个供应链中有资金流入的环节，是供应链能否赢利的体现。每个项目都不固定，通常情况下，为了减轻资金的压力，建设单位往往会在项目达到销售标准就开始进行销售，实际上它的持续时间也相当长。这一阶段主要包括以下几个过程：

（1）销售推广。

（2）顾客定购。

（3）签订合同。

14.1.2.5　交付使用阶段

这一阶段主要发生在建设单位、建筑施工单位、监理单位、造价咨询机构、购房者、物业管理机构之间。它是整个项目供应链的收尾环节，主要包括以下几个过程：

（1）竣工审计。

（2）房屋交付。

（3）物业管理。

14.1.3　供应链管理模式的优势

供应链管理模式的研究为工程项目供应链管理的发展提供了新思路，它为项目管理创新型组织方式提供了理论基础。它与传统管理模式有着明显的区别，主要体现在以下几个方面：

（1）供应链管理把供应链中所有节点企业看作一个整体，它涵盖整个物流过程，包括从供货商到最终用户的采购、制造、销售等职能领域。

（2）供应链管理强调和依赖战略管理，它影响和决定了整个供应链的成本和市场占有份额。

（3）供应链管理最关键的是需要采用集成的思想和方法，而不仅是节点企业资源的简单连接。

（4）供应链管理具有更高的目标，通过协调合作关系达到高水平的服务。

总之，工程项目供应链式组织结构更加侧重面向流程的组织结构模式，项目对改建后各部门的职能按照流程需要重新进行定位。这样面向流程的组织结构模式在项目内部形成了一个相互支援的系统。这一系统在各部门之间树立了一致性目标，消除了部门之间的壁垒，形成了前后衔接、相互支援的组织系统。

14.2 动态联盟模式

项目动态联盟是为实现共同的项目目标，在各参与方自愿互利的原则下，通过协议或联合组织等方式结成的联合体，它突破了传统企业组织的有形界限，强调对组织外部资源的有效整合。它是一个在既定的时间内完成项目的既定目标，而临时将项目的参与方组建起来的联盟性团体。

14.2.1 动态联盟模式的基本思想

动态联盟模式在项目实施中需要遵循以下基本思想：

（1）基于契约和合作关系的临时性组织。动态联盟组织是为了盟员企业的共同利益，通过不同独立企业之间的平等互利合作而形成的临时性组织。在市场机遇出现时，联盟组织通过契约以及相互之间的协调沟通来建立合作关系，而当目标实现，则此种契约关系终止，联盟体解散。

（2）基于共同目标的核心能力集成网络。动态联盟组织的建立是基于不同企业之间为实现某个共同目标，将自身资源与其他企业资源集成，并通过共享的网络渠道来形成共同的核心竞争力，在组织运行过程中共享集成网络中的利益，共担联盟组织面临的风险。

（3）基于市场机会的动态网络。动态联盟组织是不同企业之间基于某一特定的市场机会而形成，联盟成员的关系是暂时的，带有一定的机会主义趋向。联盟的准入法则和退出机制比较灵活，动态联盟对盟员企业一般实施动态管理。

（4）基于共享机制的信息网络。动态联盟各盟员企业要共同完成某个项目，必须对各自的资源进行有效共享和配置，在这个过程中，必然存在着大量的信息交流与业务沟通，需要配备强大的网络技术和信息支撑系统，因此，建立高效透明的信息系统及支撑平台是动态联盟组织得以成功运行的关键所在。

14.2.2 动态联盟模式与传统管理模式的比较

动态联盟模式与传统的项目管理模式相比，差异主要体现在以下几点：

（1）目标。传统的项目管理模式以土木工程项目的预期成本、工期和质量为控制目标来完成项目；动态联盟模式除了要实现土木项目既定的目标之外，还要考虑各盟员企业的利益，以实现各方"共赢"为目的。

（2）管理思维导向。传统项目管理模式的思维方式是以过程为导向的，在专业职能的范围内，只关注各自的专业过程，不能很好地形成合力；动态联盟模式则是以结果为导向，强调以合理的分工和共同的合作来实现整体的目标。

（3）组织结构。传统项目管理模式中的组织多是由不同部门组成的矩阵式项目团队，纵向之间的沟通界面比较复杂；而动态联盟模式的组织则具有扁平化和网络化的特点。

（4）项目参与方地位。传统项目管理模式中，各参与方之间的沟通多以命令和控制为主，在这样的方式下缺乏协调和合作的氛围；而在动态联盟模式中，各参与方之间是建立在相互信任、共享信息基础上的平等地位。

（5）信息沟通。传统的项目组织由于层次较多，各参与方之间存在着大量交互的管理和过程界面，这样容易加大信息传递的路径，进而形成信息孤岛；而土木工程项目动态联盟则通过利用信息网络技术将各参与方紧密联系起来，促进各参与方之间行为协调和信息沟通。

此外，两者之间的差异还表现在市场反应速度、竞争关系、评价衡量、对信息技术的依赖度等方面。

14.2.3　动态联盟模式的优势

动态联盟模式具有以下优势：

（1）提升竞争力。随着市场渗透力度和市场占有率的逐渐扩大，企业之间可能产生过于激烈的竞争，使部分企业失去现有市场。通过建立动态联盟方式进行合作，有利于缓解企业之间对立的竞争现象，通过各种资源集成形成竞争优势，提高联盟整体的市场竞争能力，进而防止各企业之间的过度竞争。

（2）有利于抵御风险。现代土木工程项目的管理和技术日趋复杂化，使得生产成本和潜在的风险也逐渐提高。通过组建动态联盟，可以实现单个企业由技术自给向多个企业之间技术合作甚至相互依赖过渡的过程，这样就有利于将之前独立承担的风险分散开来，使整个联盟组织抵御外部风险的能力增强。

（3）资源互补优势。通过组建动态联盟，各企业可以通过资源共享和密切合作获取其他盟员企业的知识资源，通过企业之间的信息交流和良性互动，相互学习，可以形成互补的资源优势。

14.3　全面协调管理模式

全面协调管理是指项目全员和全部门参加，综合运用现代科学和管理技术成果，分析影响土木工程项目顺利完工的各因素，并对土木工程项目的全过程进行控制和管理的系统管理活动。

14.3.1 全面协调管理模式的基本思想

从全面协调管理的含义看，全面协调管理模式的基本思想就在于管理的全面性。这种全面性又体现在：管理过程的全面性；参与管理和管理人员的全面性；涉及部门的全面性。

（1）全面协调管理过程的全面性。全面协调管理的过程不局限于土木工程项目施工过程的管理，而要求从原有的施工过程向前、向后扩展延伸，形成一个从市场调查、项目可行性研究开始，包括项目开发、项目实施、项目运营的全过程的管理。

（2）全面协调管理人员的全面性。全面协调管理要求高层管理人员、中层管理人员、基层管理人员及广大工人的参与，从而形成一种质量管理人人关心、人人有责、共同努力、全员参与的局面。全面协调管理的人员是指土木工程项目的各个参与方（包括业主、施工单位、监理单位、设计单位等）。一个大型的土木工程项目所涉及的参与方众多，所形成的关系也很复杂，并且各参与方出于对自身利益的考虑，并不能自觉地朝着土木工程项目的总目标努力，因此协调管理必不可少。

（3）全面协调管理涉及部门的全面性。一般情况下，土木工程项目跨越多个组织，涉及多个部门，项目最终的成果与所涉及的各个部门的努力息息相关。在项目整个过程中不仅涉及业主单位、勘查设计单位、施工单位、材料设备供应单位、监理单位，而且涉及外界的政府部门、银行及保险部门、公共事业机构、社会团体、新闻单位和公众等其他方面。涉及的各个部门之间都或多或少存在着一些利益关系，这些利益关系随时可能导致冲突的发生。

14.3.2 全寿命周期协调管理模式的运作分析

土木工程项目是一个复杂的系统工程，涉及组织、技术、合同等诸多子系统。子系统之间存在各种类型的界面，这些界面的管理关系到项目系统能否正常运行乃至项目的成败。因此，要求管理者能够运用协调管理的方法、手段来管理项目，增强项目协调和对系统的控制能力。协调管理是指为完成项目所涉及的各子系统之间在目标、信息、技术、标准及时间等要素方面的互动，解决合同双方在专业分工与协作之间的矛盾，实现控制、协作和沟通，提高管理的整体功能，实现项目绩效最优化的活动。工程项目全寿命周期管理指的是工程项目的决策、设计、施工及运营过程的管理，其覆盖开发管理（DM）、业主方项目管理（OPM）和运营维护管理（FM）所包含的全部工作。具体各阶段管理的分析如下所述。

14.3.2.1 决策阶段

在项目的整个开发过程中，投资决策阶段是最重要的基础环节。协调问题主要存在于项目业主内部各职能部门、业主与政府以及业主与投资咨询机构之间。这一阶段协调管理的重点应放在业主内部各相关职能部门的职责划分、衔接与协调方面，确保信息传递及时、通畅，以提高投资机会研究、全程策划工作的质量为目标。

14.3.2.2 实施阶段

实施阶段的主要工作是组织工程设计、施工、项目管理等单位按照工程预定的目标进行项目建设。这里既有业主内部职能部门之间的协调，又有业主与设计、施工等承包商之间的协调，涉及技术协调、组织协调、合同协调，是协调问题出现数量最多、频率最高的阶段。

　　设计阶段决定了所有的技术要求。在项目建设施工阶段，信息转化为实体界面，设计阶段没有及时发现和解决的问题和矛盾在这一阶段会凸现、放大，处理不及时就会引发大量的协调问题。因此完善设计图纸，确保设计的可靠性，是设计阶段的主要任务。

　　招投标阶段，业主的管理重点是承包单位的选择以及合同协议的签订，与此同时将对项目的工程款支付、价格调整、验收条件、导致工期延长的原因及认定标准、工程范围的界定、保修责任期限和范围的确定等问题给予法律和书面认可。所有上述内容应在双方协商一致的前提下通过书面形式有效地确立下来，并且同时准备施工进场、原材料采购等施工前期阶段的衔接工作。

　　施工阶段将全面履行合同内容、责任和义务。实行动态控制、主动控制和事前控制是解决问题的主要手段。尽管承包人内部管理责任由承包人自己负责和承担，但业主依然要花大力气在加强承包人之间的协调管理上，有时甚至要介入到承包人内部的协调管理中去。业主需要实现的是项目建设的全局目标，而承包人负责的只是局部目标，任何局部目标的失败都会对全局目标的实现产生不良影响。

14.3.2.3　运营阶段

　　在运营阶段，存在业主与运营维护部门之间的过程协调管理。协调管理工作主要表现为维护管理部门的内部协调管理及对外业务管理，也包括承包商的项目保修期检修与回访工作。另外，重视后期的运营维护管理，能使项目建设与运作形成一个完整的系统，并可得到有效的发展。运营维护管理虽然处于项目建设流程的末端，但其影响因素存在于整个项目的前期开发与建设阶段。应积极回应运营维护管理，提出设计修改意见，并且在施工阶段进行贯彻。

14.3.3　全寿命周期协调管理模式的优势

　　全寿命周期协调管理模式是将 DM、OPM 和 FM 三个相互独立的管理过程统一化后形成的一种新的全面协调管理系统，如图 14-1 所示。它是在管理理念、管理思想、管理目标、管理组织、管理方法和管理手段等方面的有机集成，并不是三个独立子系统的简单相

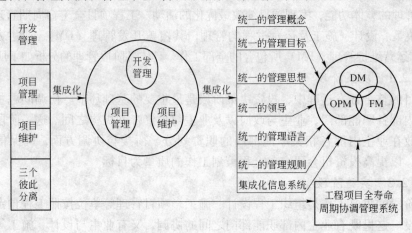

图 14-1　全寿命周期协调管理模式示意图

加。土木工程项目全寿命周期协调管理的目标是项目全过程的目标，不仅要反映建设期的目标，还要反映项目运营期的目标，是两种目标的有机统一，具有不同于其他管理模式的优势，具体如下：

（1）全面性。全寿命周期协调管理模式由项目总负责人领导，从决策阶段开始就考虑工程项目的整个寿命周期，并且从全局出发，对项目全过程进行集成管理和监督。

（2）协调性。全寿命周期协调管理模式的协调性主要强调管理人员之间的协调和沟通作用。由于全寿命周期协调管理模式是对 DM、OPM 和 FM 的有机集成，因此如何保证不同阶段的管理人员服务于一体，实现在分布环境中群体活动的信息交换和共享并对项目全寿命周期内的管理进行动态调整和监督显得至关重要。

（3）并行性。传统的项目管理模式为串行，前一阶段的工作未完，后一阶段的工作就无法展开。而全寿命周期协调管理模式的管理过程则是全局考虑、并行进行的，在决策、设计阶段（实施阶段）考虑实施阶段（运营阶段）的需求，减少真正的实施阶段（运营阶段）对设计阶段（实施阶段）的更改反馈。

（4）目的性。建设项目实行全寿命周期协调管理模式的目标是尽可能多地满足用户的需要。采用这种管理模式，项目从决策到投入运营的周期可以大大缩短，同时项目在实施过程中可根据用户提出的最新要求不断加以动态的调整，使得质量不断提高，使用户受益。

小　结

本专题分为三章，每个章节的具体内容大致如下：

第 12 章是土木工程项目的组织结构，重点阐述了土木工程项目中的各种项目组织形式，包括直线式、职能式、直线-职能式、事业部式、分权式和矩阵式等。此外还介绍了项目组织形式的选择。

第 13 章是土木工程项目的一般管理模式，主要介绍了 DBB 模式、CM 模式、DB 模式、EPC 模式、Partnering 模式、PC 模式、PM 模式，并从模式特点、优缺点以及各自的适用情况等角度进行具体的阐述。

第 14 章是土木工程项目的新型项目管理模式，提出了几种新型的管理模式——供应链管理模式、动态联盟模式、全面协调管理模式等。

思 考 题

4-1　简述项目中常见的项目组织形式。

4-2　选择项目组织形式时应考虑哪些问题？

4-3　简述项目管理模式的主要内容。

4-4　简述 CM 模式中，代理型与非代理型管理模式的异同。

4-5　简述传统管理模式（DBB）的特点及其优缺点。

4-6　简述 EPC 模式在工程项目管理应用中的特点。

4-7　Partnering 模式的基本要素和特点各有哪些？

4-8　简述供应链管理模式的运作分析。

4-9　简述供应链管理模式与动态联盟模式的异同。

4-10　比较动态联盟模式与传统管理模式的不同之处。

4-11　与传统管理模式相比，动态联盟具有哪些优势？

4-12　全面协调管理的全面性体现在哪？

4-13　何为全寿命周期协调管理模式？简述其运作分析。

专题五 土木工程项目目标管理

土木工程项目管理是针对土木工程项目运行全过程所进行的管理。其管理的好坏，对工程项目的质量、安全、进度、成本、环境及可持续发展等目标管理将产生重要的影响，因此目标管理是土木工程项目管理中的重中之重。

15 土木工程项目质量管理

本章概要

（1）项目质量管理的概述，包括项目质量的内涵，质量管理的因素控制及基本原理。

（2）项目质量管理体系的构建及实施运行。

（3）项目施工全过程的质量管理，包括项目前期策划阶段、勘察设计阶段、施工阶段和竣工阶段的质量管理。

15.1 质量管理概述

15.1.1 项目质量的内涵

15.1.1.1 工程项目质量

工程项目质量是国家现行的有关法律、法规、技术标准、设计文件及工程合同中对工程的安全、使用、经济、美观等特性的综合要求。从功能和使用价值来看，工程项目的质量特性通常体现在适用性、安全性、可靠性、经济性、耐久性、与环境的协调性及业主所要求的其他特殊功能等方面，如图 15-1 所示。

15.1.1.2 工程建设各阶段的质量

土木工程项目质量不仅包括活动或过程的结果，还包括活动或过程本身，即还要包括生产产品的全过程。工作项目建设全过程中质量形成的各阶段及其质量内涵详见表 15-1。

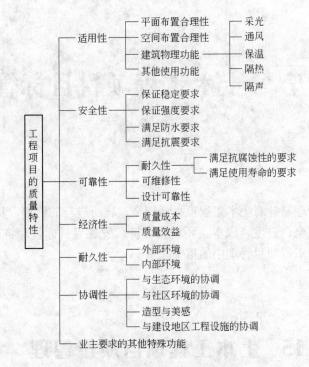

图 15-1 工程项目的质量特性

表 15-1 土木工程建设各阶段的质量内涵

工程项目质量形成的各阶段	工程项目质量在各阶段的内涵	合同环境下满足需要的主要规定
决策阶段	1. 可行性研究； 2. 工程项目投资决策	国家的发展规划或业主的需求
设计阶段	1. 功能、使用价值的满足程度； 2. 工程设计的安全、可靠性； 3. 自然及社会环境的适应性； 4. 工程概（预）算的经济性； 5. 设计进度的时间性	工程建设勘察、设计合同及有关法律、法规
施工阶段	1. 功能、使用价值的实现程度； 2. 工程的安全、可靠性； 3. 自然及社会环境的适应性； 4. 工程造价的控制状况； 5. 施工进度的时间性	工程建设施工合同及有关法律、法规
保修阶段	保持或恢复原使用功能的能力	工程建设施工合同及有关法律、法规

15.1.2 质量管理的因素控制

在土木工程项目建设中，无论是勘察、设计、施工、竣工等各阶段，影响工程质量的主要因素均有"人、材料、机械、方法和环境"等五大方面。具体控制措施如下所述。

15.1.2.1　人的控制

为了避免人的失误，调动人的主观能动性，增强人的责任观和质量观，达到以工作质量保工序质量、保工程质量的目的，除了加强劳动纪律教育、职业道德教育、专业技术培训、健全岗位责任制等外，还需要根据工程项目的特点，从确保质量出发，本着适才适用、扬长避短的原则来控制人的使用。

15.1.2.2　材料的控制

在土木工程建设中，对材料质量的控制要做好的工作有：掌握材料信息，优选供货厂家，合理组织材料供应，确保施工正常进行；合理组织材料使用，减少材料的损失；加强材料的运输、保管工作，健全材料管理制度；加强材料检查验收，严把材料质量关；重视材料的使用认证。

15.1.2.3　机械设备的控制

机械设备的控制，包括生产机械设备控制和施工机械设备控制。

生产机械设备的控制，在项目设计阶段，主要是控制设备的选型和配套；在项目施工阶段，主要是控制设备的购置、设备的检查验收、设备的安装质量和设备的试车运转。施工机械设备的控制，在项目施工阶段，必须综合考虑施工现场条件、建筑结构形式、机械设备性能、施工工艺和方法、施工组织和管理、建筑技术经济等各种因素，制定出合理的机械化施工方案。从保证土木工程项目施工质量角度出发，着重从机械设备的选型、机械设备的主要性能参数和机械设备的使用操作要求等三方面予以控制。

15.1.2.4　方法的控制

方法控制是指对土木工程项目整个建设周期内所采取的技术方案、工艺流程、组织措施、检测手段、施工组织设计等的控制。其中，施工方案的正确与否，直接影响土木工程项目的进度控制、质量控制。为此，在制定和审核施工方案时，必须结合工程实际，从技术、组织、管理、工艺、操作、经济等方面进行全面分析、综合考虑，力求方案技术可行、经济合理、工艺先进、措施得力、操作方便，有利于提高质量、加快进度、降低成本。

15.1.2.5　环境因素的控制

对环境因素的控制，与施工方案和技术措施紧密相关。结合工程的特点，有针对性拟定季节性施工保证质量和安全的有效措施；同时，不断改善施工现场的环境和作业环境；加强对自然环境和文物的保护；尽可能减少施工所产生的危害对环境的污染；健全施工现场管理制度，合理布置场地，使施工现场秩序化、标准化、规范化，实现文明施工。

15.1.3　质量管理的基本原理

15.1.3.1　PDCA 循环原理

土木工程项目的质量控制是一个持续过程。首先在提出项目质量目标的基础上，制订质量控制计划，包括实现该计划需采取的措施；然后将计划加以实施，特别要在组织上加以落实，真正将工程项目质量控制的计划措施落实到实处。在实施过程中，还要经常检查、监测，以评价检查结果与计划是否一致；最后对出现的质量问题进行处理，对暂时无法处理的质量问题重新分析，进一步采取措施加以解决，这就是 PDCA 循环的基本原理（如图 15-2 所示）。

PDCA 循环的原理可以简化为计划—实施—检查—处置，以计划和目标控制为基础，通过不断循环，质量得到持续改进，质量水平不断提高。在 PDCA 循环的任一阶段内又可以套用 PDCA 小循环，即循环套循环。

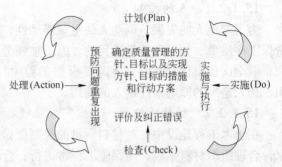

图 15-2　PDCA 循环的基本原理

15.1.3.2　三阶段控制原理

（1）事前控制。事前控制强调质量目标的计划预控，并按质量计划进行质量活动前的准备工作状态的控制。在正式施工前进行事前主动质量控制，通过编制施工质量计划，明确质量目标，制定施工方案，设置质量管理点，落实质量责任，分析可能导致质量目标偏离的各种影响因素，针对这些影响因素制定有效的预防措施，防患于未然。

（2）事中控制。在施工质量形成过程中，对影响施工质量的各种因素进行全面的动态控制。事中控制首先是对质量活动的行为约束，其次是对质量活动过程和结果的监督控制。此阶段的关键在于坚持质量标准，控制重点是工序质量、工作质量和质量控制点的控制。

（3）事后控制。事后控制一般是指输出阶段的质量控制，包括对质量活动结果的评价认定和对质量偏差的纠正，也称为事后质量把关，以使不合格的工序或最终产品不进入下道工序，不进入市场。控制的重点是发现施工质量方面的缺陷，并通过分析提出施工质量改进的措施，保持质量处于受控状态。

15.1.3.3　三全控制原理——TQC 原理

三全控制原理来自于全面质量管理（total quality control，TQC）思想，指的是企业组织的质量管理应做到全面、全过程和全员参与。

（1）全面质量控制。全面质量控制是指工程质量和工作质量的全面控制，工作质量是产品质量的保证，工作质量直接影响产品质量的形成。对于土木工程项目而言，全面质量控制还应该包括土木工程各参与主体的工程质量与工作质量的全面控制。

（2）全过程质量控制。从总体效果来讲，全过程质量控制主要有项目策划与决策过程、勘察设计过程、施工采购过程、施工组织与准备过程、检测设备控制与计量过程，施工生产的检验试验过程，工程质量的评定过程，工程的竣工验收与交付过程以及工程回访维修过程等。

（3）全员参与控制。全员参与工程项目的质量控制是指土木工程项目各方面、各部门、各环节工作质量的综合反映。这其中的主要工作包括：抓好全员的质量教育和培训；制定各部门、各级各类人员的质量责任制；开展多种形式的群众性质量管理活动等。

15.2　质量管理体系

项目质量管理体系是指建立施工项目质量方针和质量目标，并实现这些目标的体系，它是项目内部建立的、为保证产品质量或质量目标所必需的、系统的质量活动。

15.2.1　质量管理体系的构建

质量管理体系的构建与运行一般分为三个阶段，即质量管理体系的策划与总体设计、质量管理体系文件的编制和质量管理体系的实施运行。

15.2.1.1　质量管理体系的策划与总体设计

质量管理体系的策划应采用过程方法的模式，通过规划好一系列相互关联的过程来实施项目；识别实现质量目标和持续改进所需要的资源；同时考虑对组织不同层次员工的培训，使体系工作和执行要求为参加施工项目的所有人员了解，并贯彻到每个人的工作中，使他们都参与保证施工项目过程和施工项目产品的质量工作。

15.2.1.2　质量管理体系文件的编制

质量管理体系文件的编制是企业质量管理的重要组成部分，也是企业进行质量管理和质量保证的基础。编制的质量体系文件包括质量手册、质量计划、程序文件、作业指导书和质量记录。

（1）质量手册。质量手册是实施和保持质量体系过程中长期遵循的纲领性文件，内容一般包括质量方针和质量目标；组织、职责和权限；引用文件；质量管理体系的描述；质量手册的评审、批准和修订。

（2）质量计划。质量计划是为了确保过程的有效运行和控制，在程序文件的指导下，针对特定的产品、过程、合同或项目，而制定出的专门质量措施和活动顺序的文件。其内容包括：应达到的质量目标；该项目各阶段的责任和权限；应采用的特定程序、方法、作业指导书；有关阶段的实验、检验和审核大纲等。

（3）程序文件。程序文件是企业落实质量管理工作而建立的各项管理标准、规章制度，是企业各职能部门为贯彻落实质量手册要求而规定的实施细则。一般包括文件控制程序、质量记录管理程序、不合格控制程序、内部审核程序、预防措施控制程序、纠正措施控制程序等。

（4）作业指导书。作业指导书的结构、格式以及详略程度应当适合于项目组织中人员使用的需要，并取决于活动的复杂程度、使用的方法、实施的培训以及人员的技能和资格。

（5）质量记录。质量记录是产品质量水平和质量体系中各项质量活动进行及结果的客观反映，是证明各阶段产品质量达到要求和质量体系运行有效的证据。

15.2.2　质量管理体系的实施运行

质量体系的运行是在生产及服务的全过程按质量管理文件体系制定的程序、标准、工作要求及目标分解的岗位职责进行操作运行。它一般包括三个阶段，即准备阶段、试运行阶段和正式运行阶段。

15.2.2.1　准备阶段

在完成质量管理体系的有关组织结构、骨干培训、文件编制等工作之后，企业组织进入质量管理体系运行的准备阶段。这阶段的工作如下：

（1）选择试点项目，制订项目试运行计划。

（2）全员培训。

（3）各种资料发送，文件、标示发送到位。

（4）有一定的专项经费支持。

15.2.2.2　试运行阶段

（1）对质量管理体系中的重点要素进行监控，观察程序执行情况，并与标准对比，找出偏差。

（2）针对找出的偏差，分析与验证产生偏差的原因。

（3）针对分析出的原因制定纠正措施。

（4）送达纠正措施的文件通知单，并在规定的期限内进行验证。

（5）征求企业组织各职能部门、各层次人员对质量管理体系运行的意见，认真分析存在的问题，确定改进措施。

15.2.2.3　正式运行阶段

经过试运行阶段，并修改、完善质量管理体系之后，即可进入质量管理体系的正式运行阶段，这一阶段的重点活动如下：

（1）对过程、产品进行测量和监督。

（2）质量管理体系的协调。

（3）质量管理的内外部审核。

15.3　全过程的质量管理

15.3.1　前期策划的质量管理

项目前期策划是指在土木工程建设前期通过认真周密的调查工作明确项目的工程目标，构建项目的系统框架，完成项目建设的战略决策。项目的前期策划如图15-3所示，包括针对项目建设前期阶段的工程项目开发策划，针对工程项目实施阶段的实施策划以及针对项目运营维护阶段的运营策划。

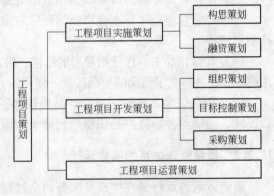

图 15-3　工程项目策划

15.3.1.1　项目策划的实施

A　项目的开发策划

项目的开发策划是在项目建设前期制定项目开发总体策略的过程，包括项目的构思策划和项目的融资策划。

（1）项目的构思策划。项目构思策划过程是从项目最初构思方案的产生到最终构思方案形成的过程，即项目构思的产生、项目定位、项目目标系统设计、项目定义并提出项目建议书的全过程。

（2）项目的融资策划。项目融资策划是通过有效的项目融资为项目的实施创造良好的条件，并最大限度地减少项目的成本，提高项目的盈利能力。

B　项目的实施策划

针对项目实施阶段的策划包括项目的组织策划、项目的目标管理策划和项目的采购策划。

（1）项目的组织策划。项目的组织策划包括两层含义。一层是为了使项目达到预定的目标，使全体参加者经分工与协作以及设置不同层次的权力和责任制度而构成的一种人员的最佳组合体；另一层是指针对项目的实施方式以及实施过程建立系统化、科学化的工作流程组织模式。

（2）项目的目标管理策划。项目的目标管理策划是通过制订科学的目标管理计划和实施有效的目标管理策略，使项目构思阶段形成的预定目标得以实现的过程和活动。项目目标管理策划包括与目标系统管理相关的目标管理过程的分析、目标管理环境的调查、目标管理方案的确立和目标管理措施的制定等。

（3）项目的采购策划。项目采购策划的目的是根据项目的特点，通过详细的调查分析来制定合理的采购策略。具体包括项目管理咨询服务的采购、项目设计咨询的采购、项目施工承包企业的采购、项目供货单位的采购以及直接的项目所需材料和设备的采购等。

C　项目的运营策划

项目的运营策划是指项目建设完成后运营期内项目运营方式、运营组织管理和项目运营机制的策划。项目的运营策划包括确立项目运营管理组织方案、初步拟定人员需求计划等方面的工作。

15.3.1.2　项目建设前期质量策划的环节

土木工程项目质量策划应该在项目建设前期阶段完成，在项目建设的前期阶段，质量策划一般包括以下四个关键环节：

（1）明确项目建设的质量目标。根据所建土木工程项目的特点及其要求，指出项目的建设方针，明确项目的建设目标。

（2）做好项目质量管理的全局规划。项目质量不仅是指传统意义上项目实体本身的施工质量，而且还体现在项目前期策划、招投标与合同管理、勘查与设计、材料设备的采购等过程的工作质量及相关产品的质量。

（3）建立项目质量管理的系统网络。发挥监理单位、施工单位、勘察设计单位的作用，形成严密的土木工程项目建设的质量管理网络，对项目质量进行多层管理。

（4）制定项目质量管理的总体措施。

15.3.2　勘察设计阶段的质量管理

15.3.2.1　项目勘察的质量管理

A　项目勘察质量管理的工作

（1）编写勘察任务书、竞选文件或招标文件前，广泛收集各种有关的资料和文件，同时，在整理分析各种文件和资料的基础上，提出与项目相适应的技术要求和质量标准。

（2）审核勘察单位的勘察实施方案，重点审核方案的可行性、准确性。

（3）在勘查实施过程中，设置报验点，必要的话，还可以进行旁站监理。

（4）对勘察单位提出的勘察成果，包括地形地物测量图、勘查标志、地质勘察报告等进行核查，审查的重点是是否符合委托合同及有关技术规划标准的要求，验证其真实性和准确性。

（5）必要时，还要组织专家对勘察成果进行评审。

B　项目勘察质量管理要点

工程项目勘查是一项技术性、专业性强的工作，其质量管理的基本方法是按照质量管理的基本原理，对工程勘察的五大质量因素进行检查和过程管理。项目勘查的具体管理要点如下：

（1）协助建设单位选择勘察单位。

（2）勘察工作方案审查和管理。

（3）勘察现场作业的质量管理。

（4）勘察文件的质量管理。

（5）后期服务质量保证。

（6）勘查技术档案管理。

15.3.2.2　项目设计的质量管理

A　设计准备阶段的质量管理

设计准备是提高项目设计工作质量的必经步骤，是项目规划阶段工作内容的自然延续。因此，在设计准备阶段的质量管理可从以下几个方面进行：

（1）设计纲要的编制。编制和审核设计纲要时，应对可行性研究报告进行充分的核实，保证设计纲要的内容建立在物质资源和外部建设条件的可靠基础上。

（2）组织设计招标或方案竞选。设计招标是通过优胜劣汰，选择中标者承担设计任务。而方案竞选中不涉及中标签合同的问题，它只是评选竞赛的名次，通过评选找出各参赛方案的优点，进而委托设计单位，综合各方案的优点，做出新的设计方案。

（3）签订设计合同。根据设计招标或方案竞选最后批准的设计方案，做好设计单位的选择工作。应对设计承包单位的资质等级进行审查认可，与其签订设计合同，并在合同中写明承包方的质量保证责任。

B　设计方案的审核

审核设计方案是控制设计质量的重要步骤，以保证项目设计符合实际纲要的要求；符合国家有关工程建设的方针、政策；符合现行建筑设计标准、规范；适应国情，结合工程实际；工艺合理，技术先进；能充分发挥工程项目的社会效益、经济效益和环境效益。具体包括总体方案的审核、专业设计方案的审核。

C　设计图纸的审核

对设计图纸的审核包括业主对设计图纸的审核和政府机构对设计图纸的审核两个方面。

D　图纸会审

图纸会审是指工程各参建单位在收到施工图设计文件后，对图纸进行全面细致的熟悉，审查出施工图中存在的问题及不合理情况并提交设计院进行处理的一项重要活动。

15.3.3　施工阶段的质量管理

施工阶段是工程实体最终形成的阶段，也是最终形成工程产品质量的工程项目使用价值的重要阶段。

15.3.3.1　施工阶段质量管理的系统过程

土木工程项目的施工是由投入资源（人力、材料、设备、机械）开始，通过施工生产，最终形成产品的过程。所以施工阶段的质量管理就是从投入资源的质量管理开始，经过施工生产过程的质量管理，直至产品的质量管理，从而形成一个施工质量管理的系统，如图 15-4 所示。

投入资源的质量管理 → 施工过程的质量管理 → 施工产品的质量管理

图 15-4　施工质量管理系统

土木工程项目是从施工准备开始，经过施工和安装到竣工检验这样一个过程，所以施工阶段的质量管理，可以根据在施工阶段实体质量形成的时间阶段不同来划分为三个阶段的质量管理，如图 15-5 所示。

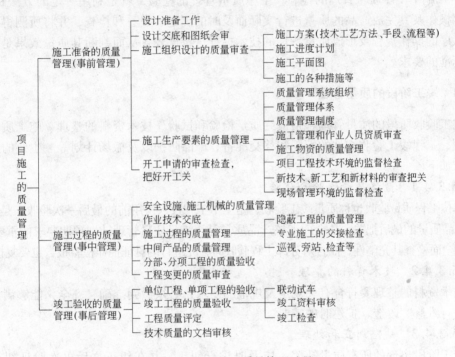

图 15-5　项目施工质量管理过程

15.3.3.2　施工过程的质量管理

A　施工准备阶段的质量管理

施工准备阶段的质量管理是指项目正式施工活动开始前，对各项准备工作及影响质量的各因素和有关方面进行的质量管理。其基本任务就是为施工项目建立一切必要的施工条件，确保施工生产顺利进行，确保工程质量符合要求。这一阶段质量管理的主要工作如下：

（1）技术资料、文件准备的质量管理。

（2）采购质量管理。

（3）质量教育与培训。

（4）现场施工准备的质量管理。

B　施工过程的质量管理

施工过程是由一系列相互联系与制约的工序构成，工序是人、材料、机械设备、施工方法和环境因素对工程质量综合起作用的过程。

（1）施工工序质量管理的内容。施工工序质量管理主要包括工序施工条件质量管理和工序施工效果质量管理。

1）工序施工条件质量管理。管理的手段主要有检查、测试、试验、跟踪监督等。

2）工序施工效果质量管理。管理的主要途径有实测获取数据、统计分析所获取的数据、判断认定质量等级和纠正质量偏差。

（2）施工工序质量控制点的设置。在设置质量控制点时，首先要对施工的工程对象进行全面分析、比较，以明确质量控制点；之后进一步分析所设置的质量控制点在施工中可能出现的质量问题或造成质量隐患的原因，针对隐患的原因，相应地提出对策措施予以预防。

（3）施工工序质量管理的检验。工序质量管理的检验，就是利用一定的方法和手段，对工序操作及其完成产品的质量进行实际而及时的测定、查看和检查，并将所测得的结果同该工序的操作规程及形成质量特性的技术标准进行比较，从而判断其质量效果是否符合质量标准的要求。

15.3.4　竣工阶段的质量管理

竣工验收阶段的质量管理包括最终质量检验和试验、技术资料的整理、施工质量缺陷的处理、工程竣工验收文件的编制和移交准备、产品防护以及撤场计划等。主要的质量管理要求如下。

15.3.4.1　最终质量检验和试验

单位工程质量验收也称质量竣工验收，是土木工程投入使用前的最后一次验收，是对土木工程产品质量的最后把关，是全面考核产品质量是否满足质量管理计划预期要求的重要手段。不仅要全面检查其完整性，而且对分部工程验收时补充进行的见证抽样检验报告也要复核。

15.3.4.2　技术资料的整理

技术资料的整理要符合有关规定及规范的要求，必须做到准确、齐全，能够满足土木工程进行维修、改造、扩建时的需要。

15.3.4.3　缺陷纠正和处理

施工阶段出现的所有质量缺陷，应及时进行纠正，并在纠正之后再次验证纠正的有效性。

15.3.4.4　竣工验收文件的编制和移交准备

（1）项目可行性研究报告，项目立项批准书，土地、规划批准文件，设计任务书，初步（或扩大初步）设计，工程概算等。

（2）竣工资料整理，绘制竣工图，编制竣工决算。

（3）竣工验收报告；工程项目总说明；技术档案建立情况；建设情况；效益情况；存在和遗留问题等。

（4）竣工验收报告书的主要附件。

15.3.4.5　产品防护

竣工验收期要定人定岗，采取有效防护措施，保护已完工程，发生丢失、损坏时应及时补救。

15.3.4.6　撤场计划

工程通过验收后，项目部应编制符合文明施工和环境保护要求的撤场计划。

16 土木工程项目进度管理

本章概要

（1）项目进度管理的概述，包括项目进度的影响因素、基本原理及进度管理的主要内容。

（2）项目施工进度计划的编制方法，包括进度计划的编制方法及其优化。

（3）项目进度管理的检查与调整，包括进度计划的检查工作、检查方法和进度计划的调整。

16.1 进度管理概述

一个土木工程项目能否在预定的时间内交付使用，直接影响到投资效益的发挥，尤其对生产性投资来说更是如此。因此，对工程项目进行有效的管理，使其顺利达到预定的目标，是业主、监理工程师和承包商进行项目管理的中心任务和项目实施过程中的一项必不可少的重要环节。

16.1.1 项目进度的影响因素

为了对土木工程项目的施工进度进行有效的控制，必须在施工进度计划实施之前对影响工程项目工程进度的因素进行分析，提出保证施工进度计划实施成功的措施，以实现对工程项目施工进度的主动控制。影响工程项目施工进度的因素归纳起来，主要有以下几个方面：

（1）工程建设相关单位的影响。影响工程项目施工进度的单位不仅仅是施工承包单位，事实上，只要是与工程建设有关的单位（如政府有关部门、业主、物资供应单位、资金贷款单位等），其工作进度的延迟必将对施工进度产生影响。

（2）物资供应进度的影响。施工过程中需要的材料、构配件、机具和设备等，如果不能按期运抵施工现场，或者运抵施工现场后发现其质量不符合有关标准的要求，都会对施工进度产生影响。

（3）资金的影响。工程施工的顺利进行必须由足够的资金作为保障。一般来说，资金的影响主要来自业主，或者是由于没有及时给足工程预付款，或者是由于拖欠了工程进度款，这些都会影响承包单位流动资金的周转，进而影响施工进度。

（4）设计变更的影响。在施工过程中，出现设计变更是难免的，或者是由于原设计有问题需要修改，或者是由于业主提出了新的要求。

（5）施工条件的影响。在施工过程中，一旦遇到气候、水文、地质及周围环境等方面的不利因素，必然会影响施工进度。

（6）各种风险因素的影响。风险因素包括政治、经济、技术及自然等方面的各种预见的因素。

（7）施工组织管理不利。劳动力和施工机械调配不当、施工平面布置不合理、计划不周、管理不善等将影响施工进度计划的执行。

16.1.2　项目进度的基本原理

16.1.2.1　动态控制原理

实际进度按照计划进度进行时，两者是相互吻合的。当实际进度与计划进度不一致时，便产生超前或落后的偏差。分析偏差的原因，采取相应的措施，调整原来计划，使两者在新的起点上重合，继续按其进行施工活动，并且尽量发挥组织管理的作用，使实际工作按计划进行。但是在新的干扰因素作用下，又会产生新的偏差。施工进度计划控制就是采用这种动态循环的控制方法。

16.1.2.2　系统原理

（1）施工项目计划系统。为了对施工项目实行进度计划控制，首先必须编制施工项目的各种进度计划。其中有施工项目总进度计划、单位工程进度计划、分部分项工程进度计划、季度和月（旬）作业计划，这些计划组成一个施工项目进度计划系统。计划的编制对象由大到小，计划的内容从粗到细。编制时从总体计划到局部计划，逐层进行控制目标分解。

（2）施工项目进度实施组织系统。施工项目经理和有关劳动调配、材料设备、采购运输等各职能部门都按照施工进度规定的要求进行严格管理，落实和完成各自的任务。施工组织各级负责人，从项目经理、施工队长、班组长及其所属全体成员组成了施工项目实施的完整组织系统。

（3）施工项目进度控制组织系统。自公司经理、项目经理，一直到作业班组都设有专门职能部门或人员负责检查汇报，统计整理实际施工进度的资料，与计划进度进行比较分析并进行调整。当然不同层次人员负有不同进度控制职责，他们分工协作，形成一个纵横连接的施工项目控制组织系统。

16.1.2.3　信息反馈原理

信息反馈是施工项目进度控制的主要环节，施工的实际进度通过信息反馈给基层施工项目进度控制的工作人员，在分工的职责范围内，经过对其加工，再将信息逐级向上反馈，直到主控制室，主控制室整理统计各方面的信息，经比较分析做出决策，调整进度计划，仍使其符合预定工期目标。施工项目进度控制的过程就是信息反馈的过程。

16.1.2.4　弹性原理

施工项目进度计划工期长，影响进度的原因多，其中有的已被人们掌握，根据统计经验估计出影响的程度和出现的可能性，并在确定进度目标时，进行实现目标的风险分析。在计划编制者具备了这些知识和实践经验之后，编制施工项目进度计划时就会留有余地，使施工进度计划具有弹性。在进行施工项目进度控制时，便可以利用这些弹性，缩短有关工作的时间，或者改变它们之间的搭接关系，使检查之前拖延的工期通过缩短剩余计划工期的方法，仍然达到预期的计划目标。

16.1.2.5　封闭循环原理

项目进度计划控制的全过程是计划、实施、检查、比较分析、确定调整措施、再计划。从编制项目施工进度计划开始，经过实施过程中的跟踪检查，收集有关实际进度的信息，比较和分析实际进度与施工计划进度之间的偏差，找出产生原因和解决办法，确定调整措施，再修改原进度计划，形成一个封闭的循环系统。

16.1.2.6　网络计划技术原理

在施工项目进度的控制中，利用网络计划技术原理编制进度计划，根据收集的实际进度信息，比较和分析进度计划，又利用网络计划的工期优化、工期与成本优化和资源优化的理论调整计划。网络计划技术原理是施工项目进度控制的完整的计划管理和分析计算的理论基础。

16.1.3　项目进度管理的主要内容

土木工程项目的进度管理是指在项目实施过程中，根据进度目标的要求，对工程项目各阶段的工作内容、工作程序、持续时间和衔接关系编制计划，将该计划付诸实施，在实施过程中经常检查实际进度是否按计划要求进行，对出现的偏差分析原因，采取补救措施或调整、修改原计划，直至工程竣工，交付使用。

施工项目进度管理可根据施工的进程分为施工前的进度管理、施工过程中的进度管理和施工后的进度管理，具体控制内容如下：

（1）施工前的进度管理。

1）确定进度管理的工作内容和特点，控制方法和具体措施，进度目标实现的风险分析以及还有哪些尚待解决的问题。

2）编制施工组织总进度计划，对工程准备工作及各项任务做出时间上的安排。

3）编制工程进度计划。

（2）施工过程中的进度管理。

1）定期收集数据，预测施工进度的发展趋势，实行进度管理。

2）随时掌握各施工过程持续时间的变化情况以及设计变更等引起的施工内容的增减，施工内部条件与外部条件的变化等，及时分析研究，采取相应措施。

3）及时做好各项施工准备，加强作业管理和调度。

（3）施工后的进度管理。施工后的进度管理是指完成工程后的进度管理工作，包括组织工程验收，处理工程索赔，工程进度资料整理、归类、编目和建档等。

16.2　施工进度计划的编制方法

16.2.1　进度计划的编制方法

项目进度计划的编制方法有横道图和工程网络图两种。

16.2.1.1　横道图

横道图是一种最简单并运用最广的传统的计划方法，尽管有许多的计划技术，但它在建设领域的应用还是很普遍。横道图是用图、表相结合的形式表示各项工程活动的开始时间、结束时间和持续时间，其基本形式如表 16-1 所示。

表 16-1　用横道图表示的进度计划

工　作	进度计划/d										
	1	2	3	4	5	6	7	8	9	10	11
支设模板		Ⅰ段		Ⅱ段			Ⅲ段				
绑扎钢筋					Ⅰ段		Ⅱ段		Ⅲ段		
浇筑混凝土						Ⅰ段			Ⅱ段		Ⅲ段

A　优点

横道图能够清楚表达活动的开始时间、结束时间和持续时间，一目了然，易于理解，且制作简单，流水情况表示得很清楚，主要用于小型项目或大型项目的子项目，或用于计算资源需求量、概要预示进度，也可用于其他计划技术的表示结果。

B　缺点

（1）（工序）工作之间的逻辑关系可以设法表达，但不易表达清楚；

（2）适用于手工编织计划；

（3）没有通过严谨的进度计划时间参数计算，不能确定计划的关键工作、关键路线与时差；

（4）计划调整只能用手工形式进行，其工作量较大；

（5）难以适应大的进度计划系统。

C　编制程序

（1）将构成整个工程的全部分项工程纵向排列填入表中；

（2）横轴表示可能利用的工期；

（3）分别计算所有分项工程施工所需要的时间；

（4）如果在工期内能完成整个工程，则将第（3）项所计算出来的各分项工程所需工期安排在图表上，编排出日程表。

16.2.1.2　工程网络图

网络计划技术是利用网络图的形式，在网络图上加注各项工作的时间参数，来进行工程计划和控制的现代管理办法。这种网络计划方法特别适用于大型、复杂、协作广泛的项目实行进度控制。

A　优点

（1）在施工过程中的有关工作组成了一个有机的整体，能全面而明确地反映出各项工作之间相互依赖、相互制约的关系。

（2）网络图通过时间参数的计算可以反映整个工程的全貌，可以指出对全局性有影响的关键工作和关键路线。

（3）显示了机动时间，便于缩短工期以及更好地使用人力和设备。

（4）能够利用计算机绘图、计算和跟踪管理。

（5）便于优化和调整，加强管理，取得好、快、省的全面效果。

B　缺点

网络图法中，流水施工的情况很难被全面反映出来，没有横道图那么直观明了。不过随着网络计划的不断发展与完善，比如带有时标的网络计划可以弥补这些不足。

C　编制程序

在项目施工中用来指导施工，控制进度的施工进度网络计划，就是经过适当优化的施工网络。其编制程序如下：

（1）调查研究。在了解和分析工程任务的构成和施工客观条件的基础上，掌握编制进度计划所需的各种资料，特别要对施工图进行透彻研究，并尽可能对施工中可能发生的问题做出预测，考虑解决问题的对策等。

（2）确定方案。主要是指确定项目施工总体部署，划分施工阶段，制定施工方法，明确工艺流程，确定施工顺序等。

（3）划分工序。根据工程内容和施工方案，将工程任务划分为若干道工序。一个项目划分为多少道工序，由项目的规模和复杂程度以及计划管理的需要来决定，只要能满足工作需要就可以了，不必过分详细。

（4）估算时间。即估算完成每道工序所需要的工作时间，也就是每项工作延续时间，这是对计划进行定量分析的基础。

（5）编工序表。将项目的所有工序依次列成表格，编排序号，以便于查对是否遗漏或重复，并分析相互之间的逻辑制约关系。

（6）画网络图。根据工序表画出网络图，工序表中所列出的工序逻辑关系既包括工艺逻辑，也包含由施工组织方法决定的组织逻辑。

（7）画时标网络图。上面的网络图加上时间横坐标，这时的网络图就叫做时标网络图。在时标网络图中，表示工序的箭线长度受时间坐标的限制，一道工序的箭线长度在时间坐标轴上的水平投影长度就是该工序延续时间的长短；工序的时差用波形线表示；虚工序延续时间为零，因而虚箭线在时间坐标轴上的投影长度也为零；虚工序的时差也用波形线表示。

（8）画资源曲线。根据时标网络图可画出施工主要资源的计划用量曲线。

（9）可行性判断。主要是判别资源的计划用量是否超过实际可能的投入量。如果超过了，这个计划是不可行的，要进行调整，无非是要将施工高峰错开，削减资源用量高峰；或者改变施工方法，减少资源用量。这时就要增加或改变某些组织逻辑关系，重新绘制时间坐标网络图；如果资源计划用量不超过实际拥有量，那么这个计划是可行的。

（10）优化程度判别。可行的计划不一定是最优的计划。计划的优化是提高经济效益的关键步骤。所以，要判别计划是否最优。如果不是，就要进一步优化，如果计划的优化程度已经可以令人满意（往往不一定是最优），就得到了可以用来指导施工、控制进度的施工网络图了。

16.2.2　进度计划的优化

施工项目进度计划的优化可从工期优化、费用优化和资源优化三个方面来进行，即根据预定目标，在满足既定的约束条件下，按照某一衡量指标从工期、费用和资源等角度来寻求最优方案。

16.2.2.1 工期优化

施工项目工期优化的步骤如下：

（1）找出网络计划中的关键线路，并求出计算工期。一般可用标号法确定出关键线路及计算工期。

（2）按要求工期计算应缩短的时间（ΔT）。应缩短的时间等于计算工期与要求工期之差，即：

$$\Delta T = T_c - T_r$$

式中　T_c——网络进度计划中的计算工期；

　　　T_r——要求工期。

（3）选择应优先缩短持续时间的关键工作（或一组关键工作）。选择时应考虑下列因素：

1）缩短持续时间对质量和安全影响不大的工作；

2）有充足备用资源的工作；

3）缩短持续时间所需增加的费用最少的工作。

（4）将应优先缩短的关键工作压缩至最短持续时间，并找出关键线路。若被压缩的关键工作变成了非关键工作，则应将其持续时间再适当延长，使之仍为关键工作。

（5）若计算工期仍超过要求工期，则重复以上步骤，直到满足工期要求或工期已不能再缩短为止。

（6）当所有关键工作或部分关键工作已达最短持续时间而寻求不到继续压缩工期的方案，但工期仍不能满足要求工期时，应对计划的原技术、组织方案进行调整，或对要求工期重新审定。

16.2.2.2 费用优化

费用优化又称时间费用优化，是指根据计划规定的期限、规划成本，或根据最低成本的要求，寻求最佳生产周期。费用优化的步骤如下：

（1）按正常工期编制网络计划，并计算计划的工期和完成计划的直接费。

（2）列出构成整个计划的各项工作在正常工期和最短工期时的直接费以及缩短单位时间所增加的费用，即单位时间费用变化率。

（3）根据费用最小原则，找出关键工作中单位时间费用变化率最小的工序首先予以压缩。这样使直接费增加得最少。

（4）计算加快某关键工作后，计划的总工期和直接费，并重新确定关键线路。

（5）重复（3）、（4）的内容，直到网络计划中关键线路上的工序都达到最短持续时间，不能再压缩为止。

（6）根据以上计算结果可以得到一条直接费曲线，如果间接费曲线已知，叠加直接费与间接费曲线得到总费用曲线。

（7）总费用曲线上的最低点所对应的工期，就是整个项目的最优工期。

16.2.2.3　资源优化

根据资源情况对网络计划进行调整，在规定工期和资源供应之间寻求相互协调和相互适应。资源的平衡及优化包括"资源有限-工期最短"和"工期固定-资源均衡"两种。

A　资源有限-工期最短

在资源供应有限制的条件下，寻求计划的最短工期，即在限定资源量的情况下，也就是某种资源的使用量不超过规定的条件下，使工期尽可能缩短。这是通过调整以满足资源限制条件，并使工期延长最少。优化步骤如下：

（1）计算网络计划每天资源的需用量。

（2）从计划开始日期起，逐日检查每天资源需用量是否超过资源的限量，如果在整个工期内每天均能满足资源限量的要求，可行优化方案就编制完成，否则必须进行计划调整。

（3）调整网络计划。对资源有冲突的活动做新的顺序安排，顺序安排的选择标准是工期延长的时间最短。

（4）重复上述步骤，直至出现优化方案为止。

B　工期固定-资源均衡

在工期规定的条件下，力求资源消耗均衡，即是通过合理的安排，在保证预定工期的前提下，使资源的使用比较连续、均衡。这是通过调整计划安排，在工期保持不变的条件下，使资源尽可能均衡的过程。资源的均衡性可用方差 σ^2 或标准差 σ 来衡量，方差越小，资源越均衡。

利用方差最小原理进行资源均衡的基本思路是：用初始网络计划得到的自由时差改善进度计划的安排，使资源动态曲线的方差值减到最小，从而达到均衡的目的。设规定的工期为 T_s，$S(t)$ 为 t 时刻所需的资源量，S_m 为日资源需要量的平均值，则可得方差和标准差的计算公式：

$$\sigma^2 = \frac{1}{T_s} \sum_{i=1}^{T_s} \left[S(t) - S_m \right]^2$$

即有

$$\sigma = \sqrt{\frac{1}{T_s} \sum_{i=1}^{T_s} S^2(t) - S_m^2}$$

由于上式中规定工期 T_s 与日资源需要量平均值均为常数，故要使方差最小，只需 $\sum_{i=1}^{T_s} S^2(t)$ 最小。又因为工期是固定的，所以，求方差 σ^2 或标准差 σ 最小的问题只能在各活动的总时差范围内进行。

16.3　进度管理的检查与调整

16.3.1　进度计划中的检查工作

在项目实施过程中，项目管理人员应定期地、不时地对进度计划的执行情况进行跟踪检查，采取有效手段或措施对进度计划进行监控与管理，以便及时发现问题，分析并解决影响施工进度的因素，确保进度目标的实现。项目进度计划检查中的工作如下：

（1）跟踪检查，收集实际进度数据。在进度计划的实施过程中，必须建立适应的检查制度，定期定时地对进度计划的实施状况进行跟踪检查，收集反映工程实际进度的数据。

（2）整理统计检查数据。将收集到的施工项目的实际进度数据进行必要的整理，按计划控制的工作项目进行统计，形成与计划进度具有可比性的数据。

（3）将实际数据与进度计划进行对比。将收集到的资料整理和统计成具有与计划进度可比性的数据后，用实际进度与计划进度的比较方法进行比较。通过比较，可以确定进度执行状况与计划目标间的差距。

（4）分析进度计划执行的状况。分析进度计划执行的状况主要是指偏差分析，当实际进度与计划进度出现偏差时，必须深入现场进行调查，认真分析产生偏差的原因，以便采取有效措施调整进度计划。

（5）针对产生的进度变化，采取措施予以调整。采取措施调整施工进度，应建立在以后续工作和总工期的限制条件为依据的基础上，同时，一般采取的调整措施是改变某些后续工作间的逻辑关系和缩短或延长某些后续工作的持续时间等。

（6）检查措施的落实情况。进度计划调整之后，应采取相应的组织、经济、技术、管理等措施执行调整后的计划，并继续监测其执行情况。

16.3.2　进度计划的检查方法

施工进度计划的检查，通常是将施工项目的实际进度和计划进度进行比较。具体的检查方法主要有横道图检查法、S 形曲线检查法、前锋线检查法、香蕉形曲线检查法等。

16.3.2.1　横道图检查法

横道图检查法是指在项目实施过程中检查实际进度收集的信息，将每天、每周或每月实际进度情况，用横道线定期记录在横道图上，用以直观地比较计划进度和实际进度，检查实际执行的进度是超前、落后，还是按计划进行。若通过检查发现实际进度落后了，则应采取必要的措施，改变落后情况；若发现实际进度远比计划进度提前，可适当降低单位时间的资源用量，使实际进度接近计划进度。鉴于应用条件的不同，横道图可分为以下几种。

A　匀速进展横道图

在匀速施工条件下，按时间进度标注、检查。在匀速施工条件下，时间进度和完成工程量进度一致，因此，用到检查日为止的实际进度线与计划进度线长度相比较，二者之差即为时间进度差。进度检查的步骤如下：

（1）编制横道图进度计划。

（2）在进度计划上标出检查日期。

（3）将检查收集的实际进度数据按比例用涂黑的粗线标于计划进度线的下方，如图 16-1 所示。

工作序号	工作名称	工作时间	进度（周）														
			1	2	3	4	5	6	7	8	9	10	11	12	13	14
1	挖土1	2	▬	▬												
2	挖土2	6			▬	▬	▬									
3	混凝土1	3			▬	▬	▬									
4	混凝土2	3									▬	▬	▬			
5	防水处理	3									▬	▬	▬			
6	回填土	1														▬

检查日期

图 16-1　某基础工程实际进度与计划进度的比较图

（4）比较分析实际进度和计划进度。若是涂黑的粗线右端与检查日期相重合，表明实际进度与计划进度相一致；涂黑的粗线右端在检查日期左侧，表明实际进度拖后；涂黑的粗线右端在检查日期的右侧，表示实际进度超前。

正如图 16-1 所示，某基础工程的施工实际进度与计划进度比较，其中，粗实线表示计划进度，涂黑部分表示工程施工的实际进度。从比较中可以看出，在第 7 周进行施工进度检查时，第 1、3 项工作已经完成，第 2 项工作按计划进度应当完成 83%，而实际施工进度只完成了 50%，已经拖后了 33%，即拖后了约两周。

　　B　变速进展横道图

检查变速施工进度或检查多项施工过程综合进度时，由于施工中的时间进度与数量进度不一致，只有对二者同时标注检查，才能准确反映施工进度的完成情况。具体方法是将表示工作实际进度的涂黑粗线，按检查的期间和完成的百分比交替地绘制在计划横道图上下两侧，其长度表示该时间内完成的任务量。工作的计划完成累计百分比标注于横道线的上方，工作的实际完成累计百分比标注于横道线下方的检查日期处，通过两个上下相对的百分比的比较，判断该工作的实际进度和计划进度之间的关系。

16.3.2.2　S 形曲线检查法

S 形曲线是以一个以横坐标表示时间，纵坐标表示工作量完成情况的曲线图，该工作量的表达方式可以是实物工作量大小、工时消耗或费用支出额，也可用相应的百分比表示。一般情况下，进度控制人员在计划实施前绘制出计划 S 形曲线；在项目实施过程中，按规定时间将检查的实际完成任务情况，与计划 S 形曲线绘制在同一张图上，可得出实际进度 S 形曲线。

S 形曲线检查法利用了图 16-2 所示的检查图，其能直观地反映工程实际进度情况。工程项目实施过程中，每隔一段时间，将实际进展情况绘制在原计划的 S 形曲线上进行直观比较。通过比较实际进度 S 形曲线和计划进度 S 形曲线，可以获得一些信息。

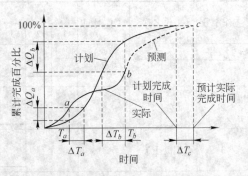

图 16-2 S 形曲线检查工程进度

（1）工程项目整体实际进展状况。如果工程实际进展点落在计划 S 形曲线的左侧，表明此时实际进度比计划进度超前，如图 16-2 中的 a 点；如果实际进展点落在计划 S 形曲线的右侧，表明此时实际进度拖后，如图 16-2 中的 b 点；如果实际进展点正好落在 S 形曲线上，则表明实际进度和计划进度一致。

（2）项目实际进度超前或拖后的时间。在 S 形曲线检查图中可以直接看出实际进度比计划进度超前或拖后的时间。如图 16-2 所示，ΔT_a 表示 T_a 时刻实际进度超前的时间；ΔT_b 表示 T_b 时刻实际进度拖后的时间。

（3）工程实际超额或拖欠的任务量。在 S 形曲线检查图中，可以直接看出实际进度比计划进度超额或拖欠的任务量。如图 16-2 所示，ΔQ_a 表示 T_a 时刻超额完成的任务量；ΔQ_b 表示 T_b 时刻拖欠的任务量。

（4）后期工程进度的预测。如果后期工程按原计划速度进行，则可做出后期工程计划 S 形曲线，如图 16-2 所示，从而可以确定工期拖延预测值 ΔT。

16.3.2.3 前锋线检查法

前锋线检查法是从检查时刻的时标点出发，首先连接与其相邻的工作箭线的实际进度点，由此再去连接该箭线相邻工作箭线的实际进度点，以此类推，将检查时刻正在进行工作的点都依次连接起来，组成一条一般为折线的前锋线。按前锋线与箭线交点的位置判定工程实际进度与计划进度的偏差。

前锋线检查法的主要步骤如下：

（1）绘制时标网络计划图。工程实际进度的前锋线是在时标网络计划上标志。为了反映清楚，需要在图面上面和下方各设一时间坐标。

（2）绘制前锋线。一般从上方时间坐标的检查日画起，依次连接相邻工作箭线的实际进度点，最后与下方时间坐标的检查日连接。

（3）比较实际进度与计划进度。前锋线明显地反映出检查日有关工作实际进度与计划进度的关系有以下三种情况：

1）工作实际进度点位置与检查日时间坐标相同，则该工作实际进度与计划进度一致；

2）工作实际进度点位置在检查日时间坐标的右侧，则该工作实际进度超前，超前天数为两者之差；

3）工作实际进度点位置在检查日时间坐标的左侧，则该工作实际进度进展拖后，拖后天数为两者之差。

16.3.2.4 香蕉形曲线检查法

香蕉形曲线实际上是由两条 S 形曲线组合而成的，如图 16-3 所示。一条 S 形曲线是按最早开始时间绘制的计划进度曲线（ES）；另一条 S 形曲线是按各项工作的计划最迟开始时间绘制的计划进度曲线（LS）。两条S形曲线都是从计划的开始时刻开始和完成时刻结束，因此，两条曲线是闭合的，故呈香蕉形。

利用香蕉形曲线除了可以进行计划进度的合理安排、实际进度与计划进度的比较外，还可以对后期工程进行预测，即确定在现实状态下，后期工程若按最早和最迟开始时间实施，ES曲线与LS曲线的发展趋势。例如，图16-4中，细实线表示计划的香蕉曲线，粗实线表示实际进度，由图可以明显看出，第12天累计完成的工程量为40%，比计划超前。这表明，在已经进行的某些工作中，实际耗用的时间比计划的时间短，项目的总工期可能提前。第12天以后按最早和最迟开始时间安排的进度计划如图16-4的虚线所示。

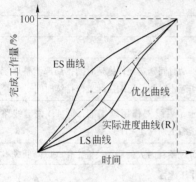

图16-3 香蕉形曲线比较图

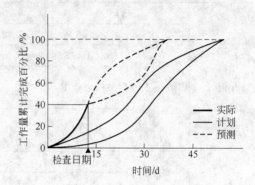

图16-4 进度趋势的预测图

16.3.3 进度计划的调整

施工进度计划在执行过程中，会呈现出波动性、多变性和不均衡性的特点，因此在施工项目进度计划执行过程中，要经常检查进度计划的执行状况，及时发现存在的问题。若实际进度与计划进度不一致时，必须对进度计划进行调整，以实现施工项目的进度目标。

16.3.3.1 进度偏差的分析及处理意见

A 分析进度偏差的影响

通过前述施工进度比较方法的分析，当判断出现进度偏差时，应当分析该偏差对后续工作和对总工期的影响。

（1）分析进度偏差的工作是否为关键工作。若出现偏差的工作为关键工作，则无论偏差大小，都对后续工作及总工期产生影响，必须采取相应的调整措施；若出现偏差的工作不为关键工作，需要根据偏差值与总时差和自由时差的大小关系，确定对后续工作和总工期的影响程度。

（2）分析进度偏差是否大于总时差。若工作的进度偏差大于该工作的总时差，说明此偏差必将影响后续工作和总工期，必须采取相应的调整措施；若工作的进度偏差小于或等于该工作的总时差，说明此偏差对总工期无影响，但它对后续工作的影响程度，需要根据偏差与自由时差的比较情况来确定。

（3）分析进度偏差是否大于自由时差。若工作的进度偏差大于该工作的自由时差，说明此偏差对后续工作产生影响，该如何调整，应根据后续工作允许影响的程度而定；若工作的进度偏差小于或等于该工作的自由时差，则说明此偏差对后续工作无影响，因此，原进度计划可以不予以调整。

经过如此分析，进度管理人员可以确认应该调整产生进度偏差的工作和调整偏差值的大小，以便确定采取调整措施，获得符合实际进度情况和计划目标的新进度计划。

B　施工进度检查结果的处理意见

在对进度偏差与自由时差和总时差比较分析的基础上，依据施工项目工期的要求，提出处理意见，必要时做出适当的调整。具体的处理意见见表 16-2。

表 16-2　施工进度检查结果的处理意见

工期要求	进度偏差分析		编号	处 理 意 见
按期完工总工期 T	$\Delta = 0$		1	执行原计划
	TF > 0	$\Delta < 0$	2	不需调整
		$0 < \Delta \leqslant FF$	3	不需调整
		$FF < \Delta \leqslant TF$	4	按后续工作机动时间确定允许拖延时间，局部调整后续工作；移动工作起止时间，压缩后续工作持续时间
		$\Delta > TF$	5	非关键线路上，后续工作压缩工期，同 4；关键线路上，后续工作压缩工期（$\Delta - TF$）
	TF = 0	$\Delta < 0$	6	将提前的 Δ 分配给耗时大的后续关键工作，以降低成本
		$\Delta > 0$	7	后续关键工作压缩 Δ
允许工期延长 Δt	TF = 0	$\Delta > \Delta t > 0$	8	新工期 $T + \Delta$，后续关键工作压缩 $\Delta - \Delta t$
		$\Delta t > \Delta > 0$	9	新工期 $T + \Delta$，后续关键工作不必压缩工期，不必改变工作关系，只需按实际进度数据修改原网络计划的时间参数
工期提前 Δt	TF = 0	$\Delta = 0$	10	后续关键工作压缩 $\lvert \Delta t \rvert$
		$\Delta > 0$	11	后续关键工作压缩 $\lvert \Delta t \rvert + \Delta$
		$0 > \Delta > \Delta t$	12	后续关键工作压缩 $\lvert \Delta t \rvert - \lvert \Delta \rvert$
		$0 > \Delta = \Delta t$	13	同 9

16.3.3.2　施工进度计划的调整

为了实现施工项目的进度目标，在施工管理人员发现阻碍进度目标的影响因素之后，就必须对实施的进度进行调整。

A　项目施工进度计划的调整内容

（1）关键线路的长度；

（2）非关键工作的时差；

（3）工作项目的增减；

（4）工作的逻辑关系；

（5）工作持续时间的重新估计；

（6）资源提供的条件。

B　项目施工进度计划的调整方法

a　关键线路的长度调整

当关键线路的实际进度比计划进度拖后时，应在尚未完成的关键线路中选择资源强度小或费用低的工作缩短其持续时间，并重新计算未完成部分的时间参数，将其作为一个新的计划去实施。

若关键线路的实际进度比计划进度提前，当不拟提前工期时，应选用资源占有量大或者直接费用高的后续关键工作，适当延长其持续时间，以降低其资源强度或费用；当确定要提前完成计划时，应将计划尚未完成的部分作为一个新的计划，重新确定关键工作的持续时间，按新计划实施。

b　非关键工作的时差调整

非关键工作时差的调整应在其时差的范围内进行，以便充分地利用资源，降低成本，满足施工的需要。每一次调整后都必须重新计算时间参数，观察该调整对计划全局的影响。具体可采用三种方法调整：将工作在其最早开始时间和最迟开始时间的范围内移动；延长工作的持续时间；缩短工作的持续时间。

c　工作项目的增减调整

对工作项目进行增、减调整时，需要符合的规定是：不打乱原网络计划总的逻辑关系，只对局部逻辑关系进行调整；在增减工作项目后应重新计算时间参数，分析对原网络计划的影响。当对工期有影响时，应采取调整措施，以保证计划工期的不变。

d　工作项目的逻辑关系调整

逻辑关系的调整是不改变工作的持续时间，而只改变工作的开始时间和完成时间，且只有当实际情况要求改变施工方法或组织方法时才可进行。调整时，应避免影响原定计划工期和其他工作的顺利进行。

e　工作项目的持续时间调整

持续时间的调整是不改变工作之间的先后顺序关系，而是通过缩短网络计划中关键路线上工作的持续时间来缩短工期。当发现某些工作的原持续时间估计有误或实现条件不充分时，应重新估算其持续时间，并重新计算时间参数，尽量使原计划工期不受影响。

f　资源提供的条件调整

当资源供应发生异常时，应采用资源优化的方法对计划进行调整，或采取应急措施，使其对工期的影响最小。

17　土木工程项目成本管理

本章概要

（1）项目成本管理的基本原理、基本程序和主要内容。

（2）项目成本管理的控制工作，包括成本管理的预控体系、过程消耗控制和事后纠偏控制。

（3）项目成本管理的赢得值法及其偏差分析方法。

17.1　成本管理概述

施工项目成本是施工项目在施工过程中发生的全部生产费用的总和，包括所消耗的主辅材料、构配件、周转材料的摊销费或租赁费，施工机械台班费或租赁费，支付给生产工人的工资、奖金以及项目经理部组织和管理工程施工所发生的全部费用支出。

17.1.1　成本管理的基本原理

目标管理是指各部门、各班组以及各员工根据工作的目的，进行工作目标的制定，并在实施中运用现代化管理技术和行为科学，借助人本身的事业感、能力、自信等，实行自我控制，自主管理，努力实现目标。而成本管理正是在目标管理原理的具体应用下进行的。

目标管理的封闭原理表明确定目标，层层分解；实施目标，监控考绩；评定目标，奖惩兑现三大环节形成一个连续封闭的回路，是施工项目成本管理的本质要求，具体体现在以下几个方面：

（1）确定目标，层层分解。目标成本是进行成本控制的标准和依据。确立科学有效的目标成本，并切实详尽地分解目标成本是确保目标成本管理模式有效运行的前提条件。

（2）实施目标，监控考绩。对于预期的目标成本，如何去实现它，最关键的一步就是建立一套健全且完善的项目成本管理体系。而建立一套项目成本管理体系，主要是从组织上和制度上入手，即建立高效的组织机构和严格的管理制度。

（3）评定目标，奖惩兑现。为使项目目标成本管理达到最佳效果，应注意激励和约束机制的配合，加强对目标成本管理的检查和监督，建立相应的奖惩办法。

17.1.2　成本管理的基本程序

施工项目成本管理应遵循以下基本程序：

（1）掌握生产要素的市场价格和变动状态。

（2）确定项目的合同价。

（3）编制成本计划，确定成本实施目标。

（4）进行成本动态控制，实现成本实施目标。

（5）进行项目成本核算和工程价款结算，及时收回工程款。

（6）进行项目成本分析。

（7）进行项目成本考核，编制成本报告。

（8）积累项目成本资料。

17.1.3 成本管理的主要内容

施工项目成本管理的工作内容包括成本预测、成本计划、成本控制、成本核算、成本分析和成本考核等。

（1）施工成本预测。施工成本预测是指成本事前的预测分析，是对项目施工进行事前控制的重要手段。它是通过成本信息和工程项目的具体情况，运用一定的专门方法，对未来的成本水平及其可能发展趋势做出科学的估计。

（2）施工成本计划。施工成本计划是以货币形式编制施工项目的计划期内的生产费用、成本水平、成本降低率以及为降低成本所采取的主要措施和规划的书面方案，它是建立施工项目成本管理责任制，开展成本控制和核算的基础。

（3）施工成本控制。施工成本控制就是要在保证工期和质量满足要求的前提下，采取相应管理措施，把成本控制在计划范围内，随时揭示并及时反馈，严格审查各项费用是否符合标准，计算实际成本和计划成本之间的差异并进行分析，进而采取多种措施，消除施工中的损失浪费现象。

（4）施工成本核算。成本核算包括两个基本环节：一是按照规定的成本开支范围对施工费用进行归集和分配，计算出施工费用的实际发生额；二是根据成本核算对象，采用适当的方法，计算出该施工项目的总成本和单位成本。

（5）施工成本分析。施工成本分析贯穿于施工成本管理的全过程，是在施工成本核算的基础上，对成本的形成过程和影响成本升降的因素进行分析，以此来寻求进一步降低成本的途径，包括有利偏差的挖掘和不利偏差的纠正。

（6）施工成本考核。施工成本考核是在施工项目完成后，对施工项目成本形成中的各责任者，按施工项目成本目标责任制的有关规定，将成本的实际指标与计划、预算、定额进行对比和考核，评定施工项目成本计划的完成情况和各责任者的业绩，并以此给出相应的奖励或处罚。

17.2 成本管理的控制工作

项目成本计划是施工项目成本管理的一个重要环节，是实现降低施工项目成本任务的指导性文件。从某种意义上说，编制施工项目成本计划是施工项目成本预测的继续，其过程也是一次动员施工项目经理部全体职工挖掘降低成本潜力的过程，也是检验施工技术质量管理、工期管理、物资消耗和劳动力消耗管理等效果的全过程。

17.2.1 成本管理的预控体系

在成本管理的实际施工中，要重视成本的事前控制，建立成本管理的预控体系，即建立成本管理责任体系和成本考核体系。

17.2.1.1 建立成本管理责任体系

项目经理部应将成本责任分解落实到各个岗位，具体落实到个人，对成本进行全员管理、动态管理，形成一个分工明确、责任到人的成本管理责任体系。项目管理人员责任体系的具体职责如表17-1所示。

表17-1 施工项目管理人员的成本责任

责 任 人	主 要 职 责
预算员	编制"两算"，办理项目增减，负责外包和对外结算，进行工程变更的成本控制
技术员	参与编制施工组织设计，优化施工方案，负责各项技术节约措施
质量员	质量检查验收，控制质量成本
成本核算员	编制项目目标成本，及时核算项目实际成本，做"两算"对比，进行分部、分阶段的三算分析
计划员	编制各类施工进度计划，控制施工工期
统计员	及时做好工程进展与施工产值的统计
材料员	编制材料使用计划，负责限额发料、进料验收及台账记录，负责提供材料耗用月报，控制材料采购成本
安全员	负责安全教育、安全检查工作，落实安全措施，预防事故发生
场容管理员	负责保持场容整洁，坚持各项工作工完料尽场地清，落实修旧利废节约代用等降低成本措施
机管员	编制机械台班使用计划，提供项目实际使用机械台班资料，提高机械完好率、利用率，负责机械租赁费的控制

17.2.1.2 建立成本考核体系

建立从企业、项目经理到班组的成本考核体系，促进成本责任制的落实。项目成本考核体系的具体内容如表17-2所示。

表17-2 施工项目成本考核的内容

考 核 对 象	考 核 内 容
公司对项目经理的考核	1. 项目成本目标和阶段成本目标的完成情况； 2. 成本控制责任制的落实情况； 3. 计划成本的编制和落实情况； 4. 对各部门和施工队、班组责任成本的检查落实情况； 5. 在成本控制中贯彻责权利相结合原则的执行情况
项目经理对各部门的考核	1. 本部门、本岗位责任成本的完成情况； 2. 本部门、本岗位成本控制责任的执行情况
项目经理对施工队（或分包）的考核	1. 对合同规定的承包范围和承包内容的执行情况； 2. 合同以外的补充收费情况； 3. 对班组施工任务单的管理情况； 4. 对班组完成施工任务后的成本考核情况
对生产班组的考核	1. 平时由施工队（或分包）对生产班组进行考核； 2. 考核班组责任成本（以分部分项工程为责任成本）完成情况

17.2.2　成本管理的过程消耗控制

施工阶段是通过确定成本目标并按计划成本进行施工资源配置，对施工现场发生的各项成本费用进行有效的控制。

17.2.2.1　人工费的控制

人工费控制实行"量价分离"的方法，将作业用工及零星用工按定额工日的一定比例综合确定用工数量和单价，通过劳务合同进行控制；同时防止重复用工、返工损失等造成的人工费超支，严格控制其他非生产性用工。

17.2.2.2　材料费的控制

以施工消耗定额为计算依据，同样按"量价分离"的原则，从材料消耗数量和材料价格两个方面实施成本控制。

17.2.2.3　施工机械使用费的控制

合理选择施工机械设备，合理使用施工机械设备对成本控制具有十分重要的意义，尤其是高层建筑施工。

17.2.2.4　施工分包费用的控制

对分包费用的控制，主要是做好分包工程的询价，订立平等互利的分包合同，建立稳定的分包关系网络，加强施工验收和分包结算等工作。

17.2.2.5　间接费的控制

间接费包括规费和企业管理费，是按一定费率提取的，在工程成本中占的比重比较大。在工程施工过程中，应采取以下措施控制间接费的支出：

（1）提高劳动生产率，减少施工管理费的支出。

（2）编制施工管理费用支出预算，严格控制支出。

（3）本着"精简、高效"的原则，提高项目管理的效率。

（4）对于计划外的一切开支必须严格审查，除应由成本控制工程师签署意见外，还应有相应的领导人员进行审批。

（5）对于虽有计划但超出计划数额的开支，也应由相应的领导人员审查和核定。

17.2.3　成本管理的事后纠偏控制

（1）找出偏差。施工过程中存在许多可变的因素，即使在施工前做好了充足的事前预控计划、施工中的事中动态控制，也无法避免出现偏差。通常寻找偏差可用成本对比的方法，即将施工中不断记录的实际成本与计划成本进行对比，从而找出偏差。

（2）分析偏差产生的原因。成本偏差的控制过程中，分析是关键，纠偏是核心。要针对偏差产生的原因，采取切实有力的措施，加以纠正。

17.3　成本管理的方法及偏差分析

工程项目的成本管理，是指施工过程中，运用必要的技术与管理手段对直接成本和间接成本进行严格组织和监督的一个系统过程。

17.3.1　赢得值（挣得）法

赢得值法（earned value management，EVM）是一种能全面衡量工程项目费用、进度综合度量和监控的有效方法，其基本要素是用货币量代替工程量来测量工程的进度，以资金已经转化为工程成果的量来反映工程的进展。

17.3.1.1　赢得值法的三个基本参数

A　已完工作预算费用

已完工作预算费用 BCWP（budgeted cost for work performed）是指在某一时间已经完成的工作（或部分工作），以批准认可的预算为标准所需要的资金总额，由于业主正是根据这个值为承包人完成的工作量支付相应的费用，也就是承包人获得（挣得）的金额，故称为赢得值或挣值。

$$已完工作预算费用(BCWP) = 已完成工作量 \times 预算单价$$

B　计划工作预算费用

计划工作预算费用 BCWS（budgeted cost for work scheduled）是根据进度计划，在某一时刻应该完成的工作，以预算为标准所需要的资金总额。

$$计划工作预算费用(BCWS) = 计划工作量 \times 预算单价$$

C　已完工作实际费用

已完成工作实际费用，简称 ACWP（actual cost for work performed），即到某一时刻为止已完成的工作所实际花费的总金额。

$$已完工作实际费用(ACWP) = 已完成工作量 \times 实际单价$$

17.3.1.2　赢得值法的四个评价指标

在上述三个基本参数的基础上，可以确定赢得值法的四个评价指标。

A　费用偏差 CV（cost variance）

$$费用偏差(CV) = 已完工作预算费用(BCWP) - 已完工作实际费用(ACWP)$$

当费用偏差（CV）为负值时，表示项目运行预算费用超支；当费用偏差（CV）为正值时，表示项目运行节支，实际费用未超出预算费用。

B　进度偏差 SV（schedule variance）

$$进度偏差(SV) = 已完工作预算费用(BCWP) - 计划工作预算费用(BCWS)$$

当进度偏差（SV）为负值时，表示进度延误，即实际进度落后于计划进度；当进度偏差（SV）为正值时，表示进度提前，即实际进度快于计划进度。

C　费用绩效指标（CPI）

$$费用绩效指标(CPI) = 已完工作预算费用(BCWP) / 已完工作实际费用(ACWP)$$

当费用绩效指标 CPI < 1 时，表示超支，即实际费用高于预算费用；

当费用绩效指标 CPI > 1 时，表示节支，即实际费用低于预算费用。

D　进度绩效指标（SPI）

$$费用绩效指标(SPI) = 已完工作预算费用(BCWP) / 计划工作预算费用(BCWS)$$

当进度绩效指标 SPI < 1 时，表示进度延误，即实际进度比计划进度拖后；

当进度绩效指标 SPI > 1 时，表示进度提前，即实际进度比计划进度快。

17.3.2   成本管理偏差的分析方法

成本管理的偏差分析可采用不同的方法来进行，这里主要介绍横道图法、表格法和曲线法三种方法。

17.3.2.1   横道图法

用横道图法进行费用偏差分析，采用不同的横道标志——已完工作预算费用（BC-WP）、计划工作预算费用（BCWS）和已完工作实际费用（ACWP），横道的长度与其金额成正比，如图 17-1 所示。

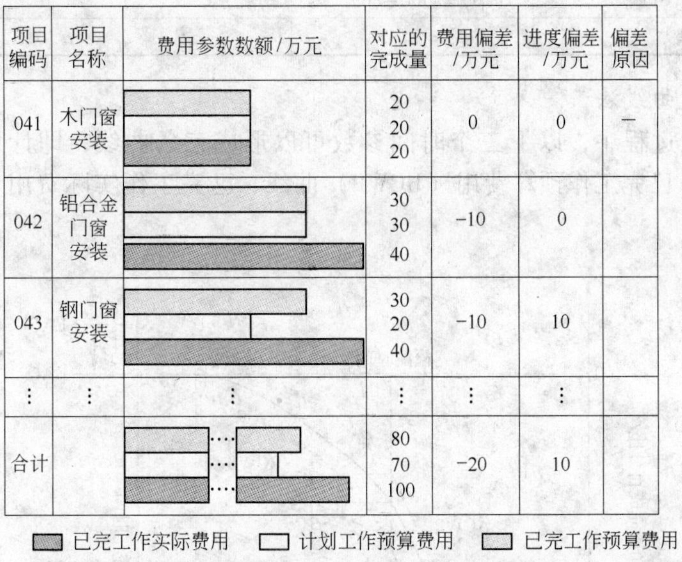

项目编码	项目名称	费用参数数额/万元	对应的完成量	费用偏差/万元	进度偏差/万元	偏差原因
041	木门窗安装		20 20 20	0	0	—
042	铝合金门窗安装		30 30 40	−10	0	
043	钢门窗安装		30 20 40	−10	10	
⋮	⋮		⋮	⋮	⋮	
合计			80 70 100	−20	10	

■ 已完工作实际费用   □ 计划工作预算费用   □ 已完工作预算费用

图 17-1   横道图法的费用偏差分析

横道图法具有形象、直观、一目了然等优点，它能够准确表达出费用的绝对偏差，而且可以很容易地看出偏差的严重性。但是这种方法反映的信息少，一般在项目的较高管理层应用。

17.3.2.2   表格法

表格法是进行偏差分析最常用的一种方法。它将项目编号、名称、各费用参数以及费用偏差数综合归入一张表格中，并且直接在表格中进行比较。

表 17-3 是用表格法进行偏差分析的案例。

表 17-3   费用偏差分析表

项目编码	(1)	041	042	043
项目名称	(2)	木门窗安装	铝合金门窗安装	钢门窗安装
单位	(3)			
预算（计划）单价	(4)			
计划工作量	(5)			
计划工作预算费用（BCWS）	(6) = (5) × (4)	20	30	20
已完成工作量	(7)			

已完工作预算费用(BCWP)	(8) = (7) × (4)	20	30	30
实际单价	(9)			
其他款项	(10)			
已完工作实际费用(ACWP)	(11) = (7) × (9) + (10)	20	40	40
费用局部偏差	(12) = (8) − (11)	0	− 10	− 10
费用绩效指数(CPI)	(13) = (8) ÷ (11)	1	0.75	0.75
费用累计偏差	(14) = Σ(12)		− 20	
进度局部偏差	(15) = (8) − (6)	0	0	10
进度绩效指数(SPI)	(16) = (8) ÷ (6)	1	1	1.5
进度累计偏差	(17) = Σ(15)		10	

17.3.2.3　曲线法

在项目实施过程中，以上三个时间参数可以形成三条曲线，即计划工作预算费用（BCWS）曲线、已完工作预算费用（BCWP）曲线、已完工作实际费用（ACWP）曲线，如图 17-2 所示。

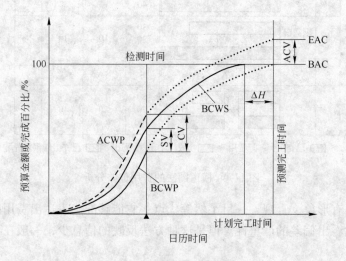

图 17-2　赢得值法的评价曲线

图 17-2 中，CV = BCWP − ACWP，由于两项参数均以已完工作为计算基准，所以两项参数之差可反映出项目进展的费用偏差。SV = BCWP − BCWS，由于两项参数均以预算值（计划值）作为计算基准，所以两者之差可反映出项目进展的进度偏差。

采用赢得值法进行费用、进度综合控制，还可以根据当前的进度、费用偏差情况，通过原因分析，对趋势进行预测，预测项目结束时的进度、费用情况。图 17-2 中，BAC（Budget at Completion）为项目完工预算，指编制计划时预计的项目完工费用。EAC（Estimate at Completion）为预测的项目完工估算，指计划执行过程中根据当前的进度、费用偏差情况预测的项目完工费用。ACV（at Completion Variance）为预测项目完工时的费用偏差。

$$ACV = BAC - EAC$$

18 土木工程项目安全管理

本章概要

（1）项目安全管理的目标、基本原则和主要内容。

（2）项目安全管理的相关制度，安全技术措施和主要内容。

（3）项目安全事故隐患的处理，包括项目进行过程中，人的不安全行为和人的失误、物的不安全状态、安全隐患的原因分析和处理程序。

18.1 安全管理概述

施工项目安全管理是指施工企业在施工过程中组织安全生产的全部管理活动，运用科学管理的理论、方法，通过法规、技术、组织等手段所进行的规范劳动者行为，控制劳动对象、劳动手段和施工环境条件，消除或减少不安全因素，使人、物、环境构成的施工生产体系达到最佳安全状态，实现项目安全目标等一系列活动的总称。

18.1.1 安全管理的目标

18.1.1.1 安全目标

（1）控制和杜绝因工负伤和死亡事故的发生（负伤频率在6‰以下、死亡率为零）；

（2）一般事故频率控制目标（通常在6‰以内）；

（3）无重大设备、火灾和中毒事故；

（4）无环境污染和严重扰民事件。

18.1.1.2 管理目标

（1）及时消除重大事故隐患，一般隐患整改率达到目标（不应低于95%）；

（2）扬尘、噪声、职业危害作业点合格率应为100%；

（3）保证施工现场达到当地省（市）级文明安全工地。

18.1.1.3 工作目标

（1）施工现场实现全员安全教育，要求特种作业人员持证上岗率达到100%，操作人员三级安全教育率100%；

（2）按期开展安全检查活动，隐患整改达到"五定"要求，即定整改责任人、定整改措施、定整改完成时间、定整改完成人、定整改验收人；

（3）必须把好安全生产的"七关"要求，即教育关、措施关、交底关、防护关、文明关、验收关、检察关；

（4）认真开展重大安全活动和施工项目的日常安全活动；

（5）安全生产达标合格率为100%，优良率在80%以上。

18.1.2　安全管理的基本原则

施工现场的安全管理主要是组织实施企业安全管理规划、指导、检查和决策。为了有效地将生产因素的状态控制好，在实施安全管理过程中，必须正确处理五种关系，坚持六项基本管理原则。

18.1.2.1　正确处理五种关系

（1）安全与危险并存。安全与危险在同一事物的运动中是相互对立、相互依赖而存在的。随着事物的运动变化，安全与危险每时每刻都在变化着，进行着此消彼长的斗争。

（2）安全与生产的统一。如果生产中人、物、环境都处于危险状态，则生产无法顺利进行。因此，安全是生产的客观要求。就生产的目的性来说，组织好安全生产就是对国家、人民和社会最大的负责。

（3）安全与质量的包涵。从广义上看，质量包涵安全工作质量，安全概念中也涉及质量，两者存在交互作用，互为因果。安全第一，质量第一，两个第一并不矛盾。安全第一是从保护生产因素的角度提出的，而质量第一则是从关心产品成果的角度而强调的。

（4）安全与速度互保。在项目进展中，安全与速度成正比关系，速度应以安全作保障，安全就是速度。因此，应追求安全加速度，竭力避免安全减速度。

（5）安全与效益的兼顾。在安全管理中，投入要适度、适当，精打细算，统筹安排。既要保证安全生产，又要经济合理，还要考虑力所能及。

18.1.2.2　坚持六项基本原则

（1）管生产同时管安全。安全寓于生产之中，并对生产发挥促进与保证作用。因此，安全与生产虽有时会出现矛盾，但安全、生产管理的目标、目的，表现出高度的一致和完全的统一。

（2）坚持安全管理的目的性。安全管理的内容是对生产中的人、物、环境因素状态的管理，有效地控制人的不安全行为和物的不安全状态，消除或避免事故，达到保护劳动者安全与健康的目的。

（3）必须贯彻预防为主的方针。安全生产的方针是"安全第一、预防为主"。安全第一是从保护生产力的角度和高度，表明在生产范围内安全与生产的关系，肯定安全在生产活动中的位置和重要性。

（4）坚持"四全"动态管理。安全管理涉及生产活动的方方面面，涉及从开工到竣工交付的全部生产过程，涉及全部的生产时间，涉及一切变化着的生产因素。因此，生产活动中必须坚持全员、全过程、全方位、全天候的动态安全管理。

（5）安全管理重在控制。安全管理的主要内容虽然都是为了达到安全管理的目的，但是对生产因素状态的控制与安全管理目的的关系更直接，显得更为突出。因此，对生产中人的不安全行为和物的不安全状态的控制，必须看做是动态安全管理的重点。

（6）在管理中发展提高。既然安全管理是在变化着的生产活动中的管理，是一种动态。其管理就意味着是不断发展的、不断变化的，以适应变化的生产活动，消除新的危险因素。然而更为需要的是不间断的摸索新的规律，总结管理、控制的办法与经验，指导新的变化后的管理，从而使安全管理不断上升到新的高度。

18.1.3 安全管理的主要内容

安全管理的主要内容如下：

（1）安全管理要点，如安全生产许可证，各类人员持证上岗，安全培训记录，安全生产保证体系等。

（2）安全生产管理制度，如安全生产责任制度、安全教育培训制度、安全技术管理制度、安全检查制度等。

（3）认真进行施工安全检查，实行班组安全自检、互检和专检相结合的方法，做好安全检查、安全验收。

（4）安全事故管理，如安全事故报告、现场保护、事故调查与处理等。

（5）施工现场的环境保护、文明施工、消防安全等的管理。

在项目施工中，可具体分为施工准备阶段和施工过程的管理，管理内容如图 18-1 所示。

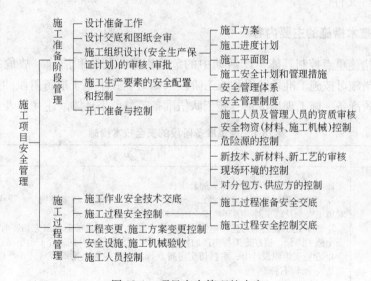

图 18-1 项目安全管理的内容

18.2 安全管理制度及技术措施

18.2.1 安全管理相关制度

（1）安全生产责任制度。安全生产责任制度是所有安全规章制度的核心，它是指将各种不同的安全责任落实到负有安全管理责任的人员和具体岗位人员身上的一种制度。

（2）群防群治制度。群防群治制度需要建筑企业职工在施工过程中，遵守有关生产的法律、法规和建筑行业安全规章、规程，不得违章作业；对于危及生命安全和身体健康的行为有权提出批评、检举和控告。

（3）安全教育培训制度。安全教育培训制度是对广大建筑干部职工进行安全教育培训，提高安全意识，增加安全知识和技能的制度。项目经理要组织全体管理人员进行安全教育，施工工人在进入岗位前，均要进行入场安全教育和岗位安全技术教育。

（4）安全检查制度。安全检查制度是上级管理部门或企业自身对安全状况进行定期或不定期检查的制度。通过检查可以发现问题，查出隐患，从而采取有效措施，把事故消灭在发生之前，做到防患于未然，这是"预防为主"的具体体现。

（5）工伤事故登记制度。施工现场应建立工伤事故登记制度，对工伤事故必须按"四不放过"原则进行处理。事故发生后，事故发生单位应保护好事故现场，采取有效措施抢救人员和财产，防止事故扩大。同时，还应该及时上报有关部门，并组织有关人员进行调查分析，写出事故调查报告，及时呈报有关部门。

（6）安全责任追究制度。施工项目涉及的有关的单位，由于没有履行职责造成人员伤亡或事故损失的，视情节给予相应处理。

（7）施工安全技术交底制度。施工安全技术交底是在工程项目施工前，项目部的技术人员向施工班组和作业人员进行有关工程安全施工的详细说明，并由双方代表签字。安全技术交底一般由技术管理人员根据分部分项工程的实际情况、特点和危险因素编写，它是操作者的法令性文件。

18.2.2　安全技术措施的主要内容

安全技术措施重点控制具体生产活动中的危险因素，预防和消除事故危害。项目施工中，安全技术措施可按施工准备阶段和施工阶段来编写。其中施工准备阶段的技术措施可从技术准备、物资准备、施工现场准备、施工队伍准备等类型来具体阐述（如表 18-1 所示）。

表 18-1　施工准备阶段的安全技术措施

准备类型	主　要　内　容
技术准备	1. 了解工程设计对安全施工的要求； 2. 调查工程的自然环境（水文、地质、气候等）和施工环境（粉尘、噪声、地下设施等）对施工安全及施工对周围环境安全的影响； 3. 改扩建工程施工与建设单位使用、生产发生交叉，可能造成双方伤害时，双方应该签订安全施工协议，搞好施工与生产的协调，明确双方责任，共同遵守安全事项； 4. 在施工组织设计中，编制切实可行、行之有效的安全技术措施，并严格履行审批手续，送达安全部门备案
物资准备	1. 及时供应质量合格的安全防护用品（安全帽、安全带、安全网等），并满足施工需要； 2. 保证特殊工种（电工、焊工、爆破工等）使用的工具、器械质量合格，技术性能良好； 3. 施工机具、设备、车辆等须经安全技术性能检测，鉴定合格，防护装置齐全，制动装置可靠，方可进厂使用； 4. 施工周转材料须经认真挑选，不符合安全要求禁止使用
施工现场准备	1. 按施工总平面图要求做好现场施工准备； 2. 现场各种临时设施、库房等，特别是炸药房、油库的布置，易燃易爆品的存放，都要符合安全规定和消防要求，须经公安消防部门批准； 3. 电气线路、配电设备符合安全要求，具有一定的安全用电防护措施； 4. 场内道路通畅，设交通标志，危险地带设危险信号及禁止通行标志，保证行人、车辆通行安全； 5. 现场周围和陡坡，沟坑处设围栏、防护板，现场入口处设"无关人员禁止入内"的警示标志； 6. 塔吊等起重设备安装要与输电线路、永久或临时工程间有足够的安全距离，避免碰撞，以保证搭设脚手架、安全网的施工距离； 7. 现场设消火栓，配备足够的灭火器材、设施

准备类型	主 要 内 容
施工队伍准备	1. 总包单位及分包单位都应持有《施工企业安全资格审查认可证》，方可组织施工； 2. 新工人、特殊工种工人须经岗位技术培训、安全教育后，持合格证上岗； 3. 高险难作业工人须经身体检查合格，具有安全生产资格，方可施工作业； 4. 特殊工种作业人员，必须持有《特种作业操作证》，方可上岗

施工阶段的安全技术措施从一般工程、特殊工程和拆除工程三个角度来进行编制，如表 18-2 所示。

表 18-2　施工阶段的安全技术措施

工程类型	主 要 内 容
一般工程	1. 单项工程、单位工程均有安全技术措施，分部分项工程有安全技术的具体措施，施工前由技术负责人向参加施工的有关人员进行安全技术交底，并逐级签发和保存"安全交底任务单"。 2. 安全技术应与施工生产技术统一，各项安全技术措施必须在相应的工序施工前落实好。如： 　（1）根据基坑、基槽、地下室开挖深度、土质类别，选择开挖方法，确定边坡的坡度和采取防止塌方的护坡支撑方案； 　（2）脚手架、吊篮等选用及设计搭设方案和安全防护措施； 　（3）安全网（平网、立网）的架设要求，范围、架设层次等； 　（4）对施工电梯、井架等垂直运输设备的位置、搭设要求、稳定性、安全装置等要求； 　（5）施工洞口的防护方法和主体交叉施工作业区的隔离措施； 　（6）在建工程与周围人行通道及民房的防护隔离措施。 3. 针对采用的新工艺、新技术、新设备、新结构制定专门的施工安全技术措施。 4. 在明火作业现场（焊接、切割、熬沥青）有防火、防爆措施。 5. 考虑不同季节的气候对施工生产带来的不安全因素可能造成的各种突发性事故，从防护上、技术上、管理上有预防自然灾害的专门安全技术措施： 　（1）夏季作业时，应有防暑降温措施； 　（2）雨期作业时，应有防触电、防雷、防坍塌、防台风和防洪排水等措施； 　（3）冬季作业时，应有防火、防风、防冻、防滑和防煤气中毒等措施
特殊工程	1. 对于结构复杂、危险性大的特殊工程，应编制单项的安全技术措施，如爆破、大型吊装、沉井、水塔、高层脚手架等； 2. 安全技术措施中应注明设计依据，并附有计算、详图和文字说明
拆除工程	1. 仔细调查拆除工程的结构特点、结构强度、电线线路等现状，制定可靠的安全技术方案； 2. 拆除建筑物、构筑物之前，在工程周围划定危险警戒区域，设置安全立栏； 3. 拆除工作开始前，先切断被拆除建筑物、构筑物的电线，供水、供热、供煤气的通道； 4. 拆除作业应自上而下地进行，禁止数层同时拆除； 5. 栏杆、楼梯、平台应与主体拆除程度配合进行，不能先行拆除； 6. 拆除作业时，工人应站在稳固的结构部分上操作，拆除承重梁、柱之前应拆除其承重的全部结构，防止坍塌； 7. 拆下的构件要及时清理运走，不得在楼板上集中堆放； 8. 一般不采用推倒方法来拆除建筑物，必须采用推倒方法时，应采取特殊安全措施

18.3　安全事故隐患的处理

施工项目安全事故的成因可以归结为四类因素，即人、物、环境、管理，简称"4M"因素，如图 18-2 所示。

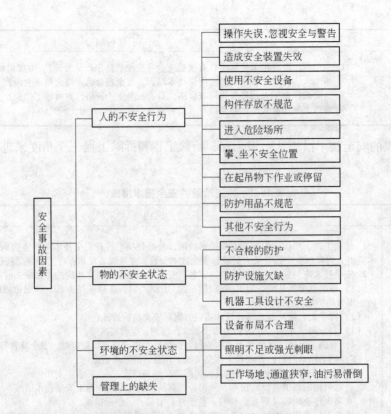

图 18-2　安全管理的不安全因素

18.3.1　人的不安全行为和人的失误

不安全行为是人表现出来的，与人的心理特征相违背的非正常行为。人在生产活动中，曾引起或可能引起事故的行为，必然是不安全行为。然而不安全行为，不一定会导致事故。但是，即使物的因素作用是事故的主要原因，也不能排除隐藏在不安全状态背后的，人的行为失误的转换作用。

人的失误是指人的行为偏离了规定的目标或超出了可接受的界限，并产生了不良影响的行为。在生产过程中，人的失误往往是不可避免的。

（1）人的失误与人的能力具有可比性。在施工过程中，所处的工作环境可能会诱发人出现失误。由于人的这种失误是不可避免的，因此，在生产中凭直觉、靠侥幸，是不能长期保证项目安全生产的。当编制操作程序和操作方法时，侧重考虑生产和产品条件，忽视人的能力与水平，会促使人产生失误。

（2）人失误的类型。在实施活动中，从事生产的操作人员所出现的不安全行为，会导致人失误而发生事故；而发生于管理者的失误，则表现为决策或管理失误，这种失误更具危险性。在不同条件下的人的失误，不同的起因所引发的人的失误，不属于同一类型。

（3）信息处理过程失误。人的这类失误现象是人对外界信息刺激反应的失误，与人自身的信息处理过程与质量有关，与人的心理紧张度有关。人在进行信息处理时，必然要出现失误，是客观的倾向。信息处理失误倾向，都可能导致人失误。因此，在进行工艺、操作、设备等设计时，适当采取一些预防失误倾向的措施，对克服失误倾向是极为有利的。

（4）心理紧张与人失误的关联。人大脑意识水平降低，直接引起信息处理能力的降低，影响人对事物注意力的集中，降低警觉程度，所以说，意识水平的降低是发生人失误的内在原因。当人的工作要求与信息处理能力相适应时，其心理紧张程度最优，处理信息的能力极高而失误最少。

18.3.2 物的不安全状态

人机系统把生产过程中发挥一定作用的机械、物料、生产对象以及其他生产要素统称为物。由于物的能量可能释放引起事故的状态，称为物的不安全状态。如果从发生事故的角度考虑，也可把物的不安全状态看作为曾引起或可能引起事故的物的状态。

在生产过程中，物的不安全状态极易出现。所有的物的不安全状态，都与人的不安全行为或人的操作、管理失误有关。往往在物的不安全状态背后，隐藏着人的不安全行为或人的失误。物的不安全状态既反映了物的自身特性，又反映了人的素质和人的决策水平。

物的不安全状态的运动轨迹，一旦与人的不安全行为的运动轨迹交叉，就是发生事故的时间与空间。因此，物的不安全状态是发生事故的直接原因。因此，正确判断物的具体不安全状态，控制其发展，对预防、消除事故有直接的现实意义。

18.3.3 安全隐患的原因分析

施工安全事故的引发原因及特点是由工程项目的工程特点和施工生产的特点所决定的，因此，在进行事故隐患处理时，必须考虑和适应这些特点，进行有针对性的管理。

18.3.3.1 常见原因

通过大量安全隐患、安全事故的调查分析，并采用系统工程学的原理，利用数理统计的方法，总结出以下导致安全事故的原因：

（1）违章作业、违章指挥和安全管理不到位。

（2）设计不合理与设计缺陷。

（3）勘察文件失真。

（4）使用不合格的安全防护用具、安全材料、机械设备、施工机具及配件等。

（5）安全生产资金投入不足。

（6）安全事故的应急措施制度不健全。

（7）违法违规行为。

（8）其他因素。这些因素包括工程自然环境因素、工程管理环境因素、安全生产责任不够明确等。

18.3.3.2 安全隐患的原因分析方法

一个土木工程安全隐患的发生，可能是由上述原因之一或者多种原因所致，要分析确定是由哪种或哪几种原因所引起，必然要对安全隐患的特征、表现以及其在施工中所处的实际情况和条件进行具体分析，分析的基本步骤如下：

（1）现场调查研究，观察并加以记录，必要时拍照，充分了解与掌握引发安全隐患的现象和特征以及施工现场的环境和条件等。

（2）收集、调查与安全隐患有关的全部设计资料、施工资料。

（3）指出可能产生安全隐患的所有因素。

（4）分析、比较和剖析，找出最可能造成安全隐患的原因。

（5）进行必要的计算分析，予以认证确认。

（6）必要时可征求设计单位、专家等的意见。

18.3.4 安全隐患的处理程序

土木工程施工过程中，由于各种主观、客观原因，可能出现施工安全隐患。若是出现安全隐患，监理工程师应按图 18-3 所示程序进行处理。

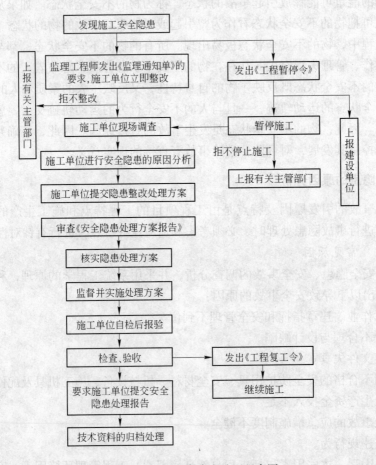

图 18-3 项目安全隐患处理程序图

具体程序内容如下：

（1）当出现施工项目安全隐患时，应立即进行整改。

（2）当出现严重安全事故隐患时，应暂时停止施工，并采取安全防护措施与整改方案，同时上报建设单位和监理工程师。

（3）隐患整改处理方案批准后，应按既定的整改处理方案实施处理并进行跟踪检查。

（4）安全事故隐患处理完毕，施工单位应组织人员检查验收，自检合格后报监理工程师核验。

19　土木工程项目环境管理

本章概要

（1）环境管理的内涵、基本原则和主要内容。

（2）环境管理体系的构建及实施运行。

（3）项目施工全过程的环境管理，包括设计阶段、施工阶段和结束阶段的环境管理。

19.1　环境管理概述

19.1.1　环境管理的内涵

土木工程施工项目环境管理是指在项目施工的全过程中，通过对环境因素的管理活动，使环境不受到污染，使资源得到节约，使社会的经济发展与人类的生存环境相协调。

土木工程项目环境管理的特点如下：

（1）复杂性。建筑产品的固定性和生产的流动性以及受外部环境影响因素多，决定了土木工程项目环境管理的复杂性。

（2）多样性。建筑产品的多样性和生产的单件性决定了土木工程项目环境管理的多样性。

（3）协调性。建筑产品生产过程的连续性和分工性决定了土木工程项目环境管理的协调性。

（4）不符合性。建筑产品的委托性决定了土木工程项目环境管理的不符合性。

（5）持续性。建筑产品生产的阶段性决定了土木工程项目环境管理的持续性。

（6）经济性。建筑产品的时代性和社会性决定了土木工程项目环境管理的经济性。

19.1.2　环境管理的基本原则

土木工程项目管理的基本原则如下：

（1）经济建设与环境保护协调发展的原则；

（2）预防为主、防治结合、综合治理的原则；

（3）依靠群众保护环境的原则；

（4）环境经济责任原则，即污染者付费的原则。

19.1.3　环境管理的主要内容

土木工程项目环境管理的主要内容如下：

（1）施工现场文化建设；

（2）场容管理；

（3）生产秩序管理；

（4）环境污染控制；

（5）文明管理；

（6）节能管理；

（7）安全管理；

（8）绩效考核；

（9）资料管理；

（10）其他管理。例如，施工前了解经过施工现场的地下管线，标出位置，加以保护。施工时发现文物、古迹、电缆等，应停止施工，保护现场并及时报告。

19.2 环境管理体系

环境管理体系是组织整个管理体系的一部分，包括制定、实施、实现、评审和保持环境方针所需要的组织结构、计划活动、职责惯例、程序、过程和资源。

19.2.1 环境管理体系的构建

《环境管理体系——规范和使用指南》（GB/T 24001—1996）规定了环境管理体系的总体结构，包括范围、引用标准、术语和定义、环境管理体系要素四部分，其中环境管理体系要素有 5 个一级要素和与一级要素相对应的 17 个二级要素，如表 19-1 所示。

表 19-1 环境管理体系要素

一 级 要 素	二 级 要 素
（一）环境方针	1. 环境方针
（二）项目策划	2. 环境因素 3. 法律法规和其他要求 4. 目标、指标和方案
（三）实施和运行	5. 资源、作用、职责和权限 6. 能力、培训和意识 7. 信息交流 8. 环境管理体系文件 9. 文件控制 10. 运行控制 11. 应急准备和响应
（四）检查和纠正	12. 监测和测量 13. 合规性的评价 14. 不符合、纠正和预防措施 15. 记录控制 16. 环境管理体系审核
（五）管理评审	17. 管理评审

17 个要素的相互联系、相互作用共同有机地构成环境管理体系的一个整体，如图19-1所示。

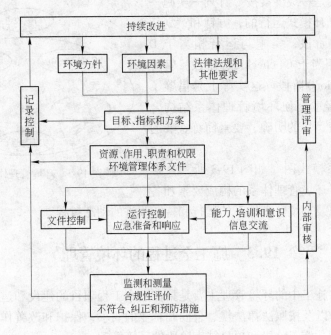

图 19-1 环境管理体系的要素关系

19. 2. 2 环境管理体系的实施运行

整个环境管理体系的运作是从确立"环境方针"开始的；随后进行的是"策划"，即对如何实现环境方针的策划；"实施与运行"则是对策划的实施并使环境管理体系投入运行；"检查"是保持和改进环境管理体系的措施；最后的"管理评审"是对整个循环过程的总结，发现问题及时纠正，如果发现环境方针和目标方面存在问题，则需要提出修改方针的任务，循环到此告一段落。然后通过方针、目标等的修订，又开始了新的循环，如此周而复始永无止境，使组织的环境状况随着每次目标的实现而改善和提高，具体流程如图19-2 所示。

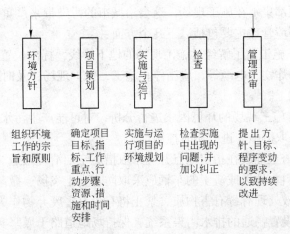

图 19-2 环境管理体系的结构和运行框图

这种运行模式是一级要素按"计划—实施—检查—处置"的循环模式运行的，方针和策划相当于 P（planning）阶段，实施与运行相当于 D（do）阶段，检查相当于 C（checking）阶段，管理评审相当于 A（action）阶段。这实际上是借鉴了质量管理的成功经验，使环境管理体系结构合理、逻辑关系清楚、目的明确、要素简练、普遍使用。

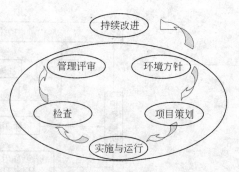

图 19-3　环境管理体系模式图

环境管理体系模式图（如图 19-3 所示）形象、直观地表达了环境管理体系的构成要素和各要素之间的关系以及环境管理体系的运行和持续改进的动态过程。

19.3　施工全过程的环境管理

土木工程项目施工中的环境管理主要是指在土木工程项目的建设和运营过程中对自然和生态环境的保护以及按照法律法规、合同和企业的要求，保护和改善作业现场环境，主要体现为设计阶段、施工阶段和项目结束阶段的环境管理。

19.3.1　设计阶段的环境管理

在工程设计阶段，环境管理的主要目标是最大限度地做好资源和环境的规划设计，以便合理利用。根据环境影响评价文件里对环境产生影响的因素进行仔细的考虑，并结合工程设计要求，提出相应的技术和管理措施，并且反映在设计文件中。

设计必须严格执行有关环境管理的法律、法规和工程建设强制性标准中关于环境保护的相应规定，应充分考虑环境因素，防止因设计不当导致环境问题的发生。

19.3.2　施工阶段的环境管理

施工阶段是土木工程项目环境管理的关键阶段。施工阶段一般时间都比较长，工序复杂，很多的环境问题都集中在施工现场，这会给城市的污染带来严重影响，阻碍社会的和谐发展。施工现场环境管理主要包括以下几个方面：

（1）项目部应在施工前了解经过施工现场的地下管线，标出位置，加以保护。施工时发现文物、古迹、爆炸物、电缆等，应当停止施工，保护现场，及时向有关部门报告，按照规定处理后继续施工。

（2）项目部应对施工现场的环境因素进行分析，对可能产生污水、废气、噪声、固体废弃物等的污染源采取措施，进行实时控制。

1）建筑垃圾和渣土堆放在指定地点并应采取措施定期清理搬运。

2）装载建筑材料、垃圾或渣土的车辆应采取防止尘土飞扬、撒落或流溢的有效措施。

3）应按规定有效处理有毒有害物质，禁止将有毒有害废弃物作为土方回填。

4）施工现场应设置畅通的排水沟渠系统，保持场地道路干燥坚实。

5）有条件时，可对施工现场进行绿化布置。

（3）项目部应根据施工条件和施工总平面图、施工方案和施工进度计划的要求，综合考虑节能、安全、防火、防爆、防污染等因素，认真进行所负责区域场地平面的规划、设计、布置、使用和管理。

（4）项目部应做好施工现场文明施工工作，促进施工阶段环境保护。文明施工是施工企业管理水平的最直观体现，内容包括施工现场的场容管理、现场机械管理、现场文化与卫生等全方位管理。

1）现场文明施工的一般要求。一般包含以下几点要求：

①规范施工现场的场容，保持作业环境的整洁卫生。

②科学组织施工，使施工过程有序进行。

③减少施工对周围居民和环境的影响，保证职工的安全和身心健康。

④管理责任明确，奖惩分明。

⑤定期检查管理实施程度。

2）施工现场的场容管理。场容管理作为施工现场管理的重要方面，无论是政府主管部门，还是施工企业以及项目经理部都应该予以重视。

（5）在工程竣工阶段，现场清理工作会产生大量的建筑垃圾和粉尘，给资源和环境带来很多问题，应重视对建筑垃圾的处理。

19.3.3 结束阶段的环境管理

项目结束阶段的环境管理是一个薄弱环节。在该阶段的主要工作如下：

（1）在主体工程竣工验收的同时，进行环境保护设施竣工验收，保证项目配套的环境保护设施与主体工程同时投入试运行。

（2）应当向环境保护主管部门申请与工程配套建设的环境保护设施的竣工验收，并对环境保护设施运行情况和工程项目对环境的影响程度进行监测。

（3）对土木工程项目环境保护设施效果进行监控与测量，是对环境管理体系的运行进行监督的重要手段。为了保证监测结果的可靠性，应定期对监测和测量设备进行校准和维护。

（4）在项目后评价中应该对土木工程项目环境设施的建设、管理和运行效果进行调查、分析、评价，若发现实际情况偏离原目标、指标，应提出进一步改进的意见和建议。

20　土木工程项目可持续发展管理

本章概要

（1）可持续发展的内涵、基本原则及其目标的主要内容。

（2）项目经济协调与可持续发展的内涵、评估内容和评估方法。

（3）项目社会协调与可持续发展的内涵、评估内容和评估方法。

（4）项目环境协调与可持续发展的内涵、评估内容和评估方法。

20.1　可持续发展管理概述

20.1.1　可持续发展的内涵

本书将土木工程项目可持续发展的概念定义为：在项目形成和发挥其服务功能的整个寿命周期内，所接近或达到既满足当代人的需要，又不损害后代人满足自身需要的能力，既要能实现项目本身的可持续发展，又要能与环境、社会、经济三大系统保持长期动态协调发展。

（1）生态文明与人的和谐是可持续发展的思想基础。不同于传统工业文明中"人是自然的主人"的理论思想，现代生态文明的发展观信奉"人是自然的一员"。它强调人在经济社会活动中应遵循生态学原理，达到人与自然的和谐相处、相互协调。

（2）整体观念和未来取向是可持续发展的行为准则。可持续发展的思想从人与自然的关系出发推进到人与人之间的关系。它要求现有的发展主体对自己的发展行为采取某种程度的自律。

（3）控制人口，节约资源和保护环境是可持续发展的根本战略。人口增长的数量，人均使用资源的数量以及由此带来的环境质量下降的程度是影响一个国家社会发展可持续性的最重要因素。因此，在实践中，可持续发展的思想就要具体化为"控制人口，节约资源，保护环境"的根本战略。

20.1.2　可持续发展的基本原则

对工程项目可持续发展的影响因素包括：项目的经济效益、项目的资源利用情况、项目的可改造性、项目的环境状况、项目的科技进步情况、项目的可维护性等几方面。因此在这些影响因素的基础上需遵守下面几个基本原则：

（1）公平性原则。此原则强调项目的可持续发展是一种机会、利益均等的发展。它既包括同代内区际间的均衡发展，也包括代间的均衡发展，又不损害后代人的发展能力。

（2）协调性原则。项目可持续发展的关键是使项目与社会、经济、环境协调发展。欲实现这一目标需要全方位做好项目协调管理工作，协调项目全寿命周期中与生态环境的关系，协调项目全寿命周期中与社会的关系，协调项目全寿命周期中与经济发展的关系。

（3）可持续性原则。此原则强调项目的建造不能使项目所在地区的社会、经济发展受阻，不能超越资源与环境的承载能力。在"发展"的概念中还包含着制约的因素。最主要的限制因素是人类赖以生存的物质基础——自然资源和环境。资源的永续利用和生态系统的可持续性是项目保持持续发展的首要条件。

（4）共同性原则。此原则强调项目可持续发展是超越地区、文化、社会、经济和历史的障碍来看待问题的，要认识到世界是一个统一的整体。尽管各个地区的社会文化、经济基础和发展目标不一致，但是它们体现的公平性、协调性、可持续性原则是共同的，并且为实现项目可持续发展这一目标，各个地区都要调整政策，全力支持项目的建设。

（5）需求性原则。项目可持续发展则坚持公平性和长期性的可持续发展，为了刺激各个地区的发展，满足人民的基本需求，给所有人充分发挥的自由。

20.1.3 可持续发展目标的主要内容

土木工程项目的可持续性包括项目企业组织的可持续性、生态环境的相容性、技术的清洁性、社会的公正性、经济的合理性等几个方面。

（1）项目企业组织的可持续性。所谓企业组织可持续发展，是指企业在追求自我生存和永续发展的过程中，既要考虑企业经营目标的实现和提高企业市场地位，又要保持企业在已领先的竞争领域和未来扩张的经营环境中始终保持持续的盈利增长和能力的提高，保证企业在相当长的时间内长盛不衰。

（2）生态环境的相容性。生态环境的相容性指工程项目能保持或增强生态环境对其的承载力和对其具有适应性以及其对生态环境资源利用的永续性。

（3）技术的清洁性。技术的清洁性指工程项目在其整个实施过程中所采用的技术满足清洁生产要求的程度。清洁生产是变传统的终端控制为过程控制，将综合预防的环境保护策略持续应用于生产过程和产品中，以期减少对人类和环境的风险。

（4）社会的公正性。社会的公正性是指工程项目在不对后代的生存基础和发展空间构成威胁的前提下，能为逐步提升其目标受益群体的生活品质和不断丰富生活内容，在促进人口素质、文化教育、公众健康和社会公正等社会事业发展方面的贡献程度。

（5）经济的合理性。经济的合理性是指工程项目在充分承认并考虑生态环境的完整价值与成本的前提下，保证生态资源持续利用和减轻环境污染，增加社会财富和福利的能力。

上述几个方面是相互联系的，生态环境的相容性和技术的清洁性分别从自然和技术层面体现可持续发展资源观，经济合理性从经济层面体现可持续发展价值观，而社会公正性则是可持续发展道德观和资源观的体现。项目企业组织的可持续性是为了实现项目本身的可持续发展，生态环境相容性是工程项目促进可持续发展的基础，技术的清洁性是工程项目促进可持续发展的手段，经济合理性是工程项目促进可持续发展的保障，而社会可持续性则是工程项目促进可持续发展的终极目标。

20.2　经济协调与可持续发展

长远来看，经济协调可持续发展和社会协调可持续发展、环境协调可持续发展的终极目标相同，就是要达到社会-环境-经济的三位一体，协调统一，从而实现人的全面发展。由于我国目前生产力水平仍处于较低水平，因此我国的发展重点在经济方面。所以，土木工程项目经济协调与可持续发展是核心问题。

20.2.1　经济协调与可持续发展的内涵

工程项目经济协调与可持续发展是指工程项目在满足社会发展对它提出的更高需求的同时，综合考虑并保证其自身的经济性及社会经济可持续发展的实现，以实现工程项目内部的经济性及其与外部社会经济性之间长期的动态协调及可持续发展。

工程项目的经济性主要从两个层面来分析：一是项目本身的经济性，即项目本身的盈利能力和偿债能力；二是项目外部的经济性，主要是指对国民经济的影响或对区域经济的影响。对于一些大型的跨多国项目，甚至还要考虑其对国际经济的影响。

20.2.2　经济协调与可持续发展的评估内容

从经济层面上来说，土木工程项目可持续发展将从两个方面展开：一个是项目本身的可持续发展，即项目的财务评估；另一方面是项目国民经济影响评估。土木工程项目经济协调与可持续发展的评估就要从这两个方面展开。

20.2.2.1　项目的财务评估

财务评估是指在国家现行的财税制度价格条件下，从企业或项目角度出发，对工程项目本身的费用、效益进行综合评估。

A　收入和成本的估算

a　投资估算

投资估算是指在整个投资决策过程中，依据现有的资料和一定的方法，对工程项目的投资额进行的估计。要进行项目经济评估，首先要估算项目所需的总投资。项目总投资包括固定资产投资、无形资产投资和流动资产投资。

（1）固定资产投资估算。固定资产是指投入到固定资产再生产过程中去的资金以及为建造或购置固定资产所支付的那部分资金。其估算的方法有：单位生产能力投资估算法、生产能力指数估算法、工程系数估算法、概算指数估算法等。

（2）无形资产投资估算。无形资产是指依次投入为取得土地使用权利和专利权、非专利技术等所花费的投资支出。

（3）流动资产投资估算。流动资产投资是指工程项目建成投资后垫支在原材料、在产品、产成品等方面的流动资金。其估算方法包括分项详细估算法和扩大指标估算法两种。

b　收入估算

产品销售（营业）收入是指项目投产后销售产品（提供劳务）取得的收入。估算过程为：首先明确产品销售市场，根据项目的市场调查和预测分析结果分别估算外销和内销的销售量。然后，根据产品的销售去向和市场需要，并考虑国内外产品价格变动趋势来确定产品的销售价格。最后，确定销售收入。

c 成本估算

产品成本是反映产品在生产过程中物质资料和劳动消耗的综合指标。通过项目投产后年成本和年销售收入的比较，可以反映项目的盈利水平。一般应按下列项目估算：原材料燃料和动力、职工工资及福利费、固定资产折旧费、无形资产摊销费、投资借款利息、其他费用。

d 税金估算

项目投产后年收入扣除年成本和资源税后的余额，就是年利税额。但是，项目的利税额并不全部归企业分配，只有扣除应向国家交纳的所得税后，剩下的税后利润才归企业分配，因此，在计算项目投资经济效益时，必须对项目投产后各个年度的税金加以估算。

B 财务评估分析

对项目进行财务效益分析和评价时，主要进行项目的盈利能力分析和清偿能力分析。财务评价的盈利能力分析主要是考察投资的盈利水平；财务评价的清偿能力分析主要是考察计算期内各年的财务状况及偿债能力。

20.2.2.2 国民经济影响评估

国民经济评价是按照资源合理配置的原则，从国家整体角度考察项目的效益和费用，能够反映商品或生产要素可用量的边际变化对国民经济的价值；同时，国民经济评价能用全局的观点和长远的观点来分析项目的盈利，把国家经济效益和社会效益放在首位，有利于处理好国家、地方和企业的关系。

A 项目经济效益和费用的划分

项目国民经济效益评估应从整个国民经济的发展目标出发，考察项目对国民经济发展和资源合理利用的影响。项目的效益是指项目对国民经济所做的贡献，分为直接效益和间接效益。项目的费用是指国民经济为项目所付出的代价，分为直接费用和间接费用。直接效益是指项目生产出合格的产品所产生的并可以在项目范围内计算的经济效益。间接效益是指项目为国家及社会做出贡献，而项目本身并未得益或少得益的那部分效益。直接费用是指项目使用投入物所产生在项目范围内计算的经济费用。间接费用是指国家及社会为项目付出代价，而项目本身并不需要支付的那部分费用。

B 评估内容

国民经济评价的内容一般包括投资净产值分析、投资纯收入分析、投资净效益分析、经济净现值和经济内部收益率分析、外汇效益分析及社会效益分析等，有时还需要对社会最终产品的增减，对生态、环境的影响以及对产业和国家安全等方面做出定量和定性的分析，尤以定性分析为多。其中应用较多的方法是经济净现值和经济内部收益率，是为了从动态角度反映项目的国民经济盈利能力所计算的指标。

20.2.3 经济协调与可持续发展的评估方法

对工程项目经济协调与可持续发展的分析，主要针对财务评价和区域经济评价。常用的方法有净现值分析法、内部收益率分析法、效益-费用分析法、效果-费用分析法四种。

20.2.3.1 净现值分析法

净现值是指把项目计算期内各年的净现金流量，按照一个给定的标准折现率折算到建设期初的现值之和。在工程项目财务分析中，净现值 NPV（Net Present Value）指标是最重要的指标之一，所谓的净现值是指项目按基准收益率 i 将各年的净现金流量折现到建设起点的现值之和，其表达式为：

$$NPV(i) = \sum_{t=0}^{n} (CI_t - CO_t)(1 + i)^{-t}$$

式中，CI_t 为第 t 年的现金流入量；CO_t 为第 t 年的现金流出量；n 为项目的寿命期。若 $NPV \geq 0$，说明该项目可以接受；若 $NPV < 0$，则该项目不予接受。

净现值法考虑了资金的时间价值并全面考虑了项目在整个寿命期内的经济情况；经济意义明确直观，能够直接以货币额表示项目的净收益；还可以直接说明项目投资额与资金成本之间的关系。但是该方法必须首先确定一个符合经济现实的基准收益率，而收益率的确定往往是比较困难的；此外，这种方法不能直接说明项目运营期内各年的经济成果，也不能真正反映项目投资中单位投资的使用效率。

20.2.3.2 内部收益率分析法

内部收益率是指使净现金流量的净现值等于零的折现率，其表达式为：

$$NPV(IRR) = \sum_{t=0}^{n} (CI - CO)_t (1 + IRR)^{-t} = 0$$

式中，$(CI - CO)_t$ 为第 t 年的净现金流量；n 为项目的寿命期。鉴于基准收益率表示的是投资的边际成本，内部收益率的评价标准是：$IRR \geq i$ 时，可以考虑接受该项目；$IRR < i$ 时，可以考虑拒绝该项目。

内部收益率的优点同净现值一样，既考虑了资金的时间价值，又考虑了项目整个寿命期内现金流的情况。此外，内部收益率最大的优点是可以由项目的现金流直接确定，而不受基准收益率高低的影响，比较客观。因此，内部收益率和净现值一样，成为项目经济评价中的重要指标。缺点是计算过程复杂，尤其当经营期大量追加投资时，有可能导致内部收益率方程无解或者出现多个解，此时的评价相对来说比较麻烦，本教材不对此做出具体说明。

20.2.3.3 效益-费用分析法

效益-费用分析法是把每一经济行为对社会的全部影响和效果折算为用货币单位表示的效益和费用，通过项目发生的效益和费用的对比，按净收益对项目的经济性做出评价。效益-费用分析是将货币化的效益和费用进行比较和评价，所以这种评价可以像盈利性项目那样，使用净现值、净年值、内部收益率等评价指标及评价准则。

效益费用比指标是项目的效益现值与费用现值之比，其表达式为：

$$(B/C) = \frac{\sum_{t=0}^{n} B_t (1 + i)^{-t}}{\sum_{t=0}^{n} C_t (1 + i)^{-t}}$$

式中，B_t 是项目第 t 年的效益；C_t 是项目第 t 年的费用；i 是基准折现率；n 为项目的寿命期。若 $(B/C) \geq 1$，项目可以考虑接受；若 $(B/C) < 1$，项目应予以拒绝。

20.2.3.4 效果-费用分析法

对公益性项目而言，其产生的很多无形效益是无法用货币表示的，如项目对文化、教育、卫生、环保等方面的影响，这时若还采用效益-费用分析法分析就难以正确评价项目了。此时可以采用效果-费用分析法，直接用非货币化的效果指标与费用进行比较。

若某公益性项目的无形效益可用单一指标来衡量，就可以采用效果-费用分析法，计算指标一般用（E/C）表示，即

$$（E/C）= 效果 / 费用$$

其判定准则是：投入费用一定效果最大或者效果一定费用最小或者效果费用比最大的项目最佳。

20.3　社会协调与可持续发展

可持续发展是社会协调管理进一步深化的新的理论形态，它强调经济发展不仅要考虑与文化、政治等社会其他因素协调发展，还必须考虑到自然系统支持未来进一步发展的可能性。这就是说，只有顾及自然环境要素的社会协调发展，才能保证社会的持续发展。

20.3.1　社会协调与可持续发展的内涵

所谓社会协调与可持续发展，可理解为在不危害后代人满足其需求的前提下，以满足当代人的需求为目的，实现土木工程项目与社会的协调发展。

社会协调与可持续发展包含了几层含义，具体如下：

（1）它强调了工程项目社会协调与可持续发展的前提，即不危害后代人满足其需求的能力。

（2）它强调了工程项目社会协调与可持续发展的目的，是满足当代人对工程项目的需求。这就反映了社会协调与可持续发展的发展性原则。

（3）它强调了工程项目的协调发展，不仅指要适应社会发展的状况，还应适应工程项目发展的状况以及工程项目系统内部要素之间的协调发展。这反映了全面协调性原则。

（4）它强调工程项目的社会协调与可持续发展要注重公平。

（5）它强调了工程项目社会协调与可持续发展的一致性。

20.3.2　社会协调与可持续发展的评估内容

工程项目社会协调与可持续发展的评估内容包括项目的社会影响分析、项目与所在地区的互适性分析和社会风险分析等。

20.3.2.1　社会影响分析

项目的社会影响分析在内容上可分为三个层次、四个方面的分析，即分析在国家、地区、项目社区三个层次上展开，对国家和地区的影响属于宏观层面，对项目社区的影响属于微观层面。一般来讲，广义的社会影响评估内容包括项目对社会环境、社会经济、自然与生态环境以及自然资源等方面的影响。

（1）项目对所在地区居民收入及其分配的影响。

（2）项目对所在地区居民生活水平和生活质量的影响。

（3）项目对所在地区居民就业的影响。

（4）项目对脆弱群体的影响。

（5）项目对所在地社区结构的影响。

（6）项目对所在地区文化、教育、风俗习惯及宗教信仰的影响。

（7）项目对当地基础设施、城市化进程等的影响。

（8）项目对所在地区社会福利、健康、安全的影响。

（9）项目对所在地区不同利益群体的影响。

通过以上分析，对项目的社会影响做出评估，编制项目社会影响分析表，如表 20-1
所示。

表 20-1　项目社会影响分析表

序　号	社　会　因　素	影响的范围、程度	可能出现的后果	措施或建议
1	对居民收入的影响			
2	对居民生活水平和生活质量的影响			
3	对居民就业的影响			
4	对脆弱群体的影响			
5	对社区结构的影响			
6	对文化、教育、风俗习惯及宗教信仰的影响			
7	对基础设施、城市化进程等的影响			
8	对社会福利、健康、安全的影响			
9	对不同利益群体的影响			

20.3.2.2　互适性分析

互适性分析指的是项目与当地技术、组织和文化的相互适应性，主要分析预测项目能
否为当地的社会环境、人文条件所接纳以及当地政府、居民支持项目存在与发展的程度，
考察项目与当地社会环境的相互适应关系。

（1）分析预测与项目直接相关的不同利益群体对项目建设和运营的态度及参与程度，
选择可以促使项目成功的各利益群体的参与方式，对可能阻碍项目存在与发展的因素提出
防范措施。

（2）分析预测与项目所在地区的各类组织对项目建设和运营的态度，可能在哪些方
面、在多大程度上对项目予以支持和配合。

（3）分析预测项目所在地区现有技术、文化状况能否适应项目建设和发展。

通过项目与所在地的互适性分析，就当地社会对项目适应性和可接受程度做出评价，
编制社会对项目的适应性和可接受程度分析表，如表 20-2 所示。

表 20-2　社会对项目的适应性和可接受程度分析表

序　号	社　会　因　素	适应程度	可能出现的问题	措施或建议
1	不同利益群体			
2	当地组织机构			
3	当地技术文化条件			

20.3.2.3　社会风险分析

项目的社会风险分析是对可能影响项目的各种社会因素进行识别和排序，选择影响面
大、持续时间长，并容易导致较大矛盾的社会因素进行预测，分析可能出现这种风险的社
会环境和条件。

通过分析社会风险因素，编制项目社会风险分析表，如表 20-3 所示。

表 20-3　社会风险分析表

序　号	风险因素	持续时间	可能导致的后果	措施或建议
1	移民安置问题			
2	民族矛盾、宗教问题			
3	弱势群体支持问题			
4	受损补偿问题			
⋮				

20.3.3　社会协调与可持续发展的评估方法

对于经济和环境方面的评价，现在已经形成了一套比较系统的定量评价指标，而对社会影响评价而言，则以定性分析为主。在此，简要介绍目前项目社会影响评价中常用的一些分析方法。

20.3.3.1　定量分析法

定量分析法是对社会现象的数量特征、数量关系与数量变化的分析，是依据统计数据，运用统一的量纲、一定的计算公式及判别标准（参数），建立数学模型，并用数学模型计算出分析对象的各项指标及其数值的一种方法。

20.3.3.2　矩阵分析总结法

矩阵分析总结法是将社会协调与可持续发展评价的各种定量与定性分析指标列一矩阵表——"项目社会评价综合表"。将各项定量与定性分析的单项评价结果，按评价人员研究决定的各项指标的权重排列顺序，列于矩阵表中，使各项单项指标的评价情况一目了然。然后由评价者对此矩阵表所列的指标进行分析，阐明每一指标的评价结果及其对项目的社会可行性的影响程度。最后归纳，指出影响项目社会可行性的关键所在，从而提出对项目社会协调与可持续发展评价的总结评价，确定项目从社会因素方面分析是否可行的结论。

20.3.3.3　有无对比分析法

有无对比分析法是指对有项目情况和无项目情况的社会影响对比分析，有项目情况减去同一时刻的无项目情况，就是由于项目建设引起的社会影响。通过有无项目的对比分析，确定拟建项目所引起的社会环境变化，即各种效益与影响的性质和程度。当然，实践中，经过有无对比分析，确定各种影响的性质与程度比较复杂，因为有时基准线预测可能不准确，特别是有可能受到不同的政策、体制的变化的影响。

20.3.3.4　利益群体分析法

利益群体是指与项目有直接或间接的利害关系，并对项目的成功与否有直接或间接影响的所有有关各方。具体分析步骤首先是构造项目各利益相关者一览表；然后评价各利益相关者对项目成功与否所起作用的重要程度；之后，根据项目目标，对项目各利益相关者的重要性做出评价；根据以上各步的分析结果，提出在项目实施过程中对各利益相关者应采取的措施。

20.3.3.5　逻辑框架分析法

社会协调与可持续发展评价用逻辑框架分析法分析事物的因果关系，通过分析工程项目的一系列相关变化过程，明确项目的目标及其相关联的先决条件，改善项目的设计方案。项目的社会分析运用逻辑框架分析法，可以明确项目的目标及其内外部关系。这种分析方法比较简明，使人们对项目有个明确的轮廓概念。

20.3.3.6　多目标综合评价法

多目标综合评价有多种方法，以下对各方法进行简要评述。

（1）专家评分法。专家评分法是在定量和定性分析的基础上，以打分等方式做出定量评价，其结果具有数理统计特性。专家评分法的最大优点是：在缺乏足够统计数据和原始资料的情况下，可以做出定量估价及得到文献上还来不及反映的信息，特别是当方案的价值在很大程度上取决于政策和人的主观因素，而不主要取决于技术性能时，专家评分法较其他方法更为适宜。

（2）德尔菲法。德尔菲法（Delphi 法）较为严密和完善，它经过大量的实验，得出的专家意见分布接近于正态分布的结论，由此作为对数据进行处理的数学基础。它考虑了指标的重要程度、专家的权威系数和积极性系数，并计算专家意见的集中度、协调系数和变异系数，进行显著性检验，从而使之成为预测和决策的权威方法而风行全球。

（3）层次分析法。层次分析法是一种综合定性与定量方法，其基本思想是：先按问题的要求把复杂的系统分解为各个组成因素；将这些因素按支配关系分组，建立起一个描述系统功能或特征的有序的递阶层次结构；然后对因素间的相对重要性按一定的比例标度进行两两比较，由此构造出上层某因素的下层相关因素的判断矩阵，以确定每一层次中各因素对上层因素的相对重要顺序；最后在递阶层次结构内进行合成而得到决策因素相对于目标的重要性的总顺序。

（4）数据包络分析法（DEA 法）。数据包络分析法应用数学规划模型计算比较决策单元之间的相对效率，对评价对象提出评价。DEA 法不仅能解多输入单输出问题，还适用于具有多输入多输出的复杂系统。通过对输入和输出信息的综合分析，DEA 法可以得出每个方案综合效率的数量指标，据此将各方案定级排队，确定有效的（即相对效率高的）方案，并可给出其他方案非有效的原因和程度。

（5）灰色决策评价法。灰色决策评价法是借用模糊数学、运筹学、系统工程学中的一些高等数学模型进行系统分辨决策的一种方法。它是指基于灰色系统的理论和方法，针对预定的目标，对评价对象在某一阶段所处的状态做出评价。

20.4　环境协调与可持续发展

可持续发展把环境建设作为实现发展的重要内容，因为环境建设不仅可以为发展创造出许多直接或间接的经济效益，而且可为发展保驾护航，为发展提供适宜的环境与资源；可持续发展把环境保护作为衡量发展质量、发展水平和发展程度的客观标准之一。可见，环境管理与可持续发展主要体现在协调上，协调好二者的关系，便可以做到项目的可持续发展。因此，土木工程项目的环境协调与可持续发展便成为当今的热点问题。

20.4.1　环境协调与可持续发展的内涵

土木工程项目环境协调与可持续发展就是指在体现公平性、协调性、可持续性的基础上，建立以工程项目生态思维为基础的社会环境伦理观，发展环境科学技术，实现经济的有机增长，不断完善环境政策与环境法制体系，实现土木工程项目与环境协调、持续的发展。

土木工程项目环境协调与可持续发展包含以下两方面的内容：

（1）工程项目与环境保护相协调。自然生态环境是人类生存和社会发展的空间基础，可持续发展就是要谋求实现社会经济与生态环境的协调发展。工程项目对环境的影响是巨大的，项目在建设过程中产生大量的废水、废气和建筑垃圾，产生噪声污染、光污染、振动、粉尘，占用土地，破坏景观等一系列环境问题。因此，在项目的建设中应利用现代环境科学和工程的理论和方法，协调工程项目和环境的关系，解决各种环境问题，以促进工程项目环境协调管理与可持续发展的实现。

（2）工程项目与资源利用的协调发展。可持续发展是在对资源实行最优化利用基础上的发展，强调节约资源、保护资源和最大限度地利用资源，减少人类赖以生存的地球资源的浪费。项目的建设要占用一定的土地，会对植被、森林等造成破坏，其原材料、建材等消耗量也较多，因此工程项目规划、建设、运营必须走集约型发展道路。当社会、经济发展到一定阶段，资源的承载能力可能会接近一个极限值，工程项目的发展相应受到限制，需要通过调整结构，提高科技含量等方式来缓冲压力，否则就可能趋于停滞，甚至成为社会经济发展的瓶颈。

20.4.2　环境协调与可持续发展的评估内容

环境协调与可持续发展评估是以协调发展和可持续发展的价值观去评价和预评价各种对环境系统有重大影响行动的后果，然后采取必要的对策和行动做出决策。

由于工程项目改变了所在区域的环境特征，不可避免地将对环境造成较大的影响，这就要求在项目可行性研究、设计、施工和运营阶段，认真执行环境影响评价制度，对规划和工程项目实施后可能造成的环境影响进行分析、预测和评估，进而对环境影响做出全面合理的评估，采取有效的措施，进行全面的环境保护。工程项目环境协调与可持续发展的评估大体可分为以下三个阶段：

第一阶段为准备阶段，主要研究国家有关的法律和规定。对工程项目进行初步的工程分析，开展初步的环境现状调查，进行环境影响识别，筛选重点评估项目，确定各环境要素评估的范围及其精度，编制环境影响评价工作大纲，并送环境保护管理部门审查；

第二阶段为正式工作阶段，按评价大纲的要求，全面并有重点地开展各环境要素的环境影响预测，主要工作是工程分析和环境现状调查，并进行环境影响预测和评估环境影响；

第三阶段为报告书编制阶段，汇总和分析第二阶段工作取得的各种数据、资料，得出结论，完成环境影响报告书的编制。环境影响报告书应着重回答项目的选址正确与否以及所采取的环保措施是否满足需求。如对原选址做出否定结论，则对新选厂址的评估应重新进行。

在进行土木工程项目环境协调与可持续发展的评估时，应按如下步骤进行：

（1）工程分析。拟建项目的工程分析是环境影响评价的重要组成部分，应将工程项目分解成如下环节进行分析。

1）工艺过程：通过工艺过程分析，了解各种污染物的排放源、排放强度，了解废物的治理回收、利用措施等。

2）原材料的储运：了解原材料的装卸、储运及预处理情况。

3）交通运输：调查交通运输工具、设备及运输物资的特性、沿途泄露的可能性及沿途的土地利用情况。

4）厂地的开发利用：分析厂地开发利用的环境影响，如农田的损失、居民的搬迁、景观的变化、施工时期噪声、振动及土壤侵蚀等的影响。

5）其他影响：主要指事故与泄露，判断其发生的可能性及发生的频率。

（2）环境影响识别。环境影响识别就是要找出所有受影响（特别是不利影响）的环境因素，以使环境影响预测减少盲目性，环境综合分析增加可靠性，污染防治对策具有针对性。

（3）环境影响预测。经过环境影响识别后，主要环境影响因子已经确定。这些环境因子在人类活动开展以后，究竟受到多大影响，需进行环境影响预测。目前常用的预测方法有数学模式法、物理模式法、类比调查法和专业判断法。

20.4.3　环境协调与可持续发展的评估方法

20.4.3.1　图形法

图形法是将评估的地区划分为若干地理单元。在每一单元，将调查和监测分析的结果和影响评估值，按照绘制地图和统计图的方法，绘制成环境影响评价地图。然后把这些地图衬于地区图纸上，制成复合图。这种图能反映环境质量评估结果以及地区环境的空间结构和分布规律，一般以网络图、类型图或分区图表示。

图形法的优点是简便易行，能一目了然地认识有关环境质量影响状况、动态及发展规律，指明影响的性质和程度；缺点是表达不够全面、细致，不能对土木工程项目的影响做出定量表示。

20.4.3.2　列表法

列表法是将环境影响参数和工程开发方案同时列在一种表格里进行表达的方法。譬如，把建设方案分成规划设计、施工和运行三个阶段，把方案可造成的影响如大气质量、水质、土壤、噪声、社会、经济等中的每一项再分成若干等级，与上述阶段排列在一种表格里。

列表法的好处是能全面表示各个行动计划对有关环境项目的相对影响情况；缺点是项目繁多，在选择方案时，显得紊乱。

20.4.3.3　指数法

指数法是利用某种函数曲线作图的方法，把环境影响参数变成环境影响质量指数或评价值来表示开发项目对环境造成的影响，并由此确定可供选择的方案。具体做法如下：

（1）将各种环境影响参数通过评价函数计算转换成环境质量值。

（2）环境质量的指数取值范围为 0～1 之间。0 代表质量最差，1 代表质量良好；对大气、水质而言，0 代表最大容许浓度，1 代表自然环境本底值。

（3）根据环境影响参数和环境质量指数绘出函数图。

（4）根据函数图或根据环境质量参数值，确定供选择的方案。

指数法条理清楚，选择性强，能全面表达主要变化，但难以强调社会经济方面的评估。

20.4.3.4　矩阵法

矩阵法是把计划行动和受影响的环境特性组成一个矩阵，矩阵横轴上列出计划行动，纵轴上列出环境特性和条件，然后在矩阵各栏目上列出 1～10 的数值，1 表示影响小，数值增大表明影响增大，10 表示影响强烈，从而以定量或半定量的数据表示计划行动对环境影响的大小。

矩阵法是一种综合评估法，能表示出物理（生态环境）、社会（经济环境）等多种行动和项目的关系；缺点是不能预测综合汇集的指数，选择性较差。

20.4.3.5 模型法

模型法可采用多种模型，如生态系统模拟模型、动态系统模拟模型、综合环境模型、污染分析模型等。但不管哪一种模型都是把开发、生产、资源、能源和环境污染、社会经济影响等复杂关系整个构成各种能模拟实际情况的关系式、图示或程序，从而预测环境变化和污染状况，评估土木工程项目或计划行动带来的环境影响。

+—+

小 结

本专题分为 6 章，每个章节的具体阐述内容大致如下：

第 15 章是土木工程项目质量管理，重点阐述了项目施工各个阶段的质量控制。将施工中的项目前期策划阶段、勘察设计阶段、施工阶段和工程竣工验收阶段四个阶段，从其相关因素分析、质量控制的实施、关键环节、结果处理等角度，对其进行有针对性的阐述。

第 16 章是土木工程项目进度管理，重点讲述进度计划系统的编制，提出了不同的编制方法，并进行相关的工期优化、费用优化和资源优化；其次讲述的是进度计划的检查与调整。

第 17 章是土木工程项目成本管理，着重介绍施工项目成本管理的控制工作，包括施工前的预控体系、施工过程消耗控制和事后纠偏控制等；其次介绍成本管理的方法和纠偏分析方法。

第 18 章是土木工程项目安全管理，主要介绍了施工过程安全管理的相关制度、各种安全技术措施以及由此总结出的人的不安全行为和物的不安全状态，安全隐患的处理程序等，从施工前的预控、施工过程中的实施管理以及施工后的结果处理等角度，对施工中的不稳定因素进行全面的控制与管理。

第 19 章是土木工程项目环境管理，首先是从项目环境管理体系谈起，介绍了该体系的构建及实施运行；其次着重阐述施工过程中的设计阶段、施工阶段和项目结束阶段的环境管理。

第 20 章是土木工程项目可持续发展管理，首先阐述了可持续发展的内涵、基本原则、目标管理的内容；其次从内涵、评估内容和评估方法角度出发，依次讲述环境协调、社会协调、经济协调与可持续发展。

+—+

思 考 题

5-1 施工质量的影响因素"4M1E"具体指什么，如何对其进行质量控制？

5-2 在工程项目的勘察设计阶段，图纸会审的主要内容有哪些？

5-3 简述施工项目进度控制的影响因素。

5-4 如何从项目施工前、施工过程中、施工后三个角度，对施工项目进行进度控制？

5-5 如何对施工项目进度计划进行工期优化、费用优化和资源优化？

5-6 当出现进度偏差时，如何分析该偏差对后续工作和对总工期的影响？

5-7 简述施工项目进度计划的调整方法。

5-8 某建筑公司通过公开招标中标某商务中心工程，合同工期为 10 个月，合同总价为 4000 万元。项目经理在第 10 个月时对该工程前 9 个月的各月费用情况进行了统计检查，有关情况见下表。

工程前 9 个月的各月费用情况

月　份	计划完成工作预算费用/万元	已完成工作量/%	实际发生费用/万元
1	220	100	215
2	300	100	290
3	350	95	335
4	500	100	500
5	660	105	680
6	520	110	565
7	480	100	470
8	360	105	370
9	320	100	310

问题:

(1) 简述挣得值中三个时间参数的代号及其含义。

(2) 计算各月的 BCWP 及 9 个月的 BCWP。

(3) 计算 9 个月累计的 BCWS、ACWP。

(4) 计算 9 个月的 CV 和 SV,并分析成本和进度状况。

(5) 计算 9 个月的 CPI 和 SPI,并分析成本和进度状况。

5-9　某工程的三费用曲线如下图所示,试分析该工程的费用和进度的偏差情况,并说明应该采用怎样的应对措施?

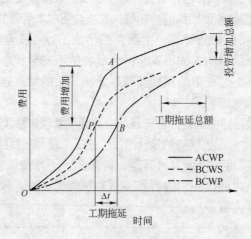

某工程的三费用曲线

5-10　什么是项目的安全隐患,施工安全事故的引发原因有哪些?

5-11　环境管理体系模式是什么?

5-12　简述社会协调与可持续发展的内涵及评估内容。

5-13　简述经济协调与可持续发展的评估方法。

专题六　土木工程项目合同管理

土木工程合同确定工程项目的成本、工期和质量等目标，规定合同双方责权利关系，所以合同管理是土木工程项目管理的核心。合同管理贯穿于土木工程项目实施的全过程和实施的各个方面，对整个土木工程项目的实施起总控制和总保证的作用。

21　土木工程项目合同管理概述

本章概要

（1）合同的概念，合同法律和相关制度，包括代理制度、合同担保制度、时效制度等。

（2）土木工程项目合同管理体系：业主的主要合同体系，承包商的主要合同体系。

21.1　土木工程项目合同法律基础

土木工程项目由于建设周期长、合同金额大、参建单位众多和项目之间接口复杂等特点，项目工期和功能等主要质量控制点往往会反映在合同上。合同管理是工程项目管理的核心和灵魂，土木工程合同以《合同法》、《建筑法》、《招标投标法》等法律文件为主要管理依据，是工程建设质量控制、进度控制、投资控制的主要依据。

21.1.1　合同的概念

合同，又称协议、契约，有广义、一般、狭义三个层次的概念。广义合同是当事人借以确立各自权利义务关系的法律文件，包括一般概念上的合同、行政合同、劳动合同以及民事合同等；一般概念上的合同多是确立当事人民事权利义务关系的协议，包括狭义的合同、婚姻合同、收养合同以及监护合同等；狭义的合同概念在商务活动中最为常见，它多被市场经济主体用来设立、变更、终止与其他主体之间的经济、商务关系，包括买卖合同、租赁合同、建筑合同、技术合同等。不同概念下的合同具有不同的特点、内容和要求，满足当事人不同的目的，而且适用不同的法律、法规调整，因而合同的概念具有重要意义。

21.1.2　合同法律关系

21.1.2.1　合同法律关系的构成

合同法律关系的构成要素包括主体、客体和内容三个方面。

A　主体

a　定义

主体指参加合同法律关系，依法享有权利，承担义务的当事人。

b　种类

按照合同法的规定，主体的种类主要有自然人、法人、其他组织。

自然人

自然人成为合同民事法律关系的主体应当具有相应的民事权利能力和民事行为能力。

（1）民事权利能力。民事权利能力是民事法律赋予民事主体从事民事活动，从而享有民事权利和承担民事义务的资格。自然人的权力能力始于出生终于死亡，是国家直接赋予的。

（2）民事行为能力。民事行为能力是指民事主体以自己的行为取得享有民事权利和承担民事义务的资格。

法人

（1）定义：法人指具有民事权利能力和民事行为能力，依法独立享有民事权利和承担民事义务的组织。

（2）条件：

1）依法成立。法人不能自然产生，它的产生必须经过法定的程序。设立法人必须经过相应主管部门的批准或核准登记。如设立一建筑施工企业，首先取得资质，然后要到当地的工商税务部门登记注册，最终取得法人资格，否则承接工程任务就是非法的。

2）有必要的财产和经费。这是法人进行民事活动的物质基础，而又要求其财产或经费必须与法人的经营范围或设立的目的相适应。如注册甲级监理公司注册资金为100万元人民币。

3）有自己的名称、组织机构和场所。法人的名称是法人相互区别的标志和进行活动时的代号；法人的组织机构是对内管理法人事务、对外代表法人进行民事活动的机构；法人的场所是法人进行业务活动的所在地，也是确定法律管辖的依据。

4）能独立承担民事责任。法人必须能够以自己的财产或经费承担在民事活动中的责任，在民事活动中给对方造成损失的应承担民事赔偿责任。

（3）权利与行为能力：法人的民事权利与民事行为能力是同生同灭的。

（4）分类：法人可以分为企业法人和非企业法人。

1）企业法人。它的设立主要以盈利为目的，如建筑施工企业等。

2）非企业法人。它的设立不以盈利为目的，主要是为社会提供相应的服务或管理，如机关法人、事业法人、社会团体法人等。

其他组织

其他组织指依法成立，但不具备法人资格，而能以自己的名义参与民事活动的经济实体或法人的分支机构等社会组织，如个体工商户、农村承包经营户、法人的分支机构等。

B　客体

a　定义

客体指合同法律关系中主体的权利和义务共同指向的对象。

b　种类

（1）物：物是指能被人们控制，且具有使用价值和价值的生产资料。工程建设中的买卖合同其客体就是物。

（2）财：财包括货币与有价证券等。工程建设中的借贷合同，其客体就是财。

（3）行为：行为指人们在主观意志支配下所实施的具体活动。在合同法律关系中，行为多表现为完成一定的工作。监理合同、施工合同等的客体就是行为。

（4）智力成果：智力成果即非物质财富，一般指脑力劳动成果，如专利权、商标权、著作权等。

C　内容

（1）定义：内容指主体为实现客体依法应尽的义务和享受的权利。

（2）权利：指权利主体依据法律规定和约定，有权按自己的意志做出某种行为义务主体做出某种行为或不得做出某种行为，以实现其合法权益。

（3）义务：指义务主体依据法律规定和权利主体的合法要求，必须做出某种行为或不得做出某种行为，以保证权利主体实现权利。

21.1.2.2　合同法律关系的产生、变更、终止

任何合同法律关系的产生、变更、终止必须基于一定的法律事实。当事人经过友好协商一致，可以产生合同法律关系；在工程合同履行过程中出现签订合同未预见的情况时，如工程变更、物价变化、不可抗力的出现等，双方可以变更合同关系；双方认真履行完合同或出现一方严重违约，另一方可以解除合同等，这些都可以使合同法律关系终止。

法律事实是能够引起合同法律关系产生变更和消灭的客观现象和事实。法律事实包括行为和事件。

（1）行为。行为是指法律关系主体有意识的活动，能够引起法律关系发生变更和消灭的行为，包括作为和不作为两种表现形式。

（2）事件。事件是指不以合同主体的主观意志为转移而发生的，能够引起合同法律关系产生、变更、消灭的客观现象。这些客观事件的出现与否，是当事人无法预见和控制的。事件可分为自然事件和社会事件两种。

21.2　土木工程项目的合同体系

土木工程项目是一个极为复杂的过程，它包括可行性研究阶段、勘察设计阶段、工程施工阶段以及运营阶段等；有建筑、土建、水电、机械设备、通信等专业设计和施工活动；需要各种材料、设备、资金和劳动力的供应；同时需要许多单位参与，如业主或发包人、咨询公司、勘察设计单位、施工单位、材料设备供应商、银行等。因此在一个工程

中，相关的合同可能有几份、几十份甚至几百份。它们之间有十分复杂的内部联系，形成了一个复杂的合同网络。在这当中，业主和承包商是两个最主要的节点。

21.2.1 业主的主要合同关系

业主作为工程（或服务）的买方，是工程的所有者，他可能是政府、企业、其他投资者，或几个企业的组合，或政府与企业的组合（例如合资项目、BOT 项目的业主）。业主根据对工程的需求，确定工程项目的整体目标。这个目标是所有相关合同的核心。

要实现工程总目标，业主必须将土木工程项目的勘察、设计、各专业工程施工、设备和材料的供应、建设过程的咨询与管理等工作委托出去，必须与有关单位签订以下各种合同：

（1）咨询（监理）合同。即业主与咨询（监理）公司签订的合同。咨询（监理）公司负责工程的可行性研究、设计监理、招标和施工阶段监理等某一项或几项工作。

（2）勘察设计合同。即业主与勘察设计单位签订的合同。勘察设计单位负责工程的地质勘察和技术设计工作。

（3）供应合同。即如由业主负责提供材料和设备，业主必须与有关的材料和设备供应单位签订供应（采购）合同。

（4）工程施工合同。即业主与工程承包商签订的工程施工合同。一个或几个承包商承包或分别承包土建、机械安装、电器安装、装饰、通信等工程施工。

（5）贷款合同。即业主与金融机构签订的合同。后者向业主提供资金保证。根据来源的不同，可能有贷款合同、合资合同或 BOT 合同等。

在土木工程项目中业主的主要合同关系如图 21-1 所示。

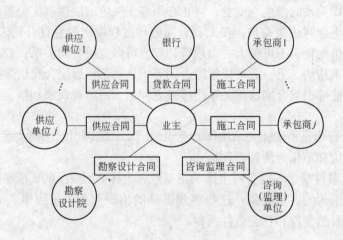

图 21-1　业主的主要合同关系

21.2.2 承包商的主要合同关系

承包商是工程施工的具体实施者，是工程承包合同的执行者。承包商通过投标接受业主的委托，签订工程承包合同。任何承包商都不可能也不必具备所有专业工程的施工能力、材料和设备的生产和供应能力，必须将许多专业工作委托出去。所以承包商常常又有自己复杂的合同关系。

（1）工程承包合同。由承包人与业主（发包人）签订，这是承包人签订的最主要的合同之一。没有承包合同，承包人也就没有诸如分包、材料采购等合同。

（2）分包合同。对于一些大的工程，承包商常常必须与其他承包商合作才能完成总承包合同责任。经业主同意，承包商可以将承接到的工程中的某些分项工程或工作分包给另一承包商来完成，则需与他签订分包合同。承包商在承包合同允许条件下可能订立许多分包合同，而分包商仅完成他所分包的工程，向承包商负责，与业主无合同关系。同时，工程分包虽然经业主同意，但并未解除承包人对分包工程的责任。

（3）运输合同。这是承包商为解决材料和设备的运输问题而与运输单位签订的合同。

（4）加工合同。这是承包商将建筑构配件、特殊构件加工任务委托给加工承揽单位而签订的合同。

（5）租赁合同。在土木工程项目中承包商需要许多施工设备、运输设备、周转材料。当有些设备、周转材料在现场使用率较低，或自己购置需要大量资金投入而自己又不具备这个经济实力时，可以采用租赁方式，与租赁单位签订租赁合同。

（6）劳务供应合同。即承包商与劳务供应商之间签订的合同，由劳务供应商向工程提供劳务。

（7）保险合同。承包商按施工合同要求对工程进行保险，与保险公司签订的合同即为保险合同。

上述承包商的主要合同关系如图 21-2 所示。承包商的这些合同都与工程承包合同相关，都是为了完成承包合同而签订的。

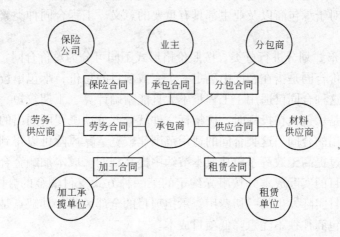

图 21-2　承包商的主要合同关系图

21.2.3　土木工程项目合同体系的构成

按照上述分析和项目任务的结构分解，可以得到不同层次、不同种类的合同，它们共同构成该工程的合同体系（见图 21-3）。

在一个土木工程项目中，所有合同签订的目标都是为了完成项目目标，因此都必须围绕这个目标签订和实施。这些合同之间存在着复杂的内部联系，构成了该工程的合同网

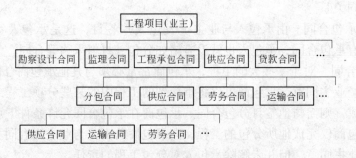

图 21-3　工程建设合同管理

络。其中工程承包合同是最有代表性、最普遍也是最复杂的合同类型，在工程项目的合同体系中处于主导地位，是整个项目合同管理的重点。无论是业主、监理单位或承包商都将它作为合同管理的主要对象。深刻了解承包合同将有助于对整个项目合同体系及其他合同的理解。

　　本书以业主（发包人）与勘察设计、施工、监理等工程承包人，材料供应商之间合同的签订及工程承包合同作为主要介绍对象，分析工程建设承包中相关合同签订、履行、管理的法律原理，阐述合同的主要内容，研究合同管理的基本理论和方法。

　　土木工程合同是承发包双方为实现土木工程目标，明确相互责任、权利、义务关系的协议；是承包人进行工程建设，发包人支付价款，控制工程项目质量、进度、投资，进而保证工程建设活动顺利进行的重要法律文件。有效的合同管理是促进参与工程建设各方全面履行合同约定的义务，确保建设目标实现（质量、投资、工期）的重要手段。因此，加强合同管理工作对于承包商以及业主都具有重要的意义。工程合同种类繁多，可以从不同的角度进行分类。

　　（1）按价格形式划分进行分类。按照价格形式不同可分为总价合同、单价合同和成本加酬金合同。总价合同是指在合同中确定一个完成项目的总价，承包单位据此完成项目全部内容的合同。这种合同仅适用于工程量不大且能精确计算、工期较短、技术不太复杂的项目。单价合同是承包人在投标时，按招标文件就分部分项工程所列出的工程量表确定各分部分项工程费用的合同。这类合同的适用范围比较宽，其风险可以得到合理的分摊，并能鼓励承包人通过提高工效等手段从成本节约中提高利润。成本加酬金合同是业主向承包单位支付工程项目的实际成本并按事先约定的某一种方式支付酬金的合同。这类合同中，业主需要承担项目实际发生的一切费用，承担项目的全部风险；其缺点是业主对工程总造价无意控制，承包商往往不注意降低项目成本。

　　（2）按施工内容进行分类。根据土木工程施工内容的不同，土木工程施工合同可以分为土木工程施工合同、设备安装施工合同、线路敷设施工合同、装饰工程施工合同、装修及房屋修缮施工合同。

　　（3）按承包单位的数量不同分类。根据承包单位数量的不同，可将土木工程施工合同分为总承包施工合同和分承包施工合同。将全部工程发包给一个施工单位承包为总承包施工合同。由于工程规模较大或专业技术复杂而将工程分别发包给几个施工单位承包的合同为分承包施工合同。

22　土木工程项目合同管理

本章概要

（1）土木工程项目合同管理的概念及其发展，包括土木工程项目合同管理的目的、任务和特点。

（2）土木工程项目合同管理的内容，主要有工程勘察、设计合同管理，土木工程项目监理合同管理，土木工程项目施工合同管理。

22.1　土木工程项目合同管理涵义及发展

土木工程项目合同是承发包双方为实现土木工程目标，明确相互责任、权利、义务关系的协议。加强合同管理，是施工阶段造价控制的重要手段。一份优秀的合同是土木工程项目能顺利实施的基础，一份优秀的合同意味着项目顺利完成有了保证。

22.1.1　土木工程项目合同管理的概念

土木工程项目合同管理是对工程项目中相关合同的策划、签订、履行、变更、索赔和争议的管理。它是工程项目管理的重要组成部分。工程合同管理就是合同管理的主体对工程合同的管理，根据合同管理的对象，可将合同管理分为两个层次，一是对单项合同的管理，二是对整个项目的合同管理。

（1）单项合同的管理：主要是指合同当事人从合同开始到合同结束的全过程对某个合同进行的管理，包括合同的提出、合同文本的起草、合同的订立、合同履行、合同的变更和索赔控制、合同收尾等环节。

（2）整个项目的合同管理：由于合同在工程中的特殊作用，项目的参加者以及与项目有关的组织都有合同管理工作，但不同的单位或人员，如政府行政管理部门、律师、业主、工程师、承包商、供应商等，在工程项目中的角色不同，则有不同角度、不同性质、不同内容和侧重点的合同管理工作。

广义地说，土木工程项目的实施和管理全部工作都可以纳入合同管理的范畴。合同管理贯穿于工程实施的全过程和工程实施的各个方面。它作为其他工作的指南，对整个项目的实施起总控制和总保证作用。在现代工程中，没有合同意识则项目整体目标不明；没有合同管理，则项目管理难以形成系统，难以有高效率，不可能实现项目的目标。合同管理作为工程项目管理的一个重要的组成部分，它必须贯穿于整个工程项目管理中。要实现工程项目的目标，必须对全部项目、项目实施的全过程和各个环节、项目的所有工程活动实施有效的合同管理。合同管理与其他管理职能密切结合，共同构成工程项目管理系统。

22.1.1.1　土木工程项目合同管理的目的

从宏观上讲，工程合同管理的目的就是为了加强土木工程项目的监督管理，维护建筑市场秩序，保证土木工程项目的质量和安全，为土木工程项目的各个环节提供法律依据，同时也为我国建筑业进一步向国际标准化迈进提供保障。合同管理的目的概括如下：

（1）规范市场主体、市场价格和市场交易；

（2）发展与完善现代企业制度；

（3）提高土木工程合同履约率；

（4）努力开拓国际建筑市场。

22.1.1.2　土木工程项目合同管理的任务

土木工程项目合同管理的主要任务，是促进项目法人责任制、招标投标制、工程监理制和合同管理制等制度的实行，并协调好"四制"的关系，规范各种合同的文体和格式，使建筑市场交易活动中各主体之间的行为由合同约束。

土木工程项目合同管理的任务概括如下：

（1）保障土木工程行业的可靠发展；

（2）规范建设程序和建设主体；

（3）提高土木工程行业的管理水平；

（4）避免和克服建筑领域的经济违法和犯罪。

22.1.1.3　土木工程合同管理的特点

工程合同管理不仅要懂得与合同有关的法律知识，还需要懂得工程技术、工程经济，特别是工程管理方面的知识，而且工程合同管理有很强的实践性，也就是只懂得了理论知识是远远不够的，还需要丰富的实践经验，只有具备这些素质，才能管理好工程合同，这主要是由以下几方面决定的：

（1）合同管理的复杂性；

（2）合同管理的协作性；

（3）合同管理的风险性；

（4）合同管理的动态性。

22.1.2　土木工程项目合同管理的发展

我国先后制定了经济合同法、涉外合同法和技术合同法。但随着改革开放的深入和发展，这三部合同法已不适应社会的需要，为此，全国人民代表大会九届二次会议讨论通过了《中华人民共和国合同法》，并于 1999 年 10 月 1 日起正式施行，原有的三部合同法随之废止。合同法将土木工程合同单列出来，针对土木工程合同的特点做出了更为具体的规定，已成为土木工程项目合同管理中效力最高的法律依据。

此外，国务院及原建设部、国家工商行政管理总局等部委还先后颁行了行政法规和部门规章，主要有：国务院颁发的《建设工程勘察设计合同条例》（1983 年）、《建筑安装工程承包合同条例》（1983 年）；原建设部发布的《建设工程施工合同管理办法》（1993年）；原建设部、国家工商行政管理总局共同发布的《建设工程勘察设计合同管理办法》（1996 年）等。为规范合同格式及内容，原建设部还先后制定发布了建设工程勘察合同、建设工程设计合同、建设工程施工合同、建筑装饰工程施工合同、工程建设合同等合同示范文本，可供签订有关合同时参考、选用。

22.2　土木工程项目合同管理内容

土木工程项目在建设过程中涉及的相关合同比较多，比如建设工程总承包合同、建设工程分包合同、工程勘察设计合同等。本节依据工程建设的基本顺序，主要介绍土木工程项目勘察设计合同、工程委托监理合同和工程施工合同的合同管理。

22.2.1　工程勘察、设计合同管理

22.2.1.1　工程勘察、设计合同概述

A　工程勘察、设计合同的概念

工程勘察、设计合同是指建设人与勘察人、设计人为完成一定的勘察、设计任务，明确双方权利、义务的协议。建设单位或有关单位称发包人，勘察、设计单位称承包人。根据勘察、设计合同，承包人完成发包方委托的勘察、设计项目，发包人接受符合约定要求的勘察、设计成果，并给付报酬。

B　工程勘察、设计合同的特征

（1）勘察、设计合同的当事人双方应具有法人资格。工程勘察、设计合同的当事人双方应当是具有民事权利能力和民事行为能力，取得法人资格的组织或者其他组织及个人，在法律和法规允许的范围内均可以成为合同当事人。作为发包方，必须是有国家批准建设项目，落实投资计划的企事业单位、社会组织，作为承包方应当是具有国家批准的勘察、设计许可证，经有关部门核准资质等级的勘察、设计单位。

（2）勘察、设计合同的订立必须符合工程项目建设程序。

（3）勘察、设计合同具有土木工程合同的基本特征。

C　工程勘察、设计合同的法律规范

工程勘察设计法规涉及范围广，内容多，包括了工程勘察设计专门法规和有关工程勘察设计方面的法律规定。1986年原国家计委发布了《中外合作设计工程项目暂行规定》，原建设部于1997年发布《建设工程勘察和设计单位资质管理规定》，1998年3月1日起施行《中华人民共和国建筑法》，1999年1月7日原国家建设部发布了《建设工程勘察设计市场管理规定》，1999年10月1日起施行《中华人民共和国合同法》，2000年9月国务院颁布了《建设工程勘察设计管理条例》，2001年发布了《建设工程勘察设计市场管理规定》等法律、法规及规章，也是规范建设工程勘察、设计合同的法律规范。这些规范性文件，是工程勘察、设计合同管理的依据。国家正在积极制定《中华人民共和国工程勘察设计法》。

22.2.1.2　工程勘察、设计合同的订立

A　工程勘察、设计合同的主体资格

工程勘察、设计合同的主体一般应是法人。承包方承揽土木工程勘察、设计任务必须具有相应的权利能力和行为能力，必须持有国家颁发的勘察、设计证书。国家对设计市场实行从业单位资质、个人执业资格准入管理制度。委托工程设计任务的土木工程项目应当

符合国家有关规定：（1）土木工程项目可行性研究报告或项目建议书已获批准；（2）已经办理了建设用地规划许可证等手续；（3）法律、法规规定的其他条件。发包方应当持有上级主管部门批准的设计任务书等合同文件。

B　工程勘察、设计合同订立的形式与程序

工程勘察、设计合同必须采用书面形式，并参照国家推荐使用的合同文本签订。工程勘察、设计任务通过招标或设计方案的竞投确定勘察、设计单位后，应遵循工程项目建设程序，签订勘察、设计合同。

签订勘察合同，由建设单位、设计单位或有关单位提出委托，经双方协商同意，即可签订。

签订设计合同，除双方协商同意外，还必须具有上级机关批准的设计任务书。小型单项工程必须具有上级机关批准的设计文件。

C　工程勘察、设计合同应当具备的主要内容

工程建设勘察合同示范文本采用的是单式合同，即不分标准条款、专用条款，既是协议书，也是具体条款，内容也比较简单，主要有：建设工程名称、规模、投资额、建设地点；发包人提供资料的内容、技术要求及期限，承包方勘察的范围、进度和质量，设计的阶段、进度、质量和设计文件份数；勘察、设计的依据、取费标准及拨付办法；协作条件；违约责任；其他约定条款。

22.2.1.3　工程勘察、设计合同的履行

A　勘察合同承包人与发包人的义务

a　勘察合同发包人的义务

（1）在勘察工作开始前，发包人应当向承包人提交勘察或者设计的基础资料，即提交由设计人提供经发包人同意的勘察范围，提供由发包人委托、设计人填写的勘察技术要求及其附图。

（2）在勘察人员进入现场作业时，发包人应当负责提供必要的工作和生活条件。

（3）发包人应负责勘察现场水、电、气的畅通供应，平整道路，现场清理等工作，以保证勘察工作开展。

（4）支付勘察费。勘察工作的取费标准是按照勘察工作的内容，加工程勘察、工程测量、工程地质、水文地质和工程物探等工作量来决定的，其具体标准和计算办法按原国家建设部颁发的《工程勘察取费标准》中的规定执行。

b　勘察合同承包人的义务

承包人应当按照既定的标准、规范、规程和条例，进行工程测量和工程地质、水文地质等勘察工作，并按合同规定的进度、质量要求提交勘察成果。对于勘察工作中的漏项应当及时予以勘察，对于由此多支出的费用应自行负担并承担由此造成的违约责任。

B　设计合同发包人和承包人的义务

a　设计合同发包人的义务

如果委托初步设计，委托人应在规定的日期内向承包人提供经过批准的设计任务书或可行性研究报告、选址报告以及原料或者经过批准的资源报告，燃料、水电、运输等方面的协议文件和能满足初步设计要求的勘察资料，需经科研取得的技术资料。

如果委托施工图设计，委托人应当在规定日期内向承包人提供经过批准的初步设计文

件和能满足施工图设计要求的勘察资料、施工条件以及有关设备的技术资料。

发包人应及时向有关部门办理各设计阶段设计文件的审批工作，明确设计范围和深度。

委托配合引进项目的设计，从询价、对外谈判、国内外技术考察直到建成投产的各个阶段都应当通知有关设计的单位参加，这样有利于设计任务的完成。

在设计人员进入施工现场开始工作时，发包人应当提供必要的工作和生活条件。

发包人应当维护承包人的设计文件，不得擅自修改，也不得转让给第三方使用，否则承担侵权责任。

合同中含有保密条款的，发包人应当承担设计文件的保密责任。

b 设计合同承包人的义务

承包人要根据批准的设计任务书或可行性研究报告或者上一阶段设计的批准文件以及有关设计的技术经济文件、设计标准、技术规范、定额等提出勘察技术要求，进行工程设计，并按合同规定的进度和质量要求提交设计文件，设计文件包括概预算文件、材料设备清单等。

承包人对所承担的设计任务的建设项目应配合施工，进行施工前技术交底，解决施工中的有关设计问题，负责设计变更和修改预算，参加隐蔽工程验收和工程竣工验收。另外，勘察人、设计人要对其勘察、设计的质量负责。

C 设计的修改和终止

设计文件批准后，不得任意修改或变更。如果必须修改，需经有关部门批准，其批准权限，视修改的内容所涉及的范围而定。

委托人因故要求修改工程设计，经承包人同意后，除设计文件的提交时间另定外，发包方还应按承包人实际返工修改的工作量增付设计费。

原定设计任务书或初步设计如有重大变更需重做或修改设计时，应经设计任务书或初步设计批准机关同意，并经双方当事人协商后另订合同。委托人负责支付已经进行了的设计费用。

发包方因故要求中途终止设计时，应及时通知承包人，已付的设计费不退，并按该阶段实际所耗工时增付和结算设计费，同时解除合同关系。

22.2.1.4 违约责任

A 发包人的责任

在合同履行期间，发包人要求终止或解除合同，设计人未开始设计工作的，不退还发包人已付的定金；已开始设计工作的，发包人应根据设计人已进行的实际工作量，不足一半时，按该阶段设计费的一半支付；超过一半时，按该阶段设计费的全部支付。

发包人应按照合同规定的金额和时间向设计人支付设计费，逾期一天，应承担支付金额 0.2% 的违约金，逾期超过 30 天以上时，设计人有权暂停进行下阶段工作，并书面通知发包人。发包人的上级或设计审批部门对设计文件不审批或本合同项目暂停缓建，发包人应按实际完成的设计工作量支付设计费。

B 勘察人、设计人的责任

勘察人、设计人的违约责任主要是承包方未能按合同约定提交勘察、设计文件以及由于勘察设计错误而造成的直接或间接损失而应承担的法律责任。

因勘察、设计质量低劣引起返工，或未按期提交勘察、设计文件，拖延工期造成损失的，由承包方继续完善勘察、设计，弥补造成的损失，或免收勘察、设计费。

对于因勘察、设计错误而造成的工程重大质量事故的，承包方除免收损失部分的勘察、设计费外，还应付予直接损失部分勘察、设计费相当的赔偿金。

如果承包方不履行合同，应双倍奉还定金。

22.2.1.5　工程勘察设计合同的管理

A　发包人（工程师）对勘察、设计合同的管理

勘察、设计合同发包人为了保证勘察、设计工作的顺利进行，可以委托具有相应资质等级的工程咨询监理公司对勘察、设计合同进行监督和管理。

设计阶段工程师对合同进行管理的主要任务是：根据设计任务书等有关批文和资料编制设计要求文件；组织设计方案竞赛、招标投标，并参与评选设计方案或评标；协助选择勘察、设计单位；起草勘察、设计合同条款及协议书，保证合同合法、严谨、全面；监督勘察、设计合同的履行情况，包括掌握承包方勘察设计工作的进度；审查勘察、设计阶段的方案和设计结果，提出需要改进的意见和建议；向建设单位提出支付合同价款的意见；审查项目概、预算。

勘察设计阶段工程师进行合同管理的主要依据是：土木工程项目设计阶段监理委托合同；批准的可行性研究报告及设计任务书；工程勘察、设计合同；经批准的选址报告及规划部门批文；工程地质、水文地质资料及地形图；其他资料。

B　承包方（勘察、设计单位）对合同的管理

承包方应从以下几个方面加强对工程勘察、设计合同的管理，以保障自己的合法权益：

（1）建立专门的合同管理机构。设计单位应专门设立经营及合同管理部门，专门负责设计任务的投标、标价策略确定，起草并签署合同及进行合同的实施控制等工作。

（2）研究分析合同条款。勘察、设计合同是勘察、设计工作的法律依据，勘察、设计的广度、深度和质量要求、付款条件以及违约责任都构成了合同执行过程中至关重要的问题，任何一项条款执行失误或不执行，都将严重影响合同双方的经济效益，因此勘察设计单位应注重合同条款和文件的研究。

（3）工程造价的确定与控制。工程设计阶段是合理确定和有效控制土木工程项目造价的重要环节。设计单位要按照可行性研究报告和投资估算控制初步设计的内容，在优化设计方案和施工组织方案的基础上进行设计。初步设计概算应根据概算定额（概算指标）、费用定额等，以概算编制的价格进行编制，并按照有关规定合理地预测概算编制至竣工期的价格、利率、汇率等动态因素，将造价严格控制在可行性研究报告及投资估算范围内。在设计单位内部应实行限额设计，按照批准的投资估算控制进行初步设计及概算，按照批准的初步设计及总概算进行施工图设计及概算，在保证工程使用功能要求的前提下，按各专业分配的造价限额进行设计，保证估算、概算、施工图预算起到层层控制的作用，不突破造价限额。

C　国家有关机构对勘察、设计合同的管理

土木工程勘察、设计合同的管理除承包人、发包人自身管理外，国家有关机构如工商行政管理部门、金融机构、公证机构、主管部门等依据职权划分，也可对勘察、设计合同行使监督权；建设行政主管部门应对勘察、设计合同履行情况进行监督。签订勘察、设计合同的双方，应当将合同文本送交工程项目所在地的县级以上人民政府建设行政主管部门或者委托机构备案。

22.2.1.6　工程勘察、设计合同的变更和解除

设计的变更和解除是指设计合同履行过程中，由于合同约定或法定事由而对原设计的增加、删减或去除以及提前终止合同的效力。其具体内容如下：

（1）设计文件批准后，不得任意修改和变更。如果必须修改，也需经有关部门批准，其批准权限，视修改的内容所涉及的范围而定。如果修改部分是属于初步设计的内容，须经设计的原批准单位批准；如果修改的部分是属于设计任务书的内容，则须经设计任务书的原批准单位批准；施工图设计的修改，须经设计单位同意。

（2）发包方因故要求修改工程设计，经承包方同意后，除设计文件的提交时间另定外，发包方还应按承包方实际返工修改的工作量增付设计费。

（3）原定设计任务书或初步设计如有重大变更而需要重做或修改设计时，须经设计任务书或初步设计批准机关同意，并经双方当事人协商后另订合同；发包方负责交付已经进行的设计费用。

（4）发包方因故要求中途停止设计时，应及时书面通知承包方，已付设计费不退，并按该阶段实际所耗工时增付和结算设计费，同时结束合同关系。

22.2.2　土木工程项目监理合同管理

22.2.2.1　土木工程项目监理合同的概念与性质

A　工程监理合同的概念

工程监理合同其全称应为土木工程委托监理合同，是指委托人与监理人就委托的工程项目管理内容签订的明确双方权利、义务的协议。从工程监理合同概念可以看出，工程监理合同从民法角度分析，应归属于民事合同，即通过协议的形式确立平等主体的自然人、法人、其他组织之间设立、变更和终止民事权利义务关系。

B　工程监理合同的性质

从合同法角度分析，《中华人民共和国合同法》将工程监理合同划入了委托合同的范畴，而非土木工程合同范畴。《合同法》第二百七十六条规定："建设工程实施监理的，发包人应当与监理人采用书面形式订立委托监理合同。发包人与监理人的权利和义务以及法律责任，应当依照本法委托合同以及其他有关法律、行政法规的规定。"

工程监理合同属于民事合同和委托合同的一种，因此，工程监理合同具有一般民事委托合同的法律特征。比如，监理合同是委托人与监理人之间自愿协商所达成的协议；委托人与监理人的法律地位平等；监理合同必须依法成立，合同各方的权利受法律保护，义务受法律的约束；监理人只能在委托人授权范围内以委托人的名义和意志处理事务等。

22.2.2.2　工程监理合同订立的程序及其内容

工程监理合同的订立，是指委托人与监理人依法就监理合同的主要条款经过协商达成合意的法律行为，是当事人双方为意思表示并达成合意的状态。工程监理合同的订立所描述的是委托人与监理人自接触、洽商直至达成合意的过程，是动态过程与静态过程的统一体。

A　工程监理合同订立程序

《合同法》第十三条规定："当事人订立合同、采取要约、承诺方式。"即任何合同均必须经要约、承诺这两个基本步骤订立，工程监理合同也不例外。根据《招投标法》以及《工程建设监理规定》的规定，委托人一般情况下应通过招投标的竞争缔约方式选择监理人，订立工程监理合同。但由于我国工程建设监理制度尚不完善，目前，还存在委托人采用直接委托方式选取监理人订立工程监理合同的情况。因此，工程监理合同的订立程序主要有两种：一是委托人直接委托监理人订立工程监理合同；二是通过招投标方式订立工程监理合同。

B　工程建设监理合同内容

工程建设监理合同包括监理投标书、中标通知书、监理合同协议书、监理合同标准条件。

监理合同协议书是确定合同关系的总括性文件，定义了监理委托人和监理人，界定了监理项目及监理合同文件构成，原则性地约定了双方的义务，规定了合同的履行期。最后由双方法定代表人或其代理人签章，并盖法人章后合同正式成立。主要的条款如下：

（1）委托人与监理人。

（2）监理的工程的概况描述，以保证对监理工程的理解不产生歧义。

（3）合同中有关词语定义的规定。

（4）合同文件的组成。合同文件包括监理投标书和中标通知书；本合同标准条件；本合同专用条件；在实施过程中双方共同签署的补充与修正文件。

（5）监理人向委托人的承诺。按照合同协议书的规定，承担合同专用条件中议定范围内的监理业务。

（6）委托人向监理人的承诺。按照合同协议书注明的期限、方式、币种，向监理人支付报酬。

（7）合同自开始实施及完成的日期。

（8）合同双方签字栏。

监理合同标准条件是针对监理合同文件自身以及监理双方一般性的权利义务确定的合同条款，具有普遍性和通用性。

a　监理人的权利和义务

监理人的义务

（1）监理人按合同约定或监理投标书的承诺派出监理工作需要的监理机构及监理人员，向委托人报送委派的总监理工程师及其监理机构主要成员名单、监理规划，完成监理合同约定的监理工程范围内的监理业务。在履行合同义务期间，应按监理合同约定定期向委托人报告监理工作。

（2）监理人在履行监理合同的义务期间，应认真、勤奋地工作，为委托人提供咨询意见，并公正维护各方面的合法权益。

（3）监理人所使用的由委托人提供的设施和物品，属于委托人财产，在监理工作完成或中止时，应将其设施和剩余的物品按合同约定的时间和方式移交给委托人。

（4）在合同期内或合同终止后，未征得有关方同意，不得泄露与所监理工程及其监理合同业务有关的保密资料。

监理人的权利

（1）一般权利：

1）选择工程总承包人的建议权。

2）选择工程分包人的认可权。

3）对工程建设有关事项包括工程规划、设计标准、规划设计、生产工艺设计和使用功能要求向委托人的建议权。

4）对工程设计中的技术问题，按照安全和优化的原则，向设计人提出建议；如果拟提出的建议可能会提高工程造价或延长工期，应当事先征得委托人的同意。当发现工程设计不符合国家颁布的土木工程质量标准或设计合同约定的质量标准时，监理人应当书面报告委托人并要求设计人更正。

5）审批工程施工组织设计和技术方案，按照保质量、保工期和降低成本的原则，向承包人提出建议，并向委托人提出书面报告。

6）主持工程建设有关协作单位的组织协调，重要协调事项应当事先向委托人报告。

7）征得委托人同意，监理人有权发布开工令、停工令、复工令，但应当事先向委托人报告。如在紧急情况下未能事先报告，则应在24小时内向委托人做出书面报告。

8）工程上使用的材料和施工质量的检验权。对于不符合设计要求和合同约定及国家质量标准的材料、构配件、设备，有权通知承包人停止使用；对于不符合规范和质量标准的工序、分部分项工程和不安全施工作业，有权通知承包人停工整改、返工。承包人得到监理机构复工令后才能复工。

9）工程施工进度的检查、监督权以及工程实际竣工日期提前或超过工程施工合同规定的竣工期限的签认权。

10）在工程施工合同约定的工程价格范围内，工程款支付的审核和签认权以及工程结算的复核确认权与否决权。未经总监理工程师签字确认，委托人不支付工程款。

11）由于委托人或承包人的原因使监理工作受到阻碍或延误，以致产生了附加工作或延长了持续时间，则监理人应当将此情况下可能产生的影响及时通知委托人。完成监理业务的时间相应延长，并得到附加工作的报酬；由于非自己的原因而暂停或终止执行监理业务，其善后工作以及恢复执行监理业务的工作，应当视为额外工作，有权得到额外的报酬。

（2）特别授权：

1）监理人在委托人授权下，可对任何承包人合同规定的义务提出变更。如果由此严重影响了工程费用或质量、或进度，则这种变更须经委托人事先批准。在紧急情况下未能事先报委托人批准时，监理人所做的变更也应尽快通知委托人。在监理过程中如发现工程承包人的人员工作不力，监理机构有权要求承包人调换有关人员。

2）调解权。在委托监理的工程范围内，委托人或承包人对对方的任何意见和要求（包括索赔要求），均必须首先向监理机构提出，由监理机构研究处置意见，再同双方协商确定。当委托人和承包人发生争议时，监理机构应根据自己的职能，以独立的身份判断，公正地进行调解。当双方的争议由政府建设行政主管部门调解或仲裁机关仲裁时，应当提供作证的事实材料。

监理人的责任

（1）监理人的责任期即委托监理合同有效期。在监理过程中，如果因工程建设进度的推迟或延误而超过书面约定的日期，双方应进一步约定相应延长的合同期。

（2）在责任期内，应当履行约定的义务。如果因监理人过失而造成了委托人的经济损失，应当向委托人赔偿。累计赔偿总额不应超过监理报酬总额（除去税金）。

（3）对承包人违反合同规定的质量要求和完工（交图、交货）时限，监理人不承担责任。因不可抗力导致委托监理人不能全部或部分履行，监理人不承担责任。但如果不认真履行职责或提供超出其资质范围的咨询意见而给委托人造成损失的，则应承担赔偿责任。

（4）当监理人向委托人提出赔偿要求不能成立时，则应当补偿由于该索赔所导致委托人的各种费用支出。

b 委托人的权利和义务

委托人的义务

（1）在监理人开展监理业务之前应向监理人支付预付款。

（2）负责工程建设的所有外部关系的协调，为监理工作的开展提供外部条件。

（3）根据需要，如将部分或全部协调工作委托监理人承担，则应在专用条件中明确委托的工作和相应的报酬。

（4）在双方约定的时间内免费向监理人提供与工程有关的为监理工作所需要的工程资料。

（5）在专用条款约定的时间内就监理人书面提交并要求做出决定的一切事宜做出书面决定。

（6）授权一名熟悉工程情况、能在规定时间内做出决定的常驻代表（在专用条款中约定），负责与监理人联系。更换常驻代表，要提前通知监理人。

（7）将授予监理人的监理权利以及监理人主要成员的职能分工、监理权限及时书面通知已选定的承包合同的承包人，并在与第三人签订的合同中予以明确。在不影响监理人开展监理工作的时间内提供以下资料：

1）与本工程合作的原材料、构配件、机械设备等生产厂家名录。

2）提供与本工程有关的协作单位、配合单位的名录。

（8）免费向监理人提供办公用房、通讯设施、监理人员工地住房及合同专用条件约定的设施，对监理人自备的设施给予合理的经济补偿（补偿金额＝设施在工程使用时间占折旧年限的比例×设施原值＋管理费）。

（9）根据情况需要，双方可以在专用条件中约定，由委托人免费向监理人提供其他人员。

委托人的权利

（1）选定工程总承包人以及与其订立合同的权利。

（2）对工程规划、设计标准、规划设计、生产工艺设计和设计使用功能要求认定权以及对设计变更的审批权。

（3）监理人调换总监理工程师须事先经委托人同意。

（4）有权要求监理人提交监理工作月报及监理业务范围内的专项报告。

（5）当发现监理人员不按监理合同履行监理职责，或与承包人串通给委托人或工程造成损失的，委托人有权要求监理人更换监理人员，直到终止合同并要求监理人承担相应的赔偿责任或连带赔偿责任。

委托人的责任

（1）履行委托监理合同约定的义务，如有违反则应承担违约责任，赔偿给监理人造成的经济损失。

（2）监理人处理委托业务时，因非监理人原因的事由受到损失的，委托人应给予补偿。

（3）如果向监理人提出赔偿的要求不能成立，则应当补偿由该索赔所引起的监理人的各种费用支出。

22.2.2.3　监理合同的履行、变更与转让

A　工程监理合同的履行需要明确的内容

工程监理合同的履行，与土木工程合同、运输合同、劳动合同等一样，既包括双方的一系列行为，也包括行为所产生的结果。即监理人为委托人提供合同规定的监理服务，而委托人根据监理人提供的监理服务效果最后支付给监理人一定监理费用的过程。在工程监理合同履行过程中，有以下几个内容需要明确：

（1）履行主体。由于工程监理合同为双务合同，因此，合同履行的主体应为互付给付义务的合同双方当事人，而不是监理人一方或委托人一方当事人。

（2）履行标的。工程监理合同的履行标的，对于委托人而言，是委托人依合同约定为确保监理人能够依约提供符合要求的监理服务而提供的必要支持以及在监理人履行合同义务的前期、中期以及后期支付监理人相应的监理酬金；对于监理人而言，是监理人依合同约定在委托监理范围内按照委托人的要求完成监理工作。

（3）履行地点。履行地点是债务人履行债务、债权人受领给付的地点，履行地点直接关系到履行的费用和时间，并且在合同纠纷发生时以履行地点来确定适用的法律和管辖法院。

（4）履行方式。履行方式是合同双方履行合同义务的方法与形式，合同的履行方式主要包括运输方式、交货方式、结算方式等。履行方式与当事人的权益有密切关系，履行方式不符合要求，有可能造成标的物有缺陷、合同费用增加、当事人迟延履行等后果。合同有关于履行方式的约定时，依其约；无约定时，宜采取公平合理的方式履行。依《合同法》第六十一条的规定以及第六十二条第5项关于"履行方式不明确的，按照有利于实现合同目的的方式履行"的规定，工程监理合同中，由于委托人在监理人提供监理服务后支付货币，因此，应采取结算方式作为其履行合同的方式，而监理人则以提供监理服务，对土木工程实施监督管理的方式作为其履行合同的方式。

B　工程监理合同的变更

根据《民法通则》第八十五条的规定"合同是当事人之间设立、变更、终止民事关系的协议。依法成立的合同，受法律保护"以及《合同法》第八条的规定"依法成立的合同，对当事人具有法律约束力。当事人应当按照约定履行自己的义务，不得擅自变更或者解除合同。依法成立的合同受法律保护。"工程监理合同依法成立生效之后，就具有了法律效力，委托人和监理人均须严格按照合同规定的权利与义务认真履行合同，且均不得擅自变更合同的内容和条款。然而由于工程建设具有周期长、投资大、突发事件多等特点，导致工程监理合同在订立时存在诸多不可预见的因素，无法对工程建设监理的所有事

项加以明确，因此在工程监理合同实际履行过程中可能会出现委托人和监理人就双方的权利义务、监理的委托范围、工作内容等进行调整或重新约定的情况，从而导致工程监理合同的变更。

工程监理合同有较为严格的变更程序，首先需由委托人或监理人向对方提出书面申请，申请中应具体说明请求变更的内容；其次，只有在对方书面同意后，才能对合同进行变更；最后，变更过程中的所有往来文件均要采取书面正式文件、信件协议或委托单等方式进行。工程监理合同的变更内容，可以是对监理委托范围进行调整，也可以是对监理工作要求进行修改，还可以对委托人应支付的监理酬金进行重新约定，如果合同变更的范围比较大，则委托人与监理人可通过协商重新订立新合同而取代原合同。

C　工程监理合同应不允许转让

合同转让是由新的债权人代替原债权人，由新的债务人代替原债务人，不过债的内容保持同一性的一种法律现象。

目前国内各种类型的监理工作均未允许分包或者转包，这一特征与土木工程施工合同有很大区别，例如，《建筑法》第三十四条第4款规定：“工程监理单位不得转让工程监理业务。”此外，原中华人民共和国交通部2004年公布的《公路建设市场管理办法》第三十七条第2款规定：“监理工作不得分包或者转包。”这在法律角度限制了工程监理合同的转让。

22.2.2.4　工程监理合同的解除

工程监理合同履行导致合同解除主要包括的内容是：现场监理履行职责引起的合同解除、监理不履行职责引起的合同解除和监理合同解除的特殊条件分析。

A　现场监理履行职责引起的合同解除

现场监理是对承包人的各项施工程序、施工方法和施工工艺以及材料、机械、配比等进行全方位的巡视、全过程的旁站、全环节的检查，以达到对施工质量有效的监督和管理。现场监理职责主要包括的工作内容有：在施工期间每天对施工现场至少巡视一次，现场发现并处理施工质量问题；对承包人施工的隐蔽工程、重要工程部位、重要工序及工艺，应实行全过程的旁站监督，及时消除影响工程质量的不利因素；应全环节地对每道施工工序结束后及时进行检查和认定，并现场监督承包人的试样抽取及施工记录。现场监理履行职责引起的合同解除主要有以下几种情况：

（1）监理单位超越委托权限，指令承包人如何施工，导致工程质量达不到合同要求。

（2）监理单位超越委托权限，指令承包人如何施工，导致工期延误，费用增加。

（3）监理单位对工程进行检查、验收超过合同规定的时间，影响承包人正常施工。

B　监理不履行职责引起的合同解除

在土木工程监理中，工程监理职责主要有以下几点：

（1）根据监理委托合同、施工合同约定的内容开展监理工作。

（2）对工程项目实施工程质量、投资、进度三大目标控制。

（3）检查承建单位的各项施工准备工作和施工组织设计。

（4）检查进场材料、购件、制作及操作工艺是否符合要求，督促施工单位按规范及设计要求施工。

（5）检查分部分项目工程质量，签署各项隐蔽工程。

（6）审查设计变更已完成工程量，定期进行验工计价。

（7）督促检查安全生产、文明施工，并参加工程竣工验收。

（8）即时向业主报送有关工程资料及施工情况。

当监理不履行以上八项基本的职责，而达到了足以解除合同的程度，此时有可能引起监理合同解除。

C　监理合同解除的特殊条件分析

由于监理合同是很特殊的一类土木工程合同，因此监理合同解除也具有以下特殊条件：

（1）监理合同是以发包人与监理单位间的信任为基础的。发包人之所以委托某个监理单位对其投资的项目进行监理，是基于对该监理单位的实践经验、资质信誉、专业名望和职业道德等多方面的原因。因此监理合同依法订立后，监理单位应亲自履行合同义务，不得将其承揽的监理业务擅自转让，即监理合同具有不可转让性（经发包人书面同意的例外），否则，将导致监理合同解除。

（2）当事人一方要求解除合同时，应当在42日前通知对方，这相对于其他的合同来说提前时间要长得多。

22.2.3　土木工程项目施工合同管理

22.2.3.1　施工合同概述

A　施工合同的含义

土木工程项目施工合同是发包人与承包人就完成具体工程项目的建筑施工、设备安装、设备调试、工程保修等工作内容，确定双方权利和义务的协议。"承包人"是指在土木工程项目中负责工程的勘察、设计、施工任务的一方当事人；"发包人"是指在土木工程项目中委托承包人进行工程的勘察、设计、施工任务的建设单位（或业主、项目法人）。施工合同是土木工程合同的一种，它与其他土木工程合同一样是双方有偿合同，在订立时应遵守自愿、公平、诚实信用等原则。

土木工程项目施工合同是土木工程项目的主要合同之一，其标底是将设计图纸变为满足功能、质量、进度、投资等发包人投资预期目的的建筑产品，是工程建设质量控制、进度控制和投资控制的主要合同，是工程建设质量控制、进度控制、投资控制的主要依据。本小节简单讲解土木工程项目施工合同管理的基础内容，第23章将详细介绍施工合同的全过程管理。

B　施工合同的内容

根据《建设工程施工合同管理办法》，施工合同主要应具备的内容有：工程名称、地点、范围、内容、工程价款及开竣工日期；双方的权利、义务和一般责任；施工组织设计的编制要求和工期调整的处置办法；工程质量要求、检验与验收方法；合同价款调整与支付方法；材料、设备的供应方式与质量标准；设计变更；竣工条件与结算方式；违约责任与处置办法；争议解决方式；安全生产防护措施。

此外关于索赔、专利技术使用、发现地下障碍和文物、工程分包、不可抗力、工程保险、工程停建和缓建、合同生效与终止等也是施工合同的重要内容。

22.2.3.2　施工合同的寿命期

对于施工合同，它由形成到合同责任全部完成，合同结束，通常都有较长一段时间，有的甚至几年到几十年，经历许多过程。合同管理必须在合同的整个寿命期中进行，在不同的阶段，合同管理有不同的任务和重点。对常见的公开招标工程，施工合同经历合同形成阶段和合同执行阶段两个主要阶段。

A　合同形成阶段

a　投标阶段

这个阶段从取得招标文件开始，到开标为止，这是业主和承包企业之间的初次要约和承诺，是施工合同的初始阶段。

施工承包企业所要做的工作有：准备资格预审材料；购买标书；进行详细的环境调查；编写投标书（技术标和商务标）；递交投标书（在招标文件规定的时间内）。

b　商签合同

这一阶段从开标到签订合同。对有的工程，这个阶段时间很短，但极为重要，不可忽视。这一阶段通常分为以下两步：

（1）开标后，业主对各投标书做初评，宣布一些不合招标规定的投标书为废标；选择几个报价低而合理，同时又是有能力的承包商的投标书进行重点研究，对比分析；并要求承包方澄清投标书中的问题。承包企业通过再度竞争，战胜其他竞争对手，被业主选中。

（2）合同谈判。业主和承包方可以进行进一步的合同谈判，对合同条件作修改和补充。最终双方达成一致，签订合同协议书。至此，一个有法律约束力的承包合同诞生了。

B　合同执行阶段

这个阶段从合同签订到合同结束。承包企业必须按合同规定的数量、质量、工期和技术要求完成工程施工，完成工程的保修责任，同时又得到合同规定的经济利益，最终合同结束。

22.2.3.3　施工合同管理的基础内容

A　施工合同文件的范围

合同包括合同协议书和合同条件这些主要部分，还包括双方协商同意的有关修改承包合同的设计变更文件、洽商记录、会议纪要以及资料、图表等。

通常施工合同所包含的内容和执行上的优先次序如下：

（1）施工合同签订后双方达成一致的信件、会谈纪要、备忘录、修正案和其他文件。业主和工程师做出的在合同规定范围内的工程变更指令、设计变更文件、业主和工程师的各种指令等。合同签订后，承包企业按合同总工期计划的要求做出详细的施工进度计划和施工的其他计划，它们经业主和工程师批准或同意后作为有约束力的工期计划，也是合同的一部分。上述文件作为合同的修改和补充，在合同实施中，具有最高的法律优先地位。

（2）合同协议书。

（3）中标通知书。

（4）投标书。

（5）合同条件。

（6）合同签订前双方达成一致的书信、会谈纪要、备忘录、附加协议和其他文件。

（7）合同的技术文件和其他附件。如图纸、规范、工程量清单、水文地质资料、现场条件资料等。

以上几个方面构成施工合同的总体。在执行中，如果它们之间有矛盾或不一致，应以法律效力优先的文件为准。

在实际工程中，还应注意的惯例有：合同文本的正本优先于副本；合同条件中的特殊条款优先于一般条款；具体的详细的规定优先于一般的笼统的规定；手写文件（如现场记录）优先于打印文件（如会谈纪要）；打印文件优先于印刷文件（如报纸上的新闻报道）；价格的文字表达优先于阿拉伯数字表达；单价优先于合价等。

B 施工合同的主要条款

施工合同的主要条款有：承包范围；工期；工程质量；合同价款；施工图纸的交付时间；材料和设备供应责任；竣工验收；付款和结算；质量保修范围和期限；其他条款。

23　土木工程项目施工合同全过程管理

本章概要

（1）土木工程项目施工合同订立准备阶段的合同管理：订立原则，订立程序，双方主体资格。

（2）土木工程项目施工合同订立阶段的合同管理：土木工程项目施工合同审查，合同审查表的应用，合同的谈判。

（3）土木工程项目施工合同执行阶段的合同管理：合同实施保证体系，合同实施控制，合同变更管理。

23.1　施工合同管理的订立准备阶段

施工合同的订立准备阶段要依据国家相关法律法规，遵循合同订立的基本原则，符合工程合同订立的程序，对工程合同的主体资格进行严格审查。

23.1.1　合同订立的基本原则

工程合同的签订直接关系到合同的履行，关系到合同当事人各方的利益，因此在签订工程合同时，应遵循一定的基本原则。

（1）平等自愿原则。根据《合同法》规定，签署工程合同的双方当事人，只要他们就某一项目的建设任务签订了工程合同，双方就发生了以合同形式体现出来的经济关系，双方的法律地位是平等的。自愿是指是否订立合同、与谁订立合同、订立合同的内容等都由合同当事人依法自愿决定。

（2）公平原则。签订工程合同，双方当事人的权利义务关系必须是对等的，即合同对双方规定的责任必须公平合理，要照顾到双方的利益，不能利用合同将自身承担的风险转移，有意损害对方的利益。

（3）诚实信用原则。工程合同的当事人在订立合同时，应注意相互协作，言行一致。不得损害对方、国家、集体或第三人的公共利益，不得采用欺诈、胁迫或乘人之危要求对方与之订立违背对方意愿的合同。如发包人不得利用其在建筑市场中的优势地位要求承包商与其签订权利义务失衡的工程承包合同。

（4）合法原则。当事人签订的工程合同必须符合国家法律、行政法规的规定，合同中不得有与国家法律法规及社会公共道德准则相抵触的内容。

23.1.2　合同订立的程序

根据我国《合同法》、《招标投标法》的规定，工程合同的订立程序如下：

（1）要约邀请。即发包人采取招标公告或投标邀请书的方式，向潜在的投标人发出，希望对方发出要约的意见表示。

（2）要约。即投标，指投标人按照招标人提出的要求，在规定的时间内向招标人发出的，希望订立工程合同的意思表示。

（3）承诺。即中标通知书，指招标人在评标工作完成后，在规定时间内发出的，愿意按照中标人的投标文件的要求与中标人签订工程合同的意见表示。

（4）签约。根据《招标投标法》的规定，招标人和中标人应自中标通知书发出之日起30日内，按照招标文件和中标人的投标文件订立书面合同，但由于工程建设的特殊性，招标人和中标人往往在签订工程合同前就合同的内容进行审查和谈判，双方对合同内容达成一致后才订立书面合同，此时工程合同成立并生效。

23.1.3　合同的主体资格

23.1.3.1　发包人、业主主体资格

发包人、业主是土木工程项目进行的关键，是工程的直接投资方，是工程标准的提出者，是工程的直接验收者，对于工程发包人、业主主体资格，相关规定有：国有单位经营性基本建设大中型项目在建设阶段必须组建项目法人，可按《公司法》的规定设立有限责任公司和股份有限公司形式；项目可行性研究报告经批准后，正式成立项目法人，并按有关规定确保资本金按时到位，同时及时办理公司设立登记。

发包建设项目的单位和个人应具备的条件有：是法人或依法成立的其他组织或公民；有与发包的建设项目相适应的技术、经济管理人员；实行招标的，应具备编制招标文件和组织开标、评标、定标的能力。不具备以上第二、三款条件的须委托具有相应资质的建设、监理、咨询单位等代理。

23.1.3.2　承包人主体资格

根据我国《建筑法》规定，从事建筑活动的建筑施工企业、勘察单位、设计单位和工程监理单位，应具备的条件有：有符合国家规定的注册资本；有从事与建筑活动相适应的具有法定执业资格的专业技术人员活动所应有的技术装备；法律、行政法规所规定的其他条件。

23.2　施工合同管理的订立阶段

工程承包经过招标、投标、定标等过程后，根据《合同法》规定，发包人和承包人的合同法律关系就已经建立。但出于土木工程项目标的规模大、金额高、履行时间长、技术复杂，再加上可能由于招投标工作较仓促，从而可能会导致合同条款完备性不够，甚至合法性不足，给今后合同履行带来很大困难。因此在中标通知书发出后，发包人和承包人往往会对合同的内容进行审查分析，在不违背原合同实质性内容的情况下通过合同谈判对合同内容进行补充或删减，最终订立一份对双方都有法律约束力的合同文件。

23.2.1　土木工程项目合同审查

合同审查分析是一项技术性很强的综合性工作，它要求合同管理者必须熟悉与合同相关的法律法规，精通合同条款，了解合同环境，具备足够的细心和耐心。

合同审查分析主要包括合同效力的审查与分析、合同的完备性审查、合同条款的公正性审查。

23.2.1.1　合同效力的审查与分析

工程合同的签订必须遵守相关法律、行政法规的规定，否则合同就会全部或部分无效，因此对合同效力的审查是合同审查分析最基本的工作，可从以下几方面进行：

（1）合同当事人资格审查。即合同主体资格的审查。无论发包人还是承包人都应该按照国家有关法律、行政法规的规定具备发包和承包工程的资格。

（2）工程项目合法性审查。即合同客体资格的审查，土木工程项目是否具备招投标、签订合同的条件。

（3）合同订立过程的审查。主要审查工程招投标工作是否规范，如招标人是否存在隐瞒工程真实情况的现象，投标人是否存在串标、围标的现象等。

（4）合同内容合法性审查。主要审查合同条款是否符合法律法规的规定，如关于分包转包、安全管理等合同条款是否符合相应的法律规定。

23.2.1.2　合同的完备性审查

根据《合同法》的规定，合同应包括合同当事人、合同标的的数量和质量、合同价款、履行期限、地点和方式、违约责任、合同争议解决方法等内容。工程合同由于其涉及面广，履行过程中的不确定性因素多，因此若合同内容不完备，就会给合同当事人造成损失。工程合同的完备性审查包括以下方面：

（1）合同文件完备性审查。即审查该合同的各种文件是否齐全。

（2）合同条款完备性审查。即审查合同条款是否齐全，对工程项目所涉及的各方面是否都有规定，合同条款是否存在漏项等。

23.2.1.3　合同条款的公正性审查

公平公正是《合同法》规定的合同订立的基本原则，工程合同双方当事人在签订合同时都应该遵守该原则。但由于建筑市场竞争激烈，合同的起草权往往掌握在发包人手中，而承包人只能处于被动地位，因此发包人提供的合同条款往往苛刻，难以达到公平公正的程度。承包人在审查合同时应考虑到该点。

对施工合同而言，应重点审查以下内容：

（1）工作范围。即承包人所承担的工作范围，包括工程施工任务、材料和设备供应、施工人员的提供、工程质量和工期要求等。工作范围是确定合同价格的基础，因此工作范围的确定是合同审查的一项极其重要的工作。招标文件中对于工作范围的界定有时较模糊，因此发包人和承包人在合同审查时应进一步明确工作范围。常见的工作范围不明确的问题主要体现在以下方面：

1）由工作范围不明确或承包人未能正确理解而出现报价漏项，从而导致成本增加。

2）由于工作范围不明确，对一些应包括进去的工程量没有进行计算而导致施工成本的增加。

3）规定工作内容时，对于规格、型号、质量要求、技术标准等表达不清楚，从而在合同履行过程中容易产生合同纠纷。

（2）权利和义务。合同应公平合理分配双方的权利和义务。因此在合同审立时，合同双方当事人应将各自的权利和义务一一列出，检查是否存在权利和义务失衡的问题，另外还须对双方权利和义务的制约关系进行分析。如在合同中规定一方当事人享有某项权力，则要分析该权力的行使会给对方产生什么影响，该权力是否需要制约，权力方是否会滥用该权力，使用该权力时权力方应承担什么责任等，据此可以提出对该项权力的制约。如果合同中规定一方当事人必须承担某项义务，则要分析承担该义务的前提条件。如合同规定承包商必须按时开工，则应在合同中相应规定业主应按时提供施工现场和施工图纸。

（3）工期。工期的长短直接与承发包双方利益密切相关。对于发包人而言，若工期过短可能会影响工程质量，增加工程成本；若工期过长则会影响发包人正常使用，使发包人的收益推迟实现。因此发包人在审查合同时，应综合考虑工期、成本和质量三者的关系，以确定合理工期。对于承包商而言，应认真分析自己能否在规定的合同工期内完工，按期完工的条件有哪些，若合同工期较苛刻，承包商应在合同谈判时争取一个承发包人都能接受的工期，以保证承包人按期完工，避免项目完工风险的发生。

（4）工程质量。承包人应审查工程质量标准的约定能否体现优质优价的原则、材料设备的标准及验收规定、工程师的质量检查权力及限制、工程验收程序及期限规定、工程质量瑕疵责任的承担方式和工程保修期限及保修责任等。

（5）工程款及支付问题。工程造价条款是工程施工合同的关键条款，但通常会发生约定不明的情况，容易造成合同争权和纠纷。在实际的工程合同履行的过程中，业主和承包商之间的争议往往也集中在工程价款的支付上，因此，无论发包人还是承包人都应该花费比较大的精力研究工程价款及其支付的有关问题，主要有以下方面：

1）合同价格。首先应研究工程合同的计价方式，如果合同采用固定价格方式，则应检查合同中是否约定了合同价款风险范围及风险费用的计算方式，价格风险承担方式是否合理；如果合同采用可调价格方式，则应检查合同是否约定因工程量的增减而调整变更限额；如果合同采用成本加酬金方式，则应检查合同中成本构成和酬金的计算方式。

2）工程价款的支付。

①预付款。对于承包人而言，争取预付款既可以使自己减少垫付的周转资金及利息，也可以表明业主的支付信用，减少部分风险。因此承包人应力争取得预付款，甚至可适当降低合同价款以换取部分预付款，同时还要分析预付款的比例、支付时间及扣还方式。

②付款方式。承发包人应审查工程量的计量及工程款的支付程序以及检查合同中是否有支付期限和延期支付责任的规定。

③支付保证。支付保证包括承包人预付款保证和发包人工程款支付保证。对于预付款保证，承包人应重点审查保证的方式及预付款保证的保值问题。对于发包人工程款支付保证，承包人应尽可能要求业主提供银行出具的资金到位的证明或资金支付担保。

④保修金。承包人应检查合同中规定的保修金是否合理，保修金的退还时间等。

（6）违约责任。违约责任条款订立的目的在于促使合同双方严格履行合同义务，防止违约行为的发生。如果发包人不按时支付工程价款，承包人不能按期完工或工程质量达不到合同规定的标准，都会给合同的另一方当事人造成损失。因此工程合同双方当事人应对违约责任条款进行认真审查，以保证违约责任条款的具体、完整。

23.2.2　合同审查表

23.2.2.1　合同审查表的作用

合同审查后，对分析研究结果可以用合同审查表进行归纳整理。用合同审查表可以系统地针对合同文本中存在的问题提出相应的对策。合同审查表的主要作用如下：

（1）通过合同的结构分解，对合同当事人及合同谈判者以及对合同有一个全面的了解。

（2）检查合同内容的完整性。与标准的合同结构对照，即可发现该合同缺少哪些必需条款。

（3）分析评价每一合同条款执行的法律后果及风险，为合同谈判和签订提供决策依据。

23.2.2.2　合同审查表的格式

要达到合同审查的目的，合同审查表应具备以下功能：

（1）完整的审查项目和审查内容。通过审查表可以直接检查合同条款的完整性。

（2）被审查合同在对应审查项目上的具体条款和内容。

（3）对合同内容的分析评价，即合同中有什么样的问题和风险。

（4）针对分析出来的问题提出建议或对策。

某承包人的合同审查表见表 23-1。

表 23-1　合同审查表的形式

审查项目编号	审查项目	条款号	条款内容	条款说明	建议或对策
S06021	责任和义务	6.1	承包商严格遵守工程师对本工程的各项指令并使工程师满意	工程师权限过大，使工程师满意对承包商产生极大约束	工程师指令及满意仅限于技术范围及合同条件范围内并增加反约束条款
S07056	工程质量	16.2	承包商在施工中应加强质量管理工作，确保交工时工程达到设计生产能力，否则应对业主损失给予赔偿	达不到设计生产能力的原因可能有很多，责权不平衡	1. 赔偿责任仅限于承包商原因造成的； 2. 因业主能力原因达不到设计生产能力，承包商有权获得赔偿

23.2.3　工程合同的谈判

23.2.3.1　工程合同谈判的准备工作

工程合同谈判是发包人和承包人之间的直接较量，谈判的结果直接关系到合同内容是否对自己有利，因此，在合同正式谈判前，无论发包人还是承包人，都应细致做好充分的思想准备、组织准备、资料准备的工作。

（1）谈判的思想准备。合同谈判是一项艰苦复杂的工作，只有做好了充分的思想准备，才能在谈判中坚持自己的立场，最终达到预定目标。因此在谈判前，应对下面两个问题做好充分的思想准备：

1）谈判目标。这是必须明确的首要问题。因为不同的目标决定了谈判方式的不同。

所有的谈判方式和技巧都是为谈判目标服务的。因此，对于合同的谈判双方而言，首先必须确定自己的谈判目标。

2）确定谈判的基本原则和谈判态度。明确谈判目标后，合同的谈判者应确定自己谈判的基本原则，从而确定在谈判中哪些问题是必须坚持的，哪些问题可以做出一定的合理让步及让步的程度等。同时还应分析在谈判过程中可能遇到哪些复杂情况及其对谈判目标的影响，遇到关键问题争执不下如何解决等。

（2）合同谈判的组织准备。在确定了谈判目标和谈判的基本原则后，就应组织一个谈判班子进行谈判准备和谈判工作。谈判班子成员的专业知识、综合能力和基本素质对谈判结果有重要的影响。一个合格的谈判班子应由经验丰富的技术人员、财务人员和法律人员构成。谈判班子的负责人应由思路清晰、组织能力和应变能力强、熟悉业务的专家担任。

（3）合同谈判的资料准备。合同谈判要有理有据，因此在谈判前应收集各种背景资料，如对方的资信状况、履约能力、项目目前的进展情况及前期接触时形成的会议纪要、备忘录等，并将资料进行分类整理。第一类为招标文件、技术规范、投标文件、中标通知书等资料；第二类为谈判时对方可能索取的资料及针对对方可能提出的问题准备的相应资料；第三类是证明自己具备履约能力的资料。

（4）背景资料的分析。在收集和整理好上述背景资料后，应对这些资料进行详细分析。

1）对自己的分析。对发包人而言，应了解建设项目准备工作情况，包括技术准备、征地拆迁、现场准备及资金准备情况以及自己对项目在质量、工期、造价等方面的要求，以确定自己的谈判方案。对承包人而言，应分析项目的合法性与有效性，项目的自然条件和施工条件，自己承包该项目具备的优势和劣势以及确定自己的谈判地位。

2）对对方的分析。

①对方是否具备合同主体资格，资信情况如何。对于发包人而言应分析承包人是否具备承接该项目的资质条件，承包人以前承接工程项目的履约情况等；对于承包人而言应分析发包人是否具备实施该项目建设的主体资格，发包人在以前的工程项目建设中是否存在违约问题等。

②谈判对手的真实意图。只有在充分了解对手的谈判诚意和谈判动机后，才能在谈判中始终掌握主动权。

③对方谈判人员的基本情况。包括对方谈判人员的组成，谈判人员的身份、资历、专业水平、谈判风格等，以便自己有针对性安排谈判人员。同时还应了解对方是否了解自己的谈判人员。

（5）谈判方案的准备。在确定自己的谈判目标和对背景资料进行分析的基础上，应拟定几套谈判方案，并对备选方案进行分析，比较哪个方案较好及对方可能接受的方案，这样可避免一旦在谈判中对方不接受某个方案时可改换另一个方案。

（6）会议具体事物的安排准备。这是谈判开始前必需的准备工作，包括三方面内容，即选择谈判的时机，选择谈判的地点，安排谈判的议程。应尽可能选择有利于自己的时间和地点，对于议程安排应松紧适度。

23.2.3.2　谈判程序

（1）一般讨论。谈判开始阶段通常都是先广泛交换意见，各方提出自己的设想方案，探讨各种可能性，经过商讨逐步将双方意见综合并统一起来，形成共同的问题和目标，为下一步谈判做好准备。

（2）技术谈判。主要是对原合同中技术方面的条款进行讨论，包括工程范围、技术规范、标准、施工条件、施工方案、施工进度、质量检查和竣工验收等。

（3）商务谈判。主要是对原合同中商务方面的条款，包括工程合同价款、支付条件、支付方式、预付款、履约保证、保修金、合同价格等进行讨论。需要强调的是，由于技术条款和商务条款往往是密不可分的，因此在进行技术谈判和商务谈判时不能人为将两者分割。

（4）合同拟定。当谈判进行到一定阶段后，双方对原则问题达成了一致，此时就可相互交换合同稿，然后在合同稿的基础上先对一致性问题进行审查，后对无法达成一致的问题进行讨论，提请上级审定后下次谈判继续讨论，直至双方对合同条款一致同意并形成合同草案。

23.3 施工合同管理的执行阶段

合同实施控制应立足于现场，在我国应加强合同实施控制工作，它对整个项目管理有十分重要的作用。在工程施工中合同管理对项目管理的各个方面起总协调和总控制作用，它的工作主要包括建立合同管理程序、合同实施控制、合同变更管理等。

由于现代工程的特点，使得施工中的合同管理极为困难和复杂，日常的事务性工作极多。为了使工作有秩序、有计划地进行，必须建立施工合同实施的保证体系。

23.3.1 建立合同管理工作程序

在工程实施过程中，合同管理的日常事务性工作很多。为了协调好各方面的工作，使合同管理工作程序化、规范化，应订立以下几个方面的工作程序：

（1）定期和不定期的协商会议制度。在工程建设过程中，业主、工程师和各承包商之间，承包商和分包商之间以及承包商的项目管理职能人员和各工程小组负责人之间都应有定期的协商会议。通过会议可以解决以下问题：

1）检查合同实施进度和各种计划落实情况；

2）协调各方面的工作，对后期工作做安排；

3）讨论和解决目前已经发生的和以后可能发生的各种问题，并做出相应的决议；

4）讨论合同变更问题，做出合同变更决议，落实变更措施，决定合同变更的工期和费用补偿数量等。

承包商与业主，总包和分包之间会谈中的重大议题和决议，应用会谈纪要的形式确定下来。各方签署的会谈纪要，作为有约束力的合同变更，是合同的一部分。合同管理人员负责会议资料的准备，提出会议的议题，起草各种文件，提出对问题解决的意见或建议，组织会议；会后起草会谈纪要（有时，会谈纪要由业主的工程师起草），对会谈纪要进行合同法律方面的检查。

对工程中出现的特殊问题可不定期地召开特别会议讨论解决方法。这样保证合同实施一直得到很好的协调和控制。

（2）建立一些特殊工作程序。对于一些经常性工作应订立工作程序，使大家有章可循，合同管理人员也不必进行经常性的解释和指导，如图纸批准程序，工程变更程序，分包商的索赔程序，分包商的账单审查程序，材料、设备、隐蔽工程、已完工程的检查验收程序，工程进度付款账单的审查批准程序，工程问题的请示报告程序等。

（3）严格的检查验收制度。合同管理人员应主动抓好工程和工作质量，协助做好全面质量管理工作，建立一整套质量检查和验收制度，例如：每道工序结束应有严格的检查和验收；工序之间、工程小组之间应有交接制度；材料进场和使用应有一定的检验措施等。防止由于承包商自己的工程质量问题造成被工程师检查验收不合格，试生产失败而承担违约责任。在工程中，由此引起的返工、窝工损失，工期的拖延应由承包商自己负责，得不到赔偿。

（4）建立报告和行文制度。承包商和业主、监理工程师、分包商之间的沟通都应以书面形式进行，或以书面形式作为最终依据。这是合同的要求，也是法律的要求，也是工程管理的需要。在实际工作中这项工作特别容易被忽略。

23.3.2　合同实施控制

合同定义了一定范围工程或工作的目标，它是整个工程项目目标的一部分。这个目标必须通过具体的工程活动实现。由于在工程中各种干扰的作用，常常使工程实施过程偏离总目标。控制就是为了保证工程实施按预定的计划进行，顺利地实现预定的目标。

23.3.2.1　工程中的目标控制程序

工程中的目标控制程序包括以下几个方面：

（1）工程实施监督。目标控制首先应表现在对工程活动的监督上，即保证按照预先确定的各种计划、设计、施工方案实施工程。工程实施状况反映在原始的工程资料（数据）上，例如质量检查报告、分项工程进度报告、记工单、用料单、成本核算凭证等。工程实施监督是工程管理的日常事务性工作。

（2）跟踪。即将收集到的工程资料和实际数据进行整理，得到能反映工程实施状况的各种信息。如各种质量报告，各种实际进度报表，各种成本和费用收支报表及它们的分析报告。将这些信息与工程目标，如合同文件、合同分析文件、计划、设计等进行对比分析。这样可以发现两者的差异。差异的大小，即为工程实施偏离目标的程度。如果没有差异，或差异较小，则可以按原计划继续实施工程。

（3）诊断。即分析差异的原因，采取调整措施。差异表示工程实施偏离了工程目标，必须详细分析差异产生的原因和它的影响，并对症下药，采取措施进行调整，否则这种差异会逐渐积累，越来越大，最终导致工程实施远离目标，甚至可能导致整个工程的失败。所以，在工程建设过程中要不断地进行调整，使工程实施一直围绕合同目标进行。

23.3.2.2　工程实施控制的主要内容

工程实施控制包括以下几方面内容：

（1）成本控制。

（2）质量控制。

（3）进度控制。

（4）合同控制。

23.3.2.3　合同控制

在上述的几个控制中，合同控制有它的特殊性。

A　合同控制的作用

成本、质量、工期是由合同定义的三大目标，承包商最根本的合同责任是达到这三大目标，所以合同控制是其他控制的保证。通过合同控制可以使质量控制、进度控制、成本控制协调一致，形成一个有序的项目管理过程。

B　合同控制的特点

合同控制的最大特点是它的动态性。这个动态性表现在以下两个方面：

（1）合同实施受到外界干扰常常偏离目标，要不断地对其进行调整。

（2）合同目标本身不断地变化。例如在工程建设过程中不断出现合同变更，使工程的质量、工期、合同价格发生变化，使合同双方的责任和权益也发生变化。

承包商的合同控制不仅针对与业主之间的工程承包合同，而且包括与总合同相关的其他合同，如分包合同、供应合同、运输合同、租赁合同等，而且包括总合同与各分合同之间、各分合同之间的协调控制。

C　合同实施监督

合同责任是通过具体的合同实施工作完成的。合同监督可以保证合同实施按合同和合同分析的结果进行。合同监督的主要工作如下：

（1）合同管理人员与项目的其他职能人员一起落实合同实施计划，为各工程小组、分包商的工作提供必要的保证。如施工现场的安排，人工、材料、机械等计划的落实，工序间的搭接关系的安排和其他一些必要的准备工作。

（2）在合同范围内协调业主、工程师、项目管理各职能人员、所属的各工程小组和分包商之间的工作关系，解决合同实施中出现的问题，如合同责任界面之间的争执，工程活动之间时间上和空间上的不协调。合同责任界面争执是工程实施中很常见的。承包商与业主、与业主的其他承包商、与材料和设备供应商、与分包商以及承包商的分包商之间，工程小组与分包商之间常常互相推卸一些合同中或合同事件表中未明确划定的工程活动的责任。这会引起内部和外部的争执，对此合同管理人员必须做判定和调解工作。

（3）对各工程小组和分包商进行工作指导，做经常性的合同解释，使各工程小组都有全局观念。对工程中发现的问题提出意见、建议或警告。

（4）合同管理人员在工程实施中起"漏洞工程师"的作用，但他不是寻求与业主、与工程师、与各工程小组、与分包商的对立，他的目标不仅仅是索赔和反索赔，而是将各方面在合同关系上联系起来，防止漏洞和弥补损失，更完美地完成工程。例如：促使工程师放弃不适当、不合理的要求（指令），避免对工程的干扰、工期的延长和费用的增加；协助工程师工作，弥补工程师工作的漏洞，如及时提出对图纸、指令、场地等的申请，尽可能提前通知工程师，让工程师有所准备，这样使工程更为顺利。各方应减少对抗，促使合同顺利执行。

（5）合同项目管理的有关职能人员检查、监督各工程小组和分包商的合同实施情况，对照合同要求的数量、质量、技术标准和工程进度，发现问题并及时采取对策措施。对他们的已完工程做最后的检查核对，对未完成的工程或有缺陷的工程指令限期采取补救措施，防止影响整个工期。

（6）按合同要求，合同业主及工程师等对工程所用材料和设备开箱检查或做验收，看是否符合质量，符合图纸和技术规范等的要求。进行隐蔽工程和已完工程的检查验收，负责验收文件的起草和验收的组织工作。

（7）合同估算师对向业主提出的工程款账单和分包商提交来的收款账单进行审查和确认。

（8）合同管理工作一经进入施工现场后，合同的任何变更都应由合同管理人员负责提出；向分包商的任何指令，向业主的任何文字答复、请示，都须经合同管理人员审查，并记录在案。承包商与业主、与总（分）包商的任何争议的协商和解决都必须有合同管理人员的参与，并对解决结果进行合同和法律方面的审查、分析和评价。这样不仅保证工程施工一直处于严格的合同控制中，而且使承包商的各项工作更有预见性，更能及早地预计行为的法律后果。

（9）由于在工程实施中的许多文件，例如业主和工程师的指令、会谈纪要、备忘录、修正案、附加协议等也是合同的一部分，所以它们也应完备，没有缺陷、错误、矛盾和二义性。它们也应接受合同审查。在实际工程中这方面问题也特别多。

23.3.3　合同变更管理

23.3.3.1　合同变更的起因

合同内容频繁的变更是工程合同的特点之一。一个较为复杂的工程合同，实施中的变更可能有几百项。合同变更一般主要有以下几方面原因：

（1）业主新的变更指令，对建筑新的要求。例如，业主有新的主意，业主修改项目总计划，削减预算。

（2）由于设计的错误，必须对设计图纸做修改。这可能是由于业主要求变化，也可能是设计人员，监理工程师或承包商事先没能很好地理解业主的意图。

（3）工程环境的变化，预定的工程条件不准确，要求实施方案或计划变更。

（4）由于产生新的技术和知识，有必要改变原设计、实施方案或实施计划，或由于业主指令，或由于业主的原因造成承包商施工方案的变更。

（5）政府部门对工程新的要求，如国家计划变化、环境保护要求、城市规划变动等。

（6）由于合同实施出现问题，必须调整合同目标，或修改合同条款。

（7）合同双方当事人由于倒闭或其他原因转让合同，造成合同当事人的变化。这通常是比较少的。

23.3.3.2　合同变更的影响

合同变更实质上是对合同的修改，是双方新的要约和承诺。这种修改通常不能免除或改变承包商的合同责任，但对合同实施影响很大，造成原"合同状态"的变化，必须对原合同规定的内容做相应的调整。主要表现在以下几方面：

（1）定义工程目标和工程实施情况的各种文件，如设计图纸、成本计划和支付计划、工期计划、施工方案、技术说明和适用的规范等，都应作相应的修改和变更。合同变更最常见和最多的是工程变更。

（2）当然相关的其他计划也应做相应调整，如材料采购计划、劳动力安排、机械使用计划等。它不仅引起与承包合同平行的其他合同的变化，而且会引起所属的各个分合同，如供应合同、租赁合同、分包合同的变更。有些重大的变更会打乱整个施工部署。

（3）引起合同双方，承包商的工程小组之间，总承包商和分包商之间合同责任的变化。如工程量增加，则增加了承包商的工程责任，增加了费用开支和延长了工期。

（4）有些工程变更还会引起已完工程的返工，现场工程施工的停滞，施工秩序被打乱，已购材料的损失等。

23.3.3.3　合同变更的处理要求

变更应尽可能快地做出。在实际工作中，变更决策时间过长和变更程序太慢会造成很大的损失，常有这两种现象：施工停止，承包商等待变更指令或变更会谈决议。等待变更为业主责任，通常可提出索赔。变更指令不能迅速做出，而现场继续施工，会造成更大的返工损失。这就要求变更程序非常简单和快捷。

合同变更指令应立即在工程实施中得到贯彻。在实际工程中，这方面问题常常很多。由于合同变更与合同签订不一样，没有一个合理的计划期，变更时间紧，难以详细地计划和分析，很难全面落实责任，就容易造成计划、安排、协调方面的漏洞，引起混乱，导致损失。而这个损失往往被认为是承包商管理失误造成的，难以得到补偿。所以合同管理人员在这方面起着很大的作用。只有合同变更得到迅速落实和执行，合同监督和跟踪才可能以最新的合同内容作为目标，这是合同动态管理的要求。

对合同变更的影响做进一步分析。合同变更是索赔机会，应在合同规定的索赔有效期内完成对它的索赔处理。在合同变更过程中就应记录、收集、整理所涉及的各种文件，如图纸、各种计划、技术说明、规范和业主的变更指令，以作为进一步分析的依据和索赔的证据。在实际工作中，合同变更必须与提出索赔同步进行，甚至先进行索赔谈判，待达成一致后，再进行合同变更。在这里，赔偿协议是关于合同变更的处理结果，也作为合同的一部分。

由于合同变更对工程施工过程的影响大，会造成工期的拖延和费用的增加，容易引起双方的争执。所以合同双方都应十分慎重地对待合同变更问题。按照国际工程统计，工程变更是索赔的主要起因。

在一个工程中，合同变更的次数、范围和影响的大小与该工程招标文件（特别是合同条件）的完备性、技术设计的正确性以及实施方案和实施计划的科学性直接相关。

23.3.3.4　合同变更范围和程序

合同变更应有一个正规的程序，应有一整套申请、审查、批准手续。

A　合同变更范围

合同变更的范围很广，一般在合同签订后所有工程范围、进度、工程质量要求、合同条款内容、合同双方责权利关系的变化等都可以被看做合同变更。

B　合同变更程序

（1）对重大的合同变更，由双方签署变更协议确定。合同双方经过会谈，对变更所涉及的问题，如变更措施、变更的工作安排、变更所涉及的工期和费用索赔的处理等，达成一致。然后双方签署备忘录、修正案等变更协议。

（2）业主或工程师行使合同赋予的权力，发出工程变更指令。在实际工程中，这种变更在数量上极多，情况比较复杂。

1）与变更相关的分项工程尚未开始，只需对工程设计做修改或补充，如事前发现图纸错误，业主对工程有新的要求等。在这种情况下，工程变更时间比较充裕，价格谈判和变更的落实可有条不紊地进行。

2）变更所涉及的工程正在进行施工，如在施工中发现设计错误或业主突然有新的要求。这种变更通常时间很紧迫，甚至可能发生现场停工，等待变更指令。

3）对已经完工的工程进行变更，必须做返工处理。工程变更的程序一般由合同规定。在合同分析中常常须作出工程变更程序图。最理想的变更程序是，在变更执行前，合同双方已就工程变更中涉及的费用增加和工期延误的补偿协商达成一致。

（3）工程变更申请。在工程项目管理中，工程变更通常要经过一定的手续，如申请、审查、批准、通知（指令）等。工程变更申请表的格式和内容可以按具体工程需要设计。

（4）工程变更责任分析。在合同变更中，量最大、最频繁的是工程变更。它在工程索赔中所占的份额也最大。工程变更的责任分析，是工程变更起因与工程变更问题处理即确定赔偿问题的桥梁。工程变更中有以下两大类变更：

1）设计变更。设计变更会引起工程量的增加或减少，新增或删除工程分项，工程质量和进度的变化，实施方案的变化。一般工程施工合同赋予业主（工程师）这方面的变更权力，可以直接通过下达指令，重新发布图纸，或规范实现变更。

2）施工方案的变更。施工方案变更的责任分析有时比较复杂。在投标文件中，承包商就在施工组织设计中提出比较完备的施工方案，但施工组织设计不作为合同文件的一部分。

（5）合同变更中应注意的问题。对业主（工程师）的口头变更指令，按施工合同规定，承包商也必须遵照执行，但应在7天内书面向工程师索取书面确认。而如果工程师在7天内未予书面否决，则承包商的书面要求信即可作为工程师对该工程变更的书面指令。工程师的书面变更指令是支付变更工程款的先决条件之一。作为承包商在施工现场应积极主动，当工程师下达口头指令时，为了防止拖延和遗忘，承包商的合同管理人员可以立刻起草一份书面确认信让工程师签字。

24　土木工程项目合同管理绩效评价

本章概要

（1）土木工程项目合同管理绩效评价指标的设置及确定，定性、定量的绩效评价指标体系。

（2）土木工程项目合同管理绩效评价模型，对合同管理绩效评价的分析与思考。

24.1　土木工程项目合同管理绩效评价指标

为了做好土木工程项目合同管理绩效评价工作，建立一套全面、科学、合理的绩效评价指标体系是关键。绩效评价指标体系的建立必须遵循绩效评价的理论方法，借鉴项目评价的思想理论，结合土木工程项目合同管理的特点分步骤进行。

24.1.1　合同管理绩效评价指标

评价指标就是评价因子或评价项目。在评价过程中人们要对被评价对象的各个方面或各个要素进行评估，指向这些方面或要素的就是评价指标。

24.1.1.1　指标分类

绩效评价指标有很多分类方式。如对员工个人进行绩效评价，可以按工作业绩、工作能力和工作态度进行评价指标分类；按指标能否被量化，可分为软指标（定性指标）和硬指标（定量指标）；按指标性质可分为特质、行为、结果三类绩效评价指标。由于土木工程项目合同管理绩效评价是一种组织绩效评价，其指标性质主要根据土木工程项目合同管理的特点来确定，因此，本书根据指标能否被量化分为如下两类：

（1）软指标（定性指标）。软指标又称定性指标，是主要通过人的主观评价方能得出评价结果的评价指标。一般用专家评价来代替这种主观评价的过程。专家评价就是由评价者对系统做出主观的分析，直接给评价对象打分并做出模糊评判（如很好、好、一般、不太好、不好）。

（2）硬指标（定量指标）。硬指标又称定量指标，是指以统计数据为基础，以数学手段求得评价结果，并以数量表示评价结果的评价指标。使用硬指标进行绩效评价能够摆脱个人经验和主观意识的影响，具有客观性和可靠性。

软、硬指标各有优缺点，对土木工程项目合同管理绩效进行评价一般需要将软、硬指标结合应用，如在对合同管理结果绩效进行评价时，由于存在客观的数据，将主要采用硬指标来进行评价；在对合同管理行为绩效进行评价时，由于评价所依据的数据不够可靠或者指标量化较困难，将主要采用软指标来进行评价。

24.1.1.2 定义指标内涵

绩效评价指标一般包括四个构成要素，即指标名称、指标定义、标志和标度。指标名称是指对评价指标的内容做出的总体概括；指标定义是指指标内容的操作性定义，用于揭示评价指标的关键可变特征；绩效评价指标的标志和标度是一一对应的，标志和标度就好比一把尺子上的刻度和规定刻度的标准，实践中往往将二者统称为绩效评价中的评价尺度。选择指标的评价尺度很重要，它直接影响到评价的结果。评价尺度一般分为四种，即量词式、等级式、数量式（离散型和连续型）、定义式。对于合同管理的结果绩效评价，由于我们主要采用硬指标进行分析，所以指标的评价尺度多采用数量式的评价尺度，表24-1为施工滞后索赔率指标的设定。

表 24-1　施工滞后索赔率指标的设定

指标名称	指标定义	标度	标志
施工机械滞后索赔率	因业主供应的施工机械滞后造成的索赔额占合同金额的比率	$0 \sim 0.05\%$	0 分
		$0.05\% \sim 0.10\%$	3 分
		$0.10\% \sim 0.15\%$	6 分
		$0.15\% \sim 0.20\%$	9 分
		0.20% 以上	12 分

24.1.2 合同管理绩效评价指标体系

由于影响和体现土木工程项目合同管理绩效的因素众多，构成一个相互作用的复杂系统，因此土木工程项目合同管理绩效评价是一个多目标、多层次、多因素的决策问题，其指标体系应是对土木工程项目合同管理绩效分析与评价的依据和标准，是按隶属关系、层次原则有序组成的集合。

24.1.2.1 评价目标（或对象）

任何一项绩效评价，首先必须明确评价目标。土木工程项目合同管理绩效评价的总目标是评价和分析土木工程实施合同管理后所取得的效果和作用，查找存在的问题和不足，为将来更好地开展后续工程并推广到其他工程提供借鉴和参考，促使参与工程建设的各方提高管理水平，以促进我国土木工程管理整体水平的提高，为社会创造更多的财富和效益。

24.1.2.2 指标体系

A　定量指标

凡是可以量化的指标应该尽量量化，统一计算规则。下面就一般土木工程项目中的定量指标进行说明，其他一些定量指标如赢利能力、偿债能力等则按国家相关规定计算。

（1）成本效果 CE，用工程成本降低率表示。

$$CE = (1 - 工程实际成本 / 工程预算成本) \times 100\%$$

（2）工期效果 TE，用工期提前率表示。

$$TE = (1 - 工程实际工期／工程计划工期) \times 100\%$$

（3）质量效果 QE，采用与国家有关工程质量验收标准（规范）的一致性作为量化指标。

$$QE = 1.0/(1.0 + d)$$

式中，QE 表示交付的质量；d 为交付日缺陷的数目，在完成时出现的缺陷数理论上应该是 0，即 QE = 1。

（4）安全管理效果 SE，用劳动量安全完成率来表示。

$$SE = (1 - 劳动量损失值／劳动总量) \times 100\%$$

B　定性指标

不能量化的指标，采用德尔斐法（Dephi method），按优、良、中、差四级通过加权平均来计算其数值。其中，优：90～100 分；良：75～90 分；中：60～75 分；差：<60 分。评价指标体系采用定量指标和定性指标相结合的原则，指标的定性分析应建立在大量调查分析的基础上，采取科学的态度，给予客观深刻的描述，说明事物的性质；指标的定量分析应力求客观、公正、科学和准确，可建立评价指标分析情况表便于评价人员及专家对评价指标的状况有清晰的认识和了解。

C　行为绩效评价指标

a　合同经营部（三级指标）

合同经营部是工程建设业主进行合同管理的主要部门，也是工程业主合同管理好坏的关键环节，主要负责工程招标文件的编制，承包商信息的收集，评标决标的过程控制以及合同谈判和澄清工作。

招标文件编制评价（四级指标）如下：

（1）招标文件的完整性（五级指标）。招标范围是否明确（六级指标），招标质量、工期是否明确，有无评标标准、方法，是否有廉政承诺等。如有需要，可以在六级指标下再设七级指标，还可以在七级指标下再设八级指标甚至更多，直到满足需要为止。

（2）招标文件的合理性。评标标准是否公开、公平、公正，评标方法是否合理、科学，是否存在明示或潜在的风险，是否存在不合理的条款或霸王条款等。

（3）招标文件的认同感。承包商（含材料设备供应商和分包商）对招标文件的评价，监理对招标文件的评价，勘察设计单位对招标文件的评价，主管部门对招标文件的评价，其他专业人士对招标文件的评价等。

收集的承包商信息如下：

（1）承包商的资质。承包商的资质等级是否符合要求，资质年审是否过期。

（2）承包商的信誉。承包商及其项目经理近几年的诉讼情况、财务情况、合同违约情况。

（3）承包商的实力。承包商的技术装备能力，项目经理、管理人员、技术人员资质，承包商自有资金情况，承包商材料设备的供货渠道，与政府部门、银行保险的沟通与协调能力等。

b 合同管理部

工程业主的合同管理部主要负责工程建设中日常的合同管理工作，是工程合同管理的主要承担部门。主要包括现场合同管理人员的工作能力和技能，合同管理人员的责任意识，对合同争议的超前分析和预测，合同争议的处理与应变能力，合同管理信息系统的水平和反应机制，对工程项目管理部门履行合同责任的监控和协调等。

对合同争议的超前分析和预测包括以下两方面内容：

（1）合同争议预测。对合同条款的分析，合同风险的判断和预测，制定各种合同争议解决预案等。

（2）合同争议分析。争议主体分析，争议标底分析，争议责任分析，争议后果分析。

合同争议的处理与应变能力包括以下几方面内容：

（1）合同协商处理。合同双方协商，监理工程协助协商，业主协助协商等。

（2）合同调解处理。监理工程师调解，业主调解，行政管理部门调解，法院仲裁机关调解。

（3）合同仲裁。行政仲裁，第三方仲裁，司法仲裁，国家仲裁机关仲裁。

（4）合同诉讼。诉讼主体分析与判断，诉讼标底分析，诉讼程序分析，诉讼成本分析。

c 领导层

工程业主的领导层是对合同管理影响最大的部门。如果工程业主的领导层不能从战略高度分析和认识合同管理对工程项目建设的重要意义，缺乏对合同管理职能的重视，则该工程项目建设一定会遇到许多波折。

领导成员的合同管理意识包括主要领导的合同管理意识，分管领导的合同管理意识。

领导成员的合同管理决策水平包括以下两方面：

（1）领导成员的业务水平。学历、职称、专业技能，工作的熟悉程度，专业知识的深度和广度等。

（2）领导成员的进取精神。风险意识，忧患意识，冒险精神等。

d 工程管理部

项目管理人员的合同管理意识分为以下两个阶段的意识：

（1）签订合同前。是否有专职合同管理人员，合同的公正性评价，是否有明示或隐含的合同风险，合同文本是否规范等。

（2）签订合同后。是否有专职合同管理部门，合同的执行情况评价，合同纠纷的防范与处理，合同变更与索赔管理等。

履行合同的技术水平和组织管理水平的内容如下：

（1）技术水平。合同管理人员的专业知识与技能，合同管理人员的工作经验评价，对合同纠纷的处理，合同风险的防范与转移，合同文本的领会与解读等。

（2）组织管理水平。是否有专职合同管理人员或部门，合同履行的日常记录，合同执行情况的分析与评价，合同纠纷的防范与处理，合同变更与索赔管理等。

对合同争议的预测和处理预案决策水平包括以下内容：

（1）合同争议预测。合同文本分析，合同争议原因分析，是否有明确合同争议解决预案，合同文本中是否有隐含或明示的风险等。

（2）合同争议处理。合同争议处理方式选择，合同争议的协商解决，合同争议的调解解决，合同争议的仲裁解决，合同争议的诉讼解决，合同争议处理结果分析，合同争议警示分析等。

履行过程中的违约防范能力有以下两方面内容：

（1）风险预测与防范。合同管理人员日常记录与检查，合同风险的预测与防范，风险预案处理等。

（2）风险转移与自留。风险转移给承包商（或分包商），风险转移给银行，购买保险，预提风险准备金，预备费的使用与管理，风险的处理与评价，准备合同变更与索赔谈判等。

24.2　土木工程项目合同管理绩效评价模型

土木工程项目合同管理绩效评价由于涉及的范围广，对象多，人员杂，需要经历一个长期而艰苦的过程，绩效评价应选取具有代表性、典型性的土木工程项目合同管理样本，建立评价指标及指标体系，最后运用相关技术手段和方法进行评价。

24.2.1　合同管理绩效初评与综合评价

24.2.1.1　绩效初评

在收集原始资料，并对其进行分析整理后，可对土木工程合同管理绩效进行初步评价，进行绩效初评的方法主要有以下几种：

（1）关键事件法。要求保存合同管理中最有利和最不利行为的书面记录。管理者都把它记录下来便称为关键事件。关键事件法的优点：用这种方法进行的绩效评价能够贯穿整个评价阶段，而不仅仅集中在最后几周或几个月里。缺点：增加评价人员的工作量，且记录这些行为所需要的时间过多，增加评价难度。

（2）叙述法。只需评价者写一篇简短的记叙文来描述参与合同管理各方的业绩，因为没有统一的标准，所以对叙述评价法进行比较可能是很困难的。优点：叙述评价法是最简单，而且是最好的评价方法之一。缺点：难于量化。

（3）对比评价法。对比评价法就是将每个评价对象在每一项特性指标方面，如工作量、工作质量等与其他评估对象进行比较。确定出两两比较结果，再进行下一个两两比较，得出最终结果。

（4）硬性分布法。将拟评价对象分配到一种类似于一个正态频率分布的有限数量的类型中去。如把最好的 10% 放在最高等级的小组中，次之的 20% 放在次一级的小组中，再次之的 40% 放在中间等级的小组中，再次之的 20% 放在倒数第二级的小组中，余下的 10% 放在最低等级的小组中。优点：这种方法简单，划分明确。缺点：这种方法是基于这样一个有争议的假设，即所有小组中都有同样优秀、一般、较差表现的分布，如果一个部门全部是优秀工人，则部门经理可能难以决定应该把谁放在较低等级的小组中。

24.2.1.2　综合评价

土木工程项目合同管理绩效综合评价，是一个多目标、多层次的决策问题，仅靠上述简单的评价方法难于得出较全面、准确、可靠的评价结果，合同管理绩效评价包括诸多方面因素的综合分析和比较，由于各个因素是相互影响，且多个目标同时存在，指标体系中很多因素难以量化，所以难以直接判断得到评价结果。因此，必须采用多目标、多层次的综合评价方法。

从目前国内外综合评价的理论和实践来看，费用效益分析法、关联矩阵法、DEA（数据包络分析方法）、层次分析法和模糊综合评价等均是一些有效的定性、定量相结合的评价方法。在综合评判问题中，通常都带有一定程度的模糊性，这是因为：一是评判的结果一般是优、良、中、差等，其本身就不具备精确的定义；二是同时考虑多种因素，特别是定性因素比较多时，难以确切地判断出它们对合同管理总体绩效的影响大小，特别是在考虑因素比较多时更是如此。因此，处理综合评价问题，应用模糊数学的方法最为合适。

土木工程合同管理绩效评价主要采用层次分析法与模糊综合评价相结合的方法，下面将对多因素模糊综合评价过程做详细说明。

（1）选取评价因素，构造因素集 $U = \{u_1, u_2, \cdots, u_n\}$，即 u 个因素。

（2）设计评价标准，构造评价集 $V = \{v_1, v_2, \cdots, v_m\}$，即 m 个等级。

（3）构造模糊矩阵 $\boldsymbol{R} = (r_{ij})_{n \times m}$，选取合适的模糊分布，确定隶属函数，$r_{ij}$ 表示第 i 个因素对于第 j 个等级的隶属度，$(r_{ij})_{n \times m}$ 即构成了一个从 U 到 V 上的模糊关系。

（4）确定因素权重，$\boldsymbol{W} = (W_1, W_2, \cdots, W_n)$，$W_1 + W_2 + \cdots + W_n = 1$，可用 AHP 法来计算。

（5）模糊变换，$\boldsymbol{Y} = \boldsymbol{W} \cdot \boldsymbol{R}$，考虑并选择合适的模糊变换算子。

（6）运用最大隶属原则，判断最后评价结果。隶属函数的确定是定义和区别模糊子集的重要依据，是模糊集合论定量地研究模糊现象的基础，定性指标大多难于直接定量计算，只限于定性的描述和总结。为了提供一个直观而深刻的评价结果，就需要进行相应的定量计算，因此在实际工作中应寻求尽量可行的定量计算方法，如专家咨询打分法等。

24.2.2 合同管理绩效评价分析

评价结果是绩效评价人员通过获取与土木工程项目合同管理有关的各种信息，经过一定的评价方法加工整理后得出的评价指标数值，将该数值和预先确定的评价标准进行对比，通过差异分析，找出产生差异的原因，得出评价对象绩效优劣的结论并加改进。对每一个土木工程项目合同管理的绩效评价后，还要对绩效评价结论进行匹配差异分析，以找出土木工程项目合同管理中的共性和不同，为今后更好地实施合同管理创造条件。

24.2.2.1 差异分析

差异分析反映不同土木工程项目合同管理目标与现实之间的差别，揭示不同合同执行中工程质量、进度、投资、安全四大目标之间的关系。

差异分析法是通过计算不同土木工程项目进度、投资、质量、安全等目标与参照系（业主的规划、计划）的差异，确定合同管理的差异程度，分析变化趋势，找出差异原因，提出纠偏措施。

土木工程项目合同管理差异分析主要分进度偏差分析和投资偏差分析。

若 ΔQ 表示差异，则进度偏差、投资偏差计算公式如下：

$$\Delta Q = Q - Q_0$$

式中　Q——实际完成的工程实物量或投资额；

　　　Q_0——规划、计划应完成的工程实物量或投资额。

工程进度偏差主要有进度超前、进度滞后两种情况；投资偏差也有投资超支、投资节约两种情况，一般将两者结合起来进行分析。

24.2.2.2　匹配分析

本小节所指的匹配包含两层含义，一是指分析判断进行绩效评价的土木工程项目类别、性质等是否一致，即同一类别的工程项目合同管理绩效才具有可比性。另一方面是指进行评价的项目绩效与国家或行业公认的类似项目最优绩效相吻合的程度。匹配分析，是指将项目类别、工程性质、投资规模等因素和建设工程项目绩效标准进行对比分析。

（1）项目类别。即分清楚项目是交通项目还是水利工程；是房屋建筑还是工业厂房，不同项目类别的合同管理绩效不同。

（2）工程性质。工程性质的划分方法有很多种。如按投资主体划分，可分为国家投资项目、私营投资项目和外商投资项目；如按项目作用划分，可分为社会公益性质和营利性质等。

（3）投资规模。按投资规模可分为特大工程项目、大型工程项目、中等规模项目和小项目等。

（4）绩效标准。一般是国家或行业按照各行业的实际情况，按行业内同类项目的最佳绩效作为基准值，或将建筑业内相同类型项目的最佳绩效作为基准值，甚至可把国际最先进的项目管理绩效作为基准值，以此为标准来分析判断所评价的项目绩效与绩效标准之间的差异。

24.2.2.3　匹配差异原因分析

不同土木工程项目合同管理的绩效差异是由多种原因造成的，主要有以下几方面原因：

（1）合同差异。即签订合同时，合同条款不同造成的差异。如价格变动引起的价格差异可以由不同的合同主体承担，即工程在实施过程中，人工、材料、设备等价差可以由承包商承担，也可以由业主承担，主要根据所签订的合同条款来确定，故合同差异是绩效差异的主要原因之一。

（2）结构差异。指不同建设项目的结构不同，如同为房屋建筑，砖混结构房屋与框架结构房屋的投资有较大差异，其合同管理绩效也会有较大差异。

（3）效能差异。即项目建成后达到的效果不同，合同管理绩效也会不同。如国家投资的公共建筑的绩效一般会比个人投资的项目绩效低，因为不同的投资人对土木工程的价值取向和关注重点不同。

（4）评价结果处理。当评价结果出来后，有以下几个问题需要注意：

1）评价结果公示与公开。当评价结果出来以后，先要对评价结果进行分析，然后对评价结果进行公示与公开，暂且不论评价结果的准确度如何，当一个不太好的评价结果公开后可能会对当事人和社会产生不利的影响。由于我国土木工程所处的环境千差万别，各种因素相互影响与制约，各工程的管理水平差别很大。在当前条件下，评价结果的处理也不能千篇一律，但评价结果至少要向相关当事人公开，并力争把这种影响向有利于提高我国土木工程管理总体水平的方向引导和转变。

2）应该依据评价结果进行奖惩。任何评价都不可能做到完全的公正、公平和准确。当绩效评价的结果出来以后，各方能否接受以及能不能根据绩效评价的结果对参加项目建设的当事人进行奖惩的问题目前还有一些争议，但就绩效评价的目的和效果而言，根据绩效评价的结果进行奖惩是必需的，只是奖惩的力度可以根据不同的项目来确定，否则，绩效评价就失去了意义，也难于继续推进，当然绩效评价的手段和方法要不断改进，准确性也要进一步提高。

+·

小　　结

土木工程项目由于建设周期长，合同金额大，参建单位众多和项目之间接口复杂等特点，项目工期和功能等主要质量控制点往往会反映在合同上。合同管理是工程项目管理的核心和灵魂，土木工程合同以《合同法》、《建筑法》、《招标投标法》等法律文件为主要管理依据，是工程建设质量控制、进度控制、投资控制的主要依据。《施工合同文本》由《协议书》、《通用条款》、《专用条款》三部分及相关附件文件组成。

本专题分四个章节，主要讲述了土木工程合同法律法规、土木工程合同、土木工程项目合同管理、合同管理绩效评价等四个方面的内容。第 21 章从建设法规讲起，对土木工程合同的法律基础做了讲解，包括代理制度、时效制度、合同担保制度等内容。第 22 章开始进入土木工程项目合同管理的体系，介绍了土木工程项目合同管理的涵义和特点，并且对土木工程项目合同管理中的工程勘察设计合同、工程监理合同、工程施工合同做了阐述。第 23 章重点介绍施工合同的管理，包括订立准备阶段、订立阶段、执行阶段等各个阶段的合同管理。第 24 章的主要内容是土木工程项目合同管理的绩效评价，重点对合同管理的评价指标、指标体系以及评价模型进行了阐述。

本专题较为系统地讲解和论述了土木工程项目合同管理的相关知识，包括土木工程项目合同法律基础、合同管理的内容以及施工合同全过程管理的内容，并且阐述了土木工程项目合同管理的绩效评价，对土木工程项目合同管理知识有较为全面的涉及，为合同管理的进一步学习和实践打下了坚实的基础。

+·

思　考　题

6-1　合同法律关系的构成有哪些内容？

6-2　合同的法律效力体现在哪些方面？

6-3　简述合同的主要内容。

6-4　简述合同和工程建设合同的概念。

6-5　简述合同的分类。

6-6　简述工程建设合同体系。

6-7　调查一个中外合资的建设项目，了解该项目的合同关系，绘制合同体系图。

6-8　合同文件和合同条款的复杂化对工程管理有什么影响？

6-9　现代土木工程项目对合同有什么新的要求？

6-10　工程勘察、设计合同的承包人、发包人的义务有哪些？

6-11　简述工程监理的义务。

6-12　合同订立的基本原则是什么？

6-13　写一篇短文谈谈对合同条款公正性审查作用的认识。

6-14　工程合同谈判的准备工作有哪些？

6-15　调查一个施工企业的合同管理评价机制。

专题七　土木工程项目协调管理

　　一个项目只有通过科学的组织协调管理，才能促进组织协调一致，提高组织效率，实现组织目标；只有协调好各利益相关方的关系，项目才能正常顺利运转。然而在组织协调及各利益相关方的协调过程中，信息传达的不对称是引发多种问题的根源，因此只有通过建立协调管理信息系统，才能实现整个土木工程项目信息的共享和各参与方之间充分的信息交流，促使项目各参与方协调一致，齐心协力，实现项目目标。协调管理文化堪称协调管理的灵魂，它通过传承和积淀，作用于协调管理的各个方面。它在土木工程项目协调管理中无时不在，无处不有。

　　本专题从项目组织协调管理（宏观）及利益相关方协调管理（微观）两个方面对土木工程项目协调管理进行阐述；以协调管理信息系统及协调管理文化为工具实现土木工程项目协调管理。

25　土木工程项目组织协调管理

本章概要

　　（1）土木工程项目组织协调管理概述。

　　（2）土木工程项目协调管理体系，主要介绍项目合作关系模式、协调管理信用机制及协调管理制度。

　　（3）土木工程项目组织协调管理的实施，主要分析协调管理影响因素，介绍协调管理模式及协调管理的方法。

25.1　组织协调管理概述

　　土木工程项目组织是一个比较复杂的临时性机构，涉及各个方面的关系，项目组织协调管理至关重要。

25.1.1 组织协调管理内涵和原则

25.1.1.1 项目组织协调管理内涵

项目组织协调管理是指以一定的组织形式、手段和方法，对项目实施过程中产生的各种不顺畅关系进行疏通，对产生的干扰和障碍予以排除的活动。项目组织协调管理力求得到各方面协助，促使各方协调一致，齐心协力，实现组织的预定目标。

项目组织协调管理包括人际关系的协调管理和组织关系的协调管理。

（1）项目组织人际关系协调管理。项目组织人际关系指项目公司董事会各成员之间、董事会与下属各部门之间、项目管理部各成员之间、项目管理部与下属各部门之间、下属各部门之间的人员工作关系。人际关系的协调主要是通过各种交流活动，增进相互之间的了解和亲和力，促进相互之间的工作支持，另外还可以通过调解、互谅互让来缓和工作之间的利益冲突，化解矛盾，增强责任感，提高工作效率。协调这些关系主要靠制定制度，充分调动每个人的积极性。用人所长，责任分明、实事求是地对每个人的绩效进行评价和激励。

（2）项目组织关系协调管理。组织关系的协调指项目组织内部各部门之间工作关系的协调，如项目组织内部的岗位、职能和制度的设置等，具体包括各部门之间的合理分工和有效协作。项目组织是由若干个子系统组成的系统，每个子系统都有自己的目标和任务，并按规定的和自定的方式运行。组织关系协调的目的是使各个子系统都能从项目组织整体目标出发，理解和履行自己的职责，相互协作和支持，使整个组织系统处于协调有序的状态，以保证组织的运行效率。

25.1.1.2 项目组织协调管理原则

项目组织内外关系的错综复杂，必然使组织协调管理工作千头万绪。为了使组织协调管理工作能有条不紊地进行，就必须要确立若干行之有效的组织协调管理原则。项目组织协调管理主要有以下几个原则：

（1）统筹全局原则。项目组织协调管理的目的在于实现项目组织整体功能和总体目标。而要有效实现这种整体功能与总体目标，就必须首先形成全局的、系统的观念，遵循统筹全局的原则。项目协调管理人员在进行协调管理活动和工作时，必须从全局出发，从总体目标、总体部署上来认识协调管理的重要性。做到局部服从全局，部分服从整体。把全局利益摆在第一位，提倡以全局为重，绝不允许局部利益损害全局利益行为的存在。当然，在坚持全局利益的前提下，也要兼顾局部利益。

（2）综合平衡原则。项目组织的系统、整体功能是建立在组织各要素之间的相互联系、相互依存及相互作用的基础上的，任何组织要素在结构和功能上的残缺，都必然造成组织整体在结构和功能上的不健全。组织管理者要有效地对组织活动进行协调管理，还必须确立并遵循综合平衡的原则。组织管理者进行组织协调管理活动和工作时，不仅要使组织所属的各部门、单位和人员的职、权、利分明，忠于职守，而且还必须使组织所属的各部门、单位和人员密切配合、团结协作，防止顾此失彼和扯皮推诿现象发生。

（3）主次有序原则。综合平衡原则在对组织进行协调管理时，要注意每一要素在结构和功能上的完整和健全，并不是要求在任何时候、任何条件下都必须"均衡"地对待，采取"眉毛胡子一把抓"的协调管理态度和方法。任何一个土木工程项目都是有主次、轻重之分的。因此，为了更好地进行组织协调管理，还必须遵循主次有序原则，就是对于组织协调管理时，要有主有次，有轻有重，有先有后，抓住重点，照顾一般。

（4）互相尊重原则。组织活动中需要协调的问题一般都是由利益冲突和信息不对称引起的，对这类问题的处理，互相尊重、理解是解决问题的前提和基本要求。组织协调管理归根到底是人与人之间的协调管理，协调管理工作要坚持互相尊重、理解，不论是上、下级还是同级之间，组织内部的各部门之间以及部门的人员之间都要相互尊重，互相理解，避免冲突发生。

（5）民主协商原则。组织协调管理通常不能靠硬性裁决解决问题，思想不通，硬性裁决往往不仅不能解决问题，反而会引发新的冲突。协调管理要坚持发扬民主，提倡平等协商。一方面有利于冲突双方在感情上的靠拢，为协调管理创造一种和谐的环境；另一方面，双方在民主协调中畅所欲言，有利于管理者全面了解情况，针对问题采取合理措施消除冲突。

（6）求同存异原则。在项目组织中，由于各个层次、各类人员所处的地位不同、责权不同，加上各人的经历、知识、文化背景及个性特征上的差异，矛盾是必然存在的。在协调管理时，不能大问题、小事情都千篇一律地要求一致。应当允许在不影响组织目标实现的前提下，保留一点部门和个人的权利。

25.1.2 组织形式与选择

25.1.2.1 项目组织形式

目前常用的项目组织形式有六种，即职能式组织结构、项目式组织结构、矩阵式组织结构、虚拟组织结构、网络组织结构以及集线式组织结构。

A 职能式组织结构

职能式组织结构是一种传统的组织结构模式，它强调职能的专业分工，把管理的职能授权给不同的管理部门。在职能式组织结构中，项目的任务分配给相应的职能部门，职能部门经理对分配到本部门的项目任务负责。

职能式组织结构适用于任务相对比较稳定明确、不需要牵涉太多利益相关方的项目工作。不足的是，不同的部门经理对项目在各个职能部门的优先级有不同的观点，所以项目在某些部门的工作可能由于缺乏其他部门的协作而被迫推迟。这种组织形式在纵向协调管理上处于一种等级结构状态，组织任务的实现可以通过一系列的组织制度予以保障，可以取得好的效果，但是在横向协调管理方面会缺乏各个部门之间的协作，妨碍组织目标的顺利实现。职能式组织结构的典型形式如图25-1所示。

B 项目式组织结构

项目式组织结构是一种模块式的组织结构，按项目来划分所有资源，即每个项目有完成项目任务所必需的资源，每个项目实施组织有明确的项目经理。项目经理也就是项目的负责人，对上直接接受总经理的领导，对下负责本项目的资源运用以及完成项目任务。在项目式组织结构中，各个项目组织之间相对独立，每个项目拥有自己的项目经理和必需的职能部门，自行进行项目开发，独立进行核算，其运行机制与一个总公司中的分公司相同。

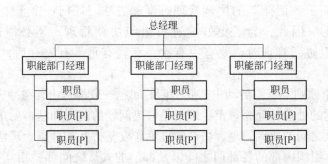

图 25-1　职能式组织结构图
P—各职能部门派出参加项目的员工

　　这种组织中的成员绝大部分属于不同的项目组织，多数是专职的项目工作人员，只有少数是临时抽调的。这种职责的项目经理都是专职的，而且在整个项目组织中十分独立和具有权威性。这种组织的项目团队由专职的项目经理、专职的项目管理人员、专职的项目工作人员和少数临时抽调的兼职项目工作人员构成（这些兼职的项目工作人员多数是一些特殊的专业人才）。组织中成员多属于不同的项目组织，成员之间的文化背景、个人经历以及思考问题的方式等都大不相同，因此在项目组织协调管理上要相对困难，对组织领导者要求也高。项目式组织结构的典型形式如图 25-2 所示。

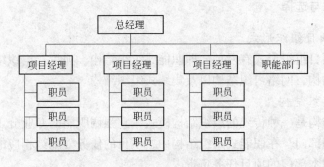

图 25-2　项目式组织结构图

　C　矩阵式组织结构

　　矩阵式组织结构是现代大型工程管理中广泛采用的一种组织形式，它把职能原则和项目对象原则结合起来建立工程项目管理组织机构，使其既能发挥职能部门的纵向优势，又能发挥项目组织的横向优势。矩阵式组织结构根据项目组织中项目经理和职能经理责权利的大小，又可以分为弱矩阵式、平衡式和强矩阵式三种。矩阵式组织结构如图 25-3 所示。

　　矩阵式组织结构形式的特征有：（1）项目组织机构与职能部门的结合部与职能部门数相同；（2）把职能原则和对象原则结合起来，既发挥职能部门的纵向优势，又发挥项目组织的横向优势；（3）专业职能部门是永久性的，项目组织是临时性的；（4）矩阵中的每个成员或部门，接受原部门负责人和项目经理的双重领导；（5）项目经理对"借"到本项目经理部来的成员，有权控制和使用；（6）项目经理部的工作有多个职能部门支持，项

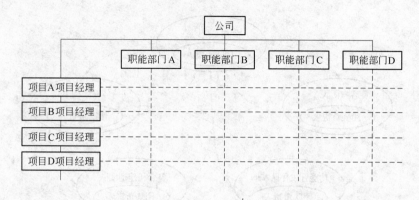

图 25-3 矩阵式组织结构图

目经理没有人员包袱。

D 虚拟组织结构

虚拟组织是 20 世纪 90 年代才出现的一个新的组织理论概念。它代表了人们对现代社会组织模式和管理方式的重新思考。由于虚拟组织是一个新出现的事物，对虚拟组织是什么这样一个概念性的问题，不同的人从不同的背景和角度给出了不同的回答。本书将虚拟组织定义为："虚拟组织是一种新的组织形式，是在地理上分布的独立机构、公司和专业人士的临时或永久的集合。它们之间通过信息技术及通讯技术来提供互补的核心竞争力，共享资源以完成整个生产过程。"

虚拟组织中协调管理的一个很重要方面就是相互之间的信任和沟通，这种信任和沟通建立在信息共享基础上，以防信息不对称引发投机行为。对于虚拟组织而言，协调管理机制的设计尤其重要，机制设计的好坏直接影响虚拟组织能否成功高效地持续运作下去。

E 网络组织结构

网络组织结构是由基于共同的目标或价值取向的活性（具有自我决策能力）结点联结而成的有机组织系统，是一种适应知识社会、信息经济与组织创新要求的新型组织形式，它能够使组织更好地适应复杂、不确定的环境变化。

网络组织协调管理一个很显著的特点就是目标统一。网络组织是基于一个共同的目标建立起来的，对于这样一个组织，在协调各方关系时，要时刻强调整体目标的实现，促使组织各方自觉遵守规章规程，积极为实现组织目标努力。

F 集线式组织结构

集线式组织结构融合了等级结构和网络结构，如图 25-4 所示。

每个节点代表大型项目组织中的一个团队。每一个节点里面就是各团队成员。一个项目组织中可能包括几个功能团队（A-N）、一个客户团队、一个体系结构团队，甚至一个卓越中心或实践团队社区（未显示）。这些团队可能是真实的，也可能是虚拟的，或二者兼有。整合和建造团队担任特殊的角色并定期开会，它可以是一个从其他团队挑选出来的兼职成员组成的虚拟团队。体系结构团队则可能由全职和兼职人员组成。项目管理团队（可能包括项目和产品经理以及各分队的负责人）领导和协调管理工作并推动项目决策。集线式组织结构强调各个自治但相连的群体互相配合、协调一致。在每个分队里，自我组

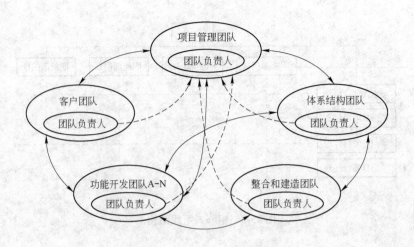

图 25-4　集线式组织结构图

织和自律对于创造高效的工作同等重要。当项目团队规模扩大，包括若干分队之后，如何实现自我组织与团队自律相结合就成了一个十分关键的问题。在每个团队里，个人具有相应的责任；在整个项目组织里，每一个团队具有相应的责任。

集线式组织结构不是等级控制的，但也不是一个把全部控制权授权到各节点的纯粹的网络结构。它可能会被标榜为"改良过的网络"结构，其中大量的权利和决策都交给各个团队。位于各个节点的团队一起工作，项目经理保留最终的决定权，包括在必要时，单方面决策的权力，但他主要的风格是引导，而不是控制。这种结构更注重组织协调管理，团队之间的协作性、相互依赖性明显，可以通过日常团队协调去确定这些依存关系，明确该依存关系的性质以及如何分配任务去适应它，以建立大型的适应力强的项目组织架构。

25.1.2.2　项目组织形式选择

土木工程项目的唯一性以及现代土木工程项目趋向大型化，使得项目组织处于复杂、不确定的环境中，并面对着新的社会、经济、技术环境的要求，项目组织形式的选择不仅要考虑到能从容应对不确定性的项目外部环境，还要能使项目组织促进环境持续发展、经济持续发展、社会持续发展、组织持续发展和个人持续发展。项目组织形式的选择必须要在基于信息流畅通的基础上进行，信息流是项目组织的血液，能给组织带来营养和能量。信息流可以反映整个组织运行的状态，信息流的驱动使得其他资源流动井然有序。项目组织应该是一个开放的系统，通过信息流及其驱动的人流、物流等与外部进行信息、能量和物质的交换，达到组织和环境输出、输入的动态平衡，这也是项目组织向外部环境学习，提高组织有机性与适应性的过程，信息流驱动项目组织的运作，也推动项目组织更好地与项目外部环境匹配，协调项目组织与环境的关系，使项目组织能够在复杂、不确定的环境中更好地生存和持续发展，保证组织目标顺利实现。

以上阐述了目前常用的几种项目组织形式，每种组织形式都具有各自的特点，不同的土木工程项目在分析项目组织协调管理难易的程度上，可以采用不同的项目组织形式，或者是综合几种组织形式的优点建立新型的项目组织形式。比如单一项目，由于单一项目涉及的利益相关者少，在横向协调上不需花费太多的精力，大部分的协调管理活动集中在纵向上，因此可以考虑在采用职能式组织形式的基础上，根据项目的需要适当改进组织结构。而对于大型土木工程项目，涉及的外部环境就复杂得多了，项目的建设牵涉众多的利益相关者，组织协调管理相当困难，这种项目在选择组织形式时可以考虑结合几种常规项目组织形式的优点，组建适合项目建设的新型组织形式。总之，不管采用什么样的项目组织形式，都不能让组织形式一成不变，必须保持组织的柔性，随着外部环境的动态变化做适当调整，以便与外部环境协调一致，确保项目组织协调管理活动顺利开展。

25.1.3　组织冲突与协调管理

25.1.3.1　项目组织冲突的产生

冲突是一个行为主体为谋求自身利益而与其他行为主体的对立、对抗和斗争。只要人们感到差异的存在，则冲突状态也存在。美国著名学者莫托地特斯彻认为，冲突存在于矛盾的活动之中。矛盾的活动是指某种行为对另一种行为所产生的阻碍、干扰和损害，或以某种方式使其效率降低。项目组织冲突是冲突的一个特定形态，是项目组织内部或外部某些关系难以协调而导致的矛盾激化和行为对抗。

许多学者对组织冲突形成的原因进行了研究，综合起来主要有以下一些：

（1）个体差异，由于个体有不同的文化背景、教育水平、成长环境、工作经历、价值观等，因此会因意见、想法不同而引起冲突；

（2）个体对组织要达到的目标有不同看法；

（3）对达到目标的方法和手段有不同意见；

（4）组织内部结构本身成为冲突的原因；

（5）沟通不良造成冲突；

（6）信息不对称引发的冲突。

25.1.3.2　冲突对项目组织的影响

传统的冲突观认为冲突对组织正常运转总是有害的，必须避免冲突。这种观点盛行于19世纪到20世纪40年代。20世纪80年代以来，相互作用的"冲突观"得到了人们的认可，该观点认为冲突不仅是组织的要素，而且有些冲突对组织的有效运行、创新能力是不可或缺的。

A　冲突的积极影响

冲突的积极意义具体表现如下：

（1）冲突使项目组织成员对引起冲突的人和事都有更好地了解，因为每个人都把自己的观点表达出来了；

（2）冲突能使人更投入并使人有动力，卷入冲突常使人活跃起来，并对争论的问题更感兴趣；

（3）冲突能使决策更优化，因为在解决冲突过程中，人们要充分讨论各方的方案和理由；

（4）冲突的顺利解决能增加团队的凝聚力，当人们解决冲突后，常会感到彼此更接近了。

冲突对组织的积极效应还有：促使组织重新评价公司目标或对优先顺序重新排列，使管理者发现过去一直被忽视的重要问题，并对这些问题做出高质量的决策；使组织不满足于现状，从而走向革新。如果冲突作为个人或企业竞争的动力，则企业的生产效率将提高，竞争力会增强。

B 冲突的消极影响

冲突的消极影响主要表现为冲突给项目组织带来巨大的损失：

（1）分散精力。冲突造成组织内人力、物力、财力等资源和组织工作的时间及努力都转移到赢得一场冲突上，而不是去实现组织的目标，这加大了项目成本和组织负担。

（2）影响决策。当冲突者的立场走向极端时，会使组织不能处于正常状态，对组织进一步工作的判断和感觉会变得不准确，因此影响组织决策的正确性。

（3）贫乏的协调。在激烈的冲突下，就不会有协调发生，这导致合作减少、人心涣散、组织声誉受损，严重时会导致组织失败或解体，由于内耗失控，致使组织效率低下甚至错失良机，使组织目标不能按时实现，最终导致项目失败。

（4）无休止的摩擦、纷争、拆台，有害于组织成员的精神健康，同组织文化背道而驰。

（5）冲突会引起人才的大量流失，从而造成组织知识资本的流失。

25.1.3.3 项目组织冲突的管理——协调管理

由于土木工程项目组织所处环境的复杂性，项目组织冲突是客观存在的，是不可避免的。解决激发冲突的根本途径仍是协商、协调和协作。组织冲突的协调管理可以利用上对下的权威命令，也可以利用相互之间的信任关系。权威方式一般是用于应急的冲突之中，通过冲突方共同认可的权威来采取强制手段化解争端，比如组织制度、规章等，但解决冲突最为有效的途径还应当是基于信任关系的协商、沟通方式。在信任的基础上，各部门和个体之间才能共同认可目标，相互协作和包容共处，直到实现组织的目标。通过协调管理，使得冲突双方坦诚公开面对问题，并且有些事情错了，必须引起注意。这样，冲突双方就能通过直接、坦率、真诚的沟通来确定并解决问题，组织冲突就会化解，并进一步促进组织的协调一致性及组织内的共赢。

25.2 组织协调管理体系

土木工程项目组织协调管理体系由项目组织合作关系模式、项目组织协调管理信用机制和项目组织协调管理制度三部分组成。

25.2.1 组织合作关系模式

在社会化大分工条件下，任何一个土木工程项目可以分为以下 4 个层次：

（1）业主层。包括政府、企业、个人等项目发起者以及其他项目所有权拥有者。

（2）项目层。即特定的土木工程项目。

（3）执行层。总承包方、分包商、设计单位、项目监理、银行或财务机构等。

（4）材料、构件、机械、设备供应层。包括加工、批量生产厂家与供货商等。

紧密围绕项目层的是业主层与执行层，这两层直接作用于土木工程项目，因此业主层与执行层之间以及执行层的不同组织之间的关系构成了土木工程项目实施中的关键性关系。项目组织合作关系模式以及项目组织间的合作都主要是针对这些关系而言的。

土木工程项目的项目组织合作关系模式是土木工程项目各层次的组织之间通过签订合

同或其他协议做出承诺和组建团队，在兼顾双方利益的条件下，明确团队的共同目标，建立完善的协调管理机制，实现风险的合理分担和矛盾冲突的友好解决，最大化地利用各自的资源而组建起来的一种组织结构模式。

项目组织合作关系可以为项目的顺利建设创造一种共赢的局面。影响项目组织合作关系的因素是多方面的，这些因素主要包括：共同的目标、组织协调管理、相互信任、承诺、公正、冲突的解决、合作的态度、坦诚、有效的沟通、团队建立、文化、充足资源、问题解决、创造与改进、风险的合理分担、预期满意度、管理支持、明确的角色、责任以及及时的信息反馈等（如图 25-5 所示）。

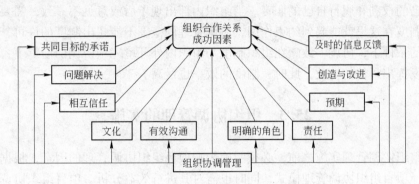

图 25-5　组织合作关系成功因素模型

25.2.2　组织协调管理信用机制

信用被认为是防范机会主义倾向最有效的机制。土木工程项目组织合作关系的成功，最主要的一个因素就是组织协调管理，而组织协调管理又是建立在合作各方的信用基础上的。由于土木工程项目有众多不同的参与方，各参与方有自己的利益目标，因为某个项目走到一起，这就非常需要相互之间的信任，需要各方具有很高的信用度。在基于这种信用的基础上，项目的组织协调管理才能够顺利开展，才能充分利用双方资源，根据各自的优势分工协作，部门设置合理，整个组织协调一致，共同为组织的总体目标努力。

信用是通过具体信用行为的实施和信用关系的形成以及信用制度的保障来实现的，由此构成了项目组织协调管理的信用机制。信用意识、信用行为、信用关系三位一体，是紧密联系、不可分割的。

信用意识、信用行为、信用关系和信用制度等的内在有机联系，构成了项目组织协调管理的信用机制。在组织协调管理活动中，信用意识具体化为各种信用行为，信用行为的发生必然产生信用关系，信用关系的形成又进一步推动信用交易、信用行为的发生，从而构成了信用的发生执行机制；而这一机制在组织中的稳定和顺利运行常依赖于一定信用制度（如奖惩制）的保障。信用的发生机制和信用制度这两者结合在一起就构成了项目组织协调管理的信用机制。

项目组织协调管理信用机制的定义：在国家法规、政策、双方签订的协议以及信用制度的约束下，项目组织协调管理中的各信用要素（包括信用主体、信用行为、信用关系、信用制度等）之间的内在有机联系与运行关系。

25.2.3 组织协调管理制度

项目组织协调管理的良好进行，需要提供一定的组织制度来做保障，通过制度安排来协调组织内各要素的功能及其相互关系。组织内部的制度也有正式制度与非正式制度之分，组织成员之间的不同信念、习俗、个人品性等属于非正式制度方面，在对这些进行协调管理时，一定要了解清楚各个成员的具体情况，设立相应的规避措施，避免某些活动引发组织内部的冲突。而组织内的规章、规程、合同、协议之类的则属于正式制度，这些硬性的文件能确保组织协调管理，但在这些规定许可的范围内，组织内各部门和成员可以各自享有自己的权利和履行自己的职责。当组织内部出现矛盾或意见不一致，需要进行协调的时候，制度在这里就能起到约束作用，协调管理的范围不能超出制度的许可，要在各方都能接受的条件下，协调一致。在组织制度与组织内外环境完全协调的前提下，项目协调管理才能发挥出最佳的功效，此时，制度的效率也最高。

25.3　组织协调管理的实施

项目组织协调管理实施之前，必须明确影响项目组织协调管理的因素，根据具体的项目情况选择项目组织协调管理模式，同时也需对其进行效益分析。项目组织协调管理最有效的方法是项目沟通与协商。

25.3.1　组织协调管理影响因素分析

影响项目组织协调管理的因素是多方面的，主要表现为硬性因素和软性因素两个方面。

25.3.1.1　硬性因素

硬性因素主要包括以下方面：

（1）项目目标。这是组织协调管理的目的，所有的组织协调管理活动都必须围绕目标开展，以实现目标为前提。

（2）组织内部的分工。组织内的各部门和个人应有明确的分工，避免出现机构臃肿，某些轻松的任务有多人承担，而某些复杂、难于处理的任务却没人承担。

（3）组织内的规章、制度等硬性文件。这是各个部门和成员必须遵守的，可以为实现组织协调管理创造良好的环境。

25.3.1.2　软性因素

软性因素主要包括以下方面：

（1）组织协调管理对象的风度、品质，在组织成员之间的相互交往中会留下深刻印象，左右着人际关系的建立和发展，组织成员无形之中就能取得协调。

（2）能力和知识水平。能力强、知识水平高的人很容易博得他人的敬仰，有利于建立良好的信誉，在处理问题时易于协调。

（3）距离的远近与交往的频率。组织成员间的距离越近，交往的频率越高，易于形成较为友好的关系。

（4）熟悉、了解的程度。人们越是互相熟悉、了解，其相互间的关系就会越友善，冲突的发生也会减少。

（5）态度、价值观，社会文化背景等各方面的相似性。人们总是喜欢那些与自己的态度、价值观相近的人进行交流，这样，彼此易于沟通，情感上容易共鸣，矛盾、冲突就会减少。

（6）情感的相悦性。相悦性包括两层意思，即容纳和赞许。容纳即彼此接受对方意见、观念、处事方式等，而赞许即表露出对对方意见、观念、处事方式的认可、欣赏和赞扬。

（7）人格特性的互补性。人与人之间的互补性关系能否维持与发展，不仅彼此具有共同特征的会友好相处，彼此特征不同的人只要其人格特征具有互补性，亦会互相吸引。

25.3.2　组织协调管理模式及效益费用

25.3.2.1　项目组织协调管理模式

一般而言，项目组织协调管理模式有两类，集中式协调管理和分散式协调管理。所谓集中式协调管理是指通过会议等方式集中协调上下级关系或各部门关系；分散式协调管理是指组织内部各个机构部门之间的协调。因此，集中式协调管理和分散式协调管理的最大区别是前者是正式的，后者是非正式的，但协调的目标一致，都是为了实现组织的目标。

（1）集中式协调管理。土木工程项目组织为及时沟通情况，准确掌握工程进度，可以制定严格的会议制度，主要包括现场协调会和工地会议。

（2）分散式协调管理。分散式协调管理是针对一些不算重大事务的协调管理，有时对于突发事件的处理也起着很重要的作用。这种管理模式灵活，工作效率高。

25.3.2.2　项目组织协调管理效益和费用

毋庸置疑，组织协调管理能够带来巨大的经济效益，但也会增加项目的成本。正确而又积极的组织协调管理，是增加效益，降低成本的关键。

A　项目组织协调管理效益分析

项目组织协调管理产生的效益可分为三种，即协同效应效益、资源互补效益、市场结构效益，如图25-6所示。

a　协同效应效益

组织资本是一种生产要素，在市场经济中，企业可以从组织成本中获得收益。组织资本是中性的，它可以对企业有积极的影响，也可以对企业有消极的影响。

由于项目的特殊性，某个确定项目的组织资本是项目特有的信息，转移到其他项目的成本较高，或者

图25-6　项目组织协调管理效益

根本不可能。项目组织在一个项目完成后会形成下一阶段的更大的组织资本，并在组织内部保存起来，对组织和组织成员的持续发展起积极作用。组织资本一旦形成，其重要性随着时间的推移而在组织内部增加和积累起来。

b　资源互补效益

项目组织资源的互补效应是指通过协调组织内的各个成员分别提供不同但又有相互联系的资产，通过这种相互组合，项目组织能够产生更大的效益。组织之间各种资源的相互

作用在多次的反馈中是复杂的和非线性的。项目组织之间的相互作用可以出现良性循环，保持组织的稳定，促进项目组织不断扩展。项目组织通过协调，可以减少不确定性的风险，以保持相对稳定，获取超额利润。面对市场高度不确定性的，协调管理有保持组织内部相对稳定性的动力。

　　c　市场结构效益

　　根据协调—行为—绩效理论，协调对项目组织的绩效有重要的影响。通过协调管理可以有效整合组织资源，达到最大效益。另外，协调管理可以增加组织的稳定性，并且促进新的组织模式的发明和创造，为项目的顺利实施提供保证。

　　B　项目组织协调管理费用分析

　　决定组织协调管理费用的主要因素包括成员认同感、程序化程度、规模，这是衡量一个组织中组织费用高低的三个主要维度。

　　a　成员认同感

　　把成员对组织的认同感作为组织之间区别的一个标志，是从重视人的要素、人格化管理角度来说的，因为认同感本身是一种主观的感受，是成员对组织的目标、信仰、行为规范等的认可。组织的产出不在于机械设备的多少、空间的大小、资源的丰富度，而在于人的努力程度以及群体的协同程度。而个人的努力程度以及群体的协同程度又取决于个人和群体对整个组织的认同程度，所以说成员对组织的认同感是决定组织产出效率的一个关键因素。

　　b　程序化程度

　　所谓协调管理工作程序，就是在协调管理活动中，根据项目建设对协调管理工作的客观要求和管理科学自身的规律性，通过对各级管理部门或各类管理人员所承担的职能和业务进行分工，把为完成一项工作所必须遵循的步骤，用科学的路线确定下来的流程。程序化是指把完成一项工作的全过程按照严格的逻辑关系形成规范程序的标准化过程。一个组织中管理工作程序化的程度主要是指组织中按程序处理的工作占全部工作的比例。

　　c　规模

　　规模几乎与组织结构的所有特征指标都密切相关，并且通过这些指标来影响组织协调管理费用的高低。

　　决定组织协调管理费用的三个因素（员工认同感、程序化程度、规模）是相互影响的，如图 25-7 所示。规模的大小会影响到员工认同感的高低，规模越大，组织中各种利益团体就越多，垂直层级之间和平行部门之间的分化就越明显，员工总体认同感就越差，反之则相反。同时，规模越大，组织管理中的突发事件就越多，就越需要例外处理，程序化程度就越低。员工认同感越高，各种规章制度越容易得到执行，工作程序运作得越顺利，程序化程度就越高，同时越有利于组织规模的增长。组织中各种规章制度和程序越合理，越周密，越有利于提高成员的认同感，越有利于组织规模

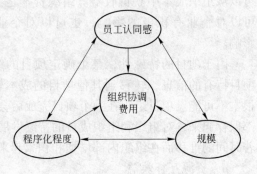

图 25-7　影响组织协调管理费用
三因素之间的关系图

的扩张和持续发展。

25.3.3 组织协调管理方法

项目组织协调管理工作并不很复杂，只要在组织协调管理活动中严格按照规章、规范和制度的要求，采取合理的组织协调管理方法，做好每一项工作，就可以大大减少组织内部冲突的发生，使组织协调一致，高效运转。项目组织协调管理的方法有以下几种。

25.3.3.1 项目通报

项目通报是指项目组织内部各个部门之间都要不断地通知、汇报、请示并报告项目进展情况的活动。实现项目通报的途径有六种，即正式书面报告、非正式书面报告及信件、介绍、指导性巡视、非正式会议、交谈。具体选择哪种途径，要依据通报对象的性质及其需要，考虑可以使用的时间和资源，且通报后的结果要及时反馈，以判断是否有进一步要改进的地方。

25.3.3.2 项目沟通

项目沟通是项目组织内所进行的信息、意见、观点、思想、情感、愿望的传递和交换，并借以取得项目组织内部部门之间、上下级之间的相互了解和信任，从而形成良好的人际关系，产生强大的凝聚力，完成项目计划目标的问题。沟通的目的主要有：对项目总目标达成共识；建立良好的团队精神；解决认识和行为上的问题；增进项目实施的透明度；保证项目高效管理。

项目沟通方式按工作需要分为正式沟通和非正式沟通；按表现方式分为语言沟通和非语言沟通；按沟通程式分为双向沟通和单向沟通；按组织层次分为垂直沟通、横向沟通、网络状沟通。此外，项目沟通的方式还包括轮式、Y式、链式、圈式、多渠道综合等多种方式，不同沟通方式的效果比较见表25-1。

表 25-1 不同沟通方式的效果比较

沟通方式	轮式	Y式	链式	圈式	多渠道综合
集中化程度	很高	高	中等	低	很低
可能采用的信息交流渠道	很少	少	中等	中等	很多
团体成员的平均满足程度	低	低	中等	中等	高
各个成员的平均满足程度	大	大	中等	小	很小
传递信息的速度	快	较快	快	慢	快

25.3.3.3 项目协商

协商是为了解决某些事情而与他人商量、商议，协商的基础是项目计划和有关文件以及规定的制度。组织内协商有两大要素，即合作与组织共同的目标。

项目协商可以通过一系列的技巧予以实现，具体的协商程序可以这样进行：确定问题—给协商参加者授权—建立良好的愿望—请求更高的权威—中止无休止的要求—保证诺言实现。

26 土木工程项目利益相关方协调管理

本章概要

（1）土木工程项目利益相关方理论简述，利益相关方的界定和分类以及利益相关方协调管理的主要内容。

（2）土木工程项目利益相关方协调管理的分析。

（3）土木工程项目利益相关方协调管理体系和机制。

26.1 利益相关方概述

关于利益相关方的研究很多，但多数是对企业利益相关方的研究。本节依据企业利益相关方的定义及分类，对土木工程项目利益相关方进行界定和分类，并对土木工程项目利益相关方协调管理的内容进行探讨。

26.1.1 利益相关方理论简述

利益相关方理论（stakeholder theory）是20世纪60年代左右在西方国家逐步发展起来的，进入80年代以后其影响迅速扩大，并开始影响英美等国的公司治理模式的选择，并促进了企业管理理念和管理方式的转变。

26.1.1.1 利益相关方的概念

利益相关方可以定义为两类。第一类把利益相关方规定为"在公司中投入了实物资本、人力资本、金融资本或一些有意义的价值物的人或团体。"这个定义相对狭隘，仅把那些在公司中投入了所谓的"赌注"并因此而受影响的人或团体称为利益相关方；第二类把利益相关方规定为"因公司活动受益或受损，能够影响公司目标或被公司目标实现的过程而影响的人或团体。"这种表述比较宽泛，它包括了第一类定义所规定的利益相关方的外延。

26.1.1.2 利益相关方的分类

本书将社会性维度与利益相关方和企业紧密性程度差异相结合，将利益相关方分为四类：（1）一级社会性利益相关方，指与企业有直接关系的社会人，如顾客、投资者、雇员、供应商、其他商业合伙人等。（2）二级社会性利益相关方，指与企业间接联系的社会群体，如居民、相关企业、其他利益集团等。（3）一级非社会性利益相关方，指对企业有直接的影响，但不与具体的人发生联系，如自然环境、人类后代等。（4）二级非社会性利益相关方，指对企业有间接影响，不包括与人的联系，如非人物种等。

26.1.2　利益相关方的界定及分类

26.1.2.1　土木工程项目利益相关方的界定

根据 26.1.1.1 小节关于利益相关方概念的介绍，土木工程项目利益相关方可定义为：因项目的建设活动而受益或受损，能够影响项目目标的实现或因项目目标实现而受影响的人或团体，都是土木工程项目的利益相关方。

土木工程项目的全过程涉及项目发起与确立，项目资金的筹措，项目设计、建造、运营管理等诸多方面和环节。根据本书对土木工程项目利益相关方的定义，项目整个过程中涉及的利益相关方主要有：投资者、业主、各级承包商（包括勘查设计承包商、施工承包商、材料设备供应承包商）、监理单位、政府、贷款银团、社区、用户等。

对土木工程项目中各利益相关方的划分基于其在土木工程项目中各自法律地位的平等性原则。对于一个项目而言，各利益相关方处在不同的关系层面上，而这种关系不只是平行关系，他们之间还相互交叉，是一个有机的整体。利益相关方之间的关系并不是孤立存在的，它们之间有着千丝万缕的联系，具有一定的复杂性，而每一项又不是单一个体的独立存在，它是这一相同性质群体的代表。

26.1.2.2　土木工程项目利益相关方的分类

根据不同的标准，对利益相关方可以有不同的分类方法。本书对于土木工程项目利益相关方的分类依据克拉克森（1994，1995）给企业利益相关方的分类，即依据利益相关方与企业利害关系的紧密程度，将利益相关方分为首要的利益相关方和次要的利益相关方。本书根据利益相关方与项目联系的密切程度，将土木工程项目利益相关方分为主要利益相关方和次要利益相关方。其中主要利益相关方指那些在土木工程项目中投入了人、财、物等生产要素，而承担了一定风险的人或团体，他们对投入项目中的生产资源有合法的收益权，如项目的投资者、业主、项目的各级承包商、项目的监理和给项目提供贷款资金的贷款银团等；次要利益相关方指那些没有直接投入生产要素，但受项目建设、运营活动影响或能够影响到项目目标实现的人或团体，如土木工程项目涉及的各级政府、社区以及项目运营阶段的用户等。

显然，项目与这些利益相关方群体结成了关系网络，各相关方在其中相互作用、相互影响，交换信息、资源和成果。项目作为多方利益的综合体，交汇渗透了各方利益的诉求，这些利益诉求由于各自的独立性，必然存在着各种利益的矛盾和冲突。从这个意义上讲，项目管理就是关系管理过程，是利益相关方之间的利益冲突、协调和实现的过程。

26.1.3　利益相关方协调管理的内容

土木工程项目利益相关方协调管理包括两个方面：一是项目组织与近外层关系的协调，主要包括业主与施工承包商、勘察设计单位、监理单位、材料设备供应承包商、贷款银团等参与单位关系的协调。这些关系都是合同关系或买卖关系，应在平等的基础上进行协调。二是项目与远外层关系的协调，包括与政府、社区、用户等单位的关系。这些关系的处理没有定式，协调更加困难，应按有关法规、公共关系准则和经济联系处理。不同类型的项目管理，其项目组织协调管理的内容不同，但协调的原理和方法是相似的。下面以施工承包商的项目组织为例说明土木工程项目协调管理的内容。

26.1.3.1　项目组织与业主关系的协调

施工承包商项目组织和业主对工程承包负有共同履约的责任。项目组织与业主的关系协调，不仅影响到项目的顺利实施，而且影响到公司与业主的长期合作关系。在项目实施过程中，项目组织和业主之间发生多种业务关系。项目阶段不同，这些业务关系的内容也不同，因此项目组织与业主的协调工作内容也不同。

（1）概念规划阶段的协调。项目经理作为公司在项目上的代表人，应参与工程承包合同的洽谈和签订，熟悉各种洽谈记录和签订过程。在承包合同中应明确相互的权、责、利，业主要保证落实资金、材料、设计、建设场地和外部水、电、路，而项目组织负责落实施工必需的劳动力、材料、机具、技术及场地准备等。项目组织负责编制施工组织设计，并参加业主的施工组织审核会。开工条件落实后应及时提出开工报告。

（2）实施阶段的协调。实施阶段的主要协调工作有：1）材料、设备的交验。2）进度控制。3）质量控制。4）合同关系。5）变更处理。6）收付进度款。

（3）收尾阶段的协调。当全部建设工程项目或单项工程完工后，双方应按规定及时办理交工验收手续。项目组织应按交工资料清单整理有关交工资料，验收后交业主保管。

26.1.3.2　项目组织与监理单位关系的协调

监理单位与施工承包商都属于企业的性质，都是平等的主体。在项目建设中，他们之间没有合同关系，他们在项目建设中是一种监理和被监理的关系。监理单位之所以对项目建设行为具有监理的身份，一是因为业主的授权，二是因为施工承包商在承包合同中也事前予以承认。同时，国家建设监理法规也赋予监理单位具有监督建设法规、技术标准实施的职责。监理单位接受业主的委托，对项目组织在施工质量、建设工期和建设资金使用等方面，代表业主实施监督。监理工程师既要监督检查施工承包商是否履行合同的职责，也要注意按照合同规定公正地处理有关索赔和工程款支付等问题，维护施工承包商的合法权益。项目组织必须接受监理单位的监理，并为其开展工作提供方便，按照要求提供完整的原始记录、检测记录、技术及经济资料。

26.1.3.3　项目组织与勘察设计承包商关系的协调

施工承包商项目组织与勘察设计承包商都是具有承包商性质的单位，他们均与业主签订承包合同，但他们之间没有合同关系。他们根据发承包模式的不同可以是一体的，也可以是分开的，即设计施工总承包和设计、施工分别承包。设计、施工分别承包是指业主将项目设计、施工、设备采购等工作分别发包给设计单位和施工单位等。业主分别只与一个设计总包单位和一个施工总包单位签订合同，承包合同数量比设计、施工平行发承包模式要少很多，业主方协调工作量减少，可发挥监理与承包单位多层次协调的积极性。虽然他们没有合同关系，但他们是图纸供应关系，设计与施工关系，需要密切配合。这些关系发生在设计交底、图纸会审、设计变更与修改、地基处理、隐蔽工程验收和竣工验收等环节中。为了协调好两者关系，应通过密切接触，做到相互信任、相互尊重，遇到问题，友好协商，有时也可以利用总承包上级单位的管理和协调，做好协调工作。

26.1.3.4　项目组织与材料设备供应承包商关系的协调

施工项目需要的资源供应，一是直接与供应商签订合同，按合同供应；二是从市场上购买，不与供应商发生合同关系。目前主要的协调对象是前者，应严格按合同办事。在建立合同前应对物资供方的质量体系进行调查，与已经取得认证资格的供应商签订合同。施工项目组织者要利用市场调节供应，必须了解市场，利用市场的竞争机制、调节机制和约束机制。

26.1.3.5　项目组织与政府关系的协调

政府对土木工程项目的管理是政府为了履行社会管理的职能，以有关的法律为依据，由有关的政府机构来执行的强制性监督与管理。政府对土木工程项目管理的意义在于保证土木工程项目符合城市规划的要求，维护土木工程项目所在地区的环境；最合理地利用国土资源及保护其他资源，维护生态平衡；保证土木工程项目遵守有关的工程技术标准与规范。

政府对土木工程项目的管理贯穿项目建设的全过程。项目与政府需要协调的内容主要包括：建设用地管理；建设规划管理；环境保护管理；建筑防火管理；建筑防灾（防震、防洪等）管理；有关技术标准、技术规范遵照情况的审核；建设程序管理；施工中的安全、卫生管理；建成后的使用许可管理。如果按土木工程项目实施的阶段来划分，需要协调的主要内容如下：

（1）概念规划阶段的协调，指在土木工程项目决策阶段所进行的协调管理，其主要工作包括：1）土木工程项目是否适合在本地区兴建；2）土木工程项目的具体位置，用地面积的范围；3）是否发放建设用地许可证。

（2）实施阶段的协调，指在取得建设用地许可证后，工作转入土木工程项目的设计和施工准备阶段所进行的协调管理，其主要工作包括：1）土木工程项目的设计是否符合有关建设用地、城市规划的要求；2）土木工程项目是否符合建筑技术性法规、设计标准的规定；3）是否发给建设许可证。

（3）收尾阶段的监督与管理，指在取得建设许可证后，工作进入施工阶段所进行的协调管理，其主要工作按阶段分为开工检查、中间定期检查、非定期检查以及竣工检查等。

26.1.3.6　项目组织与社区关系的协调

项目的建设不仅占用了不少社区的土地，给当地居民的生活带来了一定的影响，也对当地的经济文化起到了一定的促进作用。社区为土木工程项目的实施提供了可靠的后勤保障，社区的环境会影响土木工程项目进度，而项目的建设促进社区经济发展水平的提高。此外，项目的建设需要占用一部分永久或临时土地，拆迁一定数量的居民房屋，破坏其基础设施，如果补偿不足，处理不当，会影响到当地居民或社区的正常生产、生活情况。因此，项目在建设或运营过程中，要自觉遵守社区的规则，保护社区的环境，认真避免或纠正项目员工的行为对当地社区的不良影响，妥善处理与当地居民出现的矛盾，争做社区的"好居民"，最终为项目创造良好的生存和发展空间。同时，也在当地居民心目中树立良好的形象，更好地赢得社区对项目建设和运营的支持。

26.1.3.7　项目组织与用户关系的协调

如果说一个企业的可持续发展依靠的关键因素是顾客，那么，土木工程项目实现可持续发展最关键的要素之一便是其运营期的用户。尽管土木工程项目有其特殊性，但这一点是毋庸置疑的。用户在土木工程项目的可持续发展过程中处于核心的地位，他们直接决定着其他几个利益相关方的期望，其期望若被忽视或不能得到满足，将直接影响到土木工程项目的经济收益。

26.2　利益相关方协调管理分析

本节对土木工程项目利益相关方协调管理的分析主要包括利益相关方的利益分析、利益相关方的博弈分析以及利益相关方协调费用效益的分析。该部分的分析为利益相关方协调管理体系的建立及协调管理方法的提出奠定了基础。

26.2.1　利益相关方的利益分析

从经济学的角度看，每个人或组织都有其自己的利益。而在各种可看作经济活动的过程中，行为者组织或个人都会想尽办法使自己的利益达到最大化，也就是效用最高。在这种前提下，尤其是在项目过程中的利益方会想尽办法达到自己预期的目标。对利益相关方所涉及的范畴以及各自利益进行分析，有利于分析矛盾，找出利益冲突源所在，能够更好地有的放矢。

26.2.1.1　投资者利益分析

投资活动的经济主体，简称投资主体或投资者。投资主体可以是有权代表国家投资的政府部门、机构，也可以是企业、事业单位或个人。投资是这些人或法人进行的有意识的经济活动。投资活动是为了获取一定投资效益。投资效益是投资活动的出发点和归结点。投资效益可以体现在经济效益上，也可以体现在社会效益和环境效益上。经营性的土木工程项目，主要体现在经济效益上；公益性等土木工程项目，主要体现在社会效益或环境效益上。在市场经济中，投资效益的实现含有经济效益、社会效益和环境效益共同发展的涵义。作为土木工程项目的投资者，投资者要求的是一定的投资额、投资回报率和较低的投资风险。

26.2.1.2　业主利益分析

业主作为项目所有者，要求取得项目较高的综合效益。业主的利益目标可以大体从两个方面来分析——经济利益和社会利益。一个项目的建成，不仅要投资回报，还要给社会发展带来益处。业主在不同项目阶段的利益体现不同。

A　项目概念规划阶段

在土木工程项目概念规划阶段，加入到项目中的利益相关方有业主、土地规划部门、政府审批部门、有关主管部门、银行及投资入股者。在这一阶段，可能存在的冲突点有：土地问题；建设方可以争取到什么政策；项目是否能够通过批准；银行贷款优惠政策等。这些可能产生的冲突都与业主有关。

B　项目实施阶段

在项目实施阶段，建设期利益就摆在了业主利益的首位。项目建设期利益一般体现在一个"快"字上。建设方在工程进度上的要求不仅是快的问题，而且还存在着工程质量的问题，一个土木工程项目的质量会直接影响到用户的使用和安全，在建设方交给用户使用的时候必须确保质量过硬。在这一阶段可能存在的冲突点多数是以业主为目标导向的：保障工期；保证质量。

工期和质量都是业主所关心的问题，但往往项目一上马，工期要求紧，就容易忽略高标准、高质量。这是一对难以化解的矛盾。

C 项目运营阶段

在项目收尾阶段，业主更看重的是项目今后使用期的利益。在项目建设过程中，工程的优劣直接影响着以后的使用情况，在正式运营后，业主关心的是如何平稳、高效地运行才能使投资得到回报，实现其经济效益和社会效益。

26.2.1.3 各级承包商利益分析

承包商（勘察设计承包商、施工承包商、设备材料供应承包商）为项目提供设计、施工服务，材料和设备，希望取得合理的价款，赢得合理的利润，赢得企业信誉和良好的形象，尽可能在合同工期内完成工程和供应，在合同的责任期内无返修，不涉及其他法律问题。

A 勘察设计承包商利益分析

设计单位的利益冲突表现最强的时间是在项目的规划阶段。设计承包商在土木工程项目中的利益体现在这样几个方面：占领市场；获得经济利益；获得社会利益；培养人才。目前国内设计市场为买方市场，因此开拓市场、占据市场就成了设计承包商的首要任务。

B 施工承包商利益分析

在土木工程项目的实施和收尾两个阶段中，施工承包商始终处于主要地位，施工承包商素质和能力的高低直接关系着项目质量的高低，选择一个好的项目施工承包商，是创造高质量项目的关键。对于施工承包商而言，其根本利益也即最大利益就是从工程承包中获得利润。施工承包商与业主、设计承包商之间的矛盾似乎是永远无法彻底解决的。他们总是在工程成本、工程质量和工程进度上存在着分歧。

a 工程成本方面的利益

建设工程项目最终目的是从建设方获得承建费用，而一项工程是否"赚钱"，就要看如何能把投入成本在允许范围内降到最低，以求得工程的获利。因而，在实施阶段，施工承包商会精打细算，将所有的工作分解，并分别做出预算和成本控制曲线，并通过"挣值法"来分析目前工程的总量是提前了还是拖后了；相对进度而言，自己成本是大了还是小了；业主对工期要求紧了，自己能否适应，不适应如何回避；对业主对人力资源的需求自己能否接受；增加人力、物力、单位劳动力创造的价值是否在下降等，施工承包商都要详细计算，最终找到一个单位个体创造价值最大的点，并以此为根据来组织施工，降低成本，获取最大化利益。

b 工程质量方面的利益

工程质量是施工承包商的生命，只有良好的质量作为保证，施工承包商才能得到更高的社会效率，被社会认可。因而，工程项目的技术质量管理，必须是具有一定技术职称的专业人员来执行，他们应该熟悉掌握施工图纸、各类技术标准、各种施工及验收的规范及程序，应该参加施工图纸的会审、施工组织设计和主要的施工技术措施的讨论和审核等。但必须清楚地看到，施工承包商对质量管理是将质量控制在最佳的范畴内而不是最好的范围内，如图 26-1 所示。

施工承包商认定 *ab* 区是控制质量最佳区，而业

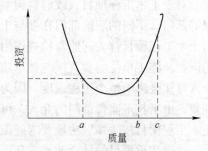

图 26-1 质量与投资关系图

主认为 bc 区为控制最佳区，因此我们可能认为施工承包商不会花大量钱来无限提高工程质量，这也是他们根本利益之一。

　　c　工程进度方面的利益

　　工程进度管理是施工承包商项目管理的重中之重，也是与业主冲突最多的地方。施工承包商对土木工程项目进度进行有效的控制和管理，就是使在建工程项目的建设按期按质完成，并达到预期的效果。影响工程项目进度的因素有很多，诸如人员、技术、材料、设备、资金、地基、气候等，其中人为因素又是最主要的干扰因素。对于施工承包商而言，施工组织不当，或材料供应不及时，或发生质量事故等都是影响工程进度的主要干扰因素。不可预见事件的发生也是直接影响工程项目进度的因素。因而，对工程项目进度可采用筹划、控制和协调的方法，合理地对劳动力、材料、机械等调度使用，根据业主提出的要求适当调整已做好的计划安排，使工程项目按期按质完成。

　　C　设备材料供应承包商利益分析

　　设备材料供应承包商是指专门生产某种产品的厂商，他们在其领域有很强的技术专长，有时甚至具有垄断地位。因此设备材料供应商可分为两种，一是技术大众化的产品，就需要过硬的产品、优质的服务来赢得市场，达到自己占领市场，获得经济效益。二是技术垄断产品，通过不断提高自己产品的技术含量，设法提高产品的技术门槛，独立占领市场，获得高额回报。因而，设备材料供应承包商在建设市场中的利益体现在占领市场、获得经济效益等方面。

26.2.1.4　监理单位利益分析

　　建设工程监理只有在业主委托的情况下才能进行。只有与业主订立委托监理合同，明确了监理的范围、内容、权利、义务、责任等，工程监理企业才能在规定的范围内行使管理权，合法地开展建设工程监理。工程监理企业在委托监理的工程中拥有一定的管理权限，能否开展管理活动，是业主授权的结果。

　　对于业主而言，监理单位、设计承包商、施工承包商、设备材料供应承包商都要服务于业主。而在进一步的关系层面上，监理单位又同时对设计承包商、施工承包商、设备材料供应承包商有着制约作用和合作关系。但是他们对业主的沟通渠道是分别独立的。这样不仅对业主负责，同时也避免了各方的利益不均衡而导致的关联冲突效应的发生。这种特殊地位，就决定了监理单位特殊的利益关系，他不仅要使自己在土木工程项目中的利益最大化，而且要保证业主的利益必须实现。

26.2.1.5　政府部门利益分析

　　对于土木工程项目，政府机构参与其中的有技术监督、规划、发改委、消防安全、环保等部门。不同的职能部门在参与土木工程项目时的利益出发点也是不同的。政府各部门对土木工程项目首先起监督检查作用，所面对的是工程项目的施工质量、工程技术等方面的问题。施工单位需要直接与技术监督部门打交道，在项目的实施阶段，政府监督部门的介入可能会影响整个工程进度。因为在项目实施中不可避免地存在技术放行、质量放行的现象，由于技术监督部门的介入，可能会对建设单位的利益造成冲击，但作为政府，保证土木工程项目按法律、法规要求施工，正是监督部门的职责所在。

　　政府注重项目的社会效益、环境效益，希望通过项目促进地区经济的繁荣和发展，解决当地的就业和其他社会问题，增加地方财力，改善地方形象。土木工程项目给地方政府带来巨大的利益：解决劳动就业；增加税收；丰富产业结构；带动相关产业的发展。一个项目的建成，必定需要人来运作，这样一来，企业就为社会解决了一定的劳动力就业问题，而且大型土木工程项目往往会带来不可预期的经济利益，不但可以增加财政税收，还可带动相关产业发展（乘法效应），促进地方经济的发展，因此，政府部门对土木工程项目是一种依附、并存的关系，最终达到双赢的目的。

26.2.1.6　贷款银团利益分析

银行通过向土木工程项目提供贷款，回收贷款及利息，建立广泛的优质客户关系，使信贷业务得以发展，同时也会在客户群中形成良好的声誉。

26.2.1.7　社区及用户利益分析

社区为土木工程项目的实施提供了可靠的后勤保障；项目的建设促进社区经济发展水平的提高；社区的环境影响土木工程项目进度。因此，社区要求保护环境，保护景观和文物，要求就业、拆迁安置和赔偿以及特殊的对项目的使用要求。用户要求能获得价格合理的项目和周到、完备、安全的服务。而用户决定项目的市场，决定项目的存在价值，"以人为本"是"用户满意"的升华。

26.2.2　利益相关方的博弈分析

博弈是指一些个人、队组或其他组织，面对一定的环境条件，在一定的规则下，同时或先后，一次或多次，从各自允许选择的行为或策略中进行选择并加以实施，各自取得相应结果的过程。利益相关方的博弈分析就是研究利益相关方之间的行为发生相互作用时的对策及这种对策的均衡问题，它的研究对于利益相关方关系的处理有着重要的作用。本书仅对几个重要的项目利益相关方间的关系做博弈分析。

26.2.2.1　业主、各承包商、监理单位的协调博弈

A　承包商与监理单位合谋对付业主的博弈

承包商在建设过程中具有自身努力程度、是否违规等私人信息，并试图利用非对称信息扩大自身收益。监理单位在信息非对称的情况下，也可选择努力工作和不努力工作。承包商（或监理单位）可能向监理单位（或承包商）发出合谋的邀请，监理单位（或承包商）作为理性的经济人，具有自己的利益追求，有可能与承包商（或监理单位）合谋进行寻租（合谋）活动，发生损害业主利益的败德行为。无论是承包商向监理单位进行寻租，双方合谋，还是监理单位与承包商进行合谋，都是针对业主的。在这种情况下，业主在委托监理单位监督承包商的同时，也需要对监理单位进行监督和管理，从而形成了一个由业主、承包商和监理单位共同参与的三方博弈格局。

B　业主与承包商合谋对付监理单位的博弈

在政府投资项目中，业主与承包商合谋对付监理单位的博弈较容易发生。业主与监理单位之间的委托代理关系确立以后，双方签订了项目监理合同。业主是买方，监理单位是卖方。监理单位受业主委托代表业主对整个项目的实施情况进行监督，获得监理费，而监督的对象就是承包商。如果在民间资本投资项目中，业主就是投资者，业主不可能与委托监督的对象进行合谋来对付监理单位。但在政府投资项目中，政府委托业主直接管理项目，承包商为了获取更多的利益（更多的利润），有可能选择与业主合谋进行寻租，违背项目合同，减少成本，降低质量，发生损害监理单位利益的败德行为。

C　业主与监理单位合谋对付承包商的博弈

政府投资项目中，业主与监理单位合谋对付承包商的博弈也较容易发生。根据监理合同，监理单位负责项目的监督工作，业主支付一定的费用。监理费用在合同签订时即已经确定，但是监理单位为了得到更多监理的利益（更多的监理费用，下次在监理招标中能够中标），选择向业主寻租，违背项目合同，将项目质量提高，工期缩短，同时降低成本，业主为了自身的利益接受监理单位寻租，并且给监理单位一定的好处，双方合谋对付承包商。此外，业主与监理单位的合谋也包含这种情况，即业主给予监理单位一定的好处，监理单位接受这种好处双方合谋。无论哪种合谋情况都是针对承包商的，三方之间形成博弈关系。

26.2.2.2　业主与贷款银团的协调博弈

在土木工程项目的贷款过程中，业主与贷款银团之间不断进行博弈。由于贷款银团与业主双方存在信息不对称，贷款银团面临着贷款回收中的经营风险和道德风险。经营风险是由于借款企业经营过程中财务状况窘迫，不能如期履行合约而使银行蒙受信贷资金损失的风险。道德风险是借款企业赖账违约，不愿履行还款义务而使银行蒙受信贷资金损失的风险。作为借款的业主拥有信息优势，借款者是否守信取决于借款者的主观意愿和还债能力。

A　业主与贷款银团的博弈

在没有道德风险的假设下，在既定的条件下经营风险可以使市场失效也可以使市场成功，这取决于借款企业的经营效益。信息不对称、违约惩罚力度不够、企业的利益驱使是银行与企业借贷关系中存在道德风险的主要原因。

在既定的条件下，经营风险既可以使市场失效也可以使市场成功，取决于借款企业的经营效益。这样，银行应该把减少信用风险的重点放在企业道德风险上，通过控制企业的道德风险，减少经营风险，达到降低信用风险的目的。

B　协调业主与贷款银团博弈关系的途径

对于双方的冲突，除了事前的沟通与协商以及在相关合约中进行约定外，还需要建立一个良好的共同治理机制，保障项目的正常实施。

（1）在项目建设与运营中，不论是从公平性角度，还是从保障公司正常运行的角度，都需要在其治理机制中引入贷款银团的参与。

（2）贷款银行之间也需要形成共同治理的合作机制。在贷款银行中必须明确一家银行作为代理行或监管行，并赋予其明确的监督责任；必须将贷款银行的数量控制在一定范围内，并规定"多数债权人比例"，以使得在分歧无法消除时，通过贷款银团的集体投票确定行动方案；在贷款协议中，需要对"集体行动条款"进行详细约定，以减少某一银行的个别行动给业主的正常经营造成不应有的冲击。业主要保持并不断提高公司的实力和良好的信誉。

（3）业主要想获得多家银行的贷款，关键在于项目的主要股东应具备雄厚的实力和良好的信誉以及业主在银行间逐渐建立的良好形象。只有这样，各家银行才能对业主的信誉度给予认同。

26.2.2.3　业主与政府的协调博弈

项目建设过程中，业主能否协调好与政府的关系直接影响到项目能否顺利进行。业主是与政府协调的主要利益相关方，因此，研究分析业主和政府的协调博弈关系对于利益相关方协调管理的研究具有重要意义。

A 业主与政府的博弈

项目建设中，政府没有积极配合项目建设的现象时有发生。政府常通过各种行政或经济措施对项目实行干预，进行鼓励或限制，即经济学上所称的"设租"。政府通过设租，控制着一定的对项目有价值的行政资源，业主甘愿从有限的生产资源中抽出部分资源，通过游说、谈判、行贿等手段向政府寻求垄断利润，即经济学上所称的"寻租"。政府设租，通常都是为公共利益或政府本身的利益服务的。企业寻租，其目的却是从企业自身的利益出发。由于企业目标与政府利益不一致，政府干预企业的目标选择往往与企业运行的目标也不一致，造成政府干预经济的运行轨迹通常与企业的内在运行轨迹存在差异，从而形成一种企业与政府的利益博弈关系。

B 协调业主与政府博弈关系的途径

目前考核各级地方政府业绩的一个十分重要的指标是本地区的经济业绩，包括税收、就业和收入增长等。因此业主与政府之间的利益一致性使两者存在着相互合作的动机，他们之间的合作是希望达到"共赢"的目标，要在业主与政府之间形成一种良性的互动合作关系。

首先，业主与政府应在目标上达成共识。政府应把项目建设的发展当做一种责任，为项目建设提供良好的服务。业主围绕着项目效益开拓经营，直面市场，但在某些领域服从政府的社会效益的要求，从而实现公司效益、社会效益"双赢"。业主与政府双方要使各自的目标相互包容，政府发挥其在宏观经济管理等方面的特殊作用，业主发挥其在微观经营活动中的基本角色，从而实现政企优势互补。政府把项目的效益目标纳入区域社会目标的范畴之中，使项目利润最大化目标成为区域性社会效益目标的子系统；同时，业主也把区域社会效益目标作为本公司利润最大化目标能否实现的一个重要条件。

其次，业主与政府之间要加强沟通。政府了解公司的经营动向，才能实施更好的管理与服务，以减少公司在市场竞争中的盲目性；公司了解政府的管理意图，才能更好地把握住公司经营方向，以降低经营成本。政府的认可和支持是最具高度权威性和影响力的，可以为公司的生存和发展形成有利的政策、法律和社会管理环境。公司要想获得充足的信息，抓住市场机会，应密切加强与政府各部门的信息沟通，争取政府中各职能部门对本公司的了解、信任和支持；要熟悉和掌握政府所颁布的各项政策法规，以此作为公司进行有效的投资和经营决策的依据；还要关注和研究政府政策法规的变动趋向，及时修正公司的目标和行为。

26.2.3 利益相关方协调费用效益分析

26.2.3.1 业主协调费用分析

业主用于协调各利益相关方的费用也是业主协调费用的重要组成部分。业主协调利益相关方的费用主要包含三个方面：监督承包商、监理单位寻租行为的费用，协调当地政府的费用，协调社区的费用。

26.2.3.2 利益相关方的协调效益分析

尽管协调各利益相关方需花费一定的费用，但是协调好各利益相关方的关系，会使业主及土木工程项目在当地产生良好的协调效益。主要体现在以下几个方面：

（1）保证土木工程项目目标的顺利实现。承包商、监理单位是与项目建设关系最紧密的利益相关方。承包商是否努力、是否违规，监理单位是否努力工作，保证工程质量，承包商和监理单位是否会合谋寻租等，都会对项目的质量、进度产生直接的影响。项目的征地拆迁能否顺利进行，贷款能否顺利实现，都离不开政府的支持。征地拆迁的顺利进行也离不开沿线社区的配合。因此，业主协调好与承包商、监理单位、政府、社区等的关系，能保证项目的投资、进度、质量、环境、安全和可持续目标的顺利实现。

（2）产生良好的经济效益、社会效益和环境效益。项目建设过程中，协调好与各利益相关方的关系，可使土木工程项目的质量得到保证，减少不必要的经济支出。加强对土木工程项目的规范化管理，并加强优化服务可以进一步提高土木工程项目的经济效益。协调好各利益相关方的关系，还可以促进周围地区社会经济的发展。此外，项目的建设为周围社区的交通带来极大的便利。协调好与政府、周围社区的关系，不仅使业主，而且使土木工程项目产生良好的声誉，从而产生良好的社会效益。而且，各利益相关方关系的和谐，还能保证社区周围环境的良好，创造良好的环境效益。

26.3　利益相关方协调管理体系和机制

利益相关方冲突的产生存在于土木工程项目整个寿命周期中。协调利益相关方关系时应注意什么，如何协调利益相关方的关系，应采用什么方法等是本节将要探讨的问题。

26.3.1　利益相关方协调管理体系

本书所强调的利益相关方协调管理体系由三个子系统组成，即导航系统、支持系统和实现系统。子系统之间存在着自然的逻辑依存关系，导航系统反映着利益相关方协调管理的意图，利益相关方协调管理的目的是为了实现项目目标。项目目标实现了，各利益相关方的利益才能得到实现。因此，导航系统是利益相关方协调管理的行动指南。在导航系统明确之后，支持系统就需要为其意图的实现准备资源配置和组织，这时需要设计相应的结构和流程，并建立和制定适当的制度和政策以保证利益相关方协调管理的正常运行。各利益相关方在合作管理制度和伙伴关系建立的条件下，有利于通过具体的方法协调关系（即实现系统），从而最终有利于项目的顺利进行。利益相关方协调管理系统之间的内在关系不能割裂，缺少任何一个，组织的整体特性就表现不出来，而且任何一个子系统若不能与其他系统相互配合或相互支持不得力，都会使组织整体的努力前功尽弃。土木工程项目利益相关方协调管理体系如图 26-2 所示。

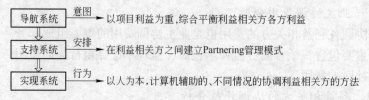

图 26-2　土木工程项目利益相关方协调管理体系

26.3.1.1 导航系统

利益相关方各方的利益要求不同，系统观要求各利益相关方应以项目利益为重，只有在项目利益实现后，各方利益才会自然地实现。从系统的观点考察项目，项目利益不能简单地理解为业主方的利益，还包括了最终用户的利益、社会公众的利益及其他各参与方的利益等。土木工程项目组织作为一种利益相关方共同协调、作用的广义组织结构，土木工程项目组织运行绩效必须能够反映土木工程项目不同利益相关方的认同，使利益相关方的利益要求得以从土木工程项目组织运行过程中得以实现平衡。但所谓利益要求的平衡，其含义不是对每一种利益相关方都等量齐观，而是在对利益相关方进行科学分类的基础上，企业应对"优先的利益相关方"的利益要求给予更多的重视，赋予相对高的权重，并在组织运行过程中对其利益要求得到更多的实现，对于排序相对靠后的利益相关方，适当减低利益要求实现程度，赋予相对低的权重。

26.3.1.2 支持系统

土木工程项目利益相关方协调管理的目的是有效协调利益相关方的各种冲突，保证项目的顺利进行。Partnering 模式不同于其他土木工程项目管理模式的最大的特点之一就是在土木工程项目参与各方之间形成一个联盟团队，改变以往相互对立的态度，在相互信任、坦诚交流的环境中完成工程项目的建设。Partnering 模式团队合作、相互沟通、创造共赢的理念为项目参与各方提供了相互信任的工作环境，它所具有的有效的冲突处理机制对有效减少冲突的发生有很好的作用。

Partnering 模式的建立对于土木工程项目利益相关方协调管理的实施具有很大的促进作用。对于施工承包商而言，Partnering 模式提供了更多增加利润的机会，促进了生产效率，降低了施工超时超预算的风险；对于业主而言，Partnering 模式减少了把时间浪费在法庭起诉上的情况，降低了整个工程的成本费用；对于勘查设计承包商而言，Partnering 模式节省了解决问题和获得有关支持配合的时间，改善了他们和业主之间的关系。Partnering 模式主要的优点见表 26-1。

表 26-1 Partnering 模式主要的优点

项 目	优 点
项目设计	通过设计与施工的沟通和紧密结合，确保了设计方案的施工合理性；能够尽可能地减少重复设计；通过设计与施工的结合，缩短了项目工期；能够优化设计
资源的利用	通过建立工作小组减少了项目参与各方的人力需求
各方的沟通	通过沟通能对有关问题的解决提出良好的建议；提高了整个项目的工作效率；促进了项目的信息交流，达到了信息共享
冲突的解决	能够大大减少诉讼的发生；能够更加高效地处理争议
三大控制	承包商对业主的管理系统更加熟悉，节省了学习和适应时间，从而对进度和成本控制更加有利；减少了返工及重复检查，进而提高了质量，加快了进度，降低了成本；通过及时的材料设备供应，缩短了项目工期；保证了业主的投资控制在合理的范围之内，同时也保证了承包商获取合理利润的空间

26.3.1.3 Partnering 模式的实施流程

整个项目的周期何时提出将 Partnering 模式的思想引入项目管理的过程中有多种选择。

但很显然，从项目立项后就开始介入，可以使得各方人员对整个项目的全部进程有清晰的掌握。例如，施工承包商可以根据自己的经验对设计中可能存在的不合理内容提出异议，各方再积极地研究分析，就可以及时消除以后施工过程中可能引起的不便；设备材料供应承包商及早地介入项目，能够对项目所需要的各种材料或设备有相当的了解，并能够提前进行有效的准备，以提供及时的材料供应等。无论从何时开始引入 Partnering 模式，Partnering 模式的实施流程都可以大致分为策划、建立和实施三个阶段，图 26-3 所示就是 Partnering 模式的实施流程。

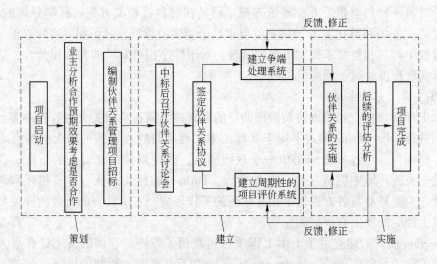

图 26-3　Partnering 模式的实施流程

26.3.2　利益相关方协调管理操作流程

整个利益相关方的协调管理可以分为利益相关方冲突的识别、利益相关方冲突的分析与协调以及反馈与学习。

26.3.2.1　利益相关方冲突的识别

项目建设过程中，若项目参与方发现冲突问题，从该网络终端登陆中心服务器，填写冲突报告，包括冲突问题的描述、希望通知哪几方（即利益相关方）、是否需要紧急处理等内容，提交冲突报告，并获得一个 ID 号，此后可以通过该 ID 号查询冲突的处理过程和结果。中心服务器管理员确认此冲突，并将冲突报告发送给利益相关方。

26.3.2.2　利益相关方冲突的分析与协调

冲突的分析与处理是整个冲突处理过程中最关键的部分，对于需要紧急处理的冲突，中心服务器将通知紧急处理小组协商；对于一般的冲突，中心服务器将冲突报告发送给利益相关方之后通过基于计算机及网络的冲突处理程序和基于 Partnering 研讨会的冲突处理程序得到达成一致认可的冲突解决方案，然后通知相关方执行解决方案。

26.3.2.3　反馈与学习

冲突解决之后，冲突处理程序并没有因此而结束，因为分析冲突产生的原因、解决的过程以及执行的结果有利于预防冲突的再次发生。在此阶段，可以引入"影子伙伴"评价，即对相对立的合作方的合作态度及冲突处理的能力等进行评价，此处的评价既是一种反馈和学习，也是一种冲突的监控手段，可以发现尚未显现的冲突并及时处理。"影子伙伴"的评价一般是在 Partnering 研讨会之前进行，由中心服务器的管理员汇总，在 Partnering 研讨会中进行讨论，提出改进方案，最后由管理员将资料存入数据库，以便最后 Partnering 模式实施情况的总结与战略 Partnering 的选择。利益相关方协调管理操作流程如图 26-4 所示。

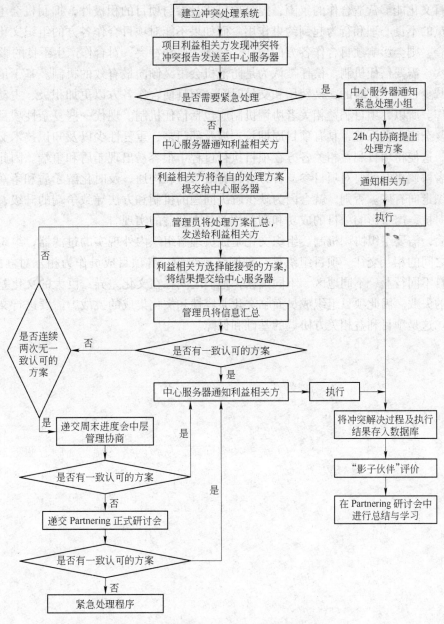

图 26-4   利益相关方协调管理操作流程

26.3.3   利益相关方协调管理的机制

利益相关方协调管理机制是指为了建立和维护项目利益相关方之间的合作关系，使之从无序向有序发展，达成项目利益相关方之间的协同作用，以实现项目成功所设计或安排的规则和策略。该协调机制是一种主动型的、预防型的、高层次的制度设计和安排，它是对可以预期的问题或冲突制定的解决方案。

土木工程中利益相关方间协调管理机制需要以下几方面的内容：

首先，需要项目文化协调机制。项目文化在合作关系演化过程中扮演独特的角色。良好的项目文化能够营造合作的氛围，提高项目成员参与项目的积极性，抑制机会主义，对项目成员的不良心理和行为起到约束作用。而如果不能对项目合作各方的组织文化进行有效的整合，则会影响项目合作各方的信任，增加矛盾和冲突，对合作产生不良的影响。

其次，需要信任机制。信任被认为是防范机会主义倾向最有效的机制。基于信任的合作可以减少合同签订时的交易费用和交易时间，而且使合作各方以更加积极、主动的态度进行合作。所以，项目利益相关者协调机制应包括信任机制。现代一些复杂性项目实际上是一个复杂庞大的系统，具有项目周期长、涉及部门多、重复性少以及知识技术交叉密集等特点，这使得项目利益相关各方在项目执行过程中很容易出现矛盾和争端。因此项目利益相关者协调机制就要对项目参与各方进行有效管理和沟通，及时化解矛盾和争端，使得项目组织走向有序。否则，就会因为缺少解决问题的机制和方法导致争端的升级，演变为冲突和对抗，严重影响项目的成功和利益相关各方利益的实现。

最后，需要组织协调机制。组织文化是成员理解组织内外现实的过滤器，组织文化影响群体之间的相互交往。项目组织是一种网络型组织，各项目成员作为相互对立的实体，可能来自不同行业、不同地区、不同国家，他们之间存在文化差异，巨大的文化差异会导致合作的失败。因此项目组织成员面临文化兼容性和文化集成的挑战，需要进行文化协调和整合。这是项目利益相关方协调的基础和保障。

27 土木工程项目协调管理信息系统

本章概要

（1）土木工程项目协调管理信息内涵及协调管理信息的基本要求。

（2）土木工程项目协调管理与信息共享。

（3）土木工程项目协调管理信息系统的建立与实施。

27.1 协调管理信息系统概述

随着全球信息化浪潮的兴起，信息革命蓬勃发展，"信息"已经成为现代社会中使用最多、最广泛、频率最高的词汇之一。不仅在人类社会生活的各个方面被广泛采用，吸引着工程技术人员、管理及咨询人员的深入研究，而且在土木工程项目协调管理中也越来越受到重视。

27.1.1 协调管理信息内涵

27.1.1.1 信息概述

A 信息的概念

关于信息的含义，众说纷纭，关键在于理解信息的角度不同。从广义角度看，通常认为：信息是客观事物的反映，它提供了有关现实世界事物的信息和知识。信息普遍存在于自然界、人类社会和思维领域中。从狭义角度看，人们可将信息定义为：经过加工处理以后，并对客观事物产生影响的数据。它不仅对接受者有用，而且对决策或行为具有现实或潜在的价值。

B 信息的类型

不同的信息有不同的作用、不同的地位以及不同的处理方法，所以有必要弄清楚信息的分类。从不同的角度，信息可以分为不同的类型。

（1）按社会属性可分为社会化信息和非社会化信息。

（2）按获取方式可分为直接信息和间接信息。

（3）按存在方式可以分为内存信息和外化信息。

（4）按传播范围可分为公开信息、灰色信息和非公开信息。

（5）按加工程度可分为零次信息、一次信息、二次信息和三次信息。

27.1.1.2 土木工程项目协调管理信息概述

信息是土木工程项目中各项协调管理工作的基础和依据，没有及时、准确的信息，协调管理工作就不能有效地进行。

A　土木工程项目协调管理信息的内涵

土木工程项目协调管理中的信息，是指在土木工程项目整个寿命周期内产生的，反映和控制土木工程项目协调管理活动的所有组织、管理、经济、技术信息，以文字、数字、图形、图表、录音、录像等形式描述，能够反映项目建设过程中各项业务在空间上的分布和在时间上的变化程度，并对土木工程项目的协调管理和项目目标的实现提供有价值的数据资料。

土木工程项目协调管理信息是对项目进行有效协调管理的资源，为了正确开发和有效利用，需要对项目实施和协调管理过程中产生的大量信息进行分类。

（1）按来源不同，可以分为内部信息和外部信息。

（2）按信息流向不同，可以分为自上而下的信息、自下而上的信息、横向流动的信息、以信息管理部门为集散中心的信息和土木工程项目内部与外部环境之间流动的信息。

B　构建土木工程项目协调管理信息平台的必要性

a　不完全信息与信息不对称

从信息的特征来看，信息具有不完全性。在建筑市场中，生产者即施工方需要的信息包括业主的建造意图、财务支付能力等；而产品购买者需要的信息包括产品的质量、性能，承包商的实力能力、信誉等信息。然而，在土木工程项目的实施过程以及管理过程中，每个参与方所拥有的信息都是不完全的。信息的不完全性，往往表现为信息的不对称。土木工程项目的各方都拥有各自的信息，但对其他方所拥有的信息却是不完全的，这就导致了信息的不对称。

土木工程项目信息的协调管理是在土木工程项目全寿命期的各个过程之间和项目参与各方之间实现数据共享和信息的有效沟通。信息协调不是简单地从技术上实现各部门之间的信息共享，而是要从系统运行的角度，保证系统中每个部分在运行的每个阶段都能将正确的信息，在正确的时间，正确的地点，以正确的方式，传递给正确的、需要该信息的人，从而避免由于信息不对称所引起的土木工程项目各参与方之间的冲突。

b　协调管理信息平台在土木工程项目协调管理中的作用

通过构建土木工程项目协调管理信息平台，可以使项目全寿命周期内的信息传递通畅、数据共享、信息及时准确完整地反映项目的实际实施情况，让项目的各个参与方能够及时获得自己所需要的信息，保持信息的一致性和完整性。协调管理信息平台可以解决由于信息不对称、信息不完整所造成的项目各参与方沟通不畅的情况，并可帮助项目的决策者在掌握全面信息的情况下做出准确科学的决策。

协调管理信息平台对土木工程项目协调管理的作用体现在以下几个方面：

（1）有助于项目决策者做出正确的决策。协调管理信息平台以大数量的信息通道和很少的信息延误，建立起更为迅速的多点到多点的通信，消除了信息传递的瓶颈。另外，分布式的信息存贮技术也能使项目各参与方更方便地处理与存储信息，并实现信息的共享，为项目各参与方信息的集成提供了可能性。同时，土木工程项目的群体决策支持系统将建立起信息集成与管理的基础，这一切都将使得决策更加准确。

（2）有助于提高项目控制与协调管理的效率。协调管理信息平台提供安全、准确、全面的信息，使管理人员能及时了解到各参与方以及项目进展的反馈信息，并可以形成一个有效的控制反馈系统，保证控制与协调管理的效率。

（3）有助于项目组织之间的沟通与学习。有效的沟通离不开信息，通过包括电子邮件在内的各种通信方式，项目各参与方及人员之间才可能保持良好的沟通。组织学习建立在信息共享的基础上，安全、高效的信息处理及存贮技术可以促进知识在建设人员之间、参与方之间的流动，能促进知识从隐性到显性，显性到显性，显性到隐性等的转化，有利于减少协调管理成本。

27.1.2 协调管理信息的基本要求

27.1.2.1 土木工程项目协调管理中的信息

（1）信息的准确性和可靠性。土木工程项目信息必须真实和客观地反映土木工程项目的实际情况。只有准确和可靠的信息，才能有利于土木工程项目管理者做出正确的决策和实行有效的控制。

（2）信息的及时性和时效性。信息具有明显的时效特征：如果信息不能及时提供给项目管理者及相关人员，信息就失去了支持决策的作用；如果项目管理者不能及时掌握相关信息，就可能给项目建设造成损失。

（3）信息的完整性和系统性。土木工程项目管理者需要的是准确、及时和完整、系统的信息。土木工程项目作为一个完整的系统，项目协调管理的信息也要构成一个完整的系统，项目管理各个层次结构上的信息都是不可忽视的。

鉴于以上要求可以看出，对土木工程项目的信息进行协调管理是必要的。

27.1.2.2 土木工程项目信息的协调管理

土木工程项目信息协调管理的基本任务是为项目管理者和决策者提供及时、准确的信息服务，基本目标是实现土木工程项目协调管理的信息化。对土木工程项目信息协调管理的基本要求是实现信息定量化、信息系统化、信息规范化和标准化；要用先进的数据库技术来管理信息，用先进的信息管理系统来分析和处理数据。

在土木工程项目协调管理的实际工作中，信息协调管理的层次划分及相互关系如图27-1 所示。土木工程项目基层管理人员对获得数据进行加工，形成向上一级管理层报送的

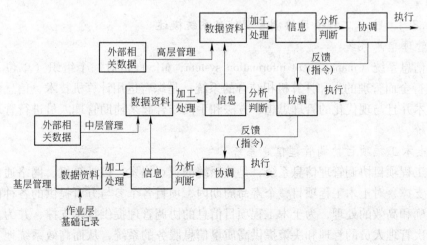

图 27-1 信息协调管理层次划分

信息；中层管理部门将各基层单位上报的数据资料进行综合加工和提炼，形成向上级管理层报告的信息；决策管理层根据各职能部门上报的数据、资料，进行综合分析和预测，做出判断，形成协调意见，指导项目的建设。

可以看出，在土木工程项目信息协调管理中，基础数据的积累是最基本的，也是最重要的。但是由于土木工程项目信息的来源呈多元化的态势，通常由不同的项目参与方提供，并且项目参与方介入项目的时间、内部的组织方式以及信息沟通方式的不同在一定程度上容易造成信息组织的无序，使项目信息沟通不畅，影响到土木工程项目的顺利实施。同时某一阶段或某一参与方提供的信息通常会被后续阶段或其他参与方使用，然而由于现有的项目管理信息系统往往局限于某一阶段或针对某一方面，加上不同参与方信息获取和处理的渠道和方法各异，造成信息的大量重复录入和失真，严重阻碍了信息的顺利传递、分享和增值。

为了保证土木工程项目中基础信息的完整性、准确性以及传递的快速性，有必要用信息化的手段对土木工程项目中的信息进行协调管理，即建立土木工程项目协调管理信息系统。该系统应当将土木工程项目的各个阶段联系起来，实现项目全寿命周期的信息共享，如图 27-2 所示。

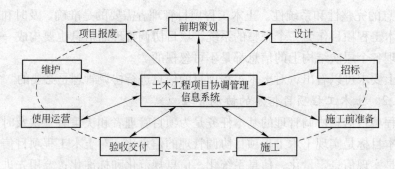

图 27-2　土木工程项目全寿命周期的信息共享示意图

27.1.3　协调管理信息系统

27.1.3.1　土木工程项目协调管理信息系统概述

A　管理信息系统

管理信息系统（management information system，MIS）是对一个组织（单位、企业或部门）进行全面管理的人和计算机相结合的系统；是综合运用计算机技术、信息管理技术和决策技术并且与现代化的管理思想、方法和手段结合起来辅助管理人员进行管理和决策的人机系统。

B　土木工程项目协调管理信息系统

土木工程项目协调管理信息系统，是从系统的观点出发，以计算机、网络通信、数据库技术为支撑，对土木工程项目整个寿命周期内、项目各个参与方所提供的各种信息进行及时、准确和高效的处理，为土木工程项目信息的协调管理提供技术支撑，并为土木工程项目各层次管理人员的管理和决策提供高质量信息服务的系统，从而高效系统地实现土木工程项目的协调管理。

27.1.3.2 土木工程项目协调管理信息系统建立的必要性

在全球信息化的浪潮中，作为劳动力密集、知识含量相对较低的传统建筑业，也无法避免地受到信息技术的巨大冲击。现代信息技术和通讯技术对建筑业的影响可以概括为：一方面，信息技术为工程建设中新的思想与组织提供了强有力的技术支持；另一方面，信息技术直接导致和推动了工程建设新的方法与手段。土木工程项目传统的沟通方式比较单一，缺乏多样性。目前主要还是以纸张作为主要的信息载体，其最大弊病就是效率低、成本高。新的电子化信息技术出现以后，虽然减少了信息沟通时间（如电话的应用）、提高了信息质量（如 CAD 的应用），但是这些沟通方式却不能整合起来，也就是说，信息沟通方式缺乏"弹性"。

利用现代信息技术来提高土木工程项目信息沟通的效率和有效性已成为土木工程项目协调管理研究和实践的重点。如何有效提高项目信息沟通的效率，改进信息沟通的质量，降低信息沟通的成本，成为土木工程项目协调管理的一个突出问题。高水平的土木工程项目协调管理信息系统可以使项目全寿命期的信息通畅，数据共享，信息及时准确完整地反映项目的实施情况，帮助项目的决策者在掌握全面信息的前提下，做出科学的决策。

27.1.3.3 土木工程项目协调管理信息系统的结构

管理信息系统的结构是指管理信息系统各组成部分所构成的框架，由于对不同组成部分的不同理解，就构成了不同的结构形式。主要包括概念结构、层次结构、功能结构等。

（1）土木工程项目协调管理信息系统的概念结构。从总体概念来看，土木工程项目协调管理信息系统由四大部件组成，即信息源、信息处理器、信息用户和信息管理者。

（2）土木工程项目协调管理信息系统的层次结构。土木工程项目协调管理都是分层次的，如战略管理、管理控制、作业管理等，为其服务的信息处理与决策支持也相应分为三层，这三个层次构成了土木工程项目协调管理信息系统的纵向结构。另一方面，从横向来看，任何项目的协调管理都可以按照各个管理组织或机构的职能来进行划分。

（3）土木工程项目协调管理信息系统的功能结构。土木工程项目协调管理信息系统从使用者的角度来看，总是有一个目标，并具有多种功能，各种功能之间又有各种信息联系，构成了一个有机结合的整体，形成一个功能结构。

27.2 协调管理与信息共享

由于土木工程项目拥有众多的参与方，而各参与方之间信息交换过程和交换状态是多样化的，例如业主—设计方、业主—承包商的信息标准并不一致，这就为土木工程项目信息的协调管理带来了困难。在土木工程项目中，不同的组织在不同的阶段所需要的信息既有联系，又有差异，而土木工程项目管理中各参与方对这些资料的标志具有随意性，不利于信息的流通和共享，因此对土木工程项目的信息进行标准化是信息协调管理必不可少的步骤。

信息的标准化是土木工程项目信息协调管理的基础。由于土木工程项目包含的信息种类繁多、重复性强等特点，信息标准化有助于这些信息中相关要素的统一、简化、真实优化，并且信息标准化可以促使以往的信息成果和信息资源得到重复使用，实现信息资源共享，为土木工程项目信息的协调管理奠定基础。其中，项目结构分解是土木工程项目各参与方共同使用的项目语言，也是实现信息标准化最基本、最有用的工具之一。

27.2.1 项目结构分解对协调管理的作用

建立一个面向全寿命周期和土木工程项目各个参与方的协调管理信息系统平台，必须要以土木工程项目的结构分解为依托。土木工程项目结构分解是将整个项目系统分解成可控制的活动，以满足项目计划和控制的需求，它是土木工程项目信息协调管理的基础工作。结构分解文件是项目协调管理的中心文件，是对项目进行观察、设计、计划、目标和责任分解、成本核算、质量控制、信息管理、组织管理的对象，所以在国外被称为"项目管理最得力的有用工具和方法"。

（1）提供土木工程项目各参与方的共同语言。土木工程项目结构分解可以为项目各参与方提供一套统一的、规范的术语体系，为各参与方的沟通提供标准的语言，减少信息多义性对沟通产生的障碍。

（2）成为土木工程项目各职能协调管理的工具。

1）在土木工程项目结构分解的基础上分析各个项目单元（或工程活动）之间的逻辑关系，即可得到项目的网络计划；

2）在网络分析后按照项目结构分解即可输出项目的工期横道图；

3）在横道图的基础上，将项目的计划成本按照项目结构分解到项目单元，则可得到项目的成本模型（S 曲线）；

4）将计划资源的用量按土木工程项目结构分解到各个项目单元，则可得到项目的资源曲线；

5）按照土木工程项目结构分解中的项目单元安排实施方案，做项目质量计划；

6）按照土木工程项目结构分解进行分标，委托任务承担者，则形成项目组织体系；

7）将上述结果按照土木工程项目单元汇集到表上，则得到项目单元说明表或工程任务书，该表可以作为计划的结果和控制的依据。

（3）是保证土木工程项目结构的系统性和完整性的关键。土木工程项目分解结果代表被管理的项目的范围和组成部分，它应包括项目包含的所有系统单元，不能有遗漏，这样才可能保证土木工程项目设计、计划、控制的完整性。

（4）是建立编码体系的基础。一个土木工程项目的每个单元在它的全寿命周期中都应该有一个象征身份的标志，即项目编码。对每个项目单元进行编码，建立统一的编码体系是协调管理信息平台处理数据的要求。在项目的初期，项目管理者就应该进行编码设计，建立整个项目统一的编码体系。统一的编码体系是以项目结构的分解为基础，根据结构分解的结果来进行编码的。

27.2.2 项目结构分解原则、方法和过程

项目的结构分解是指通过对项目总目标和总任务的研究，采用系统分析方法将项目总范围分解为由许多互相联系、互相影响、互相依赖的项目单元，以这些项目单元作为项目管理的对象，满足项目设计、计划、控制和运行管理的需求。分解的结果为项目分解结构(PBS)。

27.2.2.1 土木工程项目结构分解的基本原则

土木工程项目结构分解没有统一的普遍适用的方法和规则。按照实际工作经验和系统

工作方法，它应符合工程的特点、项目自身的规律性，符合项目实施者的要求和后继管理工作的需要。在分解过程中应注意如下基本原则：

（1）保证层次和内容上的完整性。应在各层次上保持土木工程项目内容上的完整性，不能遗漏任何必要的组成部分。

（2）保证土木工程项目结构分解是线性的。一个项目单元 J_i，只能从属于某一个上层单元 J，不能同时交叉属于两个上层单元 J 和 I。

（3）保证界面清晰、责任明确。土木工程项目单元应能区分不同的责任者和不同的工作内容，应有较高的整体性和独立性，单元之间的工作责任、界面应尽可能小而明确，这样能明确地划分各单元和各土木工程项目参加者之间的界限，方便项目目标和责任的分解和落实，能方便地进行成果评价和责任的分析。如果无法划定责任者，必须由两个人（或部门）共同负责，则必须清楚说明双方的责任界限。由于土木工程项目的任务经常是通过合同来委托的，而一个合同范围又是有独立性的，所以项目的分解结构应注意项目的承包方式和合同结构。

（4）保证具有弹性。土木工程项目分解结构应能方便项目的范围、内容的扩展和项目结构的变更。在土木工程项目实施中设计的变更、计划的修改、工程范围的扩大和缩小是难免的。分解结构没有弹性，则一个微小的变更就可能对结构图有大的影响，甚至导致一个新的分解的版本或一套新的计划。

（5）保证土木工程项目结构分解具有合理性。由于土木工程项目结构分解是为土木工程项目的计划和实施控制服务的，是计划和控制的主要对象，所以分解的合理性还应体现在以下方面：

1）能方便地应用工期、质量、成本、合同、信息等管理方法和手段，符合计划、项目目标跟踪和控制的要求。

2）应注意物流、工作流、资金流、信息流的过程、效率和质量。

3）最低层次的项目单元上的单位成本不要太大，工期不要太长。如果一个最低层次的单元的持续时间跨几个控制期（或结算期，一般为一个月），则它的可控性很差。

（6）保证适当的详细程度和层次数量。土木工程项目结构分解的总体方针是在一个结构图内分解的层次要适宜，这通常与土木工程项目的具体情况相关。如果项目分解层次和单元过少，则项目单元上的任务和信息容量太大，难以具体地、精细地设计、计划和控制，则失去分解的作用。如果分解得过细，层次与单元太多，结构图和结构表都极为复杂，则会造成项目结构失去弹性，计划费用增加，工程过程中的信息处理量成倍增加，项目组织跨度太大和域组织层次太多等问题。

通常确定土木工程项目结构分解的详细程度要综合考虑项目承担者的角色、工程的规模和复杂程度、项目风险程度、承（分）包商或工程小组的数量、项目实施的不同阶段等各个方面因素。土木工程项目结构分解的最后一层应是项目计划、项目成本核算和控制以及项目信息要素的最小单位。

27.2.2.2　土木工程项目结构分解方法

A　项目分解方法

将项目管理中常用的系统分解方法归纳起来，可以分为以下两大类：

（1）结构化分解方法。任何项目系统都有它的结构，都可以进行结构分解。例如，工程的技术系统可以按照一定的规则分解成子系统、功能区间和专业要素；项目的目标系统可以按层次分解成各种目标因素；项目的总成本可以按层次分解成各成本要素。此外组织系统、管理信息系统也都可以通过结构分解，得到相关的子系统。分解的结果通常为树型结构图。

（2）过程化分解方法。项目由许多活动组成，活动的有机组合形成过程。过程可以分为许多互相依赖的子过程或阶段。项目管理是以任务为中心的过程管理，所以过程化的分解是构造项目总系统过程的关键，也是项目计划和控制的对象。

B 土木工程项目结构分解的方法

土木工程项目结构分解就是根据土木工程项目特性，按照科学的分析流程，遵循功能、组成、施工方法等准则逐层细化，并由此产生一个分层次的、尽可能真实反映土木工程项目实际情况的数据模型的过程。分解结构的合理与否在很大程度上决定了整个项目管理工作的绩效水平。它是项目计划前一项十分困难的工作，目前尚没有大家统一认可的通用的分解方法、规则和技术术语。其科学性和实用性基本上是依靠项目管理者的经验和技能，分解结果的优劣也很难评价，只有在项目设计、计划和实施控制过程中体现出来。

27.2.2.3 土木工程项目结构分解的过程

土木工程项目结构分解的总体思路是：以项目目标体系为主导，以工程技术系统范围和项目的总任务为依据，由上而下、由粗到细、由始到终地进行。土木工程项目结构分解一般经过以下几个步骤：

（1）将土木工程项目分解成单个定义的并且任务范围明确的子部分（子项目）。

（2）研究并确定每个子部分的特点和结构规则，它的实施结果以及完成它所需的活动，以做进一步的分解。

（3）将各层次结构单元（直到最低层的工作包）收集于检查表上，评价各层次的分解结果；用系统规则将项目单元分组，构成系统结构图。

（4）分析并讨论分解的程序性和完整性。

（5）由决策者决定结构图，并作相应的文件。

（6）建立项目的编码规则，对分解结果进行编码。

27.3 协调管理信息系统的建立与实施

27.3.1 协调管理信息系统分析

系统分析是管理信息系统开发过程中一个非常重要的环节。系统分析阶段的工作是在系统规划的基础上，对现行系统进行全面详细的调查，并分析系统的现状和存在的问题，真正弄清楚所开发的新系统必须要"做什么"，提出管理信息系统的逻辑模型，为下一阶段的系统设计工作提供依据。

27.3.1.1 现有的土木工程项目管理信息系统存在的问题

从总体上看，我国土木工程项目管理信息系统主要是按照土木工程项目的规划、设计、施工、运营等几个阶段进行开发的，但大部分系统主要应用在施工阶段，包括造价管理软件、财务管理软件、进度管理软件、质量管理软件、文档管理软件、合同管理软件、资源（材料、设备、人员）管理软件等。这样的状况造成了项目各阶段的信息和项目各管理流程的信息之间无法实现数据交换和共享；无论是项目参与方内部还是各项目参与方之间以及项目参与方与政府投资项目部门之间，都无法实现信息交换与共享。

土木工程项目信息协调所面临的另一个问题是如何将现有的信息系统软、硬件资源有效协调。在引入信息协调的概念之前，土木工程项目参与各方（包括各方自身内部）根据自己的发展和需要可能已经在不同程度上引入了信息系统（如有的单位或部门已经采用了P3软件作为进行项目时间管理的软件，有的则可能使用了Microsoft Project 2000等管理软件，有的承包商已经积累形成了自己的土木工程项目管理信息系统，有的则可能仅仅使用了Microsoft Excel存储和计算自己的统计数据），并已经在实际中应用。这称为异构系统之间的信息协调问题。在进行全过程、全方位的土木工程项目信息协调的过程中，必然面临着在尽量保护原有数据资源的前提下，实现各个系统之间的信息协调、沟通和共享的问题。

因此，土木工程项目协调管理信息系统不是以一个通用的信息平台替代企业现有的信息系统和业界比较成熟的第三方软件。相反，它将提供一个开放的、标准的环境，借助目前软件行业比较成熟的系列产品，支持业界多种第三方成熟产品在平台中的专业应用，实现了平台的内外贯通和一体化应用，使现有的信息系统和第三方软件更好地发挥作用。

27.3.1.2　土木工程项目协调管理信息系统的功能分析

土木工程项目具有周期长、投资大等特点，在对项目进行协调管理的过程中，需要处理大量的数据和信息，因此土木工程项目协调管理信息系统要实现项目管理的全面控制以及项目信息整合和共享的目的。

（1）实现项目文档统一存储和处理。完整的项目资料是项目协调管理的基础，协调管理信息系统作为项目资料的存储与共享中心，对项目资料的管理应该做到集中化、数字化、完整性、一致性、安全性和可检索，实现项目资料的集中统一管理和方便安全的使用。

（2）实现各参与方的信息共享。通过对土木工程项目信息的共享，支持项目组织内各管理人员之间的沟通和组织间的协调管理工作。协调管理信息系统为项目各个参与方提供了一个方便快捷的信息交流平台，各方只要登录这个平台便可以共享最新的设计图纸与文档，查看项目进度，及时获取项目中变动信息，从而对土木工程项目进行更好的动态控制，如图27-3所示。

（3）满足系统的可扩展性。随着计算机技术的发展，系统要具有可扩展性，要能够保证各构成系统和模块的独立性，不会因为某个功能模块的失效影响到整个系统的正常工作。系统能够根据管理的需要，保证在系统正常工作情况下增加专业性模块的接入和应用，扩展系统的功能。

（4）保证项目各参与方的协调工作。土木工程项目协调管理信息系统将土木工程项目各参与方杂乱无序的传统沟通方式转变成有序的在线协调作业，使项目成员间的沟通、决策具有一致性和协调性，从而能更好地实现项目的整体目标。

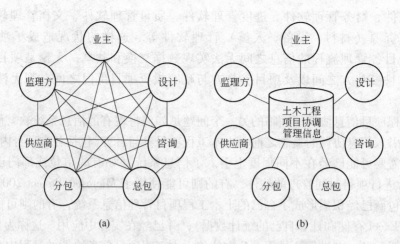

图 27-3　土木工程项目各参与方之间的信息交流图
（a）传统模式；（b）协调管理信息系统模式

27.3.2　协调管理信息系统设计

27.3.2.1　信息系统设计概述

A　系统设计的目的和任务

系统分析阶段是为了解决系统"做什么"，建立新系统的逻辑模型，从具体到抽象的过程。系统设计是解决系统"怎么做"，建立目标系统的物理模型。管理信息系统设计阶段的主要目的是，将系统分析阶段所提出的、充分反映用户信息需求的新系统逻辑模型转换为可以实施的、基于计算机与网络技术的物理（技术）模型。

系统模型分为逻辑模型和物理模型，逻辑模型主要确定系统"做什么"，而物理模型则主要解决系统"怎么做"的问题。这一阶段的主要任务是从信息系统的总体目标出发，根据系统分析阶段对系统逻辑功能的要求，并考虑到经济、技术和运行环境等方面的条件，确定系统的总体结构和系统各组成部分的技术方案，合理选择计算机和通信、硬件设备，提出系统的实施计划。

B　系统设计的原则

系统设计具有以下一些原则：

（1）系统性。系统性也就是整体的观点，要从整个系统的角度进行考虑，要求有统一的信息代码、统一的数据文件格式、统一的数据处理方式，以最少的输入数据满足同样的输出要求，使一次输入能得到多次使用。

（2）灵活性。为保持系统的长久生命力，要求系统具有很强的环境适应性。在系统设计时，首先要考虑它的层次特征，最好的办法是把系统分解成若干个模块，把这些模块组织在自上而下扩展的、具有层次关系的系统结构中，而且尽可能使每一个模块具有最大的独立性，以使整个系统易于调试、易于维护，这就可以增加系统的灵活性和应变能力，比较容易适应系统环境的变化。

（3）可靠性。可靠性是指系统具有抵御外界干扰的能力以及受到外界干扰时的恢复能力。一个成功的信息系统必须具有较高的可靠性。

（4）经济性。在满足系统需求的前提下，应该尽可能地减少系统的开销。一方面，在硬件投资上不能盲目追求技术上的先进，而应该以满足需要为前提；另一方面，系统设计中应尽量简洁，以便缩短处理流程，减少处理费用。

27.3.2.2　土木工程项目协调管理信息平台的建立

土木工程项目协调管理信息平台建立的基本思想是建立一种基础平台，使不同的参与方之间可以实现信息的共享与交互，并使其作为一个整体来进行运作。同时，在该平台上能够开发出新的模块，使得协调管理过程中所涉及的各种信息和应用资源能够在项目内部和项目之外流畅地传递，实现整体协调的目的。

A　网络体系结构选型

目前，土木工程项目信息系统主要有两种不同的选型模式：传统的 C/S（client/service，客户机/服务器）模式；采用基于 Web 数据库技术的多层架构应用模式。C/S 模式同Web 数据库架构模式相比，具有结构简单清晰，数据一致性强，系统容易维护，中心数据库管理相对容易，安全性较高等特点；但是它的分布性显然不如 Web 数据库架构模式。当客户机的数量较多而且分布范围较大的时候，采用 C/S 模式需要对客户端进行大量的系统安装和调试工作，工作量非常大，同时不便实现远程的监督和控制。

Web 是随着 HTTP 和 HTML 一起出现的。由于 Web 技术的运用，使得 Web 浏览器与文本、图像、声音、影像和交互式应用程序统一在一起，Web 浏览器成为信息交换的一种很有效的方式。通常地，它是指不同参与方成员之间的协调，涉及分布式数据库管理和大量数据传输。每个参与方所在的节点可以通过 Web 浏览器或客户端软件获取设计相关数据，并向 Web 服务器提出请求，操作后台的数据库，其中 Web 服务器负责事务逻辑的处理和计算，数据库负责数据存储和文档管理。相比之下，Web 数据库较好的柔性，可根据客户不断变化的情况及时进行调整，对于异构数据源互连也有比较成熟的解决方案。

B　土木工程项目协调信息管理系统的流程处理机制

在土木工程项目协调管理信息系统中，信息流程的处理主要由四个模块协调实现，包括对象请求代理系统、工作流管理系统、应用对象管理和项目资源管理 4 个部分。

对象请求代理系统通过数据访问端口负责与土木工程项目中各参与方的信息交互，通过 Web 服务器将土木工程项目涉及的各主要参与方、上级主管部门、为项目提供融资的银行和信用机构、为项目提供保险的保险公司等连接起来，以提供支持土木工程项目的信息协调管理系统。工作流管理系统用于触发项目内部的工作流程，并通过调用系统内其他工作系统协调、管理和控制土木工程项目中由各种信息指令而产生的过程流。应用对象管理是具体实现对各具体信息进行操作的实际功能单元，如信息追加、信息查询和信息修改等。项目资源管理则是对工作流管理和应用对象管理中需要的资源进行配置、管理与优化。

C　异构系统之间信息协调问题的处理机制

目前，土木工程项目各参与方、参与方各职能部门所使用的信息系统功能软件在体系结构、数据格式等方面都存在一定的差异性，这需要按照土木工程项目协调管理信息系统的要求，设计兼容的数据接口，对这些信息输入进行处理、加工，以形成系统需要的统一信息，基于土木工程项目数据库，对数据进行归纳、统一、分析等，并根据土木工程项目中各参与方的不同需要，提供相应的信息报告、工程文档等资料。

在对不同的功能模块进行统一规划的时候，要建立专业数据库和协调系统公共数据库的安全接口。对于因采用传统上不同的编码体系而难以协调的功能模块，如成本、质量、进度控制等，在系统设计时，可以在统一的项目分解结构基础上建立相应功能的分解结构和相应的编码结构关系，不过需要在不同模块之间建立数据交换接口，以进行统一的信息传递。

D　土木工程项目协调管理信息系统的总体框架

基于上述分析，土木工程项目协调管理信息系统的总体框架如图 27-4 所示。

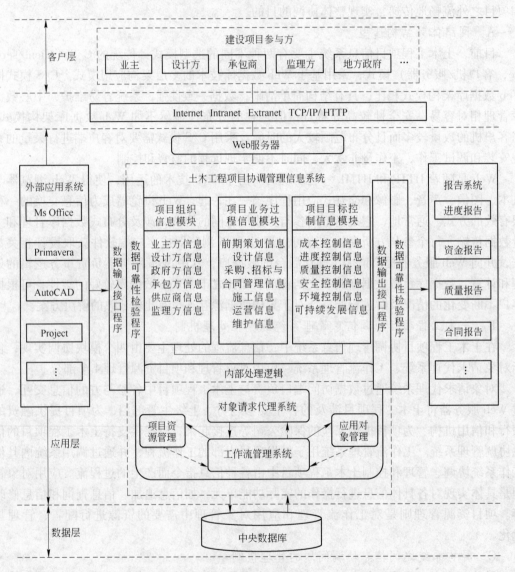

图 27-4　土木工程项目协调管理信息系统总体框架

上述建立的基于硬件平台、网络环境和标准化数据的协调管理信息平台能很好地满足土木工程项目各参与方的协调、全寿命周期各阶段的协调以及资源协调对信息条件的要求；能保证各阶段的工作成果和相关信息在项目全寿命周期中保存、传递和共享；能为各参与方提供信息交流的平台，保证在项目寿命周期的不同阶段的不同参与方之间的实时的或以电子文档、邮件为手段的间接的信息交流、讨论、决策和合作，从而最终达到降低成本，加快进度，保证质量，控制风险等多方共赢的目的。

27.3.3　协调管理信息系统实施

在对协调管理信息系统进行分析和设计后，协调管理信息系统的逻辑模型和总体框架均已建立，解决了协调管理信息系统"做什么"和"怎么做"的问题。接下来，协调管理信息系统开发进入了一个新的阶段——实施阶段，将要解决"具体做"的问题。协调管理信息系统的实施可以有两种方式，即自行开发和 ASP 模式。

27.3.3.1　自行开发

A　协调管理信息系统实施的任务

协调管理信息系统实施的任务如下：

（1）硬件的购置及安装。硬件包括计算机本身，它的外围设备、环境和电源等辅助设备以及机房等。这几方面工作往往需要专门的技术知识，因此需要熟悉这方面知识的技术人员来承担。

（2）程序的编写和购置。由于各模块的说明书已经形成，各模块的手工处理方面已经确定，所以剩下的工作只是编写有关的计算机程序。一般的处理可以自己编程。一些比较成熟的算法，则可以采取外购现成软件的方法。

（3）未来操作人员的培训。不能等到一切硬件软件都准备好了之后再开始考虑人员的培训，那样会造成资源的闲置和浪费。培训操作人员的过程同时也是检查系统结构、硬件设备及应用程序的过程。

（4）系统中有关数据的录入或转换。由于现行系统中存在许多需要继续使用的数据，因此需要把它们按新系统的要求重新组织编排，将准备好的、符合系统需要格式的数据输入到计算机中。

B　协调管理信息系统实施的保障措施

为了确保土木工程项目协调管理信息系统的顺利实施和有效利用，土木工程项目管理部必须采取各种必要和有效的措施。

（1）组建以项目经理为领导的土木工程项目协调管理信息化小组。由于信息化贯穿项目协调管理的全过程，涉及项目建设中的各个参与方，为了有效推动项目协调管理信息化的工作，应成立信息化领导小组，统一部署在土木工程项目协调管理中的信息化工作，形成上通下达的信息资源管理组织体系。

（2）培养高素质的技术人才。在土木工程项目协调管理信息系统的建设和运行过程中，需要解决复杂的管理、信息处理、系统运行和维护等一系列问题，需要高素质的专业技术人员。同时，还必须对项目协调管理的所有不同层次的相关人员进行培训，保证信息系统的顺利运行。

（3）建立信息资源开发的相关制度。坚持以数据为主的原则，土木工程项目信息资源的开发和应用是系统开发和运行的重要组成部分，数据资源是信息系统的血液，数据的完整和准确是信息系统顺利运行的保证。因此，需要建立信息资源开发和应用的相关制度，保证数据和信息收集、存储、传递、加工和使用的顺利进行。

27.3.3.2　ASP 模式

建立土木工程项目协调管理信息平台的投资较高，对于一个单一的土木工程项目来讲代价太高，可以考虑由专门的机构组织土木工程项目管理信息平台的开发，并尽可能实现土木工程项目协调管理信息平台的商业运作，同时也为了保障平台运行的可行性与信息输入输出的可靠性，可考虑在土木工程项目协调管理信息平台的开发和运营时采用 ASP（application service provider，应用服务提供商）的运行机制。

ASP 将客户需要的软件和数据资料存放在 ASP 服务商的数据中心，客户从 Internet 登录使用，按服务交费。ASP 以应用为中心，为客户提供应用的访问管理；ASP 是一对多的服务，即客户可能与其他客户共用主机，方案是结合客户特殊要求统一制定的。ASP 具有应用软件访问的许可，并以共事的方式出租应用访问。ASP 是通过 Internet 提供客户所需要的各种应用软件服务。

如果土木工程项目协调管理信息平台的提供方是独立于项目参与方的第三方，提供的是"一揽子"的服务，各项目参与方不需为该信息平台投入任何额外的资源，只需使用原先的计算机，通过网络浏览器，登录到远程的服务器，在其上进行相应的操作。而土木工程项目协调管理信息平台的硬件架设、软件开发甚至日常维护，则完全由 ASP 服务提供商负责。使用 ASP 机制时各方关系如图 27-5 所示。

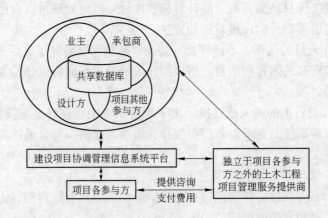

图 27-5　土木工程项目协调管理信息平台 ASP 机制示意图

28　土木工程项目协调管理文化

本章概要

（1）中国及西方协调管理文化的发展。

（2）土木工程项目协调管理文化的内涵。

（3）土木工程项目协调管理文化的作用机理。

28.1　协调管理的文化

28.1.1　中国协调管理文化渊源

中华民族上下五千年的历史创造了光辉灿烂的文化，中华传统文化中的协调文化和协调思想都强调统一，主张协同，追求全面和谐的境界，十分重视宇宙自然之间、人与社会之间、人与人之间以及人的身心协调等，使有着矛盾和差异的双方协调地共处于一个统一体中，并把建立和实现这种关系视为最佳的管理目标。

协调思想是一种协同的思想。协同是指系统的要素之间的配合、互补和相互增益。协调在字典中的本意解释就是配合得当。例如晏婴曾讲过：五味调和成美羹，五色协和成文采，五声相和成美乐。这种使"五味"、"五色"、"五声"美好起来的奥妙就在于"协调"。

英国著名科学史学家李约瑟（Joseph Needham）曾经评论说，中国古代哲学家主张阴阳学说目的在于使人生获得两者之间的完美、协调。耗散结构（dissipative structure）创始人普里高津（Ilya Prigogine）也认为，中国的传统哲学强调的是"关系"，注意强调整体的协调与协作，以期达到一个"自发有组织的世界"。无论是儒家的开创者、道家的先驱代表，还是博大精深的中华礼文化，都以协调的思想和价值观为各自追求的中心，把和谐当成社会的终极目标。

28.1.1.1　儒家文化

儒家文化中"贵和尚中"的思想观念主要侧重于人与社会及人与人之间的协调、统一。故而孔子云："礼之用，和为贵"、"极高明而道中庸"、"致中和"。

儒家文化注意到和谐的方法论作用，反对片面性和走极端。在处理人际关系上，孔子的孙子孔极进一步说："中也者，天下之大本也；和也者，天下之达道也。"强调和谐是国家人伦关系的五个"达道"，即君臣、父子、夫妇、兄弟、朋友这五个共生共存的最根本的人伦关系。这种"持中贵和"的思想观念经历史积淀，逐渐泛化为中华民族普遍的社会心理习惯，如"大一统"的政治观念、"不患贫而患不均"的经济思想、"中行"的人格塑造、"天下一家"的文化情怀、"以和为美"的审美情趣等。

28.1.1.2　道家文化

协调管理思想也可以追溯到中国早期哲学学派道家的思想。

以物质比较匮乏的农耕经济为基石的理想社会形态，传统社会和谐是以"不患寡而患不均"为价值导向的理想农业社会，是一种普遍贫穷的社会和谐，其特点是平均主义。老子云："小国寡民，使有什伯之器而不用，使民重死而不远徙。甘其食，美其服，安其居，乐其俗。邻国相望，鸡犬之声相闻，民至老死不相往来。"

28.1.1.3　礼文化

在中国传统礼文化中，有关"协调"的思想也非常丰富。

追求和谐是中华礼乐文明的本质特征。礼文化经过几千年的传承，其原始意蕴在不断的损益中被逐渐淡忘和流失，尤其是礼对人与自然关系的协调与规范功能几乎被世人遗忘殆尽。《曲礼》云："道德仁义，非礼不成；教训正俗，非礼不备；纷争辨讼，非礼不亲；班朝治军，莅官行法，非礼不诚不庄。是以君子恭敬撙节退让以明礼。"古人制礼的目的就是节制、约束人们"过"或"不及"的行为，使其保持"适中"、"适度"，以符合自然与社会自身发展的规律性，从而实现人、自然、社会三者的协调发展与良性循环。

以强化价值理性、发展人文精神为走势的中华礼文化，它的新生最重要的就是"和"文化因子的重生。"志同道合者我们合作，志同道不合者和道合志不同者我们也合作，即使志不同道也不合者仍可在许多领域中的具体事情上合作。"对个人而言，每个人都是生活在社会关系中的人，人际和睦，才能身心愉悦，事业有成，"和"则进，不"和"则退。总之，"和"是合作的前提，而合作反过来又能营造"和"的人际氛围和竞争环境，并使交往双方达到"双赢"的目标。

28.1.2　西方协调思想的发展

从农业经济占主导的古代社会以来，对协调思想的强调和研究，东西方文化是共通的。

在西方文明的源头——古希腊文明中，人们对宇宙万物（包括人类自身）的思考特点是以寻找事物本源为开端的。他们认为，人和万物都是由某一种物质、几种物质形态或"原子"派生而来的。作为有感觉、有生命的存在物，人是自然的一部分。每一具体的事物都是其整体的一部分，必须与整体保持和谐，万物一体的观念是希腊精神的主要特征。在人类的社会生活中，希腊文明在强调个性的独立与自由的同时，又主张"理性"、"中庸"与"和谐"。正如伊迪丝·汉密尔顿所说："平衡、事理明达、清晰、和谐、协调、完整统一，这就是'希腊'两字的含义。"西方协调思想最早产生于古希腊的毕达哥拉斯的和谐观念。如罗素所说，"调和弦在希腊哲学思想中起了中心作用。平衡意义上的和谐概念，像适当调高或调低音程一样进行对立面的编配、组合，伦理学中的中庸或中道观念，四种气质的学说，所有这些都可以最终追溯到毕达哥拉斯的发现中去。"

赫拉克利特发挥了毕达哥拉斯的调和弦观点，提出真实世界在平衡调节中蕴含着对立倾向，并且认为智慧可以通过抓住事物的基本原则——对立面的和谐——来获得。

柏拉图的学生亚里士多德把自己的智慧人格学深化为中道学说。他谆谆告诫人们要走中庸之道。他认为征服者太鲁莽，屈服者太怯懦。人们应当在"应该的时间、应该的境况、应该的关系、应该的目的"的情况下，以"应该的方式"来处事接物。他呼吁人们节制欲望，改变浮躁的脾性，把握"无过无不及"的中间境界。与中国先秦时期的贤哲们一样，亚里士多德所说的"中道"既不是"绝对的中道"，也不是不讲原则的折中主义，而是"相对的中道"，是一种"因人而异的适度要求和状态"。他说："失败有多种方式，而成功只能有一种方式，这就是不偏不倚的中庸智慧。"

古希腊的智者，用理性、适度、中庸奠定了西方文明"和谐"的根基。随后的意大利人文主义者强调说，"希腊文明达到无与伦比高度的历史背景，是以和谐的根本原则为基础的。"这是 16、17 世纪科学探索惊人复兴的主要原因之一。

发生在欧洲 16 世纪的文艺复兴和 18 世纪的启蒙运动都继承了古希腊的理性精神，使理性点燃的和谐之火燃烧不息。

19 世纪中期，法国著名的经济学家弗雷德里克·巴斯夏（Frederic Bastiat）曾经在其经济学论著《和谐经济论》中写道，"社会世界的普遍法则是和谐与协调，这些法则从各个方面趋向于完善人类。"也诚如爱因斯坦（Albert Einstein）所言，"如果不相信我们世界的内在和谐性，那就不会有任何科学。"

28.2　协调管理文化的内涵

协调文化的内涵极其广泛，可以说渗透到了管理活动的方方面面。这容易给人一种虚而不实的感觉。如何将"虚"做"实"，如何在土木工程项目管理的过程中体现协调文化的因素，为土木工程项目提供有效的协调管理文化，这需要从土木工程项目协调管理文化概念和内涵谈起。

28.2.1　协调管理文化精髓

土木工程项目协调管理文化，是在长期的土木工程项目管理实践中积淀下来的，由管理者提炼出来的、上下共同遵守的一种适合土木工程项目特点的管理理念和管理模式。它体现为所有土木工程项目参与者共同认可的价值观念、行为准则、道德规范和组织制度等，揭示协调文化对土木工程项目管理的影响。它渗透于土木工程项目管理各个环节和全过程，提供协调文化与土木工程项目管理匹配的最佳模式。土木工程项目协调管理文化就是土木工程项目协调管理中的文化意蕴，是协调文化的特征和核心价值在土木工程项目管理中的体现。

根据土木工程项目协调管理文化的可察觉性特征和文化发生变革的难易程度，本书将土木工程项目协调管理文化分为理念文化层、制度文化层、行为文化层三个不同的层次进行介绍。

土木工程项目协调管理文化结构图如图 28-1 所示。

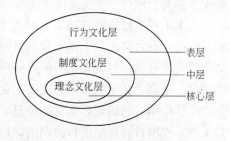

图 28-1　土木工程项目协调管理文化结构

28.2.1.1　土木工程项目协调管理理念文化层

土木工程项目协调管理理念文化是指在长期的土木工程项目协调管理过程中形成的，并经过土木工程项目管理者有意识的概括、总结、提炼而得到确立的文化观念、管理作风和精神成果，是一种深层次的文化现象，是土木工程项目协调管理意识形态的总和。在整个土木工程项目协调管理文化系统中，它处于最核心的地位。在土木工程项目协调管理理念文化所包含的内容中，协调管理的精神成果更是理念文化的最为直接的体现与反映。

一般说来，土木工程项目协调管理理念文化是土木工程项目的广大参与者共同一致、彼此共鸣的内在态度、意识状态和思想境界。它是土木工程项目协调管理优秀管理思想和管理作风等文化因素的结晶，是维系土木工程项目管理方法和管理模式可持续发展的精神支柱。它反映着土木工程项目管理者的信念和追求，是土木工程项目参与者群体意识的集中体现，具有强大的号召力、凝聚力和向心力，是宝贵的管理优势和精神财富。

28.2.1.2　土木工程项目协调管理制度文化层

土木工程项目协调管理制度文化是指得到广大土木工程项目参与者认同，并自觉遵从的，由土木工程项目的管理体制、组织形态和管理形态构成的外显文化，是一种约束土木工程项目参与者行为的规范性文化。它是土木工程项目协调管理文化的中坚和桥梁，把土木工程项目协调管理文化中的物质文化和理念文化有机地结合成一个整体。

土木工程项目协调管理制度与土木工程项目协调管理理念有着相互影响、相互促进的作用。合理的制度必然会促进正确的管理观念和项目参与者价值观念的形成；而正确的管理观念和价值观念又会促进制度的正确贯彻，使所有土木工程项目参与者形成良好的行为习惯。土木工程项目协调管理制度层是土木工程项目协调管理理念层的具体化和体现，它更容易被察觉，而且改革难度相对理念层而言较小。

28.2.1.3　土木工程项目协调管理行为文化层

土木工程项目协调管理行为文化是指土木工程项目参与者在项目管理、建设、学习和娱乐中所产生的活动文化，它包括土木工程项目参与者在管理、建设、人际关系活动、文娱体育等活动中产生的文化形象。它是土木工程项目管理、建设作风、精神面貌、人际关系的动态体现，也是土木工程项目理念文化的折射。

土木工程项目协调管理文化作为社会文化的一个子系统，其显著的特点是以土木工程项目参与者的行为为载体，土木工程项目协调管理行为文化是它的外部表现形式。土木工程项目协调管理行为文化是土木工程项目协调管理文化系统的表层文化。

土木工程项目协调管理文化的三个层次是紧密联系的。不同层面的文化会相互影响、相互作用。行为文化是土木工程项目协调管理文化的外在表现和载体，是制度文化和理念文化的实现基础；制度文化实际上是理念文化规范性的反映，所承载的本身就是理念文化的内容，是理念文化的载体，制度文化又规范着行为文化，制度文化的调整也会对理念文化产生反作用，制约理念文化的变迁；理念文化是形成行为文化和制度文化的思想基础，是土木工程项目协调制度和协调组织机构产生的决定性要素之一，并且决定着协调管理制度的内容构成，也是土木工程项目协调管理文化的核心和灵魂。

28.2.2 协调管理文化特点

28.2.2.1 历史继承性和现实可塑性

在土木工程项目实施过程中，要注意培养土木工程项目管理者和参与者的协调管理文化素养。首先，土木工程项目协调管理文化的形成有历史的继承性，凝铸了社会发展与进步的历史成就和经验。研究土木工程项目协调管理文化必须继承国内外协调管理文化的优秀成果。其次，土木工程项目协调管理文化是不断发展变化的，必须要加强开展广泛的管理文化交流，吸收其他管理思想和文化发展的精华，促使土木工程项目协调管理文化不断地丰富和发展。再次，土木工程项目协调管理文化的形成和发挥作用，离不开协调管理机制和制度的优化塑造，其核心就是要发挥人的创造性和全面协调性作用。

土木工程项目协调管理文化不是一成不变的。参与者的行为和土木工程项目实施环境的变化都可以影响到土木工程项目协调管理文化的改变。协调管理文化的内容和形式也会随着参与者的实践活动的深入和环境的变化吐故纳新。但是，由于协调管理文化是在漫长的历史进程中传沿的历史文化的沉淀，因此，它具有相对的稳定性，不可能在短时期内发生根本性的转变，根据土木工程项目内外条件和社会文化的发展变化，土木工程项目协调管理文化也应不断调整、完善和升华，从而适应新的环境、条件和组织目标。

28.2.2.2 增值性

在土木工程项目的实施过程中，融入协调管理文化，可以创造出新的价值，即可以增值。这是物质资源的投入所不具备的。土木工程项目协调管理文化不仅仅在一次性的融入环节中完成一个增值的创造过程，而且，可以在下一次乃至多次的文化融入过程中继续使用。它不会因为一次一次的使用而减少价值，却可以在反复的融合过程中被磨砺得更加完善，更具有增值的创造力。

土木工程项目协调管理文化是一种传统的协调文化与现今的项目管理相整合的综合文化。它不是某一个具体的人能独立承担的，而是土木工程项目的所有管理者和参与者的整体人格化、哲学化的象征。在它的潜移默化的"指挥"下，成千上万的土木工程项目管理者和参与者协调一致、共同作战，形成通畅、顺达的群体良性增值过程。

28.2.2.3 综合性

土木工程项目协调管理文化在土木工程项目的实施过程中，不断推动着土木工程项目各种人、物资源和技术的整合与优化配置，具有明显的综合效应。它能反映土木工程项目实施过程中项目与文化、项目与社会之间，人与人、人与自然之间等各种关系的客观性质和要求，具有全面的综合协调性特征。

土木工程项目的各利益相关者在对合作伙伴的选择上，也由过去的完全竞争逐渐转向了既竞争又合作的新型"协调制胜"的战略关系，因此，主观和客观的因素都迫使土木工程项目必须不断综合多种思想和文化，实现优势互补和资源重组，在更为广泛的程度上实现双赢或多赢的全面协调运作。

28.2.2.4 人本性

文化的实践是"人化"。人创造了文化，文化又能改造人。人在文化的实践中始终处于中心地位。土木工程项目协调管理文化的培育与实践，也始终坚持以人为最根本的标准。

土木工程项目协调管理文化的人本性主要体现在内外两个方面：一是土木工程项目组织内部要形成尊重传统协调文化、坚持人性化管理的良好的文化氛围；二是人是一切生产力中最活跃的因素。以人为本是土木工程项目协调管理的核心。建设领域的竞争，表面上看是产品和服务的竞争，实际上是技术和管理的竞争，尤其是综合管理文化的竞争。

28.2.2.5　开放性

从本质上讲，土木工程项目协调管理文化是一个不断进行物质交换和信息传递的动态开放系统。这种动态开放，包括两层含义：一层是土木工程项目与自然界的协调发展，改变掠夺自然资源、破坏自然生态环境的生产方式和生活方式；二是不同的文化群体（民族或区域）之间在文化上的吸纳吞吐，相互交融。

土木工程项目协调管理文化的丰富与创新也大都是在开放的文化交流与实践中实现的。土木工程项目的管理者和参与者为了解决新的矛盾，排除项目管理的障碍，在寻求新的思维方式和解决问题的过程中，往往就会在文化观念上向前迈进一步。一个富有生机的文化系统只有在这种动态开放的生命运动中不断实现自我保持和自我更新，求得延续与变异、稳定与发展的对立、统一，方能生生不息，繁荣昌盛。

28.2.3　协调管理文化的核心价值

在土木工程项目管理过程中，土木工程项目协调管理文化是推动协调管理组织机构和协调制度的建立，协调各种内外关系的重要力量，它的核心价值主要体现在以下几个方面。

28.2.3.1　精神导向力

土木工程项目协调管理文化为土木工程项目管理带来巨大的精神导向力。土木工程项目协调管理文化的精神导向力主要表现为协调管理文化对土木工程项目管理者和参与者的行为方向所起到的显示、诱导和坚定的作用。

土木工程项目协调管理文化能显示项目管理发展的方向：土木工程项目协调管理文化以概括、精粹、富有哲理性的语言显示了项目管理发展的目标和方向。这些语言经过长期的教育，潜移默化，已经铭刻在所有项目管理者和参与者的心中，成为其精神世界的一部分。土木工程项目协调管理文化能诱导土木工程项目管理者和参与者的行为方向：土木工程项目协调管理文化所建立的价值目标是全体项目管理者和参与者的共同目标，这一价值目标对他们有巨大的吸引力，是他们共同行为的巨大诱因，能促使他们自觉地把行为统一到成功的项目管理所期望的方向上去。土木工程项目协调管理文化能坚定土木工程项目管理者和参与者行为的方向：当项目管理遇到困难和危机时，强大的协调管理文化可以促进土木工程项目管理者把困难当做动力，把挑战当做机会，更加坚定而执著地为既定的目标而奋斗。

28.2.3.2　充当协调者

土木工程项目协调管理文化充当着土木工程项目最全面、最本质的"协调者"的角色。土木工程项目协调管理文化体现了人类认识自然和社会的能动性。土木工程项目协调管理文化以人的本质力量为行动的内核，对土木工程项目实施过程中的各种关系有着广泛的协调作用。

土木工程项目协调管理文化以它的理念文化为指导，推动着项目的协调组织、协调机制以及各项规章制度的不断改进和创新，推动着新的管理模式和管理技术的创造，推动着项目参与者思维模式、思想观念、协调意识和道德的进步。

土木工程项目协调管理文化的价值和文化推动作用，首先要求协调好土木工程项目内部各利益相关方之间、组织各部门之间的经济利益关系，土木工程项目各目标之间的平衡关系，各参与者之间的互动合作关系，土木工程项目的实施与当地经济、社会、环境发展之间的关系等。这些关系的成功协调则可以推动整个社会的协调发展。从这个意义上来说，土木工程项目协调管理文化充当着土木工程项目最全面、最本质的"协调者"的角色。

28.2.3.3　可持续发展的内驱力

土木工程项目协调管理文化是土木工程项目可持续发展的内驱力。可持续发展要求妥善处理各种内外关系，实现人与社会、经济、环境的协调发展。土木工程项目作为实施可持续发展战略的主体，从现实及发展前景看，建设质量好、成本低、费时短、建成后运行效益好的项目往往得益于优秀的土木工程项目协调管理文化。文化资本具有实物硬件资本不可比拟的优越性，没有污染，开发潜力大，能长期稳定使用。拥有成熟的土木工程项目协调管理文化资本的项目，也就更有能力和更自觉地处理可持续发展进程中出现的诸多矛盾。而且土木工程项目协调管理文化所确定的协调管理理念、价值观念往往与可持续发展的要求是一致的。从这一理念出发，土木工程项目的管理者和参与者就能自觉地承担应有的和更多的社会责任，如环保责任、对项目沿线社区的责任、对所有参与者的责任、对土木工程项目后续利用的责任等，从而实现土木工程项目乃至整个社会的可持续发展。

土木工程项目协调管理文化也使得土木工程项目组织的发展具有了持续性。每个土木工程项目组织都希望自己的发展能够延续下去，但是，随着组织外部竞争环境的变化和组织内部人员的更替、结构变动等情况的发生，要想保持建设组织的持续力量和稳定性，就只有通过内在文化的力量，将土木工程项目组织的优秀传统和协调机制保存下来，并在以后的土木工程项目管理中继续发挥作用。

28.2.3.4　伦理文化

土木工程项目协调管理文化是将社会责任与经济绩效相统一的伦理文化。土木工程项目协调管理文化的核心价值之一是具有经济效益与社会效益并重的价值导向，因此，可以将土木工程项目协调管理文化定位为将社会责任与经济绩效相统一的伦理文化。注重社会效益就是要求项目组织履行社会责任。项目组织的社会责任是指在提高土木工程项目的质量，减少成本等项目自身目标实现的同时，在保护环境和增加整个社会福利方面承担相应的责任。项目组织在履行项目经济责任时，应以履行社会责任作为前提和基础。而项目组织的社会责任参与和经济效益之间存在着一种正相关的逻辑关系。社会责任参与能为项目组织提供大量利益。这些利益可能包括：培养出了一个目标更明确和更具有社会责任感和社会道德意识的组织队伍；塑造出了一个良好的项目组织形象。而这两者对项目组织的生存和发展都至关重要。因此，作为将社会责任与经济绩效相统一的伦理文化，土木工程项目协调管理文化体现出了它独特的文化优势，是在21世纪全球实施可持续发展战略大背景下管理文化发展的一个必然趋势。这也是项目组织在培育和提升土木工程项目协调管理文化的过程中所必须考虑的重要因素。

28.2.3.5　塑造价值观

土木工程项目协调管理文化塑造了项目参与者的价值观。土木工程项目的参与者是项目实施的主体，对土木工程项目协调管理的成功与否起到了最关键和最直接的作用。他们的素质和行为又在很大程度上取决于他们所处的环境和条件。土木工程项目协调管理文化的一个很重要的作用就是依靠文化的力量，改造人的内心世界，提高参与者的协调管理和协作意识，并成功地创造出一个融洽的工作、学习和生活环境。

同时，土木工程项目协调管理文化还具有教化和培育人的价值。"教"为教育，"化"为感化。精神文化在哺育人方面，具有全面覆盖性、浓缩集中性、外化内在性的特点。土木工程项目协调管理文化的教化价值主要体现为：引导土木工程项目参与者共建协调一致的群体意识，培养土木工程项目参与者知礼仪、重修养、注重环境保护和社会公德的行为操守等方面。

这样，土木工程项目协调管理文化不仅可以使人树立崇高理想，培养人的高尚道德，锻炼人的意志，净化人的心灵，使人学到为人处世的艺术，有助于人的全面发展，而且也能极大地调动员工的工作积极性，对每一个参与者都具有积极的、不可替代的作用。

28.3　协调管理文化的作用机理

土木工程项目协调管理文化在项目管理中所表现的任何一种文化现象，都对土木工程项目的参与者、项目管理活动和管理过程产生重要的影响，我们称这些影响为土木工程项目协调管理文化的作用。土木工程项目协调管理文化体现了协调管理独特的价值观、管理理念和管理模式的文化定位，是指导土木工程项目的管理者和众多参与者行为的航标，是整个建设团队关系和谐、融洽的土壤。

28.3.1　协调管理文化的作用

28.3.1.1　约束作用

土木工程项目协调管理文化可归为两方面的约束功能：一种是硬性的约束，即项目组织内部成文的规章制度对项目参与者的约束力；另一种是软性的约束，即一种无形的约束。

随着协调管理文化的深入发展和在项目管理中的普遍应用，对于土木工程项目的管理者和参与者而言，土木工程项目协调管理文化将逐渐发育成长到习俗化的程度，就像规章制度一样，对每个人的心理和行为产生一种约束和规范作用，并由这种规范作用衍生出公认的行为准则，人们便会自觉不自觉地去遵守这一行为准则。当项目参与者的行为背离了规范，持有共同价值观的群体的舆论压力就会起到纠偏或矫正行为的作用，从而使其回到规范的标准上来，最终使项目组织中每个成员的行为趋于一致，而达到整体协调管理的目的。

土木工程项目协调管理文化通过价值观、道德规范等因素对项目参与者进行软性的约束，与规章制度等硬性因素相比，这些软性因素具有更强大、更持久、更深刻的影响。它通过将项目组织共同的价值观、道德观向项目参与者个人价值观、道德观的内化，使项目参与者在观念上确定一个内在的自我约束的行为标准。基于此，一个有效的土木工程项目管理者与其试图引导、改变项目参与者的个体行为，倒还不如直接去改变项目组织的行为准则（即规范），改变或建立一种更为有效的土木工程项目协调管理文化。否则，如果规范依旧，即使个体行为改变，也是暂时的。在适当的时间、地点、场合下，为适应相应的规范，个体仍然会恢复原来的行为。因此，优秀的项目管理者应当注重培育和提升土木工程项目的协调管理文化，在这种协调管理文化的规范作用下，可以产生强大的使个体行为从众化的心理压力和动力，使所有项目参与者产生心理共鸣，继而产生行为的自我控制和自我约束，即获得非制度式的软约束。同时，这样的土木工程项目协调管理文化还可以形成一种评价标准，以制约和影响项目参与者的感知、判断、态度和行为。土木工程项目协调管理文化通过一系列的价值理念、道德规范、行为准则以及传统和习惯，以尊重个人感情为基础的无形外部控制和群体目标为己任的内在自我控制有机地融合在一起，实行外部规范和自我约束的统一。

28.3.1.2　凝聚作用

文化具有极强的凝聚力量。土木工程项目协调管理文化所遵从的价值观和管理理念一旦被土木工程项目的管理者和参与者所认同，就会像黏合剂一样，产生一种黏合力量，使项目组织中的每一位成员紧密地团结起来，产生一种巨大的向心力和凝聚力。

土木工程项目协调管理文化把个人的目标同化于组织的目标，把建立共享的价值观当成管理上的首要任务。它给土木工程项目参与者提供一套价值评价和判断的标准，使他们知道怎样做是正确的，怎样做是错误的，这样，不仅能避免大量矛盾的发生，而且即使出现某些矛盾和冲突，也会积极、主动地设法解决。

在整个项目组织中，土木工程项目的参与者在诸多方面都存在着一种密切的内在联系，存在着一种共同的目标，并以集体价值和个人生活交织在一起为其主要特征，这种内在的联系和共同的目标使整个项目组织构成了一个有机的整体。当这个整体中的个体与个体之间关系融洽、沟通顺畅、目标一致时，组织整体对外便显示出超强的向心力，对内显示出巨大的凝聚力。所以，我们把土木工程项目协调管理文化对项目组织的这种向心力和凝聚力的形成所产生的作用称为凝聚作用。

在组织内，每一位参与者的行为无不受到自身的态度、知觉、信念、动机和习惯等心理因素的支配，所以，要使个体与个体凝聚起来，形成合力，就必须给个体一种心理力量。土木工程项目协调管理文化就是被用来沟通人们的思想、感情，融合人们的理想、信念、作风和情操，培养和激发人们的群体意识的。在这样的文化氛围中，土木工程项目的广大参与者都能由自己的切身感受，产生对彼此的信任和团结协作的热情，产生对项目组织的认同感和归属感，使自己的思想、感情和行为与整个项目组织联系起来，从而产生一种强大的向心力和凝聚力，营造出一种互信、协作的合作气氛，发挥出巨大的整体效应。

在项目组织的这种协调管理文化氛围中，每一位参与者对组织的价值观、立场和战略目标有高度的认同。这种高度的一致增强了组织凝聚力，增强了参与者对组织的责任心和忠诚心。因此，人心齐，行动协调，目标一致，项目组织的活动效率自然就会高。同时，项目组织中的每一位参与者对组织高度的认同感导致较低的人才外向流动率，人才更可能长期为项目组织工作，项目组织也不会因为人才的流失而失去整体的效力。

如果说，薪酬和福利形成了凝聚项目参与者的物质纽带的话，那么土木工程项目协调管理文化则形成凝聚项目参与者的感情纽带和思想纽带。

28.3.1.3　激励作用

土木工程项目协调管理文化对激发项目管理者和参与者的工作主动性、积极性和创造性能产生巨大作用，可以使人形成强烈的使命感和持久的驱动力。

土木工程项目协调管理文化所倡导的价值观对项目的管理者和参与者的行为都具有导向作用。从整体来看，项目组织内部每一个人追求的目标不一定都是有序的，犹如物理学中的布朗运动，而土木工程项目协调管理文化所倡导的价值观目标就像是一个巨大的磁场，不断调整着每一个分子的方向，使得每个人追求的矢量达到完整的统一。土木工程项目协调管理文化既是项目组织整体"操守"的表现，又会反过来影响项目组织中每一位参与者的心理和意识。一般来说，要加强人的动机，就要通过思想来把握客观规律；要使人行动起来，就要使他认识到按有利于自身利益的方向行事；要使人达到某一目标，就要使人有一种不屈不挠的精神，这种精神本身就具有自我控制、自我督促的作用，因而这种作用也在一定程度上激励着项目参与者的自爱、自尊和自律精神，使得他们能以项目组织的自我期许为自己的奋斗方向，从而达到自我实现的最高境界。

很多土木工程项目管理者都把追求卓越作为协调管理追求的目标。所谓追求卓越的实质就是一种不断"超越"的价值取向，即在某些预定目标实现后，不断产生新的需要，提出新的目标，形成能强有力地促进目标完成的内在动力。在具有优秀文化氛围的项目组织中，追求卓越还包含着不断创新的精神，而创新则是项目管理发展的力量之源。

28.3.1.4　维系作用

项目组织的发展需要两种纽带，一个是物质、利益的纽带，另一个是文化、精神、道德的纽带。土木工程项目协调管理文化的重要作用之一，就在于形成项目组织发展所不可缺少的精神纽带、道德纽带。土木工程项目协调管理文化能够把不同经历、不同年龄、不同知识层次，有不同利害关系的人组合在一起，协调一致，使其为共同的目标去努力工作；可以有效地解决或减少项目管理者与参与者之间、项目参与者与参与者之间、项目组织与外部环境之间、项目各利益相关方之间的矛盾与摩擦，使其思想和行为保持最大限度的一致性。这种作用绝不是仅仅用金钱就能实现的。文化纽带是韧性最强、最能突出管理个性的纽带，同时也是维系项目组织内部力量统一，维系土木工程项目与当地社会、环境良好关系的重要力量。

土木工程项目协调管理文化是在传统协调管理文化和思想的基础上，在长期的项目管理实践中以及项目组织在与社会其他组织的交往中产生和发展起来的。土木工程项目协调管理文化的建立，成功的项目组织形象的树立，除对本组织产生很大的作用和影响外，还会通过业务往来、媒体的宣传报道、文化交流等多种形式，不断地向周围传播和辐射，对社会公众，对本地区乃至国内外组织产生一定的影响。

而且，土木工程项目协调管理文化提高项目管理绩效、维系组织综合力量的作用的载体是多方面的，有潜移默化的影响，有与项目管理方法的结合，也有向管理职能的渗透。

28.3.2　协调管理文化的作用路径

土木工程项目协调管理文化是协调管理文化的内涵在土木工程项目中的升华和具体化，是一种无形的管理方式。它汲取传统文化的精华，结合当代先进的管理思想和管理策略，通过塑造项目管理者和参与者的价值观、影响他们的信念和感情、群体因素的作用，创建一个和睦、协调的环境氛围，为企业全体员工构建一套明确的价值观念和行为规范，有力地协调、规范所有项目参与者的具体行为，以帮助土木工程项目管理者更加有效地实施各项管理活动。

在土木工程项目管理中创造一种高度和谐、相互融洽的良好的内部环境是提高土木工程项目管理效率、减少管理内耗的重要前提。在土木工程项目管理过程中，内部关系的和谐主要表现在两个层面上：一是项目各利益相关方之间关系的和谐；二是项目组织内部成员之间关系的和谐。处理好这两种关系就要坚持利益原则与人性原则相结合。

土木工程项目协调管理文化发挥作用一般是通过将硬管理与软管理相结合的路径。硬管理指的是依靠规章制度、直接的外部监督以及行政命令等进行的刚性管理，它也包括采用土木工程项目协调管理信息技术等现代化的物质手段。软管理是指通过强化土木工程项目协调管理文化的理念文化，在项目组织内部培育出共同的价值观和管理理念，进行协调管理的意识形态的重新塑造等柔性管理。土木工程项目协调管理文化作用的实施要求刚柔并济，软硬管理有效结合。

协调管理文化的作用机制是：优良的土木工程项目协调管理文化通过建立共同的价值体系，形成统一的思想，使信念在项目参与者的心理深层形成一种定势，进而改造出一种响应机制，只要外部诱导信号发生，即可得到积极的响应，并迅速转化为预期的行为。这就形成了有效的"软约束"。软约束通过协调和自我控制来实现，可以减弱硬约束对员工的冲撞，缓解自治心理与被治现实形成的冲突，削弱由其引起的心理抵抗力，从而使组织上下左右达成统一、和谐和默契。同时，从大量的管理实践中也可得出结论：土木工程项目协调管理文化中的这些软管理是管理的核心，也是项目协调管理成败的关键力量。

对于土木工程项目协调管理中软硬管理的相互结合和作用，主要表现在两个方面。首先表现在土木工程项目协调管理文化直接作用于土木工程项目管理的行为方式上。这种直接作用是通过土木工程项目协调管理文化的制度文化来实现的。土木工程项目的管理者在参与项目管理时，在与其他利益相关方进行利益协调时，逐步体会到土木工程项目协调管理文化的核心价值理念和应用前景，进而察觉到在项目管理过程中，什么行为是符合这一核心价值理念的，什么行为是不符合这一核心价值理念的，什么是可以做的，什么是不可以做的，什么机制和制度的建立是可行的，什么是不可行的，并以此来养成具有协调管理特色的制度规范。

另一方面，土木工程项目管理者和参与者的行为对土木工程项目协调管理文化也有反作用。这是因为渗透到一定的项目管理实践中，土木工程项目协调管理文化才能产生作用。只有通过具体的管理和实践行为，通过具体的协调管理机制和制度的制定和实施，土木工程项目协调管理文化的核心价值理念才能落到实处，它的柔性管理才能发挥作用。因此，从这个意义上来说，土木工程项目协调管理文化中的硬管理是软管理存在和发挥作用的前提和基础。而且，通过具体的土木工程项目协调管理行为的日积月累的反复实践和调整，就会对土木工程项目协调管理文化的完善和进一步深入发展产生影响。

土木工程项目协调管理文化对短期的、单个工程项目的影响可能并不是很明显。但是对于大型的土木工程项目，对于有着不同文化背景的管理方或出资方合作的土木工程项目，协调管理文化的作用就显得尤为重要了。不同利益的冲突、文化碰撞的加剧，都迫切需要土木工程项目协调管理文化的协调作用，它是土木工程项目有效控制和卓越协调的思想基础和保证。

28.3.3　协调管理文化的培育和提升

管理的本质旨在贯彻一种宗旨、一种使命、一种价值体系。土木工程项目管理虽然少不了制度规范的形式，但更注重的是在制度规范中贯穿一种自始至终的强大的精神灵魂。土木工程项目协调管理文化是在形式中看到了实质，从有形中看到了无形。它透过种种现象、利用种种实施的载体，把土木工程项目管理引导到协调管理文化的精神层面来运作。

项目管理的持续发展靠协调管理文化做导向，项目管理的实施靠协调管理文化来协调，项目组织的活力靠协调管理文化来创造，项目参与者的价值理念靠协调管理文化来塑造。土木工程项目协调管理文化在土木工程项目管理中占据了最主导的地位。土木工程项目协调管理文化不仅包括项目管理的组织结构和协调机制，还包括指导设计这种结构和机制的协调管理价值、理念；不仅包括规章制度本身，还包括规章制度所显示的协调管理宗旨和协调管理思想；不仅包括管理过程中的人际关系的处理，还包括处理人际关系的协调哲学思想；不仅包括项目参与者所处的工作环境，还包括工作环境中蕴含的互助协作、协调共赢的协调管理意识。土木工程项目协调管理在注重硬性管理的同时，充分地挖掘出了软性约束的效力，探索土木工程项目管理背后的深层内涵和潜力空间，成为土木工程项目管理的精神支柱，在更高的阶段上创造出了巨大的管理力。而培育和提升土木工程项目协调管理文化的目的，就在于把土木工程项目协调管理文化的深邃内涵和重要价值应用到具体的管理活动中去，使之产生协调管理的绩效。

人的最大的特点是有思想、有感情，人的行为无不受到观念和情感的驱使。而人又是管理文化理念贯彻实施的主体，因此，对土木工程项目协调管理文化的培育和提升就应将重点转移到对土木工程项目管理者和广大参与者群体行为的关注和指导上。因为只有土木工程项目的所有管理者和参与者协调一致的努力，才会使项目获得最后的成功，使各利益相关方获得共赢。但是协调一致的群体行为的出现，依赖于共同信守的价值观和管理、协作理念的培育。所以培育和提升土木工程项目协调管理文化的重点之一就是在项目组织内部培育共同的价值观和协作理念，这也是协调管理文化产生作用的思想根源。

古人云：没有规矩不成方圆。对于土木工程项目管理而言，这个规矩就是在土木工程项目管理过程中所建立的各种协调管理规章制度。由28.2节的介绍可知，土木工程项目协调管理文化不仅包括最核心的价值理念文化、最外化的行为文化，还包括具体的制度文化的内容。因此，对土木工程项目协调管理文化的培育和提升还应强化土木工程项目管理中协调管理制度的建设。通过严格制定和履行制度在项目组织内部形成协调管理文化的约束力，把协调管理理念所倡导的行为理念，转化为具体、可操作的行为规范，使协调管理制度逐渐变成项目参与者的自觉行动，以此来指导行为文化的落实，并在制度建设的实践中强化协调管理文化的内涵和价值，实现价值理念与制度的高度融合与统一。强化制度建设是土木工程项目协调管理文化培育和提升的保证。

在企业管理中，自企业文化理论创立以来，尽管各国学者对其要素的理解与阐述不尽相同，但都把企业的典型人物作为企业文化的要素之一，把树立典型作为宣传和建设企业文化的重要内容之一。同样，树立典型，用典型引路，充分利用典型的示范效应，使理念形象化，这是宣讲土木工程项目协调管理文化的有效途径，也应该是培育和提升土木工程项目协调管理文化的一个重要途径。典型人物是协调管理文化和精神的集中体现和代表者，是土木工程项目中广大参与者的榜样。它增强了土木工程项目协调管理文化的感召力和可信度。典型人物和先进分子作为广大参与者的表率，以自己的模范行为体现本项目组织的协调管理观念和文化准则，为其他人提供了仿效的模式。

土木工程项目协调管理文化不是一成不变的，而应该是不断发展的。随着土木工程项目规模的增大和技术化、合作化程度的日益增加，随着环境、社会和经济的发展变化，土木工程项目协调管理文化也需要不断更新。土木工程项目协调管理文化的培育和提升也应是一个循序渐进、吐故纳新的不断创新的系统工程。创新应是培育和提升土木工程项目协调管理文化的永恒主题。要在传承已有协调管理文化的基础上，与时俱进，并始终坚持古为今用、洋为中用，大胆吸收一切优秀的外来协调文化。土木工程项目协调管理文化的创新可以包括协调管理理念创新、协调管理机制创新、协调管理制度和组织创新、协调管理的技术支持系统创新等方面的内容。作为一种先进文化，如果没有创新，其先进性和文化活力就无从谈起。只有创新，土木工程项目协调管理文化才能与时代同行，焕发出蓬勃生机。

小　　结

本专题从组织管理、利益相关方管理、信息管理及文化管理四个方面对土木工程项目协调管理进行阐述。

A　组织管理方面

首先对土木工程项目组织协调管理进行概述，介绍了项目组织协调管理的内涵与原则、项目可选的几种组织形式、各种组织形式协调管理的特点以及项目组织选择的方法。项目组织冲突是组织问题来源的根本，冲突可产生积极与消极两方面的影响。通过组织协调管理，可有效解决组织冲突，使冲突产生积极影响。

项目组织合作成功受众多因素影响，在选择合作组织时，要了解各种影响因素。组织合作的基础是双方之间的信用，通过建立信用机制，可以为组织协调管理创造良好的条件，而制定适当的组织协调管理制度，对协调管理活动可起到一定的保障作用。

在实施项目组织协调管理活动时，要对影响组织协调管理活动的因素有明确的认识，只有清楚了这些影响因素，才能选择适当的组织协调管理模式，创造出最优的组织协调管理效益。项目沟通与项目协商是实现组织协调管理的两条途径。

B　利益相关方管理方面

首先对土木工程项目利益相关方做了概述，包括对利益相关方理论的简述、土木工程项目利益相关方的界定及其分类以及土木工程项目利益相关方协调管理内容的阐述。这些内容是土木工程项目利益相关方协调管理体系、操作模型及利益相关方协调管理实施研究的基础。

试图建立的土木工程项目利益相关方协调管理体系的关键点，是利益相关方的协调管理可以通过 Partnering 模式的建立来解决，因此体系的建立就主要围绕 Partnering 模式的建立而展开。主要包括导航系统、支持系统和实现系统。导航系统是利益相关者协调管理的行动指南，即利益相关者协调管理要以项目利益为重，综合平衡利益相关者各方利益。支持系统就是需要设计的相应的结构、流程及适当的制度和政策，以保证利益相关者协调管理的正常运行，即所建立的 Partnering 管理模式。实现系统则表现为具体的协调实现方法，书中建立了以人为本，计算机辅助的不同情况的协调利益相关方的方法。操作流程就是该体系的一个操作过程。

土木工程项目利益相关方的利益分析、费用效益分析及利益相关方间的协调博弈分析也是土木工程项目利益相关方协调管理体系研究的基础。明确各利益相关方的利益所在及利益相关方间的冲突所在，对于利益相关方的协调管理具有重要的作用。

C 信息管理方面

首先，介绍了信息的概念及其特征，然后在此基础上提出了土木工程项目协调管理信息的内涵。通过对土木工程项目协调管理信息的基本要求的分析，阐述了土木工程项目协调管理信息系统的概念，并且建立了土木工程项目协调管理信息系统的结构。

其次，通过分析得出，土木工程项目结构分解可以为建立协调管理信息系统编码体系提供基础，为土木工程项目各参与方提供共同的语言。在介绍土木工程项目结构分解原则的基础上，具体阐述了结构分解的方法以及过程。

最后，分析了目前土木工程项目管理信息系统存在的问题，在解决这些问题的同时，通过对协调管理信息系统的功能分析，建立了协调管理信息系统的逻辑模型。通过对逻辑模型的进一步扩展与深化，对系统内部信息流程处理机制和系统外部信息处理模型进行整合，建立了协调管理信息系统的框架结构，解决了协调管理信息系统"怎么做"和"做什么"的问题。书中还对协调管理信息系统具体实施的两种方法进行了总结，并且比较了两种方法在价格、技术、时间方面各自的优缺点，可以针对不同的土木工程项目选择合适的协调管理信息系统。

D 文化管理方面

回顾了协调管理文化的发展渊源；分析了土木工程项目协调管理文化精髓；概括了土木工程项目协调管理文化的特点；分析了土木工程项目协调管理文化的核心价值，分析了土木工程项目协调管理文化的作用路径和作用强度。土木工程项目协调管理文化发挥作用一般是通过将规章制度、直接的外部监督以及行政命令和现代化的物质手段等硬管理与共同的价值观和管理理念等软管理相结合的路径。其作用强度则主要体现在土木工程项目协调管理文化在约束、凝聚、激励和维系等四个方面作用的实现上。探讨了对土木工程项目协调管理文化的培育和提升。培育和提升土木工程项目协调管理文化的重点之一就是关注和指导土木工程项目管理者和广大参与者的群体行为，在项目组织内部培育共同的价值观和协作理念。同时还要强化土木工程项目管理中协调管理制度的建设，通过严格制定和履行制度在项目组织内部形成协调管理文化的约束力，把协调管理理念所倡导的行为理念，转化为具体、可操作的行为规范，使协调管理制度逐渐变成项目参与者的自觉行动，以此来指导行为文化的落实。此外，还应充分利用典型的示范效应，使理念形象化，并且保持循序渐进、不断更新。

思 考 题

7-1 项目组织形式有哪几种，各自的特征如何？

7-2 简述建立合作组织的基本原则。

7-3 如何进行项目组织协调管理效益和费用分析?

7-4 建设项目利益相关方协调管理包括哪几方面内容?

7-5 简要阐述建设项目利益相关方的利益分析。

7-6 简要阐述建设项目利益相关方的博弈分析。

7-7 简要阐述建设项目利益相关方协调费用分析。

7-8 简述 Partnering 模式的实施流程。

7-9 如何协调管理利益相关者?

7-10 为什么说建设项目结构分解是项目管理最得力的有用工具和方法?

7-11 简述建立项目分解结构的基本原则。

7-12 如何建立项目分解结构?

7-13 建设项目协调管理信息系统的实施有哪两种方式,两者比较各有哪些优缺点?

7-14 论述建设项目协调管理文化的作用。

专题八 土木工程项目后评价

土木工程项目后评价是对已经完成的土木工程项目的目的、执行过程、效益、作用和影响进行系统、客观的分析。通过工程项目实践总结，确定工程项目预期的目的是否达到，土木工程项目的主要效益指标是否实现；通过分析评价，达到肯定成绩，总结经验，吸取教训，提出建议，改进土木工程项目建设，不断提高项目决策水平和投资效果的目的。

29 土木工程项目后评价概述

本章概要

（1）土木工程项目后评价的基本概念，包括项目后评价的时间范畴和分类，项目后评价的定义，项目后评价的目的和特点，项目后评价的理论基础。

（2）项目评价体系，包括项目前期评价、项目中期评价、项目后评价。

（3）土木工程项目后评价的基本内容和程序，其基本运行程序有后评价的设计、后评价的实施进行、后评价报告的编写与反馈。

（4）国内外土木工程项目后评价的发展及趋势。

29.1 土木工程项目后评价的基本概念

项目后评价是针对项目前评估而言的，是指对已经完成的项目的目标、执行过程、效益和影响所进行的系统、客观的分析。对于土木工程而言，项目后评价就是在项目建成投产、竣工验收以后一段时间，项目效益和影响逐步表现出来的时候，对项目建设目标完成情况、立项决策、建设实施、生产运行、经济效益和项目的影响与持续性进行全面、系统、客观的分析和评价，评价土木工程目标实现程度，总结土木工程全过程中的经验教训，提高未来项目的决策、实施、管理水平，准确把握投资方向，提高投资效益。

29.1.1 后评价的时间范畴和分类

目前对项目后评价的起始观点有两种不同的看法，导致对项目后评价的定义和时间界限产生了两种观点。

首先是一种比较传统的观点，一般认为，按照项目周期的理论和项目建设的程序，项目后评价应在项目建成投产、竣工验收以后一段时间，项目效益和影响逐步表现出来的时候进行；应对照项目立项决策、设计的技术经济要求，分析项目实施过程的成绩和问题，评价项目的效果、效益、作用和影响，判断项目目标的实现程度，总结经验教训，为指导拟建项目，调整在建项目，完善已建项目提出建议。

另一种观点认为，传统的项目后评价定义范围有些狭窄，已不适应项目后评价的需要。因为等到项目竣工验收以后再进行项目后评价有许多难点，一是数据收集困难，二是事后评价对被评项目本身建设起不到什么指导作用。为此，建议后评价向前延伸，即在项目开工之后到项目竣工验收这一段也划为项目后评价的时间范围内。

因此，根据评价时点，项目后评价也可细分以下三种：

（1）项目跟踪评价。项目跟踪评价也称中间评价或实施过程评价，是指在项目开工以后到项目竣工验收之前任何一个时点所进行的评价。这种由独立机构所进行的评价通常的目的是，检查评价项目评估和设计的质量，或评价项目在建设过程中的重大变更及其对项目效益的作用和影响，或诊断项目发生的重大困难和问题，寻求对策和出路等。这类评价往往侧重于项目层次上的问题。

（2）项目实施效果评价。项目实施效果评价即通常的项目后评价，是指在项目竣工以后一段时间之内所进行的评价。一般认为，生产性行业在竣工以后2年左右，基础设施行业在竣工以后5年左右，社会基础设施行业更长。

（3）项目影响评价。项目影响评价或称项目效益监督评价，是指在项目后评价报告完成一定时间之后所进行的评价。项目影响评价以后评价报告为基础，通过调查项目的经营状况，分析项目发展趋势及其对社会、经济和环境的影响，总结决策等宏观方面的经验教训。

基于目前在实际操作过程和理论研究中多采用传统的观点，而且考虑将项目中间评价的内容划入项目后评价难免会产生重复，因此本教材介绍的项目后评价时间范畴采纳的是第一种观点，即在项目建成和竣工验收之后进行的评价。进一步分析，从项目周期或项目建设程序看，项目确实存在着事前、事中和事后三个阶段，把它分成事前评价（即前评估）、事中评价（即中间评价）和事后评价（即后评价）三个评价是合理的。虽然三个阶段关系紧密，但是由于各个阶段的工作重点有所不同，评价的内容和方法也有所区别，前评估要与后评价分开，中间评价也要与后评价和前评估分开，这样更为合理。而且，按照后评价的原则，从事项目后评价工作的主要负责人不能是同一项目的前评估负责人，从事项目中间评价的主要负责人也不能是项目前评估的负责人，不过从事项目中间评价和后评价的可以是同一个人。

29.1.2 后评价的定义

根据上述观点和分析，本教材介绍的项目后评价是指对已经完成的项目或规划的目的、执行过程、效益、作用和影响所进行的系统、客观的分析。通过对投资活动实践的检查总结，确定投资预期的目标是否达到，项目或规划是否合理有效，项目的主要效益指标是否实现，通过分析评价找出成败的原因，总结经验教训，并通过及时有效的信息反馈，为未来项目决策和提高完善投资决策管理水平提出建议，同时也为被评项目实施运营中出现的问题提出改进建议，从而达到提高投资效益的目的。

首先，后评价是一个学习过程。后评价是在土木工程项目完成以后，通过对项目目的、执行过程、效益、作用和影响所进行的全面系统的分析，总结正反两方面的经验教训，使项目的决策者、管理者和建设者学习到更加科学合理的方法和策略，提高决策、管理和建设水平。

其次，后评价又是增强投资活动工作者责任心的重要手段。由于后评价的透明性和公开性特点，通过对投资活动成绩和失误的主客观原因分析，可以比较公正客观地确定投资决策者、管理者和建设者工作中实际存在的问题，从而进一步提高他们的责任心和工作水平。

第三，后评价主要是为项目决策服务的。虽然后评价对完善已建项目，改进在建项目和指导待建项目有重要的意义，但更重要的是为提高投资决策服务，即通过后评价建议的反馈，完善和调整相关方针、政策和管理程序，提高决策者的能力和水平，进而达到提高和改善投资效益的目的。总之，后评价要从土木工程项目实践中吸取经验教训，再运用到未来的开发实践中去。

项目后评价是项目监督管理的重要手段，也是投资决策周期性管理的重要组成部分，是为项目决策服务的一项主要的咨询服务工作。项目后评价以项目业主对日常的监测资料和项目绩效管理数据库、项目中间评价、项目稽查报告、项目竣工验收的信息为基础，以调查研究的结果为依据进行分析评价，通常应由独立的咨询机构来完成。广义的项目事后评价包括项目后评价、项目影响评价、规划评价、地区或行业评价、宏观投资政策研究等。

29.1.3 后评价的目的和特点

项目后评价的主要目的如下：

（1）及时反馈信息，调整相关政策、计划、进度，改进或完善在建项目；

（2）增强项目实施的社会透明度和管理部门的责任心，提高投资管理水平；

（3）通过经验教训的反馈，调整和完善投资政策和发展规划，提高决策水平，改进未来的投资计划和项目的管理，提高投资效益。

项目后评价一般由项目投资决策者、主要投资者提出并组织，项目法人根据需要也可组织进行项目后评价。项目后评价应由独立的咨询机构或专家来完成，也可由投资评价决策者组织独立专家共同完成。项目后评价一般应对执行全过程每个阶段的实施和管理进行定量和定性的分析，重点包括法律法规（政策、合同）、执行程序、工程三大控制（质量、进度、造价）、技术经济指标、社会环境影响、工程咨询质量（可研、评估、设计等）以及宏观和微观管理等。项目后评价的主要特点和要求体现在以下五个方面：

（1）独立性。后评价必须保证公正性和独立性，这是一条重要的原则。公正性标志着后评价及评价者的信誉，避免在发现问题、分析原因和做结论时避重就轻，做出不客观的评价。独立性标志着后评价的合法性，后评价应从项目投资者和受援者或项目业主以外的第三者的角度出发，独立地进行，特别要避免项目决策者和管理者自己评价自己的情况发生。公正性和独立性应贯穿后评价的全过程，即从后评价项目的选定、计划的编制、任务的委托、评价者的组成，到评价过程和报告。

（2）可信性。可信性即科学性。后评价的可信性取决于评价者的独立性和经验，取决于资料信息的可靠性和评价方法的适用性。可信性的一个重要标志是应同时反映出项目的成功经验和失败教训，这就要求评价者具有广泛的阅历和丰富的经验。同时，后评价也提出了"参与"的原则，要求项目执行者和管理者应参与后评价，以利于收集资料和查明情况。为增强评价者的责任感和可信度，评价报告要注明评价者的名称或姓名。评价报告要说明所用资料的来源或出处，报告的分析和结论应有充分可靠的依据。评价报告还应说明评价所采用的方法。

（3）实用性。为了使后评价成果对决策能产生作用，后评价报告必须具有可操作性，即实用性强。因此，后评价报告应针对性强，文字简练明确，避免引用过多的专业术语。报告应能满足多方面的要求。实用性的另一项要求是报告的时间性，报告不应面面俱到，应突出重点。报告所提的建议应与报告其他内容分开表述，建议应能提出具体的措施和要求。

（4）透明性。后评价的透明度要求是评价的另一项原则。从可信度来看，要求后评价的透明度越大越好，因为后评价往往需要引起公众的关注，对国家预算内资金和公众储蓄资金的投资决策活动及其效益和效果实施更有效的社会监督。从后评价成果的扩散和反馈的效果来看，成果及其扩散的透明度也是越大越好，使更多的人借鉴过去的经验教训。

（5）反馈性。和项目前评估相比，后评价的最大的特点是信息的反馈。项目后评价的最终目标是将评价结果反馈到决策部门，作为新项目的立项和评估的基础以及调整投资规划和政策的依据。因此，后评价结论反馈机制、手段和方法成为后评价成败的关键环节。国外一些国家建立了"项目管理信息系统"，通过项目周期各个阶段的信息交流和反馈，系统地为后评价提供资料和向决策机构提供后评价的反馈信息。

29.2 项目评价体系

项目评价体系是指在项目周期的不同阶段对项目进行评价的系统。对应项目的周期，项目的评价体系由前期评价、中期评价和后评价构成。

29.2.1 项目前期评价

项目前期评价是在投资决策前，在项目可行性研究的基础上，从国家全局以及企业的角度，对拟建项目的计划和设计方案进行技术经济论证和评价，从而确定项目未来发展的前景，为决策者选择项目及实施方案提供多方面的建议，并力求客观、准确地将与项目执行有关的资源、技术、市场、财务、经济、社会等方面的基本数据资料汇集报告给决策者，使其能够在全面深入了解和掌握项目有关情况的条件下，实事求是地做出正确的决策。同时也为项目的执行、监督及核查奠定了良好的基础。

项目评价主要包括以下内容：

（1）建设必要性、现实性、可行性和市场预测的评价；

（2）建设条件评价；

（3）技术评价；

（4）财务评价；

（5）国民经济评价；

（6）对不确定性的评价；

（7）机构设置和管理体制评价；

（8）环境评价；

（9）风险评价；

（10）项目总评价。

29.2.2　项目中期评价

项目中期评价是在项目实施过程中，通过项目实施实际情况与预测目标的比较分析，揭示问题，分析原因，提出改进的措施，同时考虑新的环境因素的变动或主客观的要求，对已经发生的情况做阶段性总结，对项目今后的工作和发展提出建议。

在项目决策以后，由于国家及地区宏观经济条件、市场供需情况和项目建设条件的变化，可能使项目决策时预定的建设目标难以执行或最终实现，或即使勉强实现，也不一定合理。因此，在项目实施过程中，有必要对预定的项目建设目标或目的进行一定的调整和修改。修改和调整的项目，应确定其在技术、经济上是否可行，对投资者是否仍有吸引力等关键问题。在进行项目的事中评价时，应对项目建设的目标或目的的修改和调整的原因、调整情况、因修改和调整目标或目的需要补作的过程、增加或减少投资和调整后的土木工程的财务状况、经济效益和社会效益等进行分析。

29.2.3　项目后评价

后评价是指在项目建成投产并达到设计生产能力后，通过对项目前期工作、项目实施、项目运营情况的综合研究，衡量和分析项目的实际情况及与预测情况的差距，确定有关项目预测和判断是否正确并分析其原因，从项目完成过程中吸取经验教训和判断是否正确并分析其原因，为今后改进项目准备、决策、管理、监督等工作创造条件，并为提高项目投资效益提出切实可行的对策措施。如前文所述，项目后评价是一个学习的过程，也是增强土木工程项目管理者责任心的重要手段。

项目后评价的主要任务在于两个方面：一是总结、反馈。土木工程后评价对项目建设全过程进行总结、分析，并利用其反馈功能发挥效用，以利完善已建项目，指导在建项目，改进待建项目，提高投资决策水平。二是预测、判断。根据实际数据或实际情况重新预测的数据，对项目的未来发展和项目的可持续性进行判断。

29.3　土木工程项目后评价的基本内容及程序

项目后评价是指对已经完成的项目或规划的目的、执行过程、效益、作用和影响所进行的系统的客观的分析。项目后评价的基本内容可概括为三个大的方面，即项目的技术经济后评价、项目的环境影响后评价以及项目的社会评价。

29.3.1 土木工程项目后评价的基本内容

29.3.1.1 项目的技术经济后评价

在投资决策前的技术经济评估阶段所作出的技术方案、工艺流程、设备选型、财务分析、经济评价、环境保护措施、社会影响分析等，都是根据当时的条件和对以后可能发生的情况进行的预测和计算的结果。随着时间的推移、科学技术的进步，市场条件、项目建设外部环境、竞争对手都在变化，因此有必要对原先所作的技术选择、财务分析、经济评价的结论重新进行审视。

技术经济后评价一般包括以下三部分内容：

（1）项目技术后评价。技术水平后评价主要是对工艺技术流程、技术装备选择的可靠性、适用性、配套性、先进性、经济合理性的再分析。在决策阶段认为可行的工艺技术流程和技术装备，在使用中有可能与预想的结果有差别，在评价中就需要针对实践中存在的问题、产生的原因认真总结经验，在以后的设计或设备更新中选用更好、更适用、更经济的设备；或对原有的工艺技术流程进行适当的调整，发挥设备的潜在效益。

（2）项目财务后评价。项目的财务后评价与前评估中的财务分析在内容上基本是相同的，都要进行项目的盈利性分析、清偿能力分析和外汇平衡分析，这里不再阐述。但在评价中采用数据不能简单地使用实际数，应将实际数中包含的物价指数扣除，并使之与前评估中的各项评价指标在评价时点和计算效益的范围上都可比。

（3）项目经济后评价。经济评价与财务评价在评价角度、效益和费用计算的范围、评价判据、费用效益的计算价格等方面都有不同。经济后评价的主要内容是通过编制全投资和国内投资经济效益和费用流量表、外汇流量表、国内资源流量表等计算国民经济盈利性指标，并分析项目的建设对当地经济发展、所在行业和社会经济发展的影响，对收益公平分配的影响，对提高当地人口就业的影响和推动本地区、本行业技术进步的影响等。

29.3.1.2 项目的环境影响后评价

环境影响后评价是指对照项目前评估时批准的《环境影响报告书》，重新审查项目环境影响的实际结果，审核项目环境管理的决策、规定、规范、参数的可靠性和实际效果，实施环境影响评价应遵照国家环保法的规定，根据国家和地方环境质量标准和污染物排放标准以及相关产业部门的环保规定。在审核已实施的环评报价和评价环境影响现状的同时，要对未来进行预测。对有可能产生突发性事故的项目，要有环境影响的风险分析。如果项目生产或使用对人类和生态危害极大的剧毒物品，或项目位于环境高度敏感的地区，或项目已发生严重的污染事件，还需要再提出一份单独的项目环境影响评价报告。环境影响后评价一般包括五部分内容：项目的污染控制、区域的环境质量、自然资源的利用、区域的生态平衡和环境管理能力。

29.3.1.3 项目的社会评价

社会评价是总结了国内已有经验，借鉴、吸收了国外社会费用效益分析、社会影响评价与社会分析方法的经验设计的。它包括社会效益与影响评价和项目与社会两相适应的分析，既分析项目对社会的贡献与影响，又分析项目对社会政策贯彻的效用。研究项目与社会的相互适应性，提示防止社会风险，从项目的社会可行性方面为项目决策提供科学分析依据。

29.3.2   土木工程项目后评价的预测内容

对于项目后评价的预测概念，可以结合图 29-1 来说明。如图 29-1 所示，假定后评价时点在项目周期中任意一点 P，此时项目后评价的任务包括两个方面：一是对项目评价时点以前已经完成的部分进行总结，二是对项目评价时点以后的工作进行预测。"总结"就是如前所说，把评价时点之前已经发生的内容进行分析评价，发现问题，提出对策。"预测"就是以评价时点为起点，通过对已经发生的内容分析和项目发展的趋势，预测项目未来的前景。

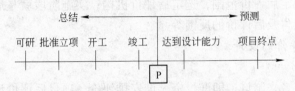

图 29-1   项目后评价的总结和预测功能示意图

项目后评价与项目前评估预测的基本内容和方法论原则是相同的，是要对项目未来的目标、市场、技术、运营、财务、经济、环境、社会等诸方面进行全面系统的分析和预测。当然，由于后评价是在项目立项、实施以后才进行的，其评价基础与前评估不同，各项指标已经有了部分或全部的实际数据，预测要更为实际、容易。

项目后评价的预测除了需要预测常规的各项指标外，项目的持续性分析在后评价中具有特殊的意义，是项目后评价预测的一项重要任务。

对于投资项目而言，持续性分析有两层含义：一是项目对企业持续发展的影响；二是项目对国家持续发展的影响。投资项目持续性评价应该对这两方面所涉及的持续发展因素进行分析。从项目自身持续性考虑，项目持续性是指项目的建设资金投入完成之后，项目的既定目标是否还能持续，项目是否可以持续地发展下去，是否具有可重复性。从项目后评价的角度出发，项目持续性分析主要是从项目的财务、技术、环境和管理等方面分析项目生存和发展的可能性，研究项目目标和效益能否实现，实现这些指标的必要条件有哪些，有什么风险。

项目持续发展因素系指那些关系到项目对企业可持续发展的影响因素和项目对国家可持续发展的影响因素，一般分为内在持续发展因素（包括规模、技术、市场竞争力、环境、机制、人才因素等）和外部持续发展因素（包括资源、自然社会经济环境和资金因素等）。项目持续性评价要对这两种因素深入分析，找出影响持续发展的关键因素，对项目的持续发展做出评价结论，必要时提出相应措施和建议。

投资项目的建设要耗费大量资金、物资和人力等宝贵资源，且一旦建成，难以更改，因此投资项目的风险防范和控制更显重要，越来越多的人已经认识到不仅在投资项目的前期工作中需进行风险分析和风险对策研究，更重要的是在项目实施过程和经营中应有效地进行风险评价和风险管理。

项目后评价的风险分析有以下三个目的：

（1）结合项目的进展情况考察项目前期工作中的风险分析的可行性；

（2）检查投资决策中是否给予风险分析结果以足够的重视，并针对前期工作中提出的风险对策落实风险防范的措施，控制风险的发生；

（3）要对项目今后可能遇到的风险进行评价，以便在以后的经营过程中采取相应的对策，为下一步的风险管理打下基础，三者相辅相成。投资项目事中和事后评价过程中的风险评价，兼有对历史的回顾和对将来的预测两个方向。

29.3.3 土木工程项目后评价的运行程序

项目后评价的程序一般包括后评价的设计、实施和报告三个基本阶段。设计阶段包括制订后评价计划，确定后评价范围，选定后评价机构；实施阶段就是后评价的执行；报告阶段有编写后评价报告及后评价的反馈等。

29.3.3.1 后评价的设计

A 制订后评价计划

一般由项目投资者来制订，即谁投资，谁安排评价。项目后评价计划的制订应及早进行，最好是在项目评价过程中就确定下来，以便项目管理者和执行者在项目实施过程中注意收集资料。以法律或其他形式，把项目后评价作为建设程序中必不可少的一个阶段确定下来是非常必要的。政府投资项目后评价更注重投资活动的整体效果、作用和影响，它一般站在国家的层次从长远的角度来安排项目的后评价活动，所以许多国家和国际组织均采用年度计划和 2~3 年的滚动计划结合的方式来操作项目后评价计划。在激烈的市场竞争环境下，企业投资者不可能要求这么长的时间来进行后评价。因此，在安排企业投资项目后评价的计划时，应该充分考虑后评价的时效性。

B 确定后评价的范围

由于项目后评价的范围很广，一般后评价的任务是限定在一定的内容范围内。因此，在评价实施前必须明确评价的范围和深度。评价范围通常是在委托合同中确定的，委托者要把评价任务的目的、内容、深度、时间和费用等，特别是那些在本次任务中必须完成的特定要求，交代得十分明确具体。委托者应根据自身具体的条件来确定是否可能按期完成合同。合同一般包括以下内容：项目后评价的目的和范围、后评价所用的方法、所评价项目的主要指标、完成后评价的经费和进度要求等。

C 确定后评价的机构

具体从事项目后评价的机构可以是项目后评价的组织机构，也可以是一些外部的中介机构，如投资咨询公司、专职后评价机构等。由这两类后评价机构进行后评价各有优缺点。项目后评价组织机构进行后评价的优点是：对项目了解全面，工作难度小，信息反馈迅速且节省费用。缺点是：人力资源不足，难以及时地对多个项目进行后评价，而且可能存在片面性和人为干扰，影响项目后评价结论的客观性、公正性。由外部机构进行项目后评价的优点是：可以及时地进行后评价，并且有利于保证项目后评价的客观性、公正性。缺点是：对项目全面了解较困难，与项目各方的合作可能会有困难，甚至有抵制现象；同时外部单位也可能存在责任心不强的问题；另外，请外部机构进行后评价的费用相对较高。

29.3.3.2　后评价的实施进行

后评价主要包括资料信息的收集调查和分析评价。

（1）资料信息的收集调查。项目后评价的基本资料应包括项目资料、项目所在地区的资料等。项目资料一般包括项目评估报告、可行性研究报告；项目勘测设计文件；项目概算报告和项目决算报告；项目完工报告和竣工验收报告；项目实际运营的财务报表等。项目所在地区资料包括国家和地区的统计资料、物价信息等。在收集项目资料的基础上，为了核实情况，进一步收集评价信息，必须进行现场调查。主要调查任务包括项目的基本情况，目标实现程度，对社会、环境的作用和影响等。

（2）分析评价，得出结论。对资料进行全面细致的分析，对项目的总体效果、预定目标的实现程度、立项决策和项目管理的经验教训、对自身项目的改进和未来项目的指导和建议等做出分析评价。

29.3.3.3　后评价的报告编写及反馈

（1）编写后评价报告。后评价报告是评价结果的汇总，应能够真实反映情况，客观分析问题，认真总结经验教训。后评价报告应包括摘要、项目概况、评价内容、评价方法说明、主要变化和问题、原因分析、经验教训、结论和建议等。报告中既要有对本项目功过得失的评价，更重要的是要有对项目进一步发展的建议和对未来投资决策和政策修改的建议。

（2）后评价的反馈。评价发挥作用的关键在于后评价报告中的成果能够在已有项目和其他待开发的项目中得到采纳应用。因此，项目后评价的反馈是后评价运行程序中关键一环。后评价的成果应该反馈到决策、计划规划、立项管理、评价、监测和项目实施等部门。在进行企业投资项目后评价时应该注意保密性的特点。

29.4　土木工程项目后评价的发展

项目后评价的理论与实践都始于美国，现已成为成熟和广泛应用的项目评价方法。虽然我国的项目后评价是在 20 世纪 80 年代同项目前评估同时引入的，但由于项目后评价工作在我国发展较慢，所以与项目前评估相比，影响较小。

29.4.1　国外项目后评价发展历程和发展趋势

项目后评价在 20 世纪 30 年代与项目前评估同时产生，当时主要作为美国国会监督政府政策性投资的手段。到 20 世纪 60 年代，美国把大量的公共资金投入到"向贫困宣战"的计划实施中，进一步加强了项目评估，特别是把项目后评价作为有效的监督手段引入到立法部门。从 60 年代末开始，各国和国际金融组织逐步应用和发展了后评价的理论，使后评价成为政府决策和投资监督管理的得力工具和金融组织贷款项目管理的重要手段。现在，后评价工作已经从西方发达国家逐步扩展到广大的发展中国家；从公共投资领域扩展到所有投资领域；从由国家政府、国际金融组织和援外机构等为主的投资主体扩展到企业为主的投资主体。项目后评价的内容从以财务评价为主，扩展到对经济效益、环境保护、社会影响和项目持续性发展的全面评价。项目后评价已经越来越成为政府机关政策制定、政府管理甚至立法的必要工具和政府监督检查公共投资和外资利用情况的重要手段；成为金融机构和援外机构确立贷款项目和进行投资管理的重要工具；成为企业集团改进决策和管理水平，科学确立投资方向，提高投资效益的重要管理环节。

29.4.2 我国项目后评价工作进展

我国的项目后评价和项目前评估工作几乎是同时在 20 世纪 80 年代引进的，由于后评价工作没有像项目前评估那样得到足够重视，所以发展缓慢。

1986 年，原国家计委外经贸局与世界银行在北京举办的后评价学习班是我国项目后评价工作实践的开始。1988 年 11 月，原国家计委下发了《关于委托进行利用国外贷款项目后评价工作的通知》，这是我国政府下达的第一个关于项目后评价工作的文件。继原国家计委开展项目后评价工作后，国家审计署、中国建设银行、原交通部、农业部和原卫生部等部门都开展了项目后评价工作。到 1995 年，原国家计委、财政部、国家审计署、国家开发银行、中国建设银行、中国国际工程咨询公司等单位相继成立了后评价机构，但由于认识不足，重视程度不够等原因，我国的后评价工作总体进展缓慢。

2004 年 7 月份，国家颁布了《国务院关于投资体制改革的决定》（国发〔2004〕20号）。为了贯彻落实该决定，更好地履行出资人职责，指导中央企业提高投资决策水平、管理水平和投资效益，规范投资项目后评价工作，推动投资项目后评价制度和责任追究制度，国家发改委 2005 年 5 月颁发了《中央企业固定资产投资项目后评价工作指南》（国资委发规划〔2005〕92号），要求中央企业在该指南指导下开展后评价工作，我国项目后评价工作由以国家部门为主体逐渐扩展到以企业为主体，这标志着我国的项目后评价工作进入大规模推广执行的新阶段。

30　土木工程项目后评价内容

本章概要

（1）土木工程项目的经济后评价，包括项目财物后评价、项目国民经济后评价。

（2）土木工程项目项目策划阶段后评价、实施过程后评价。

（3）土木工程项目的环境影响后评价、社会影响后评价、可持续性后评价。

30.1　土木工程项目经济后评价

从企业的角度出发，项目经济评价是整个项目后评价的核心内容之一。项目经济后评价是指对建成投产后的项目投资经济效益的再评价。它是以项目建成投产后的实际数据为基础，重新预测项目寿命周期内各项经济数据，计算出各主要投资效益指标，然后将它们同项目前评价预测的有关经济效益指标进行对比。其目的是分析和评价项目投产后重新计算的项目经济效益指标与预测指标的偏差情况及其原因，吸取经验教训，为提高项目投资实际效益和制订有关投资计划、政策服务。

按评价的角度不同，项目经济后评价可分为项目财务后评价和项目国民经济后评价。

30.1.1　项目财务后评价

盈利性是企业投资项目的直接目的，通过投资，企业能否盈利、盈利多少是投资者最关心的问题，所以应从企业自身的角度，根据项目各年发生的实际投入情况，计算实际的财务收益和实际的财务费用，并在此基础上预测项目今后的变化趋势，综合考察项目盈利能力和清偿能力，找出财务管理的经验和教训。

30.1.1.1　财务后评价的基本内容

（1）收集现有的财务数据资料。从时间上划分，可分两部分，一是前评估时的预测资料，二是后评价所处时点的实际资料。主要包括以下资料：

1）项目前评估有关资料、文件、项目竣工验收报告和竣工决算资料等；

2）项目投产后各年主要生产情况和原材料、燃料、动力等耗费情况以及主要产品、原材料、动力等的实际价格；

3）项目投产后各年的产品总成本和单位产品成本；

4）项目投产后各年的销售收入、产品产量、销售量、销售利润、税收等资料。

（2）收集与财务预测有关的其他资料。主要有以下资料：

1）区域经济资料，如工资标准、各种费率等；

2）国内有关的经济政策与法规，如有关贷款利率调整的规定，行业发展规划与战略、汇率调整的规定等；

3）国外有关产品市场需求情况的资料。

（3）财务重新预测，即根据以上基础数据，预测项目寿命周期内各年的财务数据。主要包括以下内容：

1）项目寿命期内各年的生产总成本、单位产品成本、销售成本和经营成本等；

2）项目寿命期内各年产品销售量和销售收入；

3）项目寿命期内各年实现利润及其分配情况；

4）项目投资贷款的还本付息情况等。

（4）财务评价中数据的价格调整。财务评价中采用的价格可简称为财务价格，即以现行价格体系为基础的实际（后评价时点以前）或预测（后评价时点以后）的价格。由于前评估和后评价所处的时点不同，不可避免地产生财务价格的变化。导致价格变化的因素有相对价格变动因素和物价总水平上涨因素。前者指因价格政策变化引起的国家定价和市场价比例的变化以及因商品供求关系变化引起的供求均衡价格的变化等。后者价格因货币贬值（或称通货膨胀）而引起的所有商品的价格以相同比例向上浮动。为了消除通货膨胀引起的"虚假"盈利，计算"实际值"的内部收益率等盈利能力指标，使项目与项目之间，项目评价指标与基准评价参数之间以及项目后评价与项目前评估之间具有可比性，财务评价原则上应采用基价，即只考虑计算期内相对价格变化，不考虑物价总水平上涨因素的价格计算项目的盈利性指标。与前评估的不同之处在于，前评估是以建设期初的物价水平为基础，而后评价则是以建设期末的物价水平为基准。价格调整的步骤如下：

1）区分建设期内各年的各项基础数据（包括固定资产投资、流动资金）中的本币部分和外币部分。

2）以建设期末国内价格指数为100，利用建设期内各年国家颁布的生产资料价格上涨指数逐年倒推得出以建设期末为基准表示的以前各年的国内价格指数（离后评价时点越远，价格指数越小）。用各年的国内价格指数调整基础数据中的本币部分。

3）以建设期末国外价格指数为100，利用世界银行颁布的生产资料价格指数逐年倒推得出以建设期末为基准表示的以前各年的国外价格指数，用各年的国外价格指数调整基础数据中的外币部分。

4）用建设期末的汇率将以前各年的外币投资数据基价换算为以本币表示的外币投资数据基价。

5）加总本币投资数据基价和以本币表示的外币投资数据基价得到建设期内各年以基价表示的各项投资数据。

6）生产经营期内各年的投入物、产出物价的选择，如果在后评价时点之前发生，应调整以建设期末的价格水平表示的基价，否则由项目后评价人员根据有关资料以建设期末的价格水平为基准，不考虑物价总水平上涨因素，只考虑相对价格变化预测得出。

（5）编制财务后评价的基础报表。根据目前我国的财务管理制度和要求，按照盈利能力和偿还能力来分，基础报表主要包括全投资现金流量表，自有资金现金流量表，损益表，资金来源与运用表，资产负债表。在盈利性分析中，通过全投资和自有资金现金流量表，计算全投资税前内部收益率、净现值，自有资金税后内部收益率等指标，通过编制损益表，计算资金利润率、资金利税率、资本金利润率等指标，以反映项目和投资者的获利能力。在清偿能力分析中，主要通过编制资金来源与运用表、资产负债表，计算资产负债率、流动比率、速冻比率等指标反映项目的清偿能力。

（6）财务指标的重新计算，包括静态指标和动态指标的计算。

（7）财务指标的优劣评判。如果后评价时的财务指标达不到后评价时点时由国家、行业发布的各项基准判据参数，那么再进行财务指标的前后对比已经没有任何意义。进行项目后评价不仅需要有科学的方法和完整的指标体系，而且还必须设定一整套作为考核项目实际效益优劣的判别标准。财务指标的基准判据参数如下：

1）财务基准收益率（i_c）。财务基准收益率是项目经济后评价财务内部收益率的判据。当 IRR$\geq i_c$ 时，认为项目财务盈利能力满足最低要求。

2）基准投资利润（税）率。按行业测算的基准投资利润率和基准投资利税率是项目经济后评价投资利润率和投资利税率的判据。

3）基准投资回收期。由国家发布的不同行业的基准投资回收期是项目经济后评价的投资回收期的判据。

4）借款偿还期的判据参数。项目借款偿还期一般以项目贷款银行与业主单位签订的贷款合同所规定的借款偿还期限为判据标准。

（8）将项目后评价指标与前评价的财务指标对比，计算其偏离程度。

（9）分析前评价预测指标和后评价财务指标产生偏差的原因。

（10）总结经验教训，提出进一步提高项目投资效益的对策和建议。

（11）编制财务效益对比表。

30.1.1.2　财务后评价主要指标及其计算

项目财务后评价主要指标可分为两类。一类是反映项目实际财务效果的指标；另一类是反映项目财务后评价指标与前评价财务指标偏离程度的指标。反映项目后评价实际财务效果的指标如下：

（1）静态指标。主要有实际投资利润率、实际投资利税率、实际静态投资回收期、实际借款偿还期。

（2）动态指标。主要有实际财务净现值、实际动态回收期、实际财务内部收益率。项目财务后评价指标的计算方法与前评估中的相同，本书不再详细介绍。反映项目后评价财务指标与前评估财务指标偏离程度的指标主要有：实际投资利润率变化率、实际投资利税率变换率、实际静态投资回收期变换率、实际借款偿还期变化率、实际净现值变化率、实际动态投资回收期变化率和实际内部收益率变化率。

实际净现值变化率 ＝（实际净现值 － 预测净现值）/ 预测净现值 × 100%

（3）财务后评价中的定性分析。定性分析是项目财务后评价得一个重要组成部分，它要对不易定量的要素进行分析，并对定量分析得出的结论进行综合、整理。其基本内容如下：

1）从定量数据分析，项目目前的经济效益状况如何，处于国内外什么水平；

2）项目经济效益的现实与预测有什么差别，其主要原因；

3）项目目前存在什么主要问题，为什么出现这些问题，如何解决这些问题；

4）项目有什么改进设想，预期会产生什么样的效果；

5）该项目可行性研究达到了什么水平，如未达到要求，分析原因，对评价、预测方法提出改进建议；

6）从对本项目的分析可以吸取什么经验教训，对本项目今后财务经济效果的前景展望。

30.1.2　项目国民经济后评价

我国是公有制为主体的社会主义国家，任何项目的投资都应以国家的利益为重。在实践过程中由于短期利益有时会发生分歧，在一些地方或局部范围内国家利益和企业投资者利益之间会存在一定的矛盾。

我国现行的《建设项目经济评价方法与参数》（第二版）中规定，一个土木工程的经济评价应包括财务评价与国民经济评价两大部分，其检验标准是：对于财务评价与国民经济评价的结论均可行的项目，应予通过；对于财务评价的结论可行、而国民经济评价的结论不可行的项目，一般应予否定；对于财务评价的结论不可行、而国民经济评价的结论可行的项目，主要是基础性项目和公益性项目，一般予以通过，或重新考虑方案（如采取某些财务优惠措施）使之具有财务上的生存能力。由此可见，国民经济评价在项目评价中具有特别重要的意义。

30.1.2.1　项目国民经济后评价的基本内容

（1）收集有关基础数据。主要有：产出物、投入物的品种和数量；国家最近颁布的影子价格和国家参数，如社会折现率、影子汇率、贸易费用率等。

（2）在项目财务评价基础上，将产出物、投入物区分为外贸货物、非外贸货物和特殊投入物三类，并按各类型货物影子价格的确定原则进行价格调整。主要包括固定资产投资调整、流动资金调整、生产成本调整、产品销售收入调整等。国民经济评价使用的影子价格，是指依据一定原则确定的比财务价格更为合理的价格。为了与前评估中的国民经济评价的结论相比较，首先应将财务评价中以建设期末价格水平为基准的各项数据调整为以建设期初价格水平为基准数据，然后再用建设期初的影子价格、影子汇率或转换系数将它们的价格调整为影子价格。

（3）编制国民经济后评价的基础报表，主要包括以下几个：

1）全部投资效益费用流量表。该表以全部投资作为对象，用以计算全部投资经济内部收益率、经济净现值等评价指标。

2）国内投资效益费用流量表。该表以国内投资作为对象，将国外借款利息和本金的偿付作为费用流出，用以计算国内投资经济内部收益率、经济净现值等评价指标，作为利用外资项目经济评价和方案比较的依据。

3）经济外汇流量表。该表是对涉及产品出口创汇或替代进口节汇的项目，以外汇的流入和流出为计算基础，通过计算经济外汇净现值、经济换汇成本或经济节汇成本等评价指标，反映项目的外汇效果。

（4）计算项目国民经济后评价指标。

（5）国民经济后评价指标优劣评判。主要的基准判据参数如下：

1）换汇成本的判据参数。换汇成本的基准判据是中国银行发布的现行外汇汇率。

2）社会折现率。社会折现率是各类土木工程国民经济评价都应采用的国家统一折现率，也是项目经济后评价经济内部收益率指标和投资净收益率的基本判据参数。

（6）计算项目国民经济后评价指标与国民经济前评价指标的偏离程度。

（7）分析产生偏差的原因。

（8）项目国民经济后评价的经验教训以及进一步提高项目国民经济效益的对策与建议。

（9）编制国民经济效益对比表，见表30-1。

表30-1 国民经济效益对比表

序号	分析内容	报表名称	评价指标	指标值		偏离值	偏离率
				前评价	后评价		
1	经济盈利分析	效益费用流量表（全投资）	经济内部收益率				
2			经济净现值				
3		效益费用流量表（国内投资）	经济内部收益率				
4			经济净现值				
5	外汇效果分析	经济外汇流量表	经济外汇净现值				
6			经济节汇成本				

30.1.2.2 国民经济后评价指标及其计算指标

项目国民经济后评价指标可分为两类：一类是反映项目投资的实际国民经济效益的指标；另一类是反映项目后评价实际国民经济效益指标与前评估或其他同类项目的国民经济效益偏离程度的指标。

反映项目投资的实际国民经济效益的指标主要有以下几个：

（1）盈利能力分析指标。主要有经济净现值、经济内部收益率。

（2）外汇效果分析指标。主要有经济外汇净现值、经济节汇成本或经济换汇成本。项目国民经济后评价指标的计算方法与前评估中的相同。

反映项目后评价实际国民经济指标与前评估或其他同类项目的国民经济效益指标偏离程度的指标主要有：实际经济净现值变化率、实际经济内部收益率变化率、实际经济外汇净现值变化率、实际经济节汇成本变化率。

$$实际经济净现值变化率 = （实际经济净现值 - 预测经济净现值）/$$
$$预测经济净现值 \times 100\%$$

30.1.2.3 国民经济评价中定性分析的内容

国民经济评价中定性分析的主要内容包括以下几个方面：

（1）项目对国民经济产生了什么效果，项目建设是否符合国家需要。

（2）项目是否达到了预期设想。

（3）如果项目的国民经济效果不好，或部分效果好，部分效果不好，主要原因是什么。

（4）为改善项目国民经济效果，打算采取什么措施，预计效果如何。

（5）项目国民经济效果与企业效果有无矛盾，解决矛盾有何设想。

（6）通过项目的分析，对国家经济政策的制定有何建议，对本行业国家应制定的发展政策有何设想。

（7）从对本项目的分析可以吸取什么经验教训，对本项目今后国民经济效果的前景展望。

30.2 土木工程项目的过程评价

一个土木工程项目，从提出项目开始，到项目清理报废为止，大体可划分为三个阶段，即项目策划阶段、项目实施阶段和项目运营阶段，每一阶段对投资项目实际效益的发挥都产生重大影响。因此，对实施过程评价是土木工程项目后评价的一项重要内容。

从土木工程项目后评价的目的来看，进行项目的过程评价也是十分必要的。进行土木工程项目后评价的主要目的有两点：一是提高企业投资决策和项目管理的水平；二是通过信息反馈，改进或完善在建项目。项目的过程评价正好涵盖了上述两个目的。

在已有的项目后评价内容中，往往忽略了过程评价或忽略了过程评价中实施阶段和运营阶段的评价。项目后评价已经从对项目单一的内容评价发展为对项目全过程的综合评价，所以对项目进行过程后评价是十分必要的。

30.2.1 项目策划阶段后评价

土木工程项目策划阶段，包括从编制项目建议书到项目立项审批过程中的各项工作，是基本建设程序中一个重要组成部分。土木工程项目策划阶段的费用支出不大，但所需时间较长，而且其工作质量的好坏对项目投资效益的高低影响重大，甚至可以从根本上决定项目的成败。因此，对策划阶段工作的评价是整个过程评价中的重点。

土木工程项目策划阶段后评价，最重要的就是对项目的立项决策进行评价，分析成败的原因，为提高投资决策的水平提供支持。根据已建项目的情况，主要从以下几个方面对项目决策进行后评价：

（1）决策依据分析。即根据工程实际资料论证立项条件的正确程度，要对项目建议书及可行性研究报告中有关工业布局、资源、厂址、生产规模、工艺设备、产品性能等方面预测和项目评估资料做出分析比较和评价。

（2）投资方向分析。即根据国情国力现状分析投资方向的适应程度，要从产业政策、城乡建设和社会经济发展的前景评价其对提高行业的生产能力和技术水平以及对繁荣区域经济和文化生活的促进作用。

（3）建设方案分析。即对项目的原建设方案最终实施方案的优缺点和重大修改变更情况进行分析、比较、评价。

（4）技术水平评价。主要分析土木工程的技术状况，并与国家的技术经济政策和国内外同类项目的技术水平相比，评价其先进、合理、经济、适用、高效、可靠耐久程度以及采用的工艺、设备标准、规程等的成熟程度。

（5）引进效果分析。涉外项目还应对引进技术、引进设备的必要性和消化吸收情况、签约程序、合同条款的变更、索赔事项、外资筹措和支付等方面的情况进行评价。

（6）协作条件分析。即评价项目所在地外部协作配合条件，包括供电、供热、供气、供水、排水、防洪、通讯、交通、气象、劳务等方面的落实情况。

（7）土地使用分析。对土地占用情况的评价，主要评价是否遵守国家有关土地规划、城市规划以及文物保护等方面的法令法规，说明土地征用、建筑物拆迁、人员安置的情况。

（8）决策程序和方法评价。评价决策过程的效率和决策科学化、民主化程度。评价决策方法是否科学、客观，是否实事求是。评价筹建机构的组织指挥能力。

（9）投资风险评价。重点评价项目前评价时的风险识别、风险预测和风险对策，关键是市场风险和信用风险。

30.2.2　项目实施过程后评价

作为投资者，在项目建成之后会要求了解建设资金的使用是否合理，建成项目的工程质量是否达到设计的工程质量要求，工程建设的工期是否按时完工，工期的变化对项目建设目标和经济利益的影响，项目设计单位的水平、服务以及今后继续合作的可能性如何，选择项目施工单位的得失，项目合同管理，与有关单位的协调水平和效果如何等问题。为了对上述问题做一个科学可信的回答，就应该进行项目实施过程的后评价。

30.2.2.1　项目勘查设计后评价

项目勘查设计的后评价主要是对勘查设计的质量、技术水平和服务进行分析评价，对比实际实现结果与勘查设计时的变化和差别，分析变化的原因，分析的重点是项目建设内容、投资概算、设计变更等。在进行勘查设计后评价时，一般要搜集的资料有：项目设计任务书、项目设计图纸、项目竣工图、项目投资估算书、项目竣工决算书等。勘查设计后评价的主要内容如下：

（1）对勘测设计单位的选定方式和程序，对勘测设计单位的能力和资信情况进行分析评价。

（2）对项目勘测工作质量进行评价。

（3）对项目设计方案进行评价，包括设计指导思想、方案比选、设计更改等各方面的情况及原因分析。

（4）对项目设计水平的评价，包括设计的效率、设计的质量和服务质量等。

30.2.2.2　项目投资资金使用计划后评价

项目的投资资金使用计划直接影响到项目的效益。这部分的后评价主要分析评价项目的投资结构、融资方案、投资使用计划、项目担保和风险管理等内容。在进行项目投资资金使用计划后评价时，一般要搜集的资料有：项目设计概算书、项目竣工决算书、项目竣工财务决算表、建设期各年度基本建设财务报表、建设期各年度基本建设统计报表等。

项目投资资金使用计划后评价的主要内容如下：

（1）根据实际实现的融资方案，对照项目准备阶段确定的融资方案，找出差别和问题，分析原因。

（2）根据实际实现的投资使用情况，对照项目准备阶段确定的投资资金使用计划，找出差别和问题分析原因。

（3）根据实际实现的投资使用情况，分析其对项目原定的目标和效益指标的作用和影响，分析是否有更加合理的投资使用方案。

30.2.2.3 工程承发包后评价

工程的承发包是项目实施过程中的关键环节，其质量的好坏直接关系到工程施工的成败。在进行工程承发包的后评价时，一般要搜集的资料有：工程的招投标文件、工程的承发包合同等。

工程承发包后评价的主要内容如下：

（1）工程招投标的公开性、公平性和公正性的评价。

（2）工程招投标的方式、程序以及评标的方式、方法是否合理，有无需要改进的地方。

（3）工程的承发包模式是否合理，有无更好的承发包模式。

（4）工程的分包是否符合建筑的法律、法规，国际惯例和建设市场的经济规律。

（5）工程承发包合同及分包合同的制定与签订是否合理，有无需要改进的地方。

30.2.2.4 工程实施及管理后评价

项目实施阶段是项目财力和物力集中投放和耗用过程，也是固定资产逐步形成的时期，它对项目能否发挥投资效益有着十分重要的意义。项目实施阶段的管理在整个项目管理中占有十分重要的地位，同时又是最为复杂的活动，因为它不仅要处理好建设单位与计划部门、主管部门之间的关系，还要处理好与施工单位、资金物资供应单位等的关系。

工程实施及管理后评价主要是对工程的造价、质量、进度和合同管理的分析评价，是对管理者对工程的各项指标进行控制的能力的分析评价。

A 工程造价控制后评价

进行工程造价控制后评价，一般要搜集的资料有：项目概算书、项目预算书、项目竣工决算书、建设期各年度基本建设财务报表等。工程造价控制后评价的主要内容如下：

（1）评价概算总投资、预算总投资与竣工决算总投资进行对比的情况，包括总投资额的前后对比、各单项工程投资额的前后对比。

（2）分析评价概算超支或节约的原因。对超支或节约额度较大的部分进行分析。一般可以从这几个方面进行分析：是否有设计外、计划外工程；是否有设计的变更；工程材料的价格是否有变化；概预算的编制是否正确；设计质量是否符合标准；设备的采购计划是否有变化等。

B 工程质量控制后评价

通过有限的资源投入得到高质量的产出是企业投资者的重要目的。对于工程质量的后评价，主要内容如下：

（1）计算实际工程质量优良品率、工程质量合格品率、工程返工率。

（2）将实际工程质量指标与合同文件规定或设计规定的项目工程质量状况进行比较，总结工程质量好的经验，分析工程质量差的原因。

（3）设备质量情况如何，设备及其安装工程质量能否保证投产后正常生产的需要。

（4）工程有无重大事故，产生事故的原因是什么，计算和分析工程质量事故产生的经济损失。

C 工程进度控制后评价

作为建设工程投资者，总是希望在最短的时间内能够提供出满足市场需求的产品或服务。项目后评价的工程进度评价应根据项目各阶段实际进展和结果，对照原定的项目进度计划，分析项目进度的快慢及其原因，评价项目各阶段进度变化对项目投资、整体目标和效益产生的影响。

D　合同管理后评价

合同是项目业主依法确定与承包商、供货商、制造商、咨询者之间的经济义务关系，并通过签订的有关协议或有法律效应的文件，将这种关系确立下来。合同的管理主要包括勘查设计、设备物资采购、工程施工、工程监理咨询服务等合同的管理。合同管理是项目实施阶段的核心工作，因此，合同管理的后评价是项目实施阶段后评价的一项重要内容。

合同管理的后评价一方面要评价合同依据的法律规范和程序等，另一方面要分析合同的履行情况并分析违约责任和违约原因。

30.3　土木工程项目的影响后评价

一个项目的成功，除了受到自身的因素影响，还要受到政策、自然环境、社会环境等诸多外部因素的影响。一个项目如果违背了国家或地区的产业政策，破坏了项目所在地的自然生态环境，打破了项目所在地居民的正常生活秩序，那么这个项目是不会完全成功的。因此，对项目进行影响后评价是必要的。项目的影响后评价包括经济影响后评价、环境影响后评价和社会影响后评价。

经济影响后评价主要分析项目对所在地区、所处行业和国家所产生的经济方面的影响。经济影响评价要注意把项目效益评价中的经济分析区别开来，避免重复计算。评价的内容主要包括分配、国内资源再分配、技术进步等。由于经济影响评价的部分因素难以量化，一般只能做定性分析，一些国家和组织把这部分内容并入社会影响评价的范畴。

30.3.1　环境影响后评价

项目的环境影响后评价是指对照项目前评价时批准的《环境影响报告书》，重新审查项目环境影响的实际结果。由于各国的环保法不尽相同，评价的内容也有所区别，一般包括项目的污染控制、地区环境质量、自然资源利用和保护、区域生态平衡和环境管理。

（1）检查和评价项目的废气、废水、废渣、噪声和粉尘是否在总量和浓度上达到了国家和地方政府颁布的标准；项目选用的设备和装置在经济和环保效益方面是否合理；项目环保的管理和监测是否有效等。

（2）评价地区环境质量的影响，分析对当地环境影响较大的若干种污染物，分析这些物质与环境背景值的关系以及与项目的三废排放关系。

（3）评价对自然资源的保护与利用，包括水、海洋、土地、森林、草原、矿产、渔业、野生动植物等自然界中对人类有用的一切物质和能量的合理开发、综合利用、保护和再生。重点是节约能源、水资源，土地利用和资源的综合利用等。

（4）评价对生态平衡的影响，主要指对地形、地貌等自然环境的破坏；对森林、草地、植被的破坏，引起土壤退化、水土流失等；对社会环境、文物古迹、风景名胜区、水源保护区的破坏等。

（5）环境管理的评价，包括对环境评价报告的审理、环境监测管理、环保法令和条例的执行情况、环保设备及仪器仪表的管理、环保制度和机构建立、环保的技术管理和人员培训等评价。

（6）公众参与的评价，公众参与是环境影响评价的重要内容，是项目方或环评工作组同公众之间的一种双向交流，可提高项目的环境合理性和社会可接受性，从而提高环境影响评价的有效性。

我国目前的环境标准侧重于末端的环境质量控制，缺乏全程监控，随着环境保护力度的加大，环境标准将逐渐转向全过程的监控。环境影响的后评价内容也要注重这种变化。

30.3.2 社会影响后评价

土木工程的社会影响后评价是对项目在社会的经济发展方面的有形和无形的效益和结果的一种分析，重点评价项目对所在地区和社区的影响。社会影响后评价一般包括贫困、平等、参与、妇女、收入分配和就业效果等内容。

（1）就业影响，包括项目的直接就业效果和间接就业效果。

（2）居民的生活条件和生活质量，包括居民收入的变化、住房条件和服务设施、教育和卫生等。

（3）国家、部门（或地方）、企业和职工间的受益应当符合国家规定的分配比例关系。具体来说，可将土木工程项目从建设期开始到运营期结束所产生的增加值（效益），包括职工收入、利润、税金、固定资产折旧等，分别计算各方收益效果，然后与国家规定的比例相对照，如职工收益分配效果＝（职工收入／项目增加值）×100%。

（4）参与评价，包括当地政府、居民和企业员工对项目的态度，他们对项目计划、实施和运营的参与程度，正式或非正式的项目参与的机构及其机制是否建立健全等。

（5）地方社区的发展评价，包括项目对当地城镇和地区基础设施建设和未来发展的影响，社区的社会安定、社会福利、周围社区生活方式改善等。

30.4 土木工程项目可持续性后评价

可持续性后评价是可持续发展理论在项目后评价方面的具体应用。项目可持续性后评价在 20 世纪 90 年代中期提出，已有十几年的时间，是项目后评价体系中相对较新的内容。随着经济社会的不断发展，可持续发展观的观念逐渐深入人心。世界银行把项目的可持续性作为评价项目成败的关键性标准之一，要求对项目单独进行可持续性评价。《国家重点建设项目后评价编制办法》把项目可持续性评价作为项目后评价的重要内容之一。

30.4.1 可持续性后评价的范围及影响因素

工程项目后评价要关注项目自身目标和效果的可持续性，保证项目产品和服务功能的稳定性和可持续性。根据系统论和经济学的外部性理论可知，工程项目处在一个系统中，它与经济、社会、环境之间相互作用、相互影响，工程项目的建设和运营可能会对外部环境产生很大的作用和影响，因此要保证工程项目的持续性，需要分析评价项目对经济、社会、环境发展带来的影响，提高工程项目与周围环境之间的协调性。

工程项目可持续性的研究范围主要包括以下三个方面的内容：

（1）工程项目自身的可持续性；

（2）工程项目与所在地区经济、社会、环境之间的协调性；

（3）工程项目与建设区域内其他相关项目之间的协调性。

项目可持续性的影响因素一般包括本国政府的政策因素，管理、组织和地方参与因素，经济财务因素，技术因素，环境和生态因素，社会文化因素，外部因素等。

（1）政府政策因素。从政府政策因素分析可持续性条件，重点解决的几个问题是：与项目有关的国家、部门和地方的政策有哪些；哪些政府部门参与了该项目，这些部门的作用和各自的目的是什么；对项目的目标，各部门是怎样理解表述的；根据这些目的所提出的条件和各部门的政策是否符合实际，如果不符合实际，需要做哪些修改，政策的多变是否影响到该项目的可持续性等问题。

（2）管理、组织和地方参与因素。从项目各个机构的能力和效率来分析可持续性的条件，如项目管理人员的素质和能力、管理机构和制度、组织形式和作用、人员培训、地方政府和群众的参与和作用等。

（3）经济财务因素。在可持续性评价中要把握几点：一是评价时点以前的所有项目投资应作为沉没成本不再考虑，项目是否继续的决策应在对未来费用和收益的合理预测以及项目投资的重置成本的基础上做出。二是要通过项目的投资负债表等来反映项目的投资偿还能力，并分析和计算项目是否可以如期偿还贷款以及它的实际偿还期。三是通过项目未来的不确定性分析来确定项目可持续性条件。

（4）技术因素。包括引进技术和开发技术及新产品的硬件问题，其后果对于项目管理和财务持续性的影响，在技术领域的成果是否可以被接受并推广应用；技术装备的掌握和人员技术素质等问题。

（5）环境和生态因素。这两部分的内容与项目影响评价的有关内容类同，但是可持续性分析应特别注意这两方面可能出现的反面作用和影响，从而可能导致项目的终止以及今后借鉴的经验和教训。

（6）社会文化因素。分析当地的人文因素和民族习惯对项目和项目产品的接受程度，当地社区对项目的参与程度等。

30.4.2　可持续性的定义和内涵

工程项目可持续性是一个综合性的概念，来源于可持续发展理论。这里需要注意区别"可持续性"与"可持续发展"的含义。"发展"表达的是一种趋势或过程，而"可持续性"可认为是工程项目的一种属性。对于工程项目"可持续性"的评价，国内有很多相关的名称，比如工程项目可持续发展评价、工程项目可持续影响评价、工作项目目标持续性评价和工程项目可持续发展能力评价等。总的来看，这些名称反映了项目可持续评价的一些具体的方面，但不能代表其全部内涵。本书认为，相比而言，"工程项目可持续性评价"的说法更为准确。

在明确了称呼之后，我们对工程项目可持续性进行定义：在工程项目的寿命周期内，项目的经济、社会、环境效益和影响之间相互协调适应，持续发挥，达到各种效益和影响之间的动态平衡，确保工程项目发展速度和发展质量相互适应。使工程项目的效益发挥稳定、长久，从而保证工程项目目标和运营的持续性。这里需要注意的是，评价对象是工程项目，评价内容是工程项目的可持续性，切勿把区域环境作为评价对象，把工程项目可持续性评价误认为是工程项目对于区域可持续发展的影响问题，当然，在评价过程中，对于区域环境也要给予足够重视，但区域环境仅仅是工程项目可持续性的外在影响因素。

通过对工程项目可持续性定义的认识和把握，我们认为其内涵主要体现在项目技术的先进性、经济效益的合理性、社会影响的协调性、生态环境的相容性、管理体系的整体性等方面。

（1）项目技术的先进性。项目技术的先进性是项目持续性的技术保障，主要指工程项目技术的长期适应性，即满足长期需要的能力。具体来说，表现在运行的低成本性、可靠性、可维护性、有利于更新改造等方面。工程项目要在整个寿命周期内正常地发挥它的功能效益，必须要求项目运行的技术具有可靠性和持久性；这就需要制订较好的维修和保障计划，扩展维修和更新改造的周期，从而降低项目运营过程中的维修成本，延长项目的服务寿命；工程项目的技术先进性还要求有良好的扩展性，这就是说，与其他同类项目相比，对技术的更新改造费用相对较低、影响相对较小。

（2）经济效益的合理性。经济效益的合理性要求把环境因素纳入工程项目的成本效益分析之中，它主要是指在考虑生态环境的价值和成本的前提下，工程项目实现减轻环境污染、资源持续利用、增加社会财富和福利的能力。为了提高经济效益的合理性，要加大先进科学技术、清洁生产等手段和途径的运用，提高资源利用程度。经济的合理性是经济增长与保护环境有机结合的重要体现，是工程项目可持续性的动力牵引。

（3）社会影响的和谐性。工程项目的建设是在一定的区域中进行的，项目的建设和运营无疑会对周围的社会环境产生一定的影响，影响甚至会改变一部分人的生活方式，经过一定的时间达到一种动态的稳定状态。所谓社会影响的和谐性，主要是指项目的建设运营与所在区域的社会事业发展之间的和谐程度，对促进生活质量改善、文化教育发展、人口素质提高和保持社会稳定等的贡献程度。项目的建设与运营是与所在区域的社会共同发展的，社会影响的和谐性要求项目既能满足当代人的需求，也不能对后代人的生存权和发展权带来损害。社会的和谐稳定与项目的稳定运营相辅相成，没有社会的和谐稳定，很难有项目健康发展。因此，社会影响的和谐性是确保和提高项目可持续性的稳定能力的重要基础性条件。

（4）生态环境的相容性。工程项目的建设和运营难免会对自然环境造成一定的影响，生态环境相容性主要是指工程项目运营与生态环境保护之间关系的协调一致性程度。任何资源都是有限的，自然环境的相容性要求在工程项目的建设运营过程中，注重保护自然环境并促进生态环境的恢复，提高资源利用效率，减轻或者降低项目运营给资源环境带来的压力，减少或者降低项目运营对生态环境造成的破坏或影响。自然环境的相容性是工程项目可持续性的约束性限制。任何牺牲环境的工程项目、持续性是很难实现的。

（5）管理体系的整体性。从规划、设计、建设到运营的每一个寿命阶段，管理对项目的持续性都会产生重要的影响，因此，工程项目的可持续性与管理体系的关系密切。工程项目管理体系的整体性是指以项目可持续性为目标，站在战略的高度，把项目的整个寿命周期看作一个整体，要求项目从规划、设计、建设到运营的每一个寿命阶段的管理目标保持前后一致。管理体系的整体性是工程项目可持续性的组织保障和支撑基础。整体性有利于提高管理体系的调节能力，使项目保持旺盛的生命力，增强项目的可持续性。

30.4.3　可持续性后评价的内容

30.4.3.1　工程项目可持续性后评价的内容

根据后评价的目的和要求，工程项目的可持续性后评价主要包括以下三个方面的内容：

（1）找出影响工程项目可持续性的内部因素和外部因素，并对这些因素进行定性分析。

（2）对工程项目可持续性进行度量，即对可持续能力的定量分析和计算。

（3）找出影响工程项目可持续性的风险因子，并提出相应的对策建议。

通过对以上三个方面的分析评价，能够对工程项目可持续发展能力有一个把握，对影响可持续性的经济、社会、环境等的现状、变化趋势及变化程度有一个认识。从中找出阻碍和影响工程项目可持续性的不利因素，提出对策建议，为优化投资决策提供科学的依据。

30.4.3.2　工程项目可持续性后评价的整体思路

在研究了工程项目可持续性的研究范围、内涵、评价内容的基础上，把工程项目可持续性后评价的整体思路进行系统的归纳，见表30-2。

表 30-2　工程项目可持续性后评价的内容

目　标		内　容
可持续影响因素	内部因素	工程项目的运营状况，经济效益，项目技术的先进性、可维护性、可改造性，运营单位的内部管理体制，管理人员素质，服务质量
	外部因素	工程项目的资源利用和供给情况，所需资金到位情况，与周围社会、经济、生态环境的协调情况，国家和地区的相关制度和政策因素
可持续能力	发展度	项目自身的盈利情况、项目的外部效益、环境质量控制能力等
	协调度	工程项目与社会影响、经济效益和环境影响之间的协调，项目的发展质量
	持续度	科学决策水平，工程建设质量，运营管理能力，资源有效利用能力
可持续风险因子		通过上面的评价，找出影响工程项目可持续性的风险因子，针对风险提出建议

31　土木工程项目后评价的方法

本章概要

（1）土木工程项目后评价的前后对比法、有无对比法。

（2）土木工程项目评价的常用方法，包括逻辑框架法、因果分析法、直接调查法、成功度方法和数据分析方法。

31.1　土木工程项目后评价的对比原则

后评价的方法是定量和定性相结合的方法，与前评估基本相同。然而，后评价方法论的一条基本原则是对比法则。对比的目的是要找出变化和差距，为提出问题和分析原因找到重点。对比法是工程投资项目后评价的一种基本方法，即通过项目产生的交际效果与决策时预期目标的比较，从差异中发现问题，分析问题，总结经验教训。对比法包括前后对比法和有无对比法两种方法。

31.1.1　前后对比法

前后对比法是将项目实施前即项目可行性研究和评估时所预测的效益和作用与项目竣工投产运行后的实际结果相比较，以找出变化和原因，确定项目的作用与效益的一种对比方法。这种对比是进行后评价的基础，特别是在对项目进行财务评价和工程技术的效益分析时是不可缺少的。这种对比用于揭示项目的计划、决策和实施的质量。

31.1.2　有无对比法

有无对比法是将项目实际发生的情况与若无项目可能发生的情况进行比较，以度量项目真实影响和作用。由于对项目的影响不仅是项目本身的作用，因而对比的重点是要分清对项目作用的影响和项目以外（或非项目）作用的影响。这种对比用于项目的效益评价和影响评价中。

有无对比是评价的一个重要的方法论原则，这里所说的"有"与"无"指的是评价的对象——项目、计划和政策。评价是通过项目的实施所付出的资源代价与项目实施后产生的效果进行对比得出项目业绩好坏的结论。方法的关键是投入的代价与产出的效果口径要一致。也就是说，所度量的效果是真正由项目实施而造成的，剔除其他因素（项目外）的影响。因此简单的前后对比不能得出真正的项目效果的结论。

由于无项目时可能发生的情况没有办法确定地描述，项目后评价中只能用一些方法去近似度量项目的作用。按照对无项目情况的不同假定，可以划分为以下四种对比方法。

31.1.2.1 项目实施前与实施后数据对比

A 步骤

（1）确定评价对象和指标。

（2）收集项目实施前和实施后的各评价指标的数据。

（3）比较项目实施前后的数据，估算项目的效果。

（4）寻找其他影响因素，如果存在，估算出它们的作用大小或在阐明项目效益的同时指出这些影响因素（这一步骤经常被忽略，但事实上它是关系到项目后评价结果是否可信的关键）。

B 应用

（1）实施阶段较短的项目（非项目因素的影响较小）。

（2）项目作用与结果之间的关联性较紧密、直接的项目（其他因素对评价对象没有显著影响）。

（3）项目实施对象随时间的波动较小（如没有季节性变化的影响），而且预期这种稳定性能可以持续下去的项目。否则，项目实施前后的数据变化反映的是短期波动而不是项目的影响。

C 优缺点

（1）这种方法隐含了一个假设，即在没有项目的情况下，项目实施之前的情况将保持不变并一直持续下去。而事实上，由于本身的发展趋势和其他因素的影响，即使没有项目，对象也可能变好或变差。这种简单的前后数据比较，有可能高估或低估项目的作用，准确性较差。

（2）简单易行，应用性很广，当时间和人员短缺时，这种方法有可能是唯一可行的方法。

（3）在四种方法中成本最低。

31.1.2.2 根据项目实施前的时间序列数据进行预测的结果与项目实施后的结果对比

A 步骤

（1）确定评价对象和指标。

（2）收集项目实施前若干间断时点的时间序列数据和项目实施后的结果数据。

（3）运用统计分析方法，根据项目实施前的数据预测各个指标值。

（4）比较预测值与项目实施后的实际结果，其差别代表了项目的作用。

（5）寻找项目以外的其他影响因素，若有，确定它们的影响或在阐述项目作用时说明这些影响因素。

B 应用

这种方法适用于历史数据充足，而且预计无项目时数据具有并保持较为明显的趋势（上升或下降）的情况，如果实施前的数据不稳定，那么预测结果意义不大。

C 优缺点

与项目实施前与实施后数据对比方法相比，这种方法的两个附加因素增加了成本；需要人员进行统计；前几年收集的数据、预测的数据与现在的数据应具有可比性。

31.1.2.3　未实施项目的对象（国家、地区、企业、个人等）的数据与实施项目的对象数据比较（准随机实验设计）

A　步骤

（1）确定评价的对象和有关指标。

（2）确定其他的未从本项目中受益的类似对象。

（3）取得项目实施前后各指标的有关数据以及未实施项目的对象各指标值的有关数据。

（4）从数量和幅度两方面比较实施项目的对象指标变化值与未实施项目的对象指标变化值。

（5）寻找项目以外的其他影响因素，若有，确定它们的影响，或在阐述项目作用时说明这些影响因素。

B　应用

这种方法在可以找到一个与项目对象具有可比性的比较对象时适用。当随机实验的方法不可行时，可以考虑采取这种方法。

C　优缺点

（1）很难确定一个可比较的类似对象，因此在确定比较对象和解释发现时必须谨慎。

（2）没有进行随机抽样，对象群可能不平均，如被比较对象的动机和个性不同很难被鉴别出来。

尽管本方法有助于控制一些较重要的外部因素，但由于上述局限，它不能作为项目结果评价的一种完全可靠的方法，最好与其他方法一起使用。

31.1.2.4　随机选取的实施项目对象的执行结果与随机选取的未实施项目对象的实施结果比较（随机实验设计）

A　步骤

（1）确定评价的内容和相应指标。

（2）选择可比较对象群，从中进行科学的随机抽样以确定控制对象和实验对象，尽可能地使二者具有可比性。

（3）衡量每一组对象在项目实施前的评价值。

（4）在实验组中实施项目，控制组不受项目的影响。

（5）监控实验组和控制组，并观察是否有异常情况发生影响项目结果，若可能，修正出现的异常，若不可能，应对出现的情况进行鉴别并预计它对结果的影响。

（6）测度每组对象在项目实施后的各指标的值。

（7）比较各对象组在项目实施前后各指标的变化，并据此确定项目的作用。

（8）寻找是否有项目以外的造成两组对象差别的其他影响因素，若有，确定它们的影响，或在阐述项目作用时说明这些影响因素。

B　应用

该方法在项目的直接受益对象是单个人时最有效，但同时在时间和费用上的耗费也是巨大的。它对一个项目实施结果进行了系统的评价，也可用来说明项目的哪个变量最有效，较适用于衡量政策、计划等的实施效果。该方法在使用过程中常加入统计分析法和回归分析法。

C 优缺点

在这种方法中，有一些因素会使观察到的结果并不代表项目的真正效果。

（1）当被观察的对象发现它们是项目的一部分时，可能采取与平时不同的反应。

（2）若实验组仅是一个特定大范围的一部分，它们对于项目的实施所做出的反应，可能与在整个范围内实施该项目所引起的结果不同。

（3）若实验对象群的成员可允许自愿选择，那么控制组和实验组不可以进行比较，一个可自由选择的对象组将对项目具有更大的偏好而使得对象组在整个特定对象中不具有代表性。

（4）政治上的压力有时会使项目的随机分配变得不实用。

（5）类似地，政府所提供的项目，对于评价对象的公平分配性要求可能会限制政府把项目分配给实验组而不分配给控制组。

（6）对某些人而言，项目实施后引起的对象效果比以前更差的结论可能是很难接受的，这时可以通过预先对实验进行解释说明来解决。

（7）必须维持项目实施的实验条件，即排除其他因素的干扰，但是这一要求在现实的社会背景下一般不能够完全满足。

（8）该方法比其他方法耗费都大，其原因在于：

1）设计和进行实验以及在实验期间对项目实施过程进行监督都需要大量时间，从而耗费较多的人力、物力和财力。

2）计划和实施项目以及分析项目结果需要具有高水平的分析和管理技巧，此外，这种方法还包括为确认项目的临时变化而引起的间接费用。

选择哪一种评价方法，主要基于评价开始的时间、可获得的经费以及希望的精确性。虽然这四种方法都较为昂贵，但相比之下，第四种方法较其他方法成本更大。前三种方法通常由几个人在几个月内即可完成，所需要的时间主要取决于收集数据量的大小。第四种方法则需要数月甚至数年的时间。这四种方法在获得比较准确的评价信息方面均比较有效，尤以第四种最为有效。通常上述方法并不一定单独使用。前三种方法往往是两种或三种一起使用。

31.2 土木工程项目后评价的常用方法

项目后评价结论的科学性，很大程度上取决于项目后评价所采用的方法。研究评价方法是建立后评价工作体系的重要组成部分。一般而言，进行项目后评价的主要分析方法应该是定量分析和定性分析相结合的方法。后评价的常用方法主要有逻辑框架法、因果分析法、数据收集方法等。

31.2.1 项目后评价的逻辑框架法

目标树-逻辑框架法是目前在许多国家采用的一种行之有效的方法。这种方法从确定待解决的核心问题入手，向上逐级展开，得到其影响及后果，向下逐层推演找出其引起的原因，得到所谓的"问题树"。将问题树进行转换，即将问题树描述的因果关系转换为相应的手段-目标关系，得到所谓的目标树。目标树得到之后，进一步的工作要通过"规划矩阵"来完成，见表31-1。

表 31-1 目标树-逻辑框架法的规划矩阵

概述	目的证实目标	指标验证方法	重要的假定条件
目标	实现目标的衡量标准	资料来源采用的方法	目的和目标间的假定条件
目的	项目最终状况	资料来源采用的方法	产出与目的间的假定条件
产出	计划完成日期产出的定量	资料来源采用的方法	投入与产出间的假定条件
投入	资源特性与等级成本计划投入日期	资料来源	项目的原始假定条件

注：投入，指采取的行动或提供的资源；产出，指项目直接产生的各项特定结果；目的，指设立项目的"真实"或基本动机；目标，指项目的更高层的目标。

如表31-1所示，规划矩阵是一个 5×4 矩阵，矩阵自下而上的四行分别代表项目的投入、产出、目的和目标四个层次；自左而右的四列则分别为各层次目标的文字叙述、定量化指标、指标的验证方法和实现该目标的必要外部条件。目标树对应于规划矩阵的第一列，进一步分析填满其他列后，可以使分析者对项目的全貌有一个非常清晰的认识。

逻辑框架法（logcial framwork approach，LFA）是一种概念化论述项目的方法，即用一张简单的框图来清晰地分析一个复杂项目的内涵和关系，使之更易理解。LAF 是将几个内容相关、必须同步考虑的动态因素组合起来，通过分析其间的关系，从设计策划到目的目标等方面来评价一项活动或工作。LFA 为项目计划者和评价者提供一种分析框架，用以确定工作的范围和任务，并通过对项目目标和达到目标所需的手段进行逻辑关系的分析。

由于逻辑框架法能更明确地阐述项目设计者的意图，分析各评价层次间的因果关系，明确描述后评价与其他项目阶段的联系，并适用于不同层次的管理需要，所以目前它已成为国外后评价的主要方法。当然，项目后评价理论的综合分析最好建立在立项阶段，如项目评估时编制的项目逻辑框架图的基础上。然而逻辑框架法需要详尽的数据，而且因为过分对照原定目的和目标有可能忽视了实际可能发生的变化。因此在推广采用逻辑框架法时，可根据项目条件和评价要求，重在利用该方法的思想，而不在于追求其形式。

31.2.2 项目后评价的因果分析法

项目评价主要是在项目建设实施过程中或者是项目竣工投产后，对影响（或决定）项目成败和实施效果的主要技术经济指标以及有关政策法规、管理条例的执行情况进行跟踪调查、监督检查。

由于一些投资项目（如交通、能源、水利等基础设施投资项目）建设周期较长，在此过程中，受社会经济发展变化、国家政策等外部客观因素影响以及项目执行或管理单位内部的一些主客观因素影响，导致项目的主要技术经济指标和可行性研究阶段以及勘察设计阶段预测结果发生一定的偏差，并对项目实施效果正在发生或已经发生较大影响。因此，在项目后评价时，为了及时发现问题，分析问题，提出解决问题的对策、措施和建议，就需要运用一定的方式、方法，对这些变化进行因果分析。即主要通过对造成变化的原因逐一进行剖析，分清主次及轻重关系，以便总结经验教训，提出改进或完善的措施和建议。

31.2.3　项目后评价的直接调查法

直接调查法又可分为专家讨论会法、参与式观察法和实验观察法。

31.2.3.1　专家讨论会法

由于投资项目影响着经济与社会的许多方面，这就要求项目的社会评价者，必须收集和分析各种各样的信息。虽然项目评价者有自己的特长，但不可能是全能的，因此在实际收集资料和进行社会效益分析时，常常要求助于其他专业方面的专家。专家讨论会法就是邀请有关专家开会，根据被评项目的调查提纲进行讨论，为项目评价提供各种各样的信息。

召开专家讨论会，不仅能获得项目信息，有时还能直接获得解决某些因项目引发的问题的办法或措施。项目评价中通常有必要邀请社会学家、人类学家、经济学家、环境保护学家、生态学家、市政规划学家、项目管理学家、心理学家、统计学家等参加专家讨论会。

31.2.3.2　参与式观察法

参与式观察法就是调查者作为项目目标群体的一员，通过耳闻目睹收集社会信息的方法，是一种高效的、直接的调查方法。通过这种方法获得的社会信息往往真实、准确，甚至还能获得"项目的受益人不知道自己已从项目中受益"之类的信息，这类信息显然通过访谈法和问卷调查法根本收集不到，这是该法的第一个优点。该法的第二个优点是参与者可以观察或亲身体验社区环境某种变化和某个现象的全部过程。第三个优点是参与者有可能了解社区中那些不能或不愿明确反映自己所处的困境和面临的问题的人的需求和生活方式。

31.2.3.3　实验观察法

实验观察法也叫试验观察法，即通过做社会实验的方式获取社会信息。它起源于自然科学，是一种最有效、最直接的调查方法，也是一种最复杂、最高级的调查。实验观察的过程，不仅仅是资料和信息的收集过程，更是一个深入、详细的分析过程。实验的方法往往是现场观察、参与式观察、访谈和问卷调查等方法的综合运用。

31.2.4　项目后评价的成功度方法

成功度评价方法属于定性分析和定量分析相结合的评价方法，也称为打分法。它的操作步骤是：首先成立专家组，选择对项目比较熟悉，并且在本专业领域有着较深研究的人士进入专家组；第二步建立指标体系，赋权重；第三步是发放问卷，各位专家根据自己的认识和理解对项目的评价指标给出自己的看法，并打出分数。成功度法评价的成功，离不开两个条件：第一是有足够的符合条件的专家可以选择，并且这些专家相互之间影响很小，几乎没有影响。第二是项目评价指标的确立，这些指标要求容易理解，判断简单，忌讳含糊不清，说不明白。项目评价成功度等级标准表见表31-2，成功度评价模式表见表31-3。

专家组的质量决定了成功度方法的评价效果。实际情况中，可供选择的专家非常有限。影响成功度法后评价效果的另一因素就是建立的指标体系。它需要结合项目的实际情况，又要做到通俗易懂，容易判断。总的来看，评价结果直观，整个过程比较简单。

表 31-2　项目成功度等级标准表

等级	内　容	标　准
1	完全成功	项目各项目标都已全面或超额实现；相对成本而言，项目取得巨大效益和影响；项目的大部分目标都已经实现
2	成　功	相对成本而言，项目达到了预期的效益和影响，项目实现了原定的部分目标
3	部分成功	相对成本而言，只取得了一定的效益和影响，项目实现的目标非常有限
4	不成功	相对成本而言，几乎没有产生正面效益和影响，项目的目标是无法实现的
5	失　败	相对成本而言，项目不得不终止

表 31-3　项目成功度评价模式表

项目成功度评价指标	相关重要性	权　重	评分或等级	加权评分或加权等级
指标 1				
指标 2				
⋮				
指标 N				
综合评价				加权综合评分或评级

　　成功度评价方法最大的缺陷就是主观因素过多。各位专家，由于个人经历和对事物的理解各有侧重，对所评价指标的打分受主观因素的影响较大，得出的结论往往会带有片面性。成功度评价法是后评价工作方法中操作比较简单的一种，它给予的结论比较明确。决策者可以比较轻松地获得项目的整体评价结论，是传统的综合评价。因此该方法在我国得到了广泛的使用。

31. 2. 5　项目后评价的数据分析方法

　　数据收集是项目后评价工作的基础，也是项目评价工作中比较麻烦和细致的工作。众所周知，要比较一个项目的优劣，主要靠收集到的数据。因此，数据的优劣直接影响对项目评价的准确性。在项目后评价中所使用的数据必须具备合理性和准确性、完整性、可比性 3 个特征。

　　通常使用的数据收集方法如下：

　　（1）询问调查法。此方法是指将所要调查的问题事先设计成调查表格或提纲，然后按照目标进行调查，包括访问调查、邮寄调查、电话调查和留置调查。

　　（2）观察调查法。此方法是调查者以旁观者的身份从侧面观察被调查对象的活动，进而取得有关资料的调查方法。

　　（3）实验调查法。此方法是通过实验对比的方法得到所需的资料、数据，优点在于客观、真实。

　　（4）抽样调查法。此方法是指在全部调查对象中，选择其中一部分样品进行调查，从而推算总体情况的一种数据收集方法。适用于不可能或不必要进行全面调查而需要获得总体资料的情况。抽样调查法可分为以下两类：

1）概率抽样法。概率抽样法分为简单随机抽样法、分层随机抽样法和分群随机抽样法。

2）非概率抽样法。此方法是概率抽样法以外的抽样方法，其原则是根据经验判断或地毯式地展开抽样，具有一定的针对性、偶然性，主要有配额抽样法、判断抽样法、滚动抽样法和偶然抽样法等。

数据收集方法遵循的准则为：制定和执行统一的国民经济核算标准与规范；数据的收集努力避免重复调查；宏观数据的发布及供需关系的协调；高度重视数据质量。

小　　结

本专题对土木工程项目后评价的概念、内容进行了讲解，介绍了项目后评价的基本方法，由于项目后评价在我国范围内尚未得到大力推广，因此本专题主要介绍的内容是项目后评价概念、项目评价体系及项目经济后评价、过程评价、影响后评价以及和持续性评价等相关知识。

第 29 章对项目后评价的基本概念和项目后评价的运行程序做了讲解，也介绍了项目后评价的发展及趋势。

第 30 章中的工程项目经济后评价主要是介绍项目财务后评价和项目国民经济后评价，接着对项目各个阶段的后评价进行论述，后两节是项目影响后评价和可持续性后评价，由于现在国家和社会不仅重视工程项目的经济效益，也越来越重视工程项目的社会效益和生态影响，因此可持续性后评价也是项目后评价值得重视和学习的部分。

第 31 章论述后评价的方法，包括对比原则和常用方法的介绍。整个土木工程项目后评价的内容也是有待完善和丰富的，希望今后能有更多关于项目后评价的讨论。

思 考 题

8-1　土木工程项目后评价的含义是什么，有什么特点？

8-2　土木工程项目后评价的内容是什么？

8-3　土木工程项目后评价的体系有哪些内容？

8-4　土木工程项目后评价的工作程序是怎样的？

8-5　土木工程项目后评价的评价报告有哪些内容？

8-6　财务评价中数据的价格调整有哪些步骤？

8-7　财务指标的优劣评判有哪些指标？

8-8　项目国民经济后评价的基本内容有哪些？

8-9　环境影响评价的概念是什么？

8-10　简述环境影响评价的发展过程。

8-11　工程可持续性后评价的内涵是什么？

8-12　后评价的"有无对比法"具体有哪几种对比方法？

参 考 文 献

[1] 郭峰，王喜军. 建设项目协调管理[M]. 北京：科学出版社，2009.

[2] 李慧民. 土木工程项目管理[M]. 北京：科学出版社，2009.

[3] 王芳，范建洲，等. 工程项目管理[M]. 北京：科学出版社，2007.

[4] 仲景冰，王红兵. 工程项目管理[M]. 北京：北京大学出版社，2006.

[5] 邱国林，杜祖起. 建设工程项目管理[M]. 北京：科学出版社，2009.

[6] 丛培经. 工程项目管理[M]. 北京：中国建筑工业出版社，2009.

[7] Association of project management. Body of Knowledge. Fourth Edition, 2000.

[8] Association of project management. Syllabus for the APMA Examination. Second Edition, 2000.

[9] International Project Management Association. International Project Management Association Competency Baseline, 2000.

[10] 白恩俊. 现代项目管理概论[M]. 北京：电子工业出版社，2006.

[11] 陈惠民. 工程项目管理[M]. 南京：东南大学出版社，2012.

[12] 杜晓玲. 建设工程项目管理[M]. 北京：机械工业出版社，2006.

[13] 田元福. 建设项目管理[M]. 北京：清华大学出版社，2010.

[14] 王洪，陈健. 建设项目管理[M]. 北京：机械工业出版社，2007.

[15] 叶枫. 工程项目管理[M]. 北京：清华大学出版社，2009.

[16] 郭汉丁. 工程施工项目管理[M]. 北京：化学工业出版社，2010.

[17] 陈宪. 项目决策分析与评价[M]. 北京：机械工业出版社，2012.

[18] 黄昌剑. 土木工程全过程质量管理研究[J]. 科技创新导报，2009(25)：160.

[19] 贾仙芝. 编写项目建议书的几点体会[J]. 经济与管理，2006(5)：58~59.

[20] 简德三. 项目评估与可行性研究[M]. 上海：上海财经大学出版社，2009.

[21] 科兹纳. 项目管理：计划、进度和控制的系统方法[M]. 杨爱华译. 北京：电子工业出版社，2010.

[22] 乐云. 工程项目前期策划[M]. 北京：中国建筑工业出版社，2011.

[23] 李雪锋. 工程项目咨询概论[M]. 大连：大连理工大学出版社，2009.

[24] 李永福. 建筑项目策划[M]. 北京：中国电力出版社，2012.

[25] 刘彦敏. 简析工程项目前期策划[J]. 中国科技财富，2010(14)：53.

[26] 培尼亚，帕歇尔. 建筑项目策划指导手册：问题探查[M]. 王晓京译. 北京：中国建筑工业出版社，2010.

[27] 苏益. 投资项目评估[M]. 北京：清华大学出版社，2011.

[28] 王勇. 项目可行性研究与评估[M]. 北京：中国建筑工业出版社，2011.

[29] 徐莉，王红岩. 项目评估与决策[M]. 北京：科学出版社，2006.

[30] 杨克磊，高喜珍. 项目可行性研究[M]. 上海：复旦大学出版社，2012.

[31] Clarke, Richard F. Early planning and decisions on the southeast corridor project. Leadership and Management in Engineering, 2003, 7：142~144.

[32] Wang Y R. Decision making practice in pre-project planning[C]//Proceedings of the 5th International Conference on Engineering Computational Technology, 2006.

[33] 蒲建明. 项目投资与融资[M]. 北京：化学工业出版社，2009.

[34] 蒋先玲，等. 项目融资[M]. 北京：中国金融出版社，2008.

[35] 方芳，陈康幼. 投资经济学[M]. 上海：上海财经大学出版社，2010.

[36] 邢恩深. 基础设施土木工程项目投融资操作实务[M]. 上海：同济大学出版社，2005.

[37] 乐嘉栋，彭胜林. 土木工程项目投资管理[M]. 上海：同济大学出版社，2005.

[38] 梁川，黄晓荣，张先起，等. 工程建设投资与经济管理[M]. 成都：四川大学出版社，2007.

[39] 王治，王鼎祖. 工程项目投融资决策案例分析[M]. 北京：人民交通出版社，2012.

[40] 刘林. 项目投融资管理与决策[M]. 北京：机械工业出版社，2009.

[41] 周颖，孙秀峰. 项目投融资决策[M]. 北京：清华大学出版社，2010.

[42] 周慧珍. 投资项目评估[M]. 大连：东北财经大学出版社，2005.

[43] 邵颖红，黄渝祥，邢爱芳，等. 工程经济学[M]. 上海：同济大学出版社，2009.

[44] Esty B C. Modern project finance：A casebook[M]. New York：Wiley，2004.

[45] Yescombe E R. Principles of project finance[M]. Salt Lake City：Academic Press，2002.

[46] 于洪山. 崔跃进. 工程风险管理现状及研究 [J]. 建筑与工程科技信息，2010(5)：276.

[47] 蒋晓静，黄金枝. 工程项目的风险管理与风险监控研究[J]. 建筑技术，2005，36
(7)：537～538.

[48] 陈炳正，王珺，周伏平. 风险管理与保险[M]. 北京：清华大学出版社，2008.

[49] M Mar Fuentes-Fuentes，F Javier Lloréns-Montes. Environment-quality management coalignment across in-dustrial contexts：An empirical investigation of performance implications[J]. Industrial Marketing Manage-ment，2011(5)：730～742.

[50] Marjolein C J Caniëls，Ralph J J M Bakens. The effects of Project Management Information Systems on deci-sion making in a multi project environment[J]. International Journal of Project Management，2012(2)：162～175.

[51] Lisa M Ellram. Supply management's involvement in the target costing process[J]. European Journal of Pur-chasing & Supply Management，2002(4)：235～244.

[52] Alexander Fekete. The effects of Project Management Information Systems on decision making in a multi pro-ject environment[J]. International Journal of Disaster Risk Reduction，2012(2)：67～76.

[53] Shantha R Parthan，Mark W Milke. Cost estimation for solid waste management in industrialising regions-precedents，problems and prospects[J]. Waste Management，2012(3)：584～594.

[54] 李世蓉，兰定筠. 建设工程项目管理[M]. 北京：中国水利水电出版社，知识产权出版社，2005.

[55] 施骞，胡文发. 工程质量管理[M]. 上海：同济大学出版社，2006.

[56] 李相然，陈慧. 工程质量管理[M]. 北京：中国电力出版社，2006.

[57] 姚先成. 工程项目管理创新——"5＋3"工程项目管理模式研究与运用[M]. 北京：中国建筑工业出版社，2008.

[58] 韩金洋，韩金廷. 绿色建筑及绿色建筑的发展现状[J]. 科技向导，2012(2)：257.

[59] 缪晓煜，谭大璐. 有关绿色建筑项目管理的思考[J]. 经营与管理，2012(1)：233～235.

[60] 李成华. 基于流程与实施的建筑安全管理体系研究[D]. 西安：西安建筑科技大学，2010.

[61] 赛云秀. 工程项目控制与协调机理研究[D]. 西安. 西安建筑科技大学，2005.

[62] 许程杰. 基于事故理论的建筑施工项目安全管理研究[D]. 哈尔滨：哈尔滨工业大学，2008.

[63] 褚春超. 工程项目进度管理方法与应用研究[D]. 天津：天津大学，2007.

[64] Ase Jansson，Fredrik Nilsson. Environmentally driven mode of business development：a management control perspective[J]. Scandinavian Journal of Management，2000(3)：305～333.

[65] Oulaid Kamach，Laurent Piétrac. Multi-model approach to discrete events systems：application to operating mode management[J]. Mathematics and Computers in Simulation，2006(5～6)：394～407.

[66] 陆福春. 浅谈建设工程项目管理模式创新[J]. 科技资讯，2009(16)：169.

[67] 刘丽丽，牟瑞，等. 工程项目管理模式分析与创新实践[J]. 项目管理，2007(4)：9～111.

[68] 高群，张素菲. 建设工程招投标与合同管理实务[M]. 北京：机械工业出版社，2010.

[69] 余群舟. 工程建设合同管理[M]. 北京：中国计划出版社，2008.

[70] 杨平. 工程合同管理[M]. 北京：人民交通出版社，2007.

[71] 崔佳颖. 组织的管理沟通研究[D]. 北京：首都经济贸易大学，2006.

[72] 何晓晴. 工程项目成功合作及其管理指标体系的构建与研究[D]. 长沙：湖南大学，2006.

[73] Jim Highsimth. 敏捷项目管理（Agile Project Management）[M]. 黄道文，米拉译. 北京：清华大学出版社，2005.

[74] 张辉平. 南海石化工程中的项目利益相关者管理[J]. 石油化工建设，2006，28(6)：15～17.

[75] 林旭. 建筑企业在工程施工中的协调管理初探[J]. 建筑科学，2007(12)：101～102.

[76] 壮真才. 建筑施工中的协调管理[J]. 施工技术，2006，35(12)：131～132.

[77] 熊峰，陈岗. 浅论建筑项目施工中的协调管理[J]. 江西煤炭科技，2005(3)：67～68.

[78] 崔轩辉，何小松. 信息化标准化体系研究初探[J]. 重庆科技学院学报，2006，8(3)：101～104.

[79] 郭东强，傅冬绵. 现代管理信息系统[M]. 北京：清华大学出版社，2006.

[80] 刘合行. 论道德的文化价值[D]. 南京：南京师范大学，2006.

[81] 张自慧. 礼文化的人文精神与价值研究[D]. 郑州：郑州大学，2006.

[82] Jha K N, Iyer K C. Critical determinants of project coordination[J]. International Journal of Project Management，2006(24).

[83] Cheng Minyuan, Ming Hsiu Tsai, Xiao Zhiwei. Construction management process reengineering：organizational human resource planning for multiple projects[J]. Automation in Construction，2006(15).

[84] Sarmah S P, Acharya D, Goyal S K. Buyer vendor coordination models in supply chain management[J]. European Journal of Operational Research，2006(75).

[85] 张浩. 工程项目后评价研究概述[J]. 企业技术开发，2009，28(8)：171～174.

[86] 宁蔚，郭华蕊. 项目后评价方法[J]. 现代商业，2008(17)：82.

[87] Li Shanbo, Shi Xian. Theory of government investment projects post-evaluation organization system construction[J]. Industrial Technology Economics，2008.

[88] 郭峰. 协调管理与制度设计[M]. 北京：科学出版社，2013.

[89] 郭峰，刘慧. 建设项目协调管理绩效评价[J]. 中国工程科学，2011.

[90] 郭峰，高冬梅. 建设项目协调管理绩效的关键影响因素分析[J]. 科技进步与对策，2010.

[91] 郭峰，胡艳召. 基于委托代理理论的代建人行为选择分析[J]. 统计与决策，2010.

冶金工业出版社部分图书推荐

书　名	作　者	定价(元)
冶金建设工程	李慧民　主编	35.00
建筑工程经济与项目管理	李慧民　主编	28.00
建筑施工技术(第2版)(国规教材)	王士川　主编	42.00
现代建筑设备工程(第2版)(本科教材)	郑庆红　等编	59.00
高层建筑结构设计(第2版)(本科教材)	谭文辉　主编	39.00
土木工程材料(本科教材)	廖国胜　主编	40.00
混凝土及砌体结构(本科教材)	王社良　主编	41.00
岩土工程测试技术(本科教材)	沈　扬　主编	33.00
工程造价管理(本科教材)	虞晓芬　主编	39.00
土力学地基基础(本科教材)	韩晓雷　主编	36.00
建筑安装工程造价(本科教材)	肖作义　主编	45.00
土木工程施工组织(本科教材)	蒋红妍　主编	26.00
施工企业会计(第2版)(国规教材)	朱宾梅　主编	46.00
工程荷载与可靠度设计原理(本科教材)	郝圣旺　主编	28.00
流体力学及输配管网(本科教材)	马庆元　主编	49.00
土木工程概论(第2版)(本科教材)	胡长明　主编	32.00
土力学与基础工程(本科教材)	冯志焱　主编	28.00
建筑装饰工程概预算(本科教材)	卢成江　主编	32.00
建筑施工实训指南(本科教材)	韩玉文　主编	28.00
支挡结构设计(本科教材)	汪班桥　主编	30.00
建筑概论(本科教材)	张　亮　主编	35.00
居住建筑设计(本科教材)	赵小龙　主编	29.00
Soil Mechanics（土力学）(本科教材)	缪林昌　主编	25.00
SAP2000结构工程案例分析	陈昌宏　主编	25.00
建筑结构振动计算与抗振措施	张荣山　著	55.00
理论力学(本科教材)	刘俊卿　主编	35.00
岩石力学(高职高专教材)	杨建中　主编	26.00
建筑设备(高职高专教材)	郑敏丽　主编	25.00
岩土材料的环境效应	陈四利　等编著	26.00
混凝土断裂与损伤	沈新普　等著	15.00
建设工程台阶爆破	郑炳旭　等编	29.00
计算机辅助建筑设计	刘声远　编著	25.00
建筑施工企业安全评价操作实务	张　超　主编	56.00
现行冶金工程施工标准汇编(上册)		248.00
现行冶金工程施工标准汇编(下册)		248.00